圖解治療疼痛 小百科

作者
酒井慎太郎

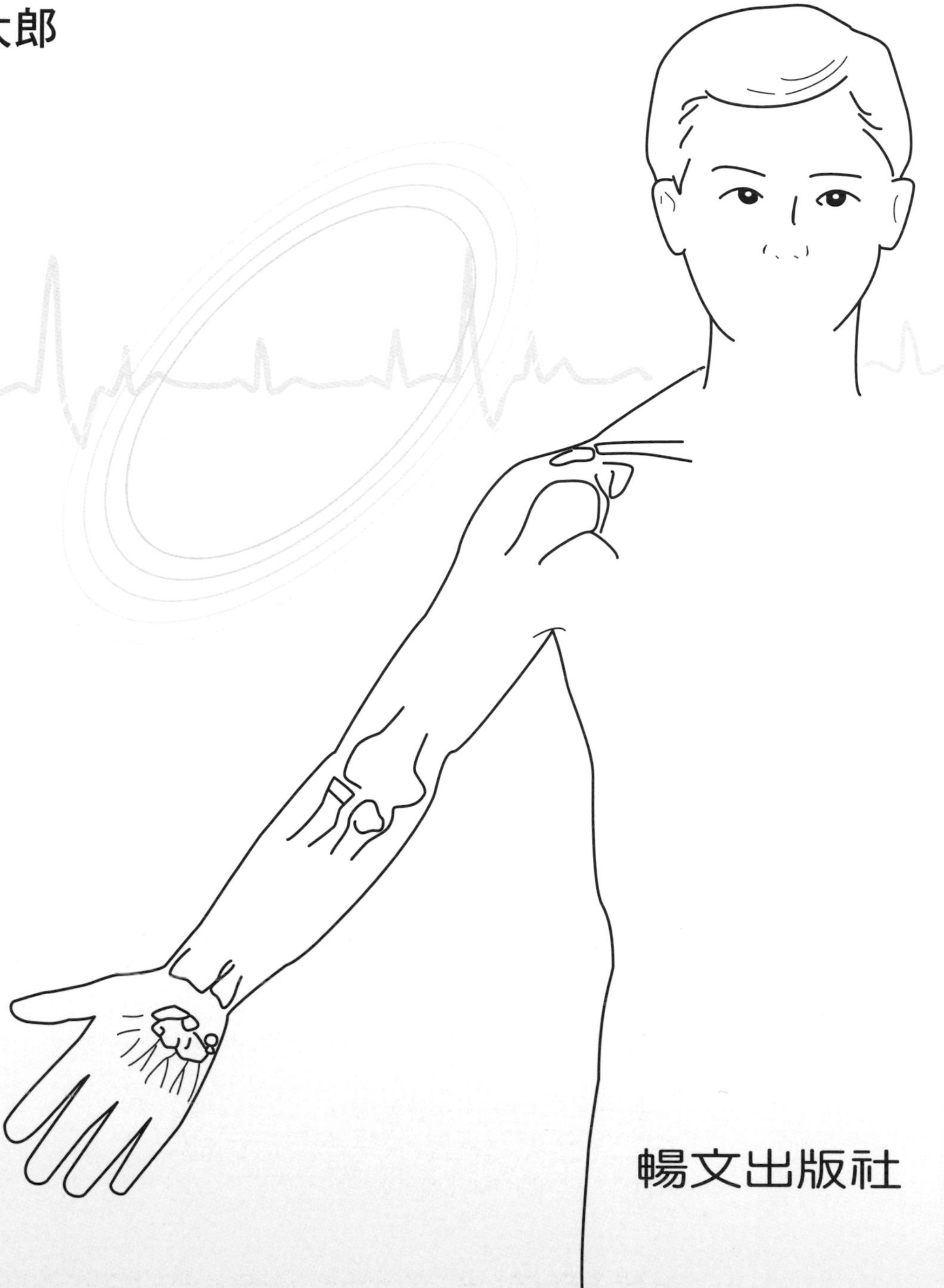

暢文出版社

序言

現在，以腰痛為首，深受膝痛、肩膀僵硬等骨科（日本的整形外科）疼痛或麻木症狀困擾的人不少。

疼痛有多種樣貌，例如，長久性疼痛、稍微不舒服的疼痛、不知道是否要到醫院診療的疼痛等等。其實，到醫院，也只是以等待3小時換得3分鐘的診察，醫師是無法詳問症狀的。即使接受種種檢查，最後可能是給予疼痛貼布做治療。像這樣的現代醫學，讓許多人由衷地厭惡。

日本的醫學已有過度依賴檢查的趨勢，並把醫療推向以MRI（核磁共振）為首，講求看不見證據就否定有疾病的極端數據本位。

各位或許期待越檢查越能發現病因，並獲得適切的治療。然而，實際上患者所訴求的症狀，並不一定能正確地呈現在檢查結果上。誠如聖路加國際病院理事長日野重明醫師過去的指摘，原本醫師和患者在診察室的交談是相當重要的，因僅透過問診，就可診斷出約6成的疾病。因對疾病的感受度而言，五感所察覺的身體變調，是遠比任何精密檢查來得卓越。

也就是說，診斷上最有效的資訊，其實是來自患者本身的感覺。具體而言，在哪個部位疼痛？如何疼痛？希望患者都能豎起耳朵用心傾聽。

其實，我們醫療相關人員所閱讀的專業書籍中，有許多是重視徒手檢查症狀，並不主張使用檢查機器的。但是，在需要「大量處理」患者的大醫院，很遺憾的，多半無法在短短的診察時間中進行徒手檢查。

長久以來，很多書刊或資訊來源不把這種徒手檢查的重要性告知患者，我甚感不可思議。的確，徒手檢查中含有難以正確執行的項目，或者臨床上需要直覺的項目。不過，相對的，仍有非專家也能簡單實行的徒手檢查。本書的內容宗旨就是在介紹這類檢查。

在家庭醫學類書籍中，經常可見到包括內科領域的疼痛症狀都能靠圖表來自我診斷的圖表式讀本。但本書是網羅骨科（日本的整形外科）的症狀，因此涵蓋醫師診斷的範圍都能自我診斷。這也意味，本書的內容是前所未有的，也自負能為醫療學校的學生帶來相當助益。以刊載圖表居多，不使用專門術語，由於連細節都不輕易妥協，所以共花費2年多才出版，讓相關人員歷經莫大辛苦。

本書除了能自我診斷多種多樣的身體疼痛外，還能從中瞭解病因的機制、一般的治療法，以及劃時代的關節囊內矯正治療法。盼能對長年飽受骨科疼痛或症狀困擾的人有所助益，甚幸！

著者

2003年3月

審訂者的話

一般人常認為肢體的痠麻痛不過是一種小困擾，然而肢體痠痛的原因五花八門，從無傷大雅的小傷以至於危險疾病的前兆，實應審慎區辨。本書詳細介紹了百餘種常見的肢體痠痛疾病，淺顯易懂、圖文並茂，並有許多專業的臨床檢查手法。若說這是一本實用醫學手冊，亦不為過。

在醫療過程中，「診斷」居於關鍵地位；而觀念、假說或治療方法則存有討論空間。本書的可貴之處，就在於強調診斷的重要性。尤其是影像檢查與臨床表現不一致時，更需要確定診斷。以下背痛為例，X光、電腦斷層或磁振造影所看到的異常現象，如骨刺、椎間盤突出、骨質疏鬆、壓迫性骨折等影像學診斷，不一定就是造成痠痛的真正病因；然而，受傳統觀念影響，患者很容易接受這些診斷。因此，在這種情形下，需要非常謹慎的綜合判斷才能免於誤診。

為了避免扭曲原著者的本意，在校定時，不時與譯者再三確認日文原意，並忠實呈現。醫學著作在翻譯上常遇到的困擾，即是專有名詞的統一。本人才疏學淺，若有疏誤之處，敬請各界先進不吝指正。

楊志方
中華民國復健專科醫師
前基隆長庚醫院復健科主任
敏盛醫院復健科主治醫師

目錄

【第3篇】依部位別 徹底解說108種「身體的疼痛」

■頸

■肩、上臂

■手肘、前臂

■手腕、手指

【第1篇】

「疼痛」來自何處？

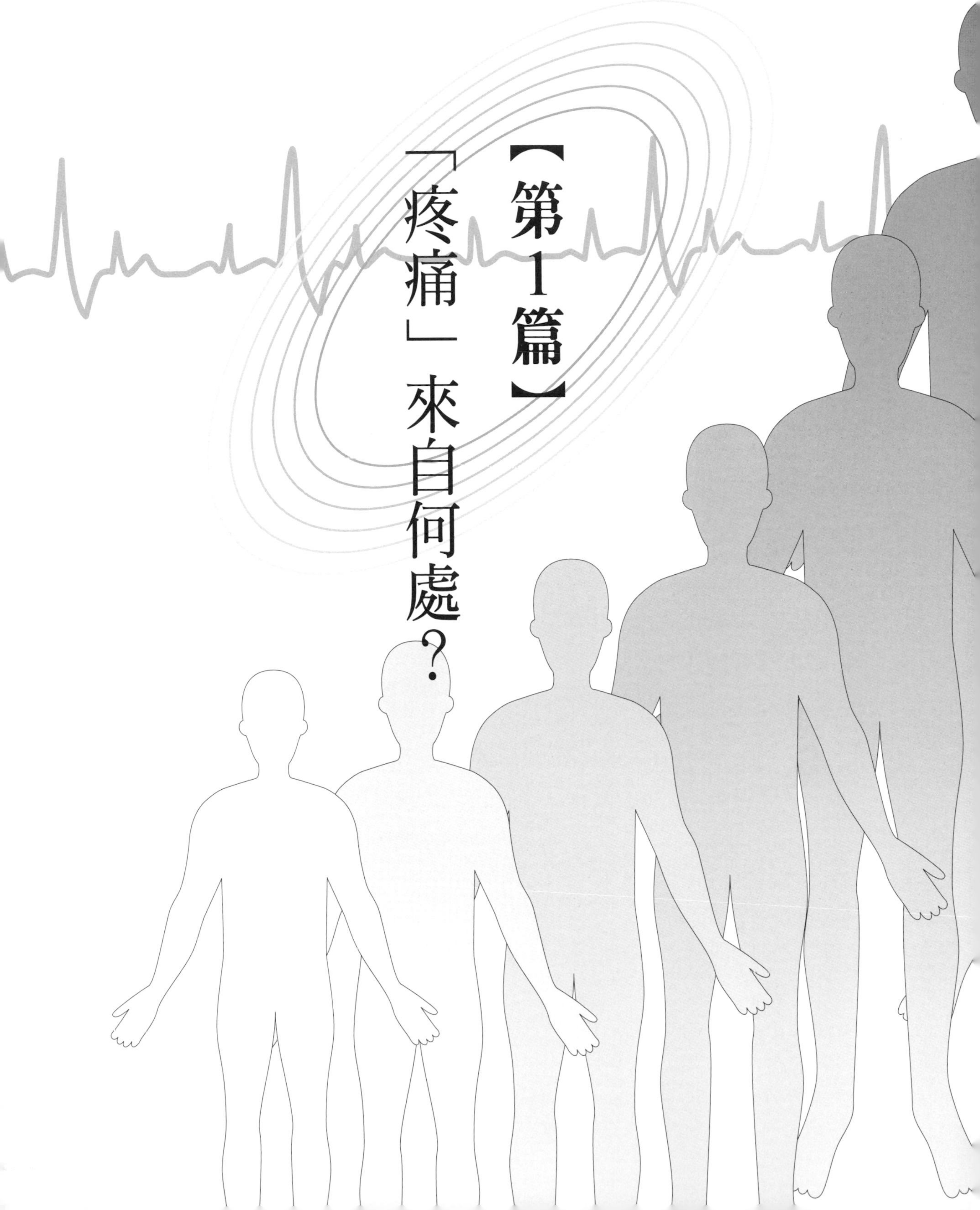

身體的疼痛是由「機能異常」引起的

身體的疼痛一定有其原因。例如，骨折就會在骨骼，韌帶損傷（扭傷）就會在韌帶，肌肉異常收縮或肌肉斷裂就會沿著肌肉以某種症狀（訊號）來顯示。本書非常重視這類「訊號」，連無醫學知識的人也能利用圖表瞭解原因。同時，針對治療法，也儘量以一般人都能輕鬆瞭解的方式做介紹。

但是，很遺憾的，仍有一些病例無法透過這些治療法獲得太大的效果。然而，針對這類的身體疼痛，若從「機能異常」的觀點著手處理的話，卻多半能獲得改善，在此就來介紹這種治療法。

一般提及關節，或許多數人只會聯想到手肘、膝蓋等可大幅屈伸的單一關節；其實，還有累積細小關節來大幅活動的關節。最明顯的例子就是身體中心部以及脊骨。

脊骨就是所謂的「脊椎」，以關節結構而言，從上而下依序是7個頸椎、12個胸椎、5個腰椎、5個薦椎及最末端的尾椎。個別以其椎間關節相連結。而且薦椎還和髂骨相連，形成薦骨腸骨關節。脊骨就是因為累積這麼多的小關節，所以才能讓人體進行如前

胸廓構造

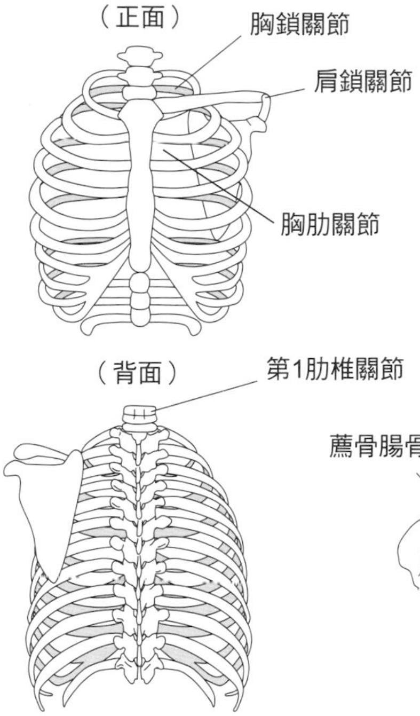

脊椎構造

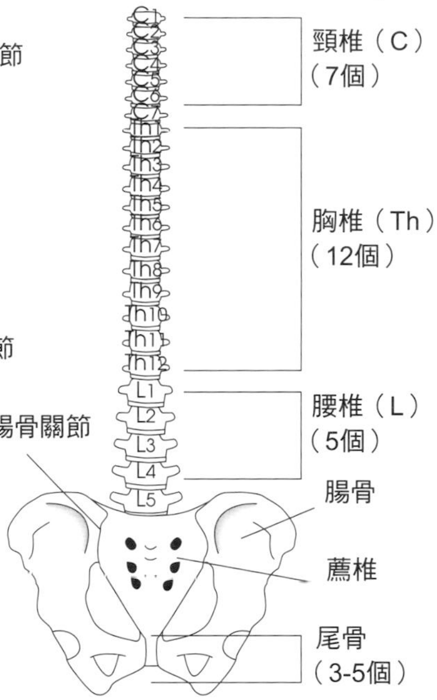

屈般的大動作。

據說這種小關節，非常容易引起機能異常。例如脊骨，容易引起機能異常的關節是位於身體中央，這到底意味著什麼呢？

從結論來說，當這些小關節發生機能異常時，可能會在其他部位引起疼痛。當然，疼痛多半是出現在發生機能異常部位的附近，不過其中也有遠離異常部位，在手肘、膝蓋引起疼痛，或者出現頸痛、肩膀僵硬的情形。這稱為「關聯痛」。此外，由於過去受傷部位或骨折部位等視為弱點的部位突然疼痛，因而引發關聯痛的情形也屢見不鮮。

因此，有時膝蓋疼痛時，其實並非膝蓋而是腰部的薦骨腸骨關節有問題，此時進行後述的「關節囊內矯正」，膝痛即能改善的案例相當多。

「薦骨腸骨關節」的重要性逐漸受到重視

有關這種薦骨腸骨關節，在現代的骨科上並不太受重視。那麼，為何不受重視呢？因為薦骨腸骨關節的關節活動範圍只有3公釐左右。亦即，該關節的運動僅是一點點而已。為此，長久以來，薦骨腸骨關節一直被認為是不會活動的，和疼痛是無關的，也因而被排除在疼痛原因的對象外。

加上，現代的骨科會把椎間盤突出的發生機制，以「椎間盤突出壓迫到神經根，引起發炎才疼痛」這般非常有條理的說明作為理由，導致治療者會把焦點指向椎間盤和神經根。提到腰痛，就確認原因在此不會有錯，草率處理。亦即，薦骨腸骨關節幾乎持續受到漠視。

過去以來，骨科原本就只關注椎間盤的變形或神經學的障礙，至於疼痛原因的薦骨腸骨關節，卻持續漠視。加上又出現ＭＲＩ（磁振造影）的精密檢查機器，因此越來越瞭解神經根，也越來越依賴機器。

結果，得到的診斷是「即使治療，肌肉還是會緊繃」，或「年齡太大無法治療」，或

「可能累積疲勞」等，讓患者不得不繼續忍受痛苦的案例不少。也可以說，檢查機器權威，治療卻有差距，只能提供患者貼布1片的治療法。如果患者不願接受，那麼多半即會建議患者接受手術。

我衷心期盼有關的醫療人員能夠注意「薦骨腸骨關節的重要性」，利用復健技術即能在治療上發揮極大的效果。只是日本大醫院的現況是，復健設施大都使用在腦損傷的患者上，腰痛的患者無法優先。

不過，雖然是少數，但已有部分的骨科、物理治療師或整骨院的醫師，開始注意到「可能薦骨腸骨關節發生異常」。且日前的厚生勞動省也提撥了研究經費，可見這問題逐漸受到認同。

關節囊內矯正是怎樣的治療呢？

那麼，薦骨腸骨關節的機能異常是怎麼引起的呢？依據我的治療經驗來說，年過40歲的人，幾乎都會有關節潤滑不良的現象，因而容易引起薦骨腸骨關節的機能異常。除了膝蓋、肩膀或腰部外，當然也會隨著年齡的增加，而在身體各處出現弱點，然後再從這些加上過度壓力的部位，引起各種關聯痛。

另外，例如長時間持續相同姿勢工作的人，或者滑雪時跌倒摔到臀部的人，可能會在一般活動時發生薦骨腸骨關節喀嚓一聲被鎖住的情形。若幸運能重新活動就無大礙，不過也有人無法再活動。如此一來，其他部位的弱點處即會疼痛，雖然接受包括X光攝影等種種檢查和治療，仍會陷入無法解除疼痛的惡性循環中。

脊柱，特別是從頸部到腰部的疼痛，或者有關臀部的臀大肌、臀中肌、臀小肌的疼痛，常被認為是單一肌肉的疼痛；其實，這類肌肉是附著在腰部的薦骨和髂骨，彼此相連。亦即，人類長時間維持同一姿勢的話，即會在薦骨腸骨關節引起機能異常。

通常薦骨腸骨關節會有2～3公釐左右的空隙，但引起機能異常時即被鎖住。結果，前屈時髂骨無法向前傾倒，保持被鎖住的狀態，導致必有3公釐程度的肌肉被跟著牽引。如果平時就有肌肉異常收縮的發炎症狀，那麼牽引力變強時，疼痛必然增加。

簡而言之，我在本書介紹的「關節囊內矯正」就是針對關節中稱為關節囊的袋子，僅透過患者指尖或手掌的感覺來感受其關節囊中的骨頭活動，並使其活動正常化的療法。比起切開患部，用眼睛確認的手術，要治療那些肉眼看不見的部分，本療法可說是困難許多。

例如，運用重石製造的橫滑式門扉，邊讓患者不用把手，只用手掌和指尖來推開，邊感受該門扉是否能沿著軌道移動；接著邊推開門扉，邊使門扉滑動的狀況趨向正常。

這種關節囊內矯正，對患者來說，是非常明確而且容易理解的治療法。我認為能夠讓患者輕鬆瞭解是治療法的首要條件，而本治療法最符合這個條件。也因為有如此考量，所以本書儘量使用圖表或模型來做說明。

我認為當患者明確瞭解疼痛的機制時，似乎就會產生接受治療的力量。精神上和肉體上都能轉向好的一面時，良性效果隨之變成2倍、3倍，甚至4倍。

比起整脊術（chiropractic），關節囊內矯正或許較容易瞭解。例如，薦骨腸骨關節的情形，雖然兩側都有髂骨，但整脊術會從髂骨使力來控制薦骨的歪斜。亦即，從外側著手。

由於整脊術是從外側著手進行，故治療者即使如女性般力量不強，仍會帶來強烈影響。而強烈影響會產生衝擊力，一旦一步錯誤，就可能引發可怕的嚴重事故。

相對地，從內側著手的關節囊內矯正，在患者眼中看起來可能缺乏治療性。例如，有時雖已在矯正當中，卻有患者說：「醫師，請趕快做治療吧！」或「不用檢查了，請開始治療吧！」這是因為關節囊內矯正的動作輕柔，幾乎沒有整脊術般的霹啪聲和搶眼的動作。

關節囊內矯正是利用活動內側的薦骨來影響髂骨的方法。因此，最重要的不僅是意外非常少的安全療法外，同時也需要非常高超的技術。又因為需要精妙的技術，所以務必具備醫師水準的知識和解剖實習經驗。

由於如此，完全學會這種治療法的醫師，在日本只有數名而已。學會技巧相當困難，還要花時間練習檢查儀器和手術的技巧，這可能是關節囊內矯正無法普及化的理由吧！

也因此，我深信其效果絕對和整脊術截然不同。

關節囊內矯正的第一步

現代醫療的狀況是，在擁擠的醫院等待3小時，接受3分鐘的診察，然後預約MRI，服藥1個月，持續忍受疼痛，最後的結果可能處方貼布，之後被告知需要手術，需要龐大的治療費。

考量治療的效率，第一步首要接受含有「檢查」意義的關節囊內矯正的治療。如果無效時才懷疑是其他疾病，或者考慮接受精密檢查才有效率。如此一來，不用花大錢就能趁早脫離疼痛。誠如本文介紹一般，關節囊內矯正具有診斷性治療法層面，可謂其重要的特徵。

所謂退化性膝關節炎、腰椎退化性關節炎或腰部椎間盤突出，被認為是長骨刺、觸碰到神經所引起的疼痛。右膝蓋疼痛時，接受X光攝影，的確是變形性引起的。但為了慎重起見，也對不痛的另隻腳拍攝X光，結果卻發現這側的骨刺更嚴重，亦即變形性。像這樣的案例非常多見，其實現場的醫師已有所警覺。由此可見，骨刺並非所有疼痛的原因。

如果你所說的「腰痛」是腎臟癌引起的疼痛，那就需要手術。如果是一般性的突出或變形性疼痛，則幾乎沒有緊急手術的必要，故不用驚慌，儘量接受多樣的治療，再決定是否手術也不遲。

縱使是我的家人遇此狀況，我也會很有自信地奉勸優先使用本治療法。

【第2篇】

「疼痛」的圖表式診斷

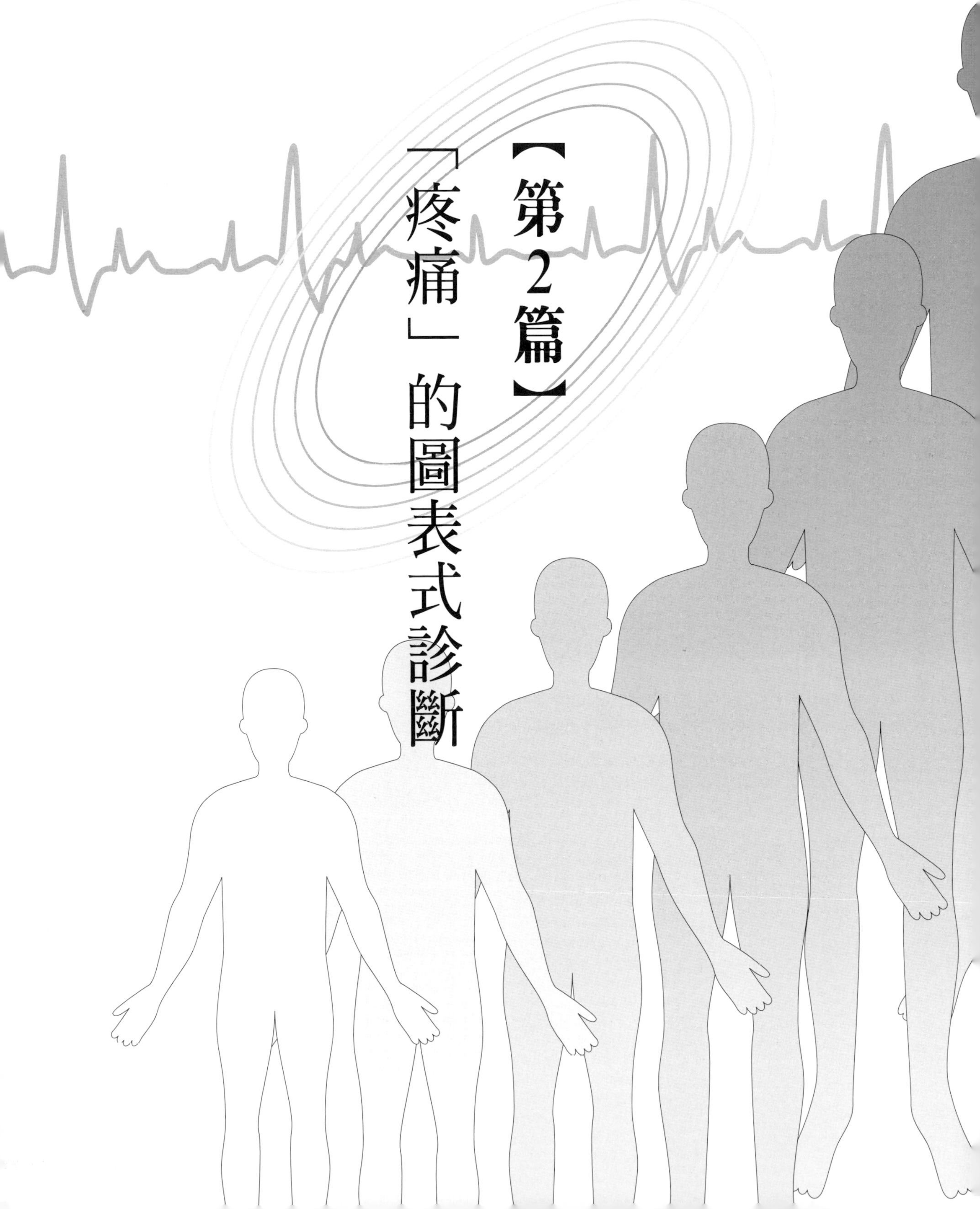

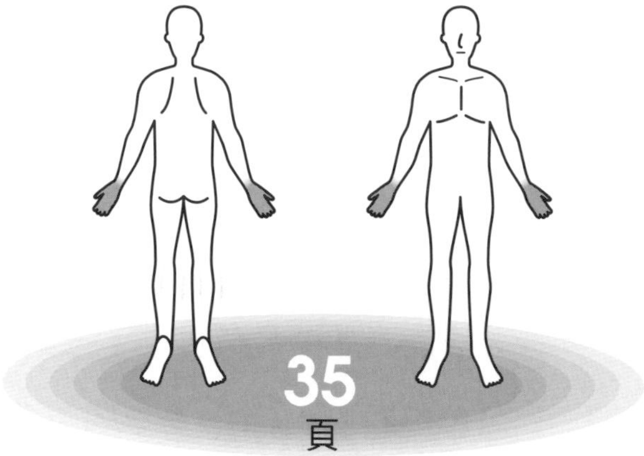
35
頁

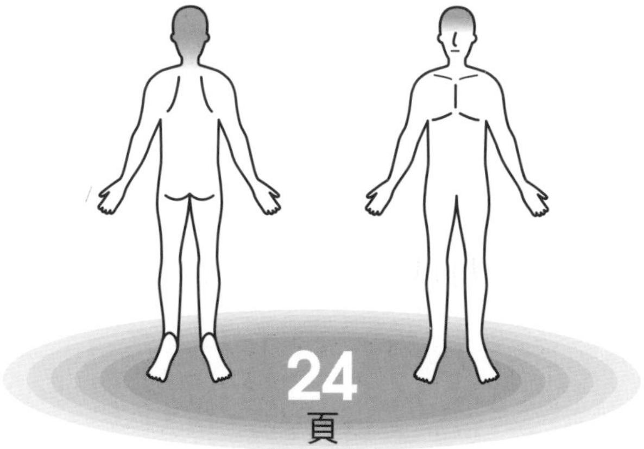
24
頁

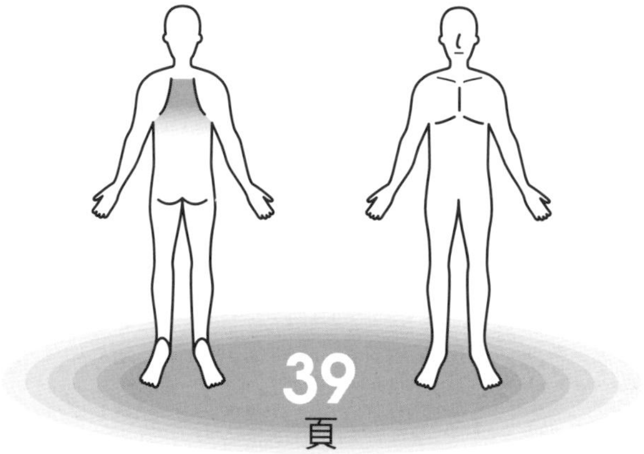
39
頁

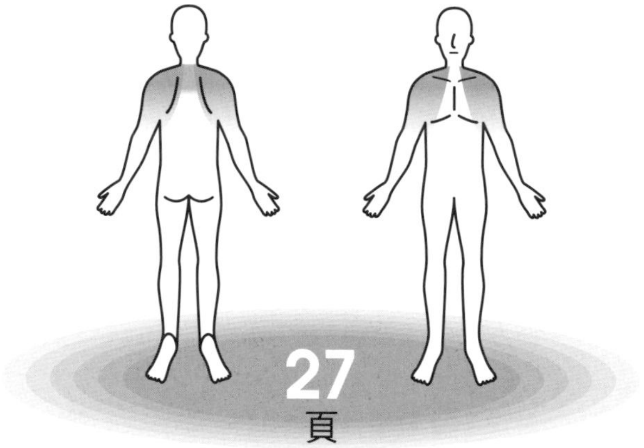
27
頁

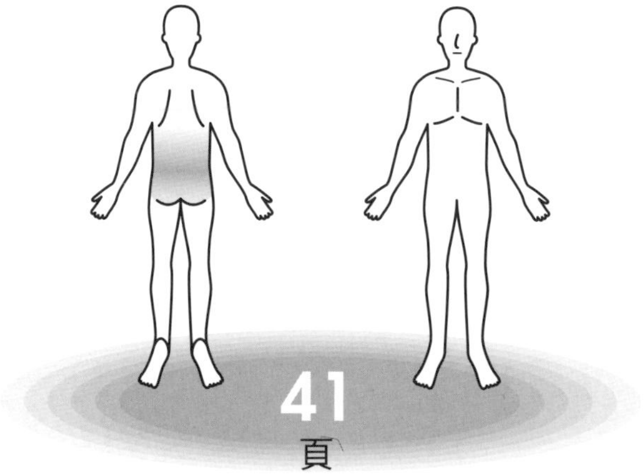
41
頁

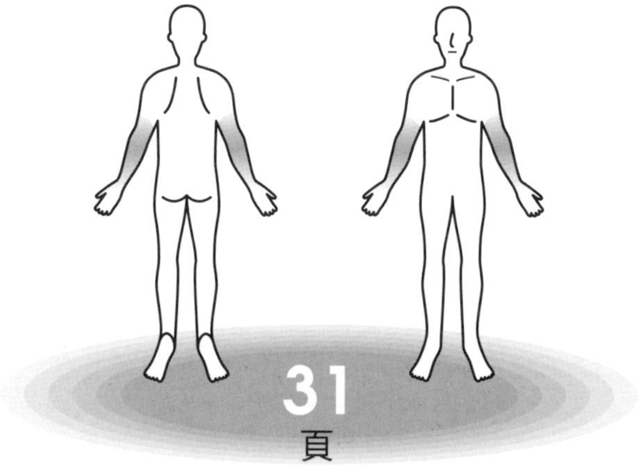
31
頁

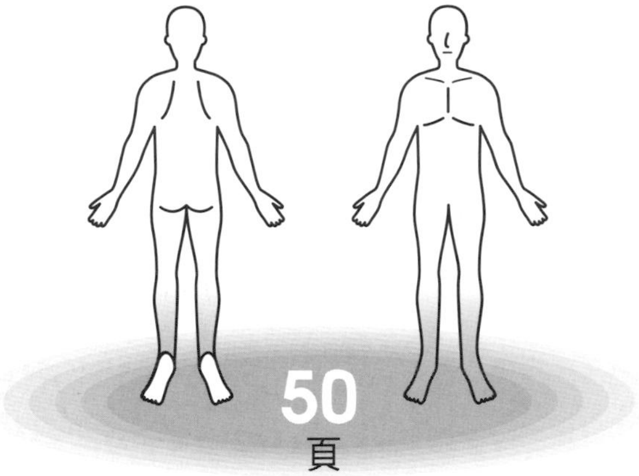

小腿（膝以下～腳）／踝關節的疼痛、麻木

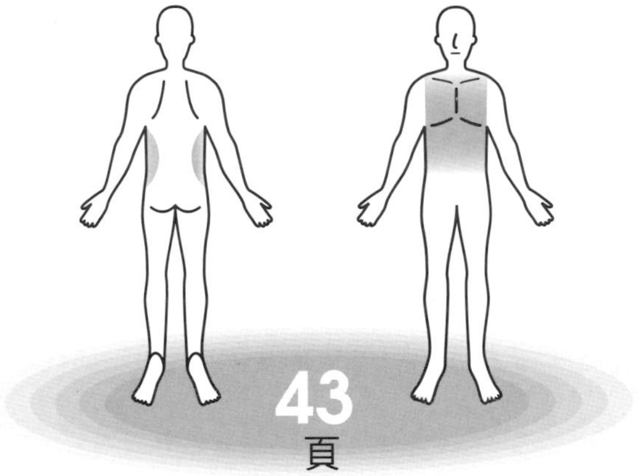

胸／側腹的疼痛、麻木

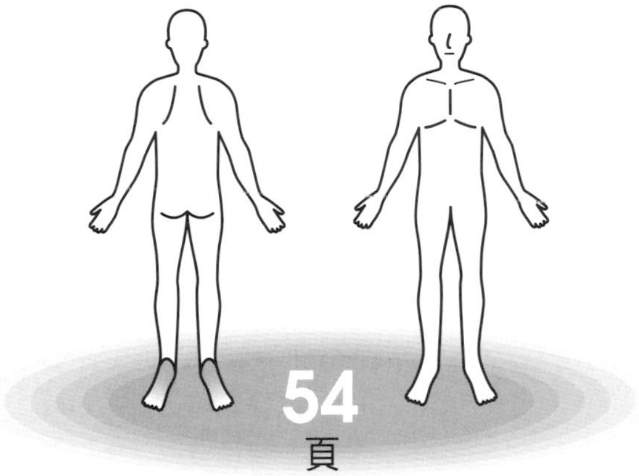

腳底的疼痛、麻木

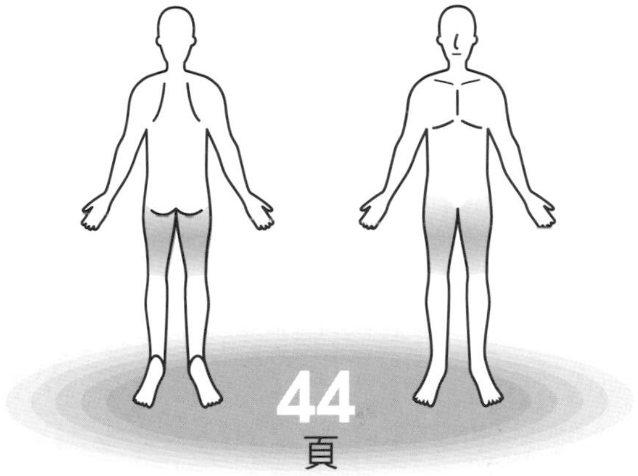

髖關節／大腿部（腹股溝～膝以上）的疼痛、麻木

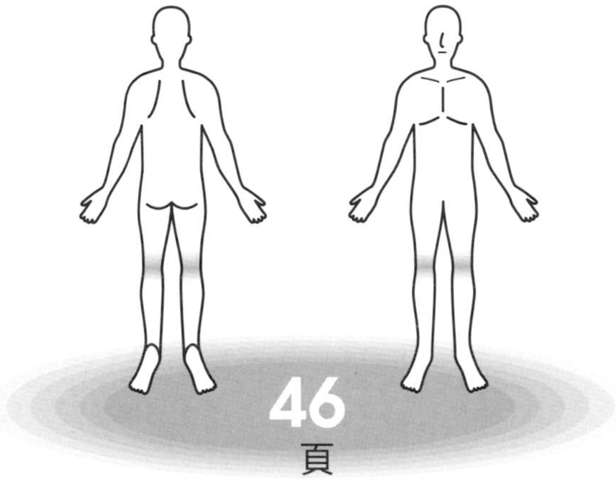

膝關節的疼痛、麻木

關於其他部位或疼痛，請參考「其他」（本文239頁以後）

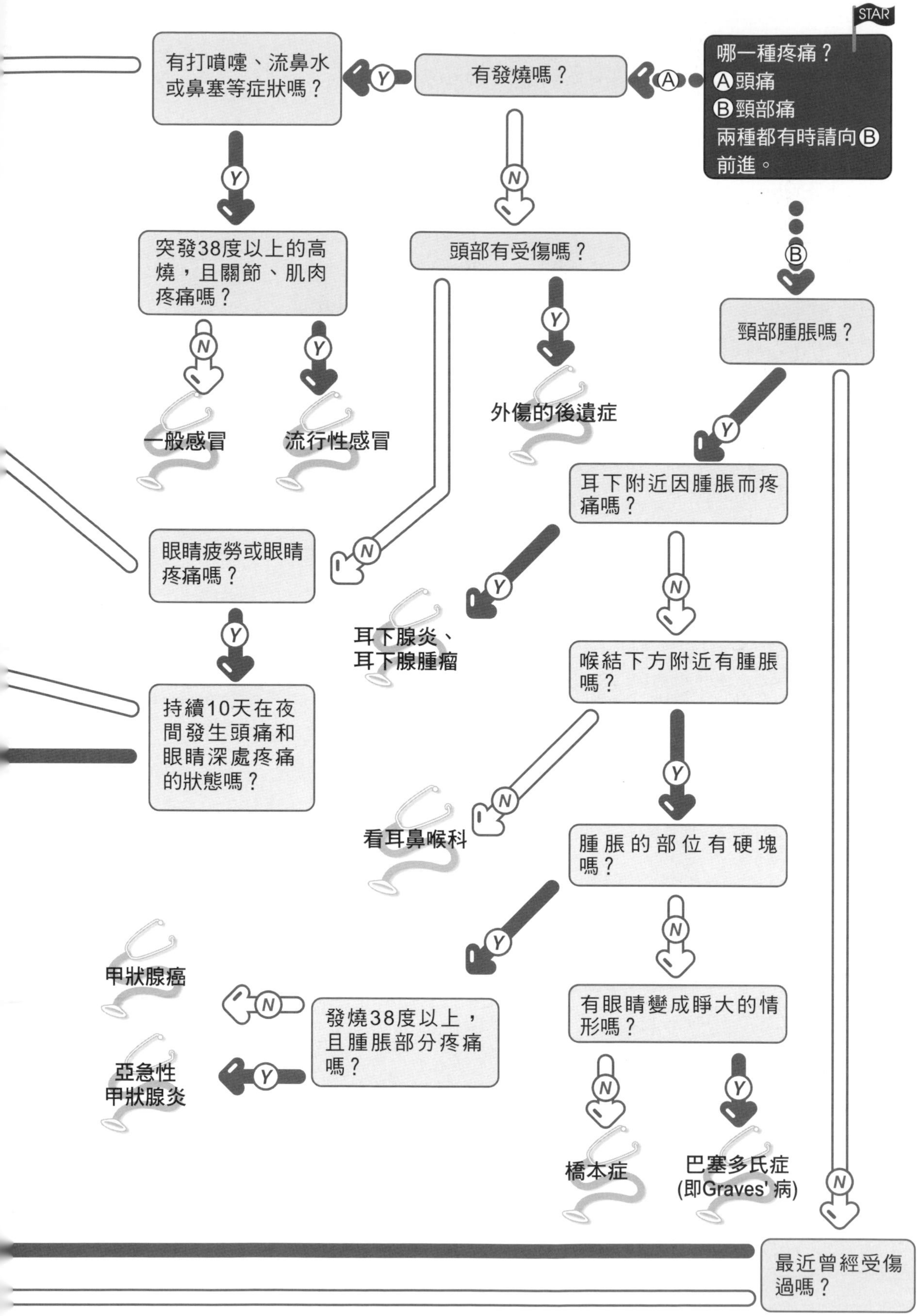
STAR
哪一種疼痛？
Ⓐ頭痛
Ⓑ頸部痛
兩種都有時請向Ⓑ前進。
有發燒嗎？
有打噴嚏、流鼻水或鼻塞等症狀嗎？
突發38度以上的高燒，且關節、肌肉疼痛嗎？
一般感冒
流行性感冒
頭部有受傷嗎？
外傷的後遺症
眼睛疲勞或眼睛疼痛嗎？
持續10天在夜間發生頭痛和眼睛深處疼痛的狀態嗎？
頸部腫脹嗎？
耳下附近因腫脹而疼痛嗎？
耳下腺炎、耳下腺腫瘤
喉結下方附近有腫脹嗎？
看耳鼻喉科
腫脹的部位有硬塊嗎？
發燒38度以上，且腫脹部分疼痛嗎？
甲狀腺癌
亞急性甲狀腺炎
有眼睛變成睜大的情形嗎？
橋本症
巴塞多氏症(即Graves' 病)
最近曾經受傷過嗎？

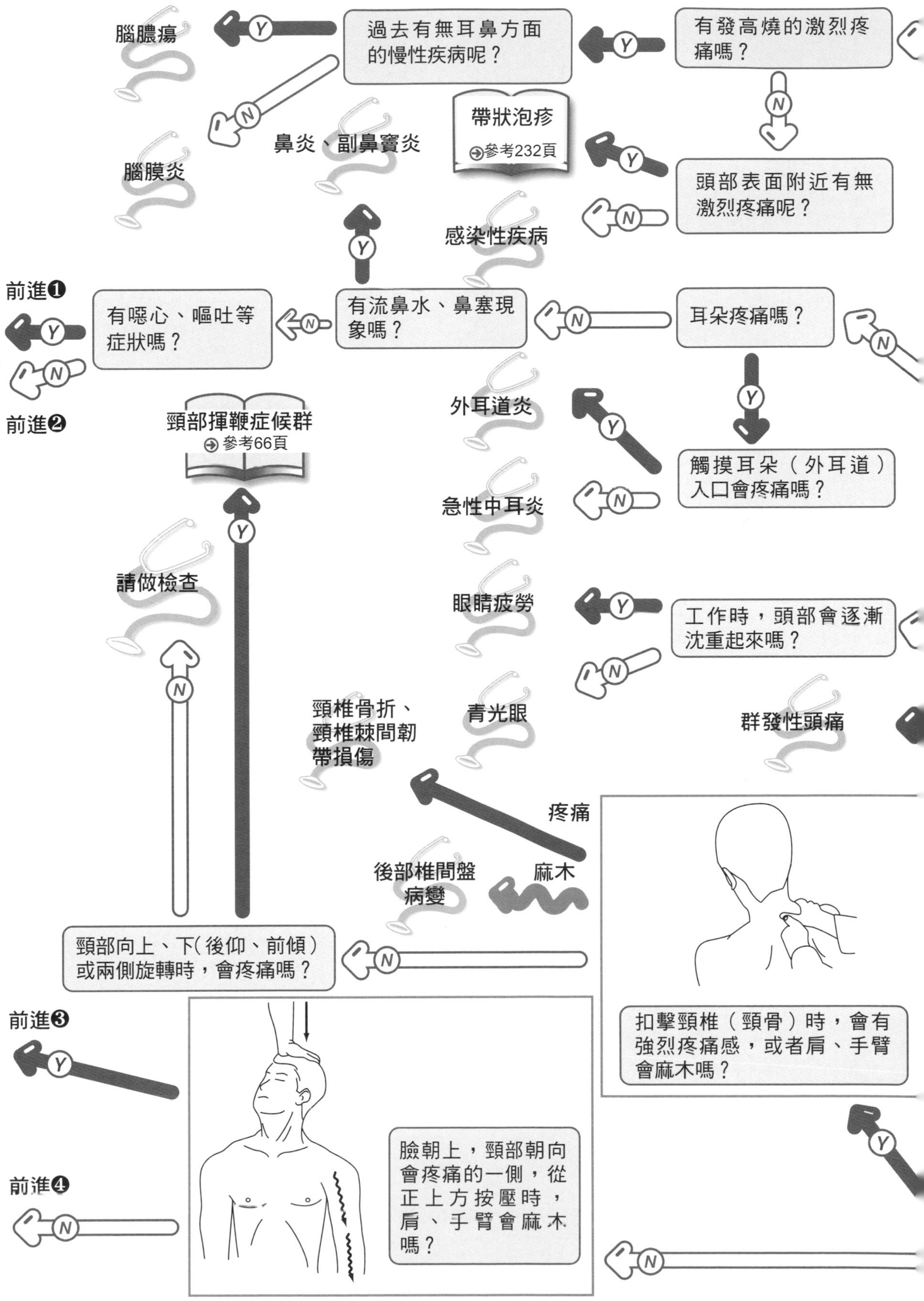
腦膿瘍
過去有無耳鼻方面的慢性疾病呢？
有發高燒的激烈疼痛嗎？
鼻炎、副鼻竇炎
帶狀泡疹
參考232頁
腦膜炎
頭部表面附近有無激烈疼痛呢？
感染性疾病
前進❶
有噁心、嘔吐等症狀嗎？
有流鼻水、鼻塞現象嗎？
耳朵疼痛嗎？
外耳道炎
前進❷
頸部揮鞭症候群
參考66頁
觸摸耳朵（外耳道）入口會疼痛嗎？
急性中耳炎
請做檢查
眼睛疲勞
工作時，頭部會逐漸沈重起來嗎？
頸椎骨折、頸椎棘間韌帶損傷
青光眼
群發性頭痛
疼痛
後部椎間盤病變
麻木
頸部向上、下(後仰、前傾)或兩側旋轉時，會疼痛嗎？
扣擊頸椎（頸骨）時，會有強烈疼痛感，或者肩、手臂會麻木嗎？
前進❸
前進❹
臉朝上，頸部朝向會疼痛的一側，從正上方按壓時，肩、手臂會麻木嗎？
Y
N

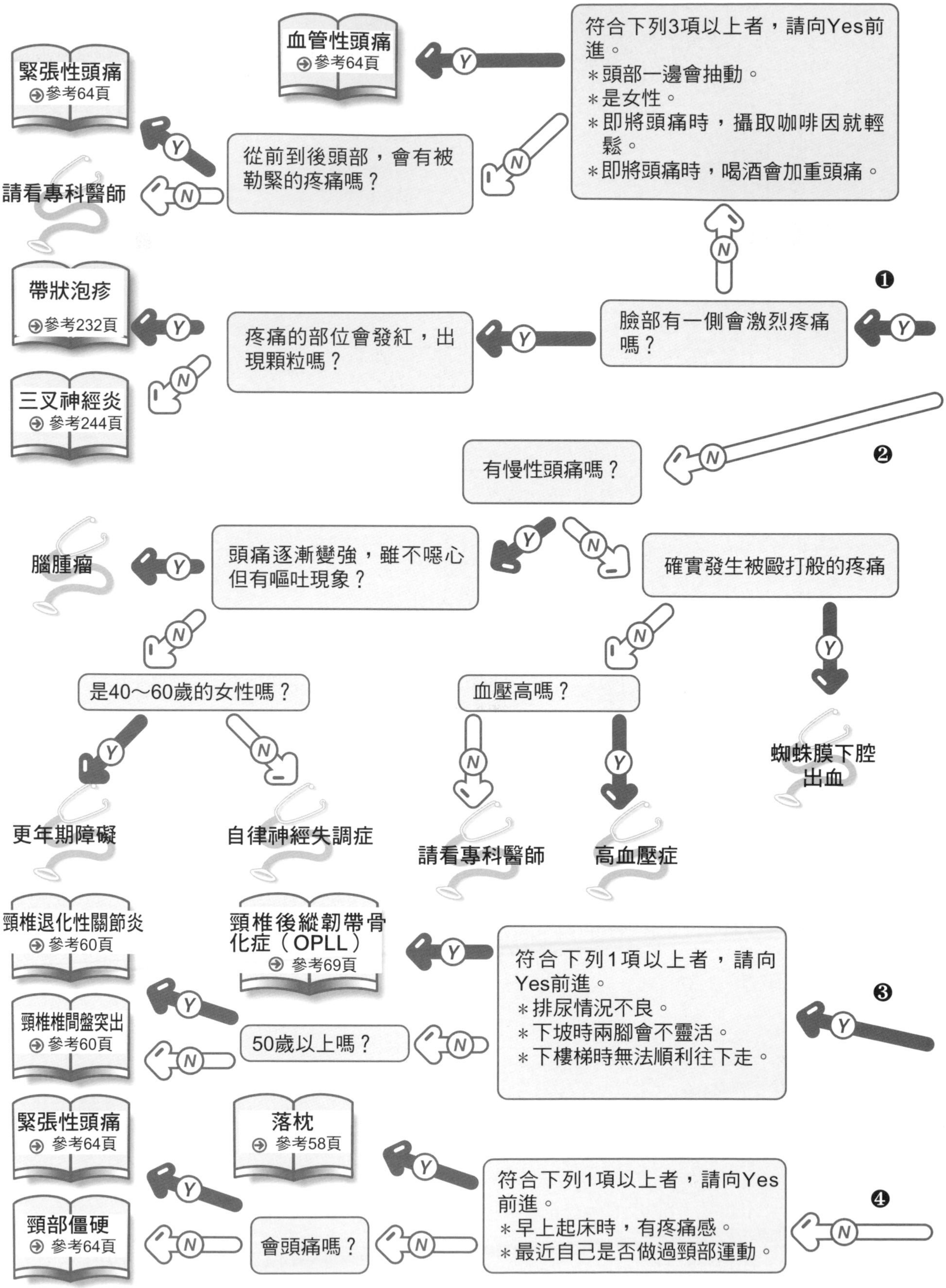
❶
臉部有一側會激烈疼痛嗎？
疼痛的部位會發紅，出現顆粒嗎？
帶狀泡疹 參考232頁
三叉神經炎 參考244頁
符合下列3項以上者，請向Yes前進。
＊頭部一邊會抽動。
＊是女性。
＊即將頭痛時，攝取咖啡因就輕鬆。
＊即將頭痛時，喝酒會加重頭痛。
血管性頭痛 參考64頁
從前到後頭部，會有被勒緊的疼痛嗎？
緊張性頭痛 參考64頁
請看專科醫師
❷
有慢性頭痛嗎？
頭痛逐漸變強，雖不噁心但有嘔吐現象？
腦腫瘤
是40～60歲的女性嗎？
更年期障礙
自律神經失調症
確實發生被毆打般的疼痛
蜘蛛膜下腔出血
血壓高嗎？
請看專科醫師
高血壓症
❸
符合下列1項以上者，請向Yes前進。
＊排尿情況不良。
＊下坡時兩腳會不靈活。
＊下樓梯時無法順利往下走。
頸椎後縱韌帶骨化症（OPLL） 參考69頁
50歲以上嗎？
頸椎退化性關節炎 參考60頁
頸椎椎間盤突出 參考60頁
❹
符合下列1項以上者，請向Yes前進。
＊早上起床時，有疼痛感。
＊最近自己是否做過頸部運動。
落枕 參考58頁
會頭痛嗎？
緊張性頭痛 參考64頁
頸部僵硬 參考64頁
Y
N

STAR

左右哪一側的肩膀僵硬、疼痛呢？

Y → 是左肩疼痛嗎？

N → 主要在右肩，也伴隨背部和腹部的疼痛嗎？

Y → 膽結石、食道炎

N → 肩膀深部疼痛，咳嗽時會激烈疼痛嗎？

Y → 肺炎、呼吸器官的疼痛

N → 最近受過傷嗎？

N → 前進❶

Y → 跳到30頁。

是左肩疼痛嗎？ Y → 有胸痛或被勒緊的感覺嗎？

Y → 肋膜炎或狹心症、心肌梗塞

N → 有胸口疼痛或伴隨不適應嗎？

Y → 胰臟炎或胃部疾病

N → 最近受過傷嗎？

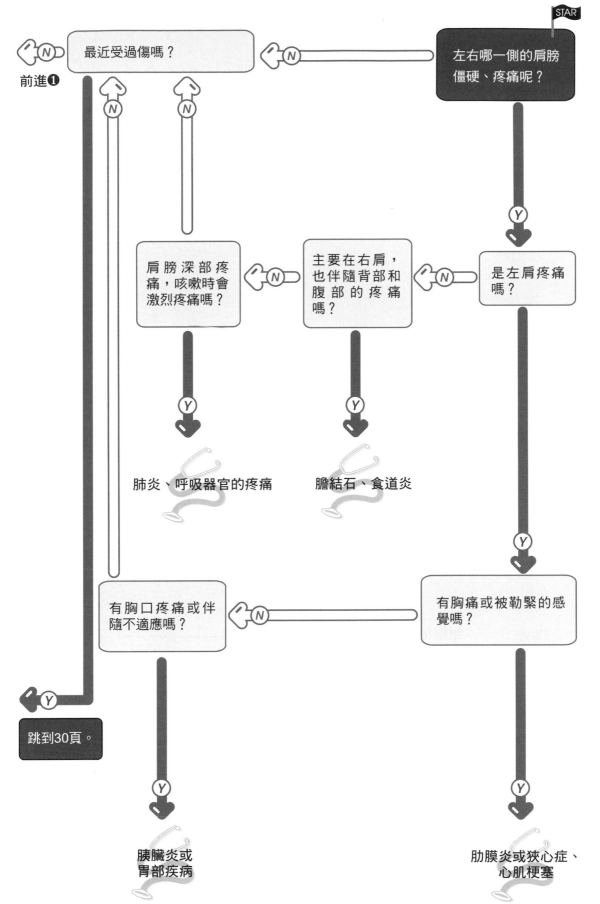

❶

會麻木嗎？

符合下列3項以上者，請向Yes前進。

＊夜間，肩膀會痛
＊睡覺時，無法採取疼痛側肩膀朝下側臥的姿勢。
＊無法採取整理後面頭髮的姿勢。（結髮障礙）
＊30歲以上
＊不能採取把手繞到背部觸摸上面的姿勢（結帶障礙）

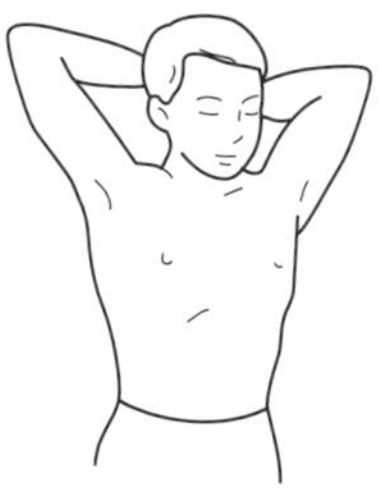

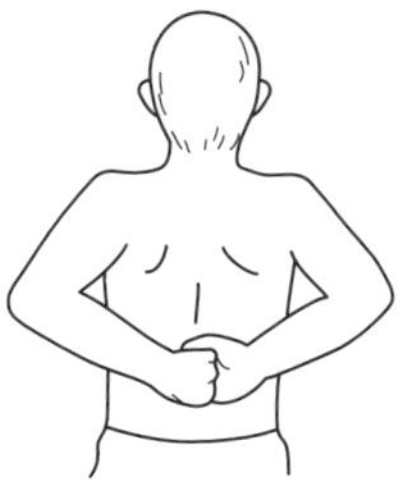

肩膀是否長時間受到背包或側背包的壓迫呢？

背包麻痺

請暫時觀察狀況

臉朝上，頸部傾向會麻木的一側，從頭頂往下按壓時，肩、手臂的麻木會變強嗎？

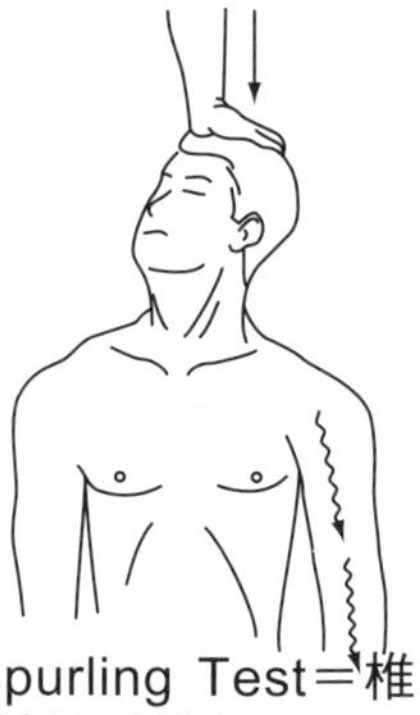

（Spurling Test＝椎間孔擠壓試驗）

請做檢查

麻木之外有無內科症狀呢？

懷疑心肌梗塞
請看專科醫師

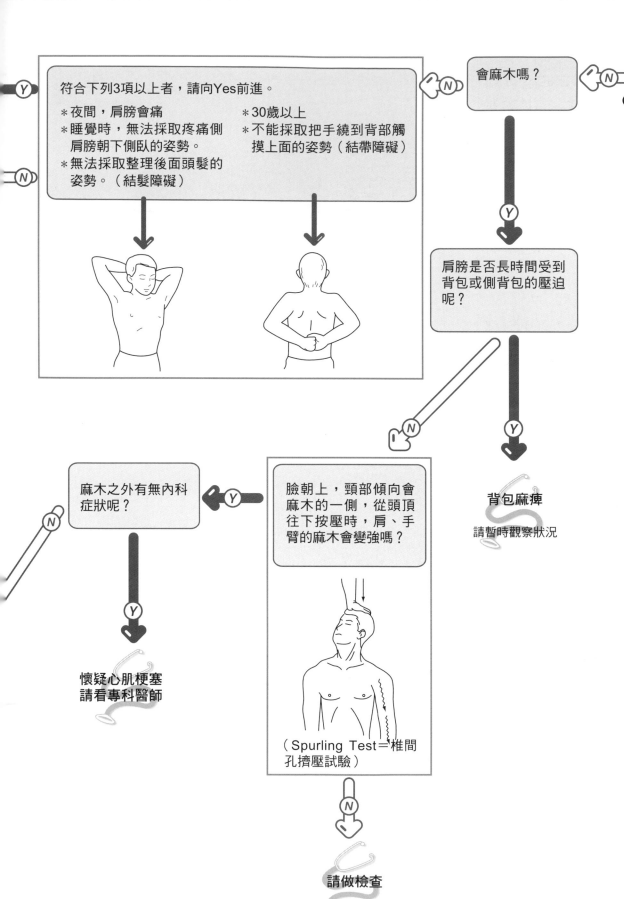

四十肩、五十肩
參考71頁

把疼痛側的肩膀朝外側抬高
①80度～120度之間會疼痛
②80度以上，手在觸及頭部之前都會痛。

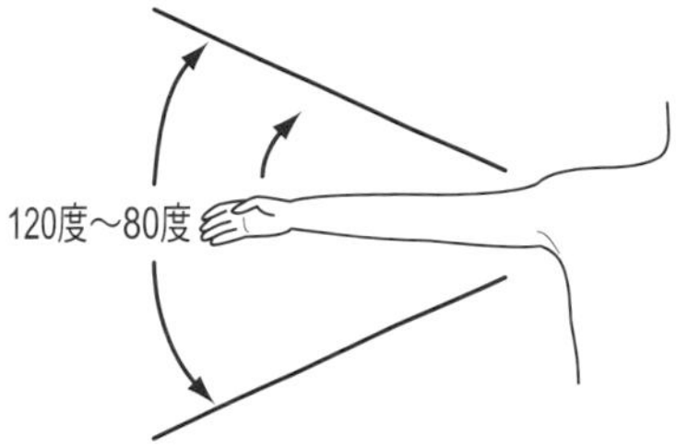

① 肩夾擊症候群
(棘上肌肌腱炎)
參考82頁

② 三角肌發炎症
參考88頁

不痛

坐下，如圖般舉高雙手，兩手手指以握拳、張開（石頭、布）的動作進行3分鐘，手臂的疼痛、麻木或無力感會增強嗎？

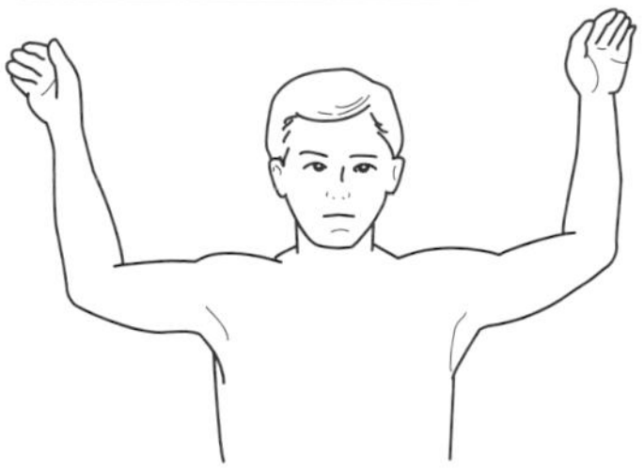

（Roos Test=路斯試驗）

Y：胸廓出口症候群
參考84頁

N：

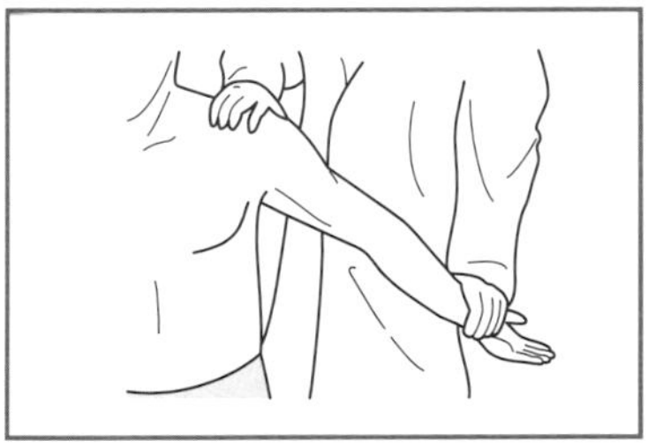

採取上圖的姿勢（雙手張開）時，肩膀前部會疼痛嗎？

Y：上臂二頭肌長頭肌腱炎
參考78頁

N：

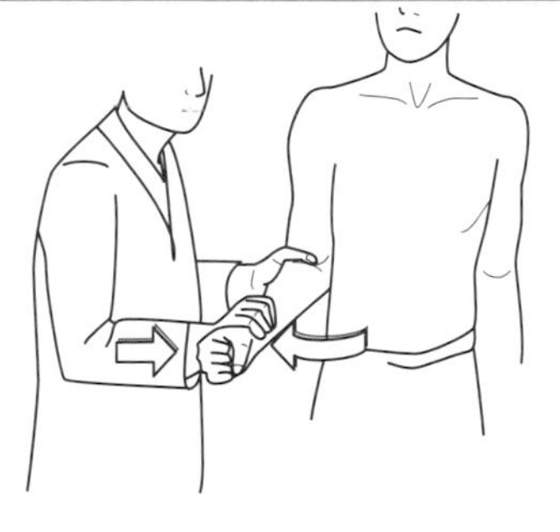

手肘貼著身體朝外側轉動時會疼痛嗎？

Y：棘下肌、小圓肌炎
參考80頁

N：一般的肩膀僵硬
參考86頁

下樓梯時無法順利往下走，或者兩腳會不靈活。另外，排尿狀況也不好嗎？

Y：頸椎後縱韌帶骨化症（OPLL）
參考69頁

N：50歲以上嗎？

Y：頸椎退化性關節炎
參考60頁

N：頸椎椎間盤突出
參考60頁

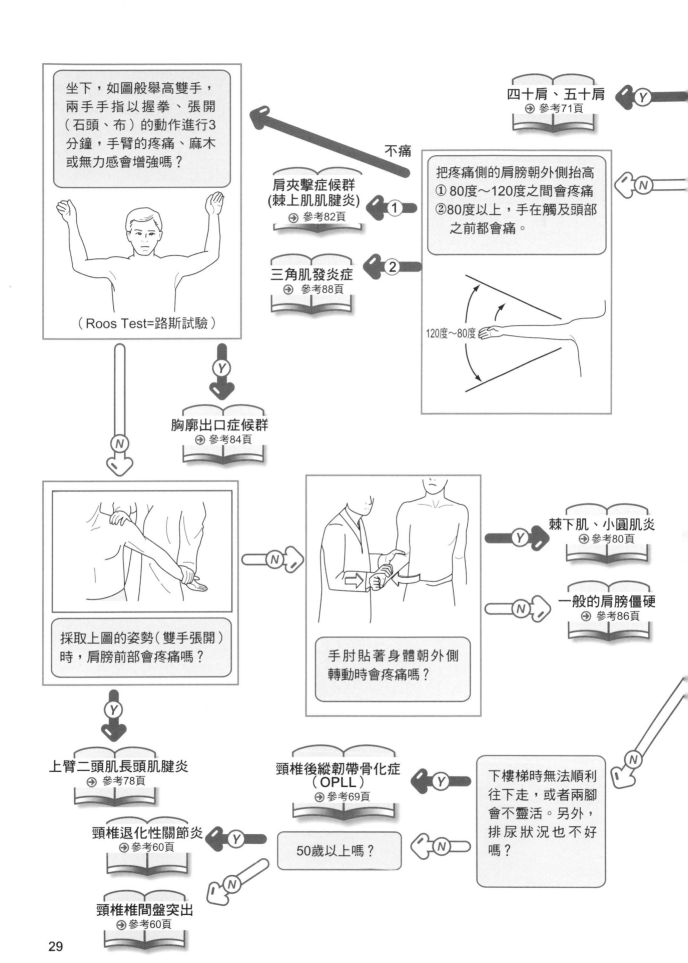

接27頁（受傷的情形）

Y →

只要符合下列1項者，請向Yes前進。
＊輕微接觸就會疼痛。
＊體溫變高。
＊會噁心。
＊會暈眩。

Y → 有骨折的懷疑
請看專科醫師

N →

用疼痛側的手臂去觸摸不疼痛側的肩膀看看！

N → 肩關節脫臼
➜參考74頁

做得到 Y →

輕輕按壓箭頭的鎖骨外側就會激烈疼痛。

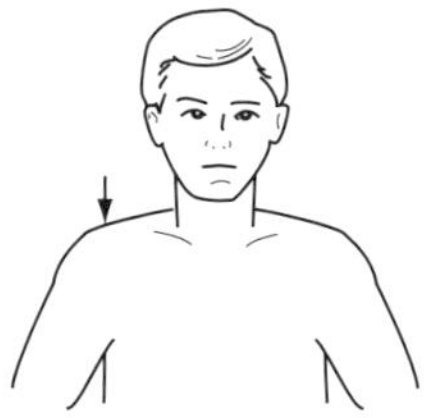

Y → 肩鎖關節脫臼
➜參考76頁

N → 肌肉或韌帶的發炎症

START

最近有無受傷或因跌倒手著地的情形呢？

Y → 前進❶

N ↓

除了關節痛或肌肉痛外，有無發燒或身體倦怠呢？

Y → 前進❷

N ↓

會疼痛或麻木嗎？

會疼痛 →

Ⓐ～Ⓒ的疼痛是在哪個部位呢？

Ⓐ

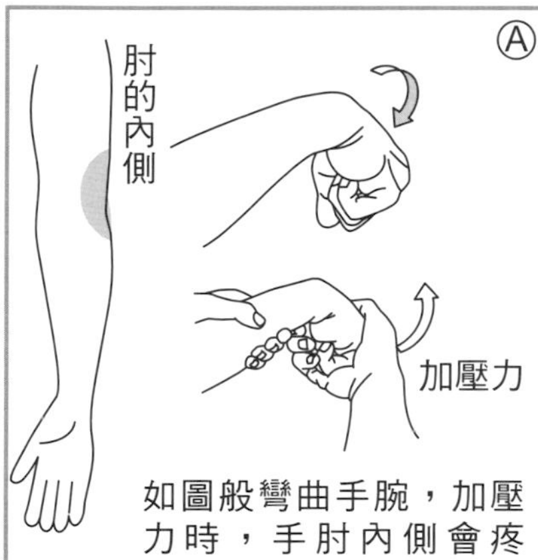

如圖般彎曲手腕，加壓力時，手肘內側會疼痛。

Y → 肱骨內上髁炎 ➔參考96頁

N → 請做檢查

Ⓑ

伸直中指，加壓力下（用力下壓，）手指不要彎曲。此時，手肘外側會疼痛。

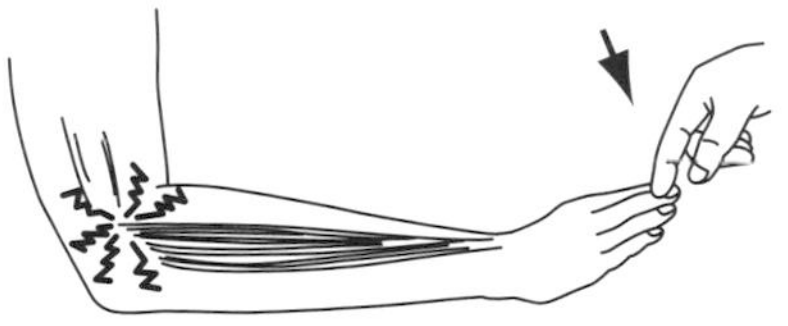

（Middle Finger Test）

握拳，朝手背方向彎曲。此時加壓力，手肘外側會疼痛。

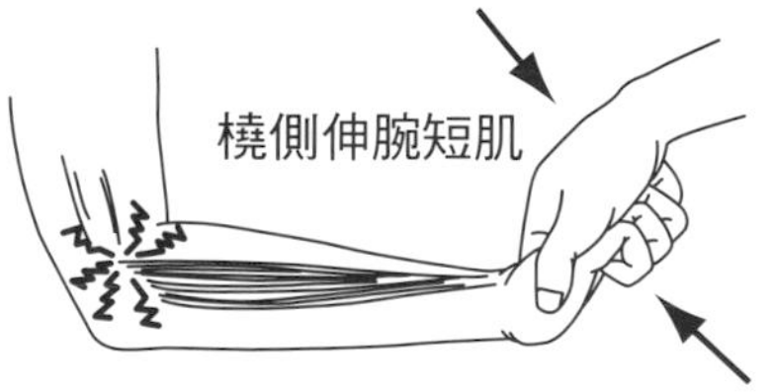

（Thomsen Test）

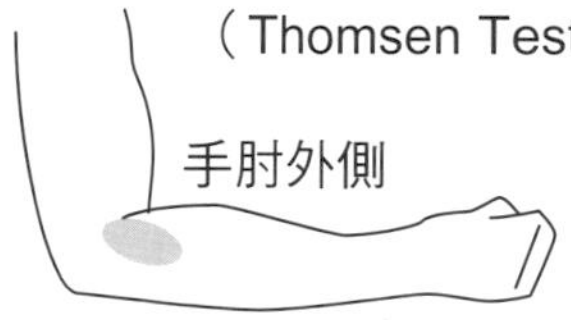

Y → 肱骨外上髁炎 ➔參考93頁

N → 請做檢查

Ⓒ

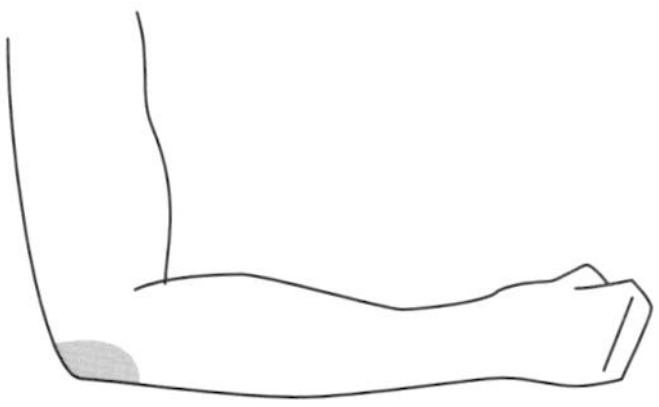

手肘凸出部

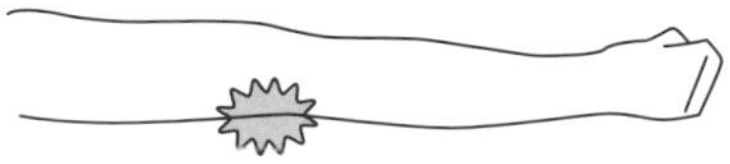

伸直手肘時會疼痛

Y → 肱骨鷹嘴窩炎 ➔參考100頁

N → 請做檢查

會麻 → 前進❸

❶

只要符合下列1項者，請向Yes前進。
＊輕輕觸摸疼痛處會有激烈疼痛感。
＊體溫升高
＊會噁心
＊會暈眩

Y → / N →

❷

有無發燒38度以上，而且咳嗽、喉嚨痛呢？
Y → 流行性感冒
N ↓

左右的肘關節有無腫脹、僵硬疼痛呢？
Y → 類風濕關節炎
➔ 參考106頁
N ←

皮膚下有無硬塊，或者手腳皮膚發紅疼痛呢？
Y → 膠原病的結節性多發動脈炎
N ↓

手指和手背是否腫脹，有如麻糬般的彈性呢？
Y → 膠原病的混合性結締組織病
N ↓

從兩頰到鼻子的皮膚，有無如蝴蝶狀的紅斑呢？
Y → 膠原病的全身紅斑性狼瘡
N ↓

沒有運動但肌肉會痛，起床困難，身體倦怠嗎？
Y → 膠原病的多發性肌炎
N → 請做檢查

❸

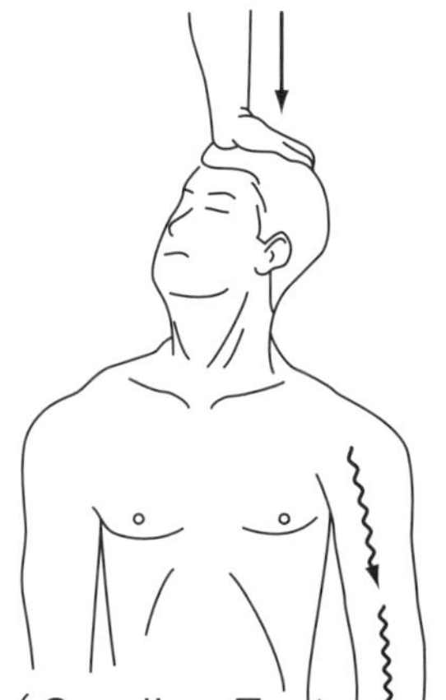
（Spurling Test＝椎間孔擠壓試驗）

臉朝上，頸部傾向會疼痛的一側，從正上方（頭頂往下）按壓時，肩、手臂的麻木會增強嗎？
Y ↓
N →

除了麻木以外，還有內科症狀嗎？
Y → 懷疑有心肌梗塞請看專科醫師

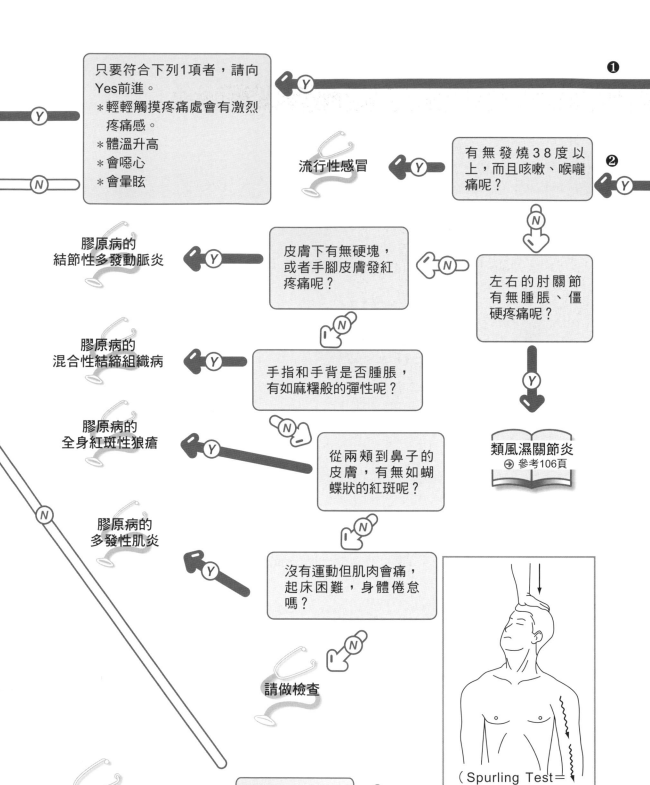

①時的外側

N 前進❶

疼痛的部位是①或②，或者兩者以外的部位呢？

②時的內側

前進❷

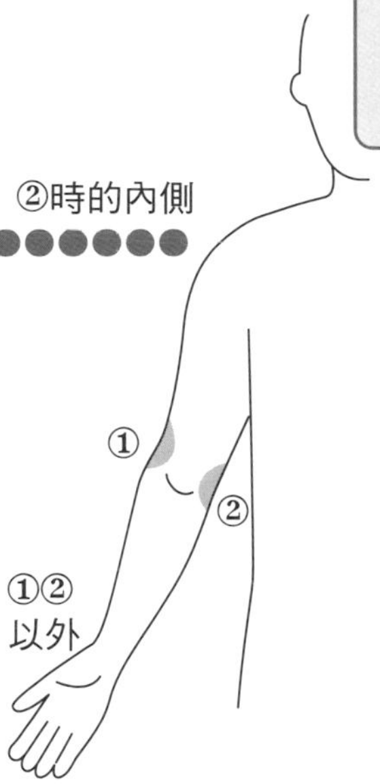

前進❸

Y

懷疑有骨折
請看專科醫師
（請冷敷患部）

N

N

下樓梯時無法順利往下走，或者兩腳會不靈活。另外，排尿狀況也不好嗎？

Y

頸椎後縱韌帶骨化症（OPLL）
參考69頁

N

50歲以上嗎？

Y

頸椎退化性關節炎
參考60頁

N

頸椎椎間盤突出
參考60頁

只要符合下列1項者，請向Yes前進。

＊ 手肘外側如右圖般扣擊時，無名指、小指的麻木增強。

※請和不麻木的手比較看看

＊ 手肘原本就如左圖般向外側傾斜。

※以女性居多

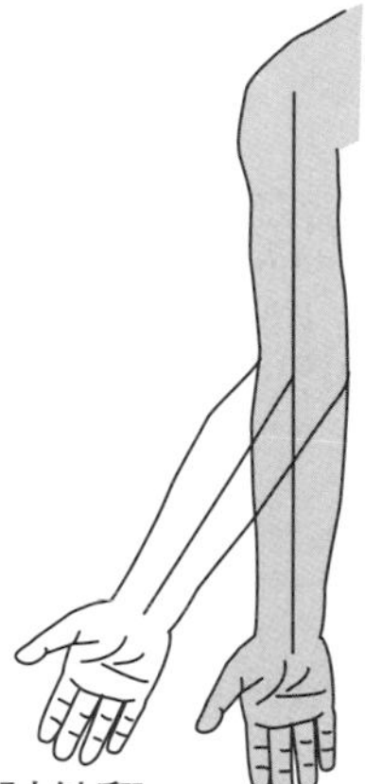

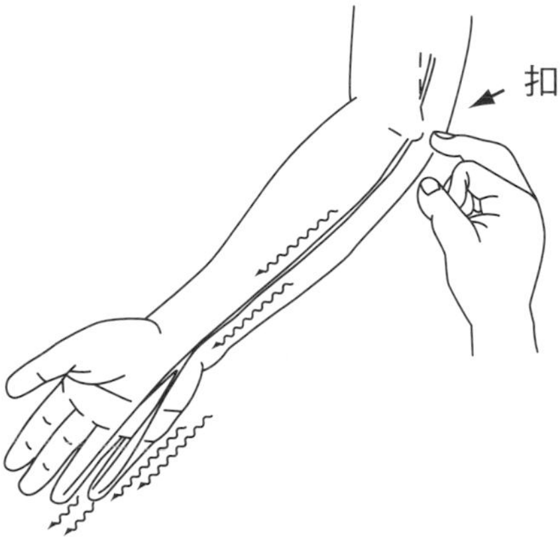

Y 前進❹

N 前進❺

N

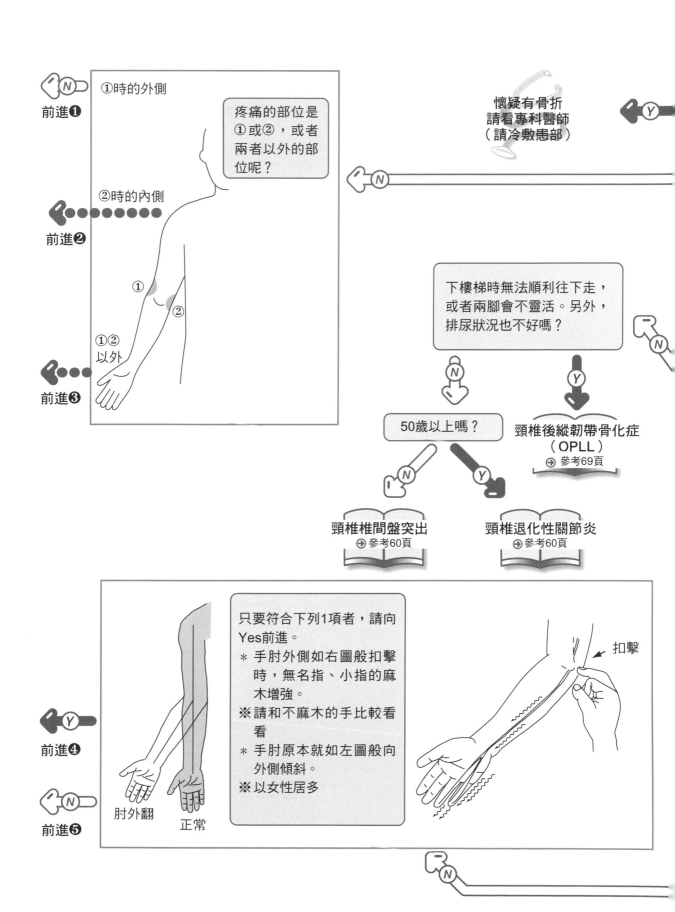

❶ N

12歲以下，手臂無法抬高嗎？

Y → 肘內障
參考98頁

N →

以伸直手肘的狀態，把肘的內側依箭頭方向按壓時，肘的外側會痛。

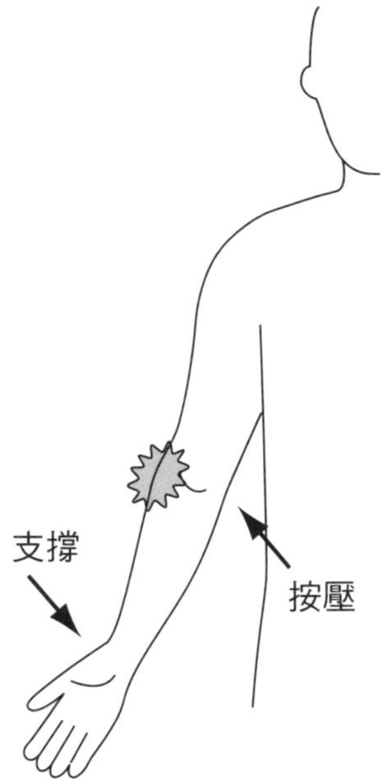

Y → 肘關節外側側副韌帶損傷
參考92頁

N →

❷

以伸直手肘的狀態，把肘的外側依箭頭方向按壓時，肘的內側會痛。

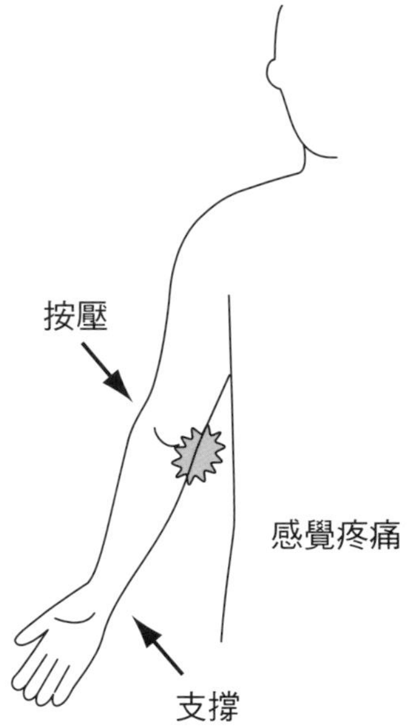

Y → 肘關節內側側副韌帶損傷
參考92頁

N →

下列2項都符合者，請向Yes前進。

＊60歲以上

＊開始活動時會疼痛，但經過一段時間後，疼痛即會緩和

N → 請做檢查

Y → 退化性肘關節炎

❸ 肌肉疼痛引起的可能性大

❹ Y → 肘隧道症候群
參考90頁

❺ N → 請做檢查

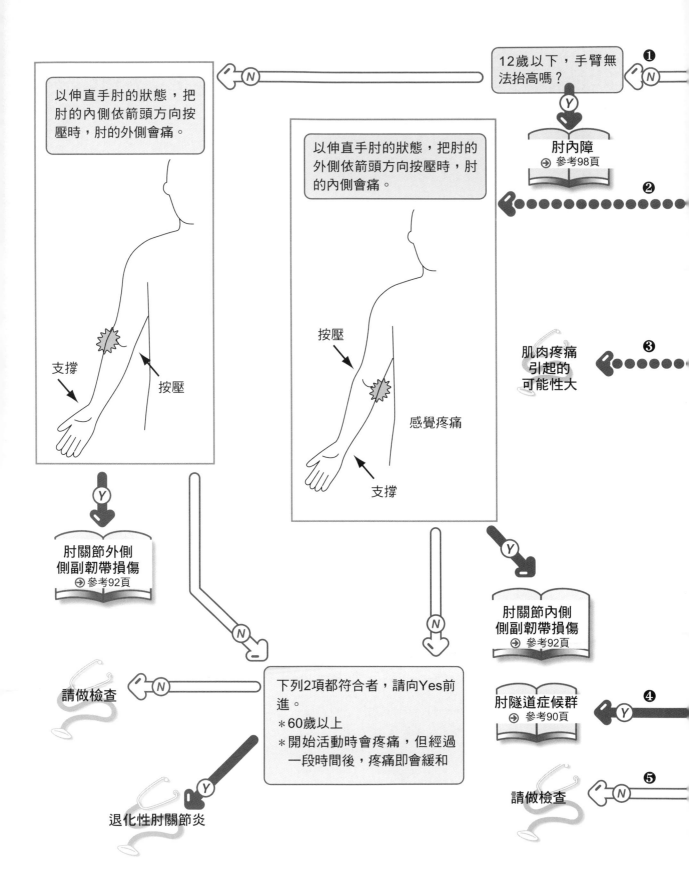

手腕/手指的疼痛、麻木、顫抖

STAR

手指會顫抖嗎？

Y → 處在極度緊張狀態才會顫抖嗎？

Y → 自然現象，擔心的話請看身心內科

N → 手指顫抖時，尿量會減少或無法排出嗎？

Y → 尿毒症

N → 手指顫抖時會伴隨突然發燒、頭痛、腹痛、皮膚和眼白變黃等症狀嗎？

Y → 急性肝炎

N → 中年以上者是否手腳肌肉僵硬，面無表情呢？

Y → 巴金森氏症

N → 前進❶

N → 最近有無明顯受傷呢？

Y → 疼痛在Ⓐ～Ⓔ中的哪個部位呢？

ⒹⒺ在36頁。

Ⓐ拇指的根部 → Bennett氏脫臼骨折

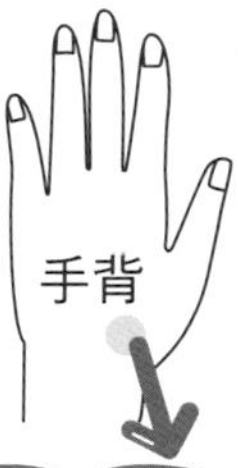

Ⓑ略凹陷的部位 → 舟狀骨骨折

參考118頁

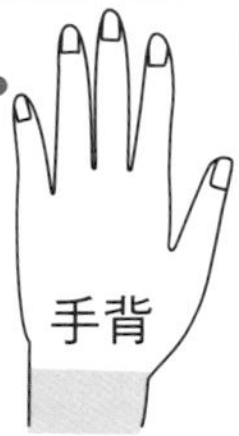

Ⓒ手腕 → 前進Ⓒ

在Ⓐ～Ⓔ之外，請做檢查

N → 除了手部會麻木、疼痛、無力以外，另有發燒、身體倦怠的情形嗎？

Y → 有38度以上的高燒或者咳嗽、喉嚨痛嗎？

Y → 流行性感冒

N → 左右手的手指關節會僵硬、腫脹、疼痛嗎？

Y → 類風濕關節炎

參考106頁

N → 會經常口渴，尿有甜酸味嗎？

Y → 橋本病

N → 接觸冷水、冷氣時，手指會蒼白冰涼或產生麻木感嗎？

Y → 雷諾氏病

N → 請做檢查

N → 手指不容易彎曲，若勉強彎曲即不易再伸直（扣板機現象）

Y → 板機指

參考103頁

N → 符合下面哪一項呢？
Ⓐ沒有麻木感
Ⓑ會疼痛

Ⓐ → 沒有麻木感的部位在Ⓐ～Ⓒ中的哪裡呢？

ⒷⒸ在36頁。

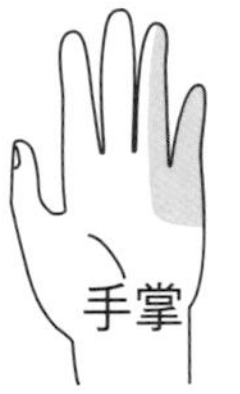

Ⓐ小指、無名指外側 → 臉朝上，頸部傾向會疼痛的一側，從正上方（頭頂往下）按壓時，麻木感是否更嚴重嗎？

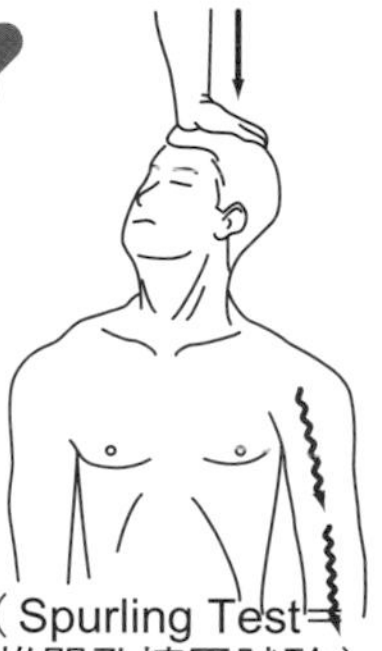

（Spurling Test＝椎間孔擠壓試驗）

Y → 前進❷

N → 跳到37頁的❶

Ⓑ → 跳到38頁的❸

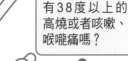

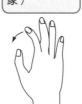

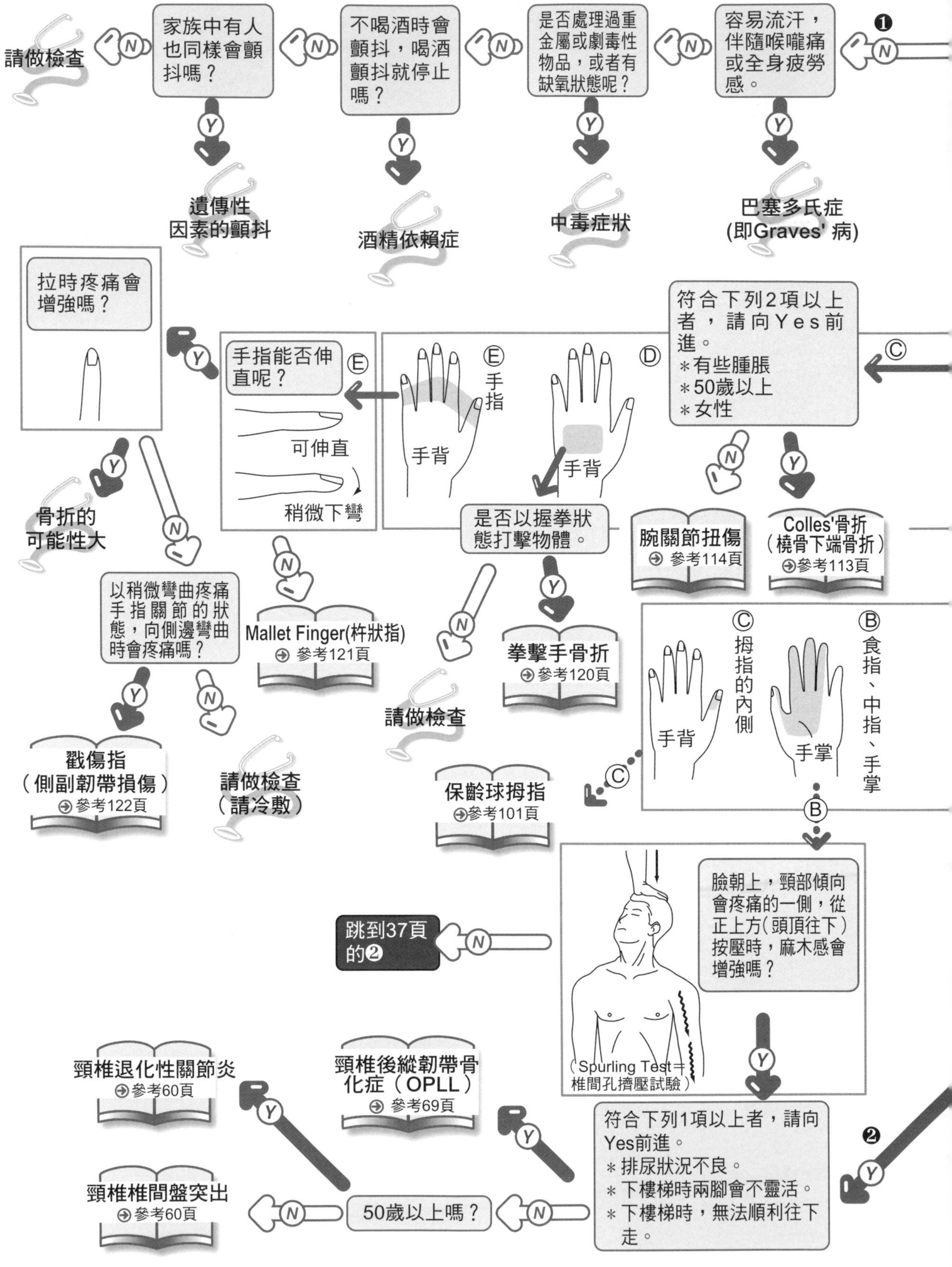

家族中有人也同樣會顫抖嗎？
不喝酒時會顫抖，喝酒顫抖就停止嗎？
是否處理過重金屬或劇毒性物品，或者有缺氧狀態呢？
容易流汗，伴隨喉嚨痛或全身疲勞感。
❶
請做檢查
遺傳性因素的顫抖
酒精依賴症
中毒症狀
巴塞多氏症(即Graves' 病)
符合下列2項以上者，請向Yes前進。
＊有些腫脹
＊50歲以上
＊女性
Ⓒ
Ⓓ
Ⓔ 手指
手背
手背
手指能否伸直呢？ Ⓔ
可伸直
稍微下彎
拉時疼痛會增強嗎？
是否以握拳狀態打擊物體。
腕關節扭傷 參考114頁
Colles'骨折（橈骨下端骨折）參考113頁
骨折的可能性大
以稍微彎曲疼痛手指關節的狀態，向側邊彎曲時會疼痛嗎？
Mallet Finger(杵狀指) 參考121頁
拳擊手骨折 參考120頁
請做檢查
Ⓒ 拇指的內側
Ⓑ 食指、中指、手掌
手背
手掌
戳傷指（側副韌帶損傷）參考122頁
請做檢查（請冷敷）
保齡球拇指 參考101頁
Ⓒ
Ⓑ
臉朝上，頸部傾向會疼痛的一側，從正上方(頭頂往下)按壓時，麻木感會增強嗎？
(Spurling Test＝椎間孔擠壓試驗)
跳到37頁的❷
頸椎退化性關節炎 參考60頁
頸椎後縱韌帶骨化症（OPLL）參考69頁
符合下列1項以上者，請向Yes前進。
＊排尿狀況不良。
＊下樓梯時兩腳會不靈活。
＊下樓梯時，無法順利往下走。
❷
頸椎椎間盤突出 參考60頁
50歲以上嗎？

❷ 接36頁

只要符合下列3項中的1項，
請向Yes前進。

①扣擊手腕的正中央，中指、食指會麻木嗎？

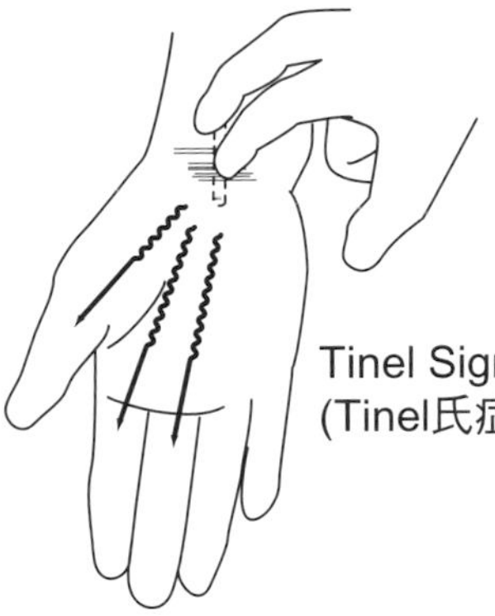

②採取這種姿勢時會麻木

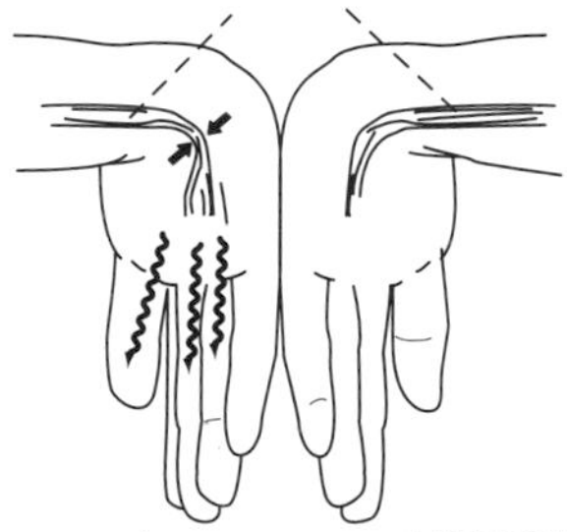

（Phalen Test=法蘭氏試驗）

③有灼熱般疼痛或者夜間痛，但擺動手就輕鬆嗎？

N → 請做檢查

Y → 腕隧道症候群
➔ 參考110頁

❶ 接P35

只要符合下列3項中的1項，
請向Yes前進。

①有肘外翻

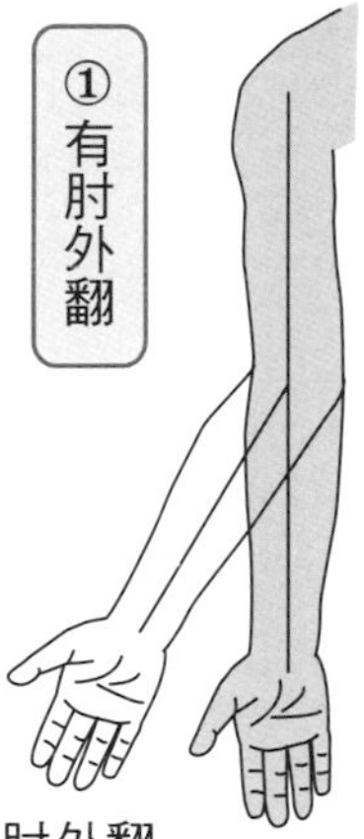

②扣擊肘的外側骨頭時，無名指和小指會麻木嗎？

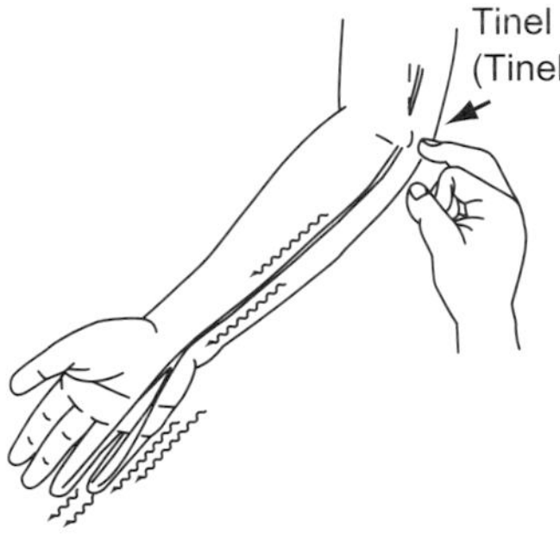

③從事彎曲手肘狀態工作或者長期使用振動工具的人

Y → 肘隧道症候群
➔ 參考90頁

N ↓

扣擊手腕的小指側時，無名指、小指會有麻木感（Tinel氏症候）嗎？

N → 請做檢查

Y → 尺骨管症候群
➔ 參考108頁

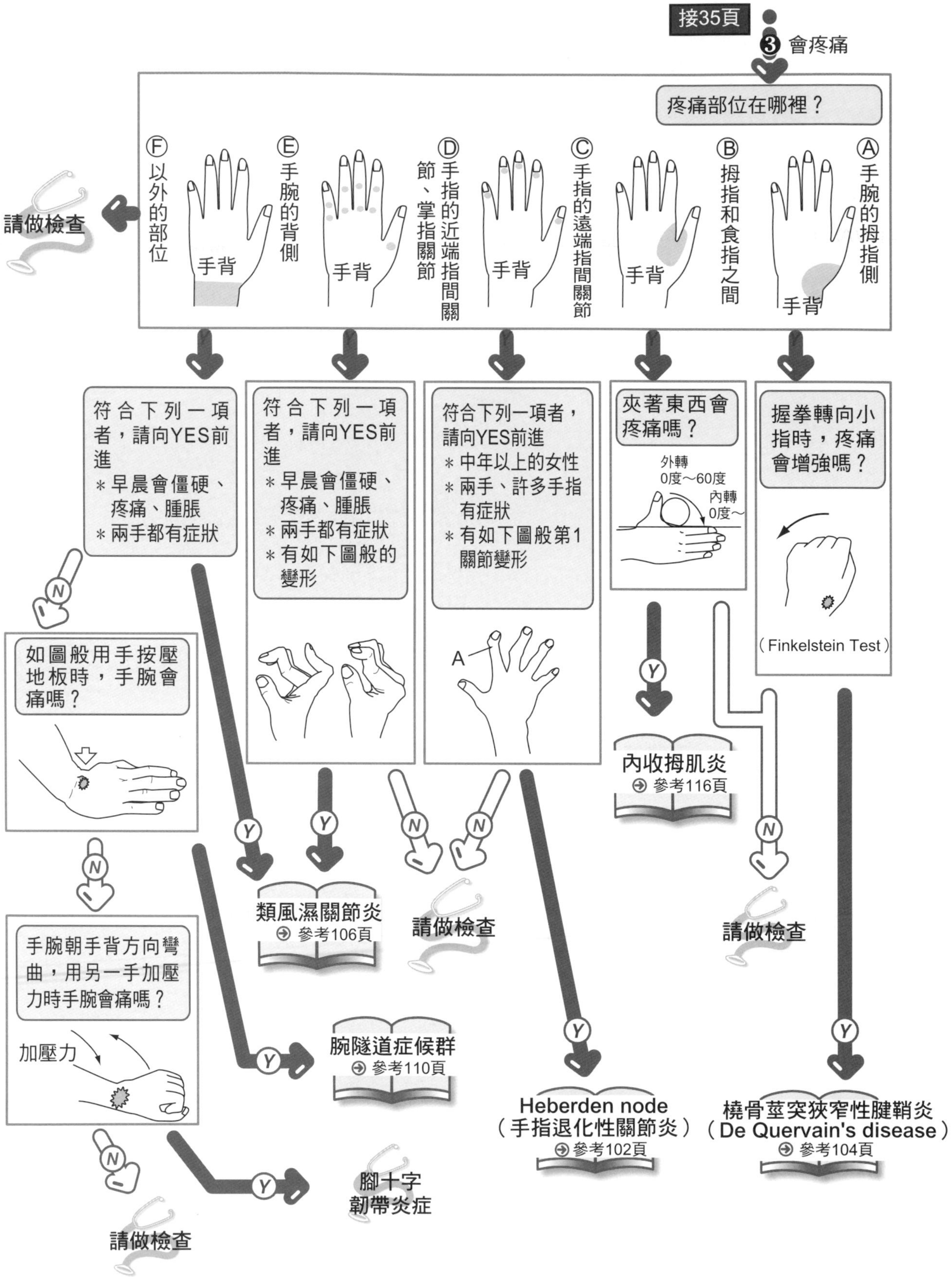

接35頁
3 會疼痛
疼痛部位在哪裡？
Ⓐ手腕的拇指側
手背
Ⓑ拇指和食指之間
手背
Ⓒ手指的遠端指間關節
手背
Ⓓ手指的近端指間關節、掌指關節
手背
Ⓔ手腕的背側
手背
Ⓕ以外的部位
手背
請做檢查
握拳轉向小指時，疼痛會增強嗎？
(Finkelstein Test)
Y
橈骨莖突狹窄性腱鞘炎
(De Quervain's disease)
參考104頁
N
請做檢查
夾著東西會疼痛嗎？
外轉
0度～60度
內轉
0度～
Y
內收拇肌炎
參考116頁
符合下列一項者，請向YES前進
＊中年以上的女性
＊兩手、許多手指有症狀
＊有如下圖般第1關節變形
A
Y
Heberden node
(手指退化性關節炎)
參考102頁
N
請做檢查
符合下列一項者，請向YES前進
＊早晨會僵硬、疼痛、腫脹
＊兩手都有症狀
＊有如下圖般的變形
Y
類風濕關節炎
參考106頁
N
符合下列一項者，請向YES前進
＊早晨會僵硬、疼痛、腫脹
＊兩手都有症狀
Y
N
如圖般用手按壓地板時，手腕會痛嗎？
Y
腕隧道症候群
參考110頁
N
手腕朝手背方向彎曲，用另一手加壓力時手腕會痛嗎？
加壓力
Y
腳十字韌帶炎症
N
請做檢查

背部的疼痛、麻木

STAR

除了背部疼痛外，還有腹痛、噁心、嘔吐等症狀嗎？

- N → 疼痛、麻木部位在Ⓐ～Ⓓ中的哪一項呢？
- Y → 腹部疼痛時會伴隨背部疼痛嗎？
  - N → 疼痛主要在右背部，有時會從右上腹部向下腹部分散嗎？
    - N → 持續激烈疼痛，全身衰弱嗎？
      - N → 安靜時仍會疼痛時，請看內科。
      - Y → 重大疾病，請看內科、骨科。
    - Y → 肝病或膽囊疾病，請看內科。
  - Y → 主要和飲食有關引起的嗎？
    - Y → 胃、十二指腸等疾病，請看內科。
    - N → 尿的顏色比平時紅嗎？
      - Y → 腎臟的疾病請看內科
      - N → 持續長久的情形，懷疑動脈硬化，請看內科、血管外科。

疼痛、麻木部位在Ⓐ～Ⓓ中的哪一項呢？

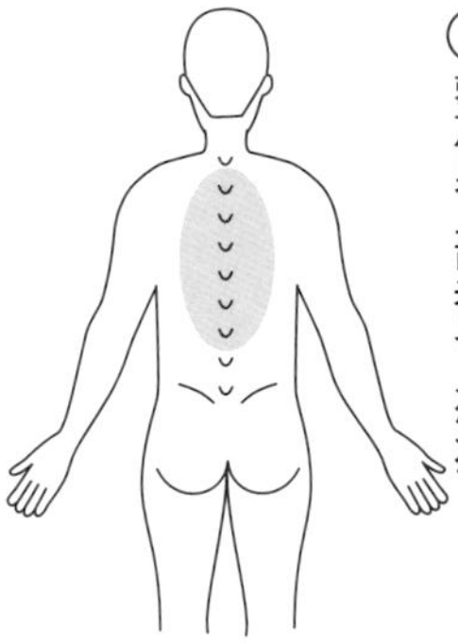

Ⓐ整個背部都會疼痛

前進Ⓐ

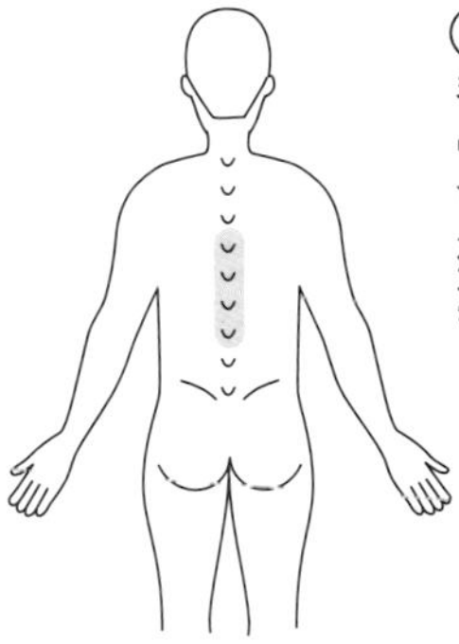

Ⓑ脊骨會疼痛

前進Ⓑ

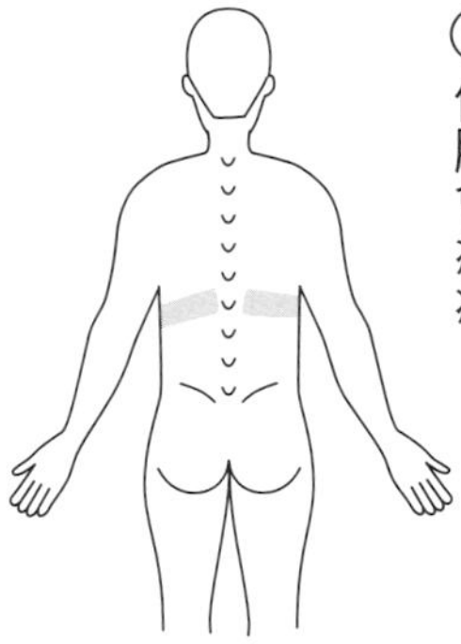

Ⓒ側腹會疼痛

前進Ⓒ

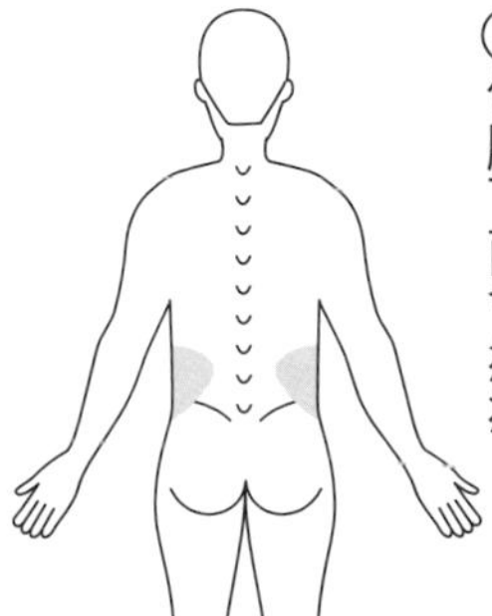

Ⓓ側腹下面會疼痛

前進Ⓓ

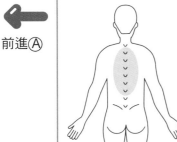

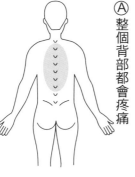

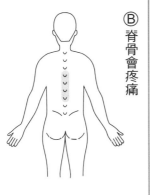

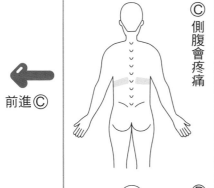

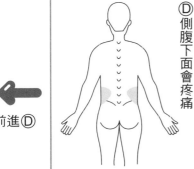

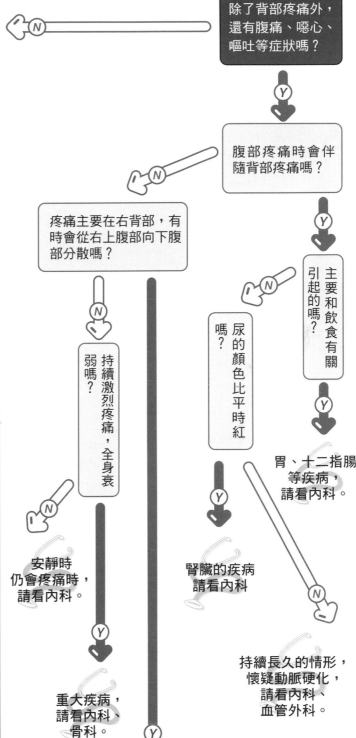

Ⓐ

背部只有一處會激烈疼痛

Y → 背肌撕裂傷 ➔ 參考233頁

Ⓑ

運動或工作後，疼痛是否更嚴重呢？

Y → 按壓背部骨頭部位會有激烈疼痛嗎？

N → 是停經後的女性或是60歲以上的男性，或是最近有駝背現象呢？

是停經後的女性或是60歲以上的男性，或是最近有駝背現象呢？

Y → 骨質疏鬆症 ➔ 參考239頁

N → 按壓背部骨頭部位會有激烈疼痛嗎？

按壓背部骨頭部位會有激烈疼痛嗎？

Y → 胸椎棘突的韌帶損傷（胸椎扭傷） ➔ 參考238頁

N → 即使NO，可能性仍大

Ⓒ

直接碰觸或運動、工作之後，疼痛是否會增強呢？

Y → 符合下列1項以上者，請向Yes前進。

N → 從胸部到側腹、背部，會有平行的疼痛或麻木嗎？

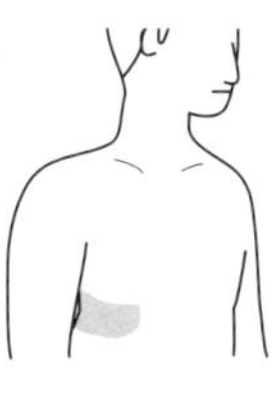

從胸部到側腹、背部，會有平行的疼痛或麻木嗎？

Y → 胸部或側腹有顆粒狀疹子，或者最近罹患感冒嗎？

N → 符合下列1項以上者，請向Yes前進。

符合下列1項以上者，請向Yes前進。

＊有呼吸痛（咳嗽、打噴嚏）

＊用手抵住疼痛處，深呼吸時會發出聲音。

＊在疼痛點的高度，從前、後方同時壓迫，疼痛會增強嗎？

Y → 肋骨骨折 ➔ 參考228頁

N → 肋間肌肉撕裂傷 ➔ 參考229頁

胸部或側腹有顆粒狀疹子，或者最近罹患感冒嗎？

Y → 帶狀泡疹 ➔ 參考232頁

N → 肋間神經痛 ➔ 參考230頁

（背部只有一處會激烈疼痛 N →）

前屈時，背部高度有明顯差異嗎？

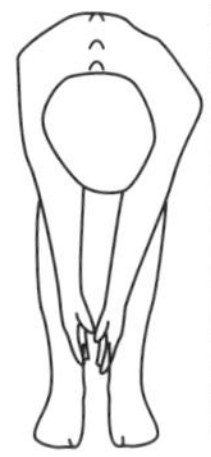

Y → 脊柱側彎 ➔ 參考236頁

N → 背肌痛 ➔ 參考234頁

Ⓓ

身體往左右兩側彎曲時，腹部側邊會疼痛嗎？

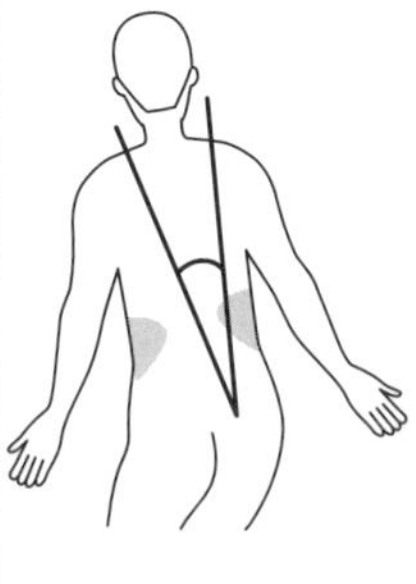

Y → 有如撕裂般的激烈疼痛嗎？

N → 前屈時，背部高度有明顯差異嗎？

有如撕裂般的激烈疼痛嗎？

Y → 背肌撕裂傷 ➔ 參考233頁

N → 背肌痛 ➔ 參考234頁

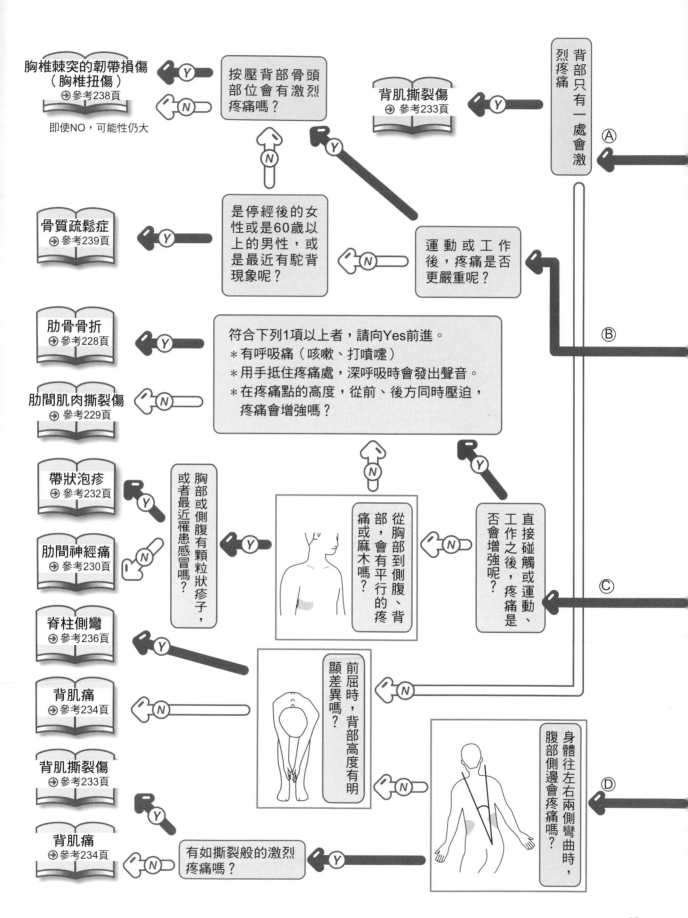

腰/臀部的疼痛、麻木

STAR

懷孕中，腹部明顯突出嗎？

Y → 產前、產後的腰痛、不孕症 ➔參考152頁

N → 女性嗎？

女性嗎？ Y → 只在月經時才會腰痛嗎？

只在月經時才會腰痛嗎？ Y → 月經痛雖是經常性疼痛，但有子宮內膜異位症的可能性

只在月經時才會腰痛嗎？ N → 腰痛之外，還有浮腫、腹痛、噁心或嘔吐等症狀嗎？

女性嗎？ N → 腰痛之外，還有浮腫、腹痛、噁心或嘔吐等症狀嗎？

腰痛之外，還有浮腫、腹痛、噁心或嘔吐等症狀嗎？ Y → 尿色比平常紅嗎？

腰痛之外，還有浮腫、腹痛、噁心或嘔吐等症狀嗎？ N → 疼痛部位是在Ⓐ～Ⓔ的哪裡呢？ Ⓕ參考42頁

尿色比平常紅嗎？ Y → 會浮腫嗎？

尿色比平常紅嗎？ N → 尿色比平常混濁嗎？

會浮腫嗎？ Y → 曾經發燒，退燒後出現血尿或浮腫嗎？

會浮腫嗎？ N → 腎結石或尿道結石

曾經發燒，退燒後出現血尿或浮腫嗎？ Y → 前進❶

曾經發燒，退燒後出現血尿或浮腫嗎？ N → 前進❷

尿色比平常混濁嗎？ N → 前進❸

尿色比平常混濁嗎？ Y → 前進❹

Ⓐ → 腰椎最下方的骨頭比其他骨頭凹陷嗎？

腰椎最下方的骨頭比其他骨頭凹陷嗎？ Y → 腰椎滑脫症 ➔參考136頁

腰椎最下方的骨頭比其他骨頭凹陷嗎？ N → 符合下列其中2項以上者，請向Yes前進。

符合下列其中2項以上者，請向Yes前進。
＊按壓腰椎某部分，會有激烈疼痛
＊活動就痛，安靜就輕鬆
＊前屈時會疼痛

Y → 前進❺

N → 前進❻

Ⓑ → 符合下列其中2項者，請向Yes前進。

符合下列其中2項者，請向Yes前進。
＊步行時腰部會疼痛嗎？
＊休息一下，就可以再步行的現象。（間歇性跛行）
＊60歲以上。

Y → 腳踝的前面、內腳踝的後方，感覺不到脈搏嗎？

N → 前進❾

腳踝的前面、內腳踝的後方，感覺不到脈搏嗎？ Y → 前進❼

腳踝的前面、內腳踝的後方，感覺不到脈搏嗎？ N → 前進❽

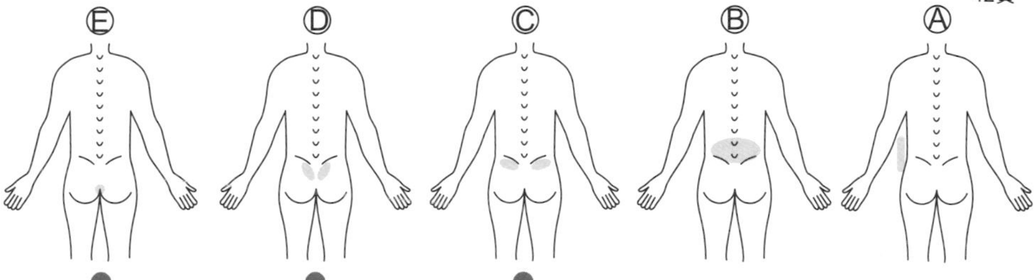

Ⓔ → 尾骨痛 ➔參考150頁

Ⓓ → 薦骨腸骨關節炎 ➔參考134頁

Ⓒ → 臀大肌炎症 ➔參考148頁

Ⓑ 整個腰部疼痛

Ⓐ 側腰部疼痛

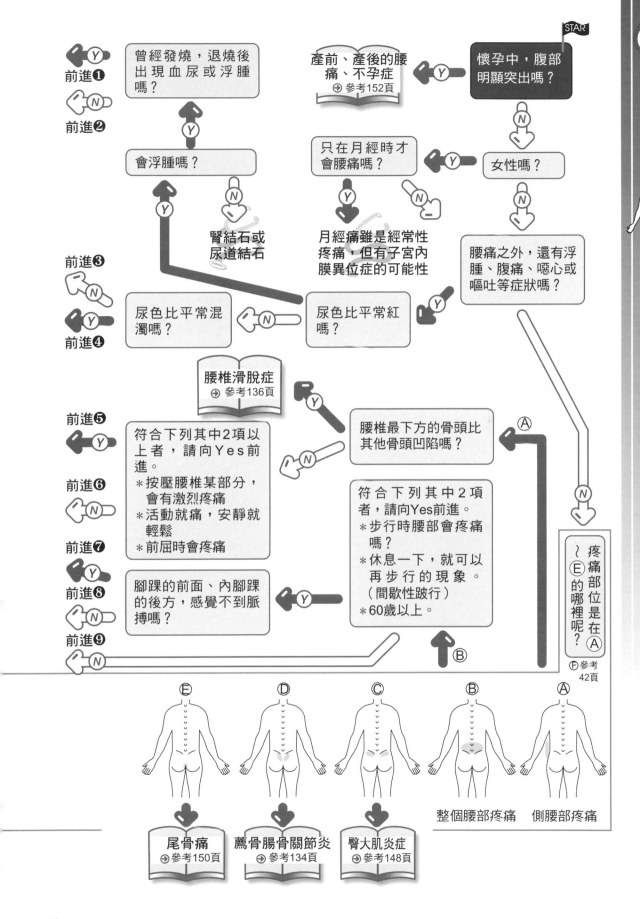

❶ Y → 急性腎炎

❷ N → 慢性腎炎

從胸口深處到背部、左肩、左側腹都會疼痛
Y → 胰臟炎
N → 請看內科

❸ N → 從右側腹下到胸口疼痛。這種痛會擴及到背部嗎？
Y → 是激烈疼痛嗎？
N → 從胸口深處到背部、左肩、左側腹都會疼痛

是激烈疼痛嗎？
Y → 疼痛會從數十分鐘持續到數小時嗎？
N → 膽道運動障礙

疼痛會從數十分鐘持續到數小時嗎？
Y → 膽道運動障礙
N → 膽結石

❹ Y → 側腹會疼痛並擴及到背部嗎？
Y → 腎盂腎炎
N → 請看內科

❺ Y → 符合下列其中1項以上者，請向Yes前進。
＊65歲以上
＊腰椎中的上方骨頭會痛
＊跌倒時撞擊腰部或臀部著地。

Y → 腰椎壓迫性骨折 參考154頁
N → 腰椎韌帶的損傷（腰椎扭傷） 參考143頁

❻ N → 符合下列1項以上者，請向Yes前進。
＊抬高單腳時，腰部會疼痛或麻木。
＊腰部以下會疼痛或麻木。

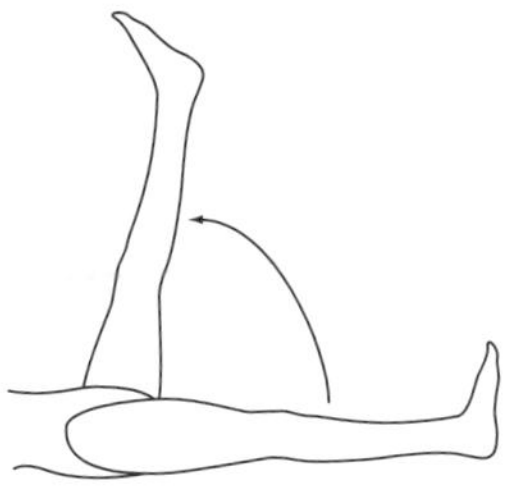

（SLR Test）

Y → 60歲以上嗎？
Y → 腰椎退化性關節炎 參考140頁
N → 腰椎椎間盤突出（含坐骨神經痛） 參考144頁

N → 肌肉、肌膜性腰痛 參考124頁

❼ Y → 脊椎管狹窄症 參考138頁
N → ❽

❽ N → 兩腳冰冷
Y → 動脈硬化症、動脈栓塞症

❾ → 符合下列1項以上者，請向Yes前進。

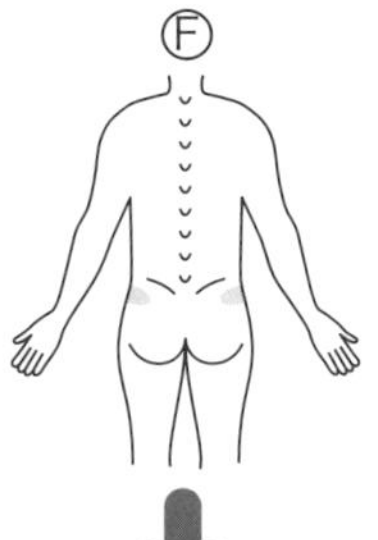

臀中肌、臀小肌發炎症 參考156頁

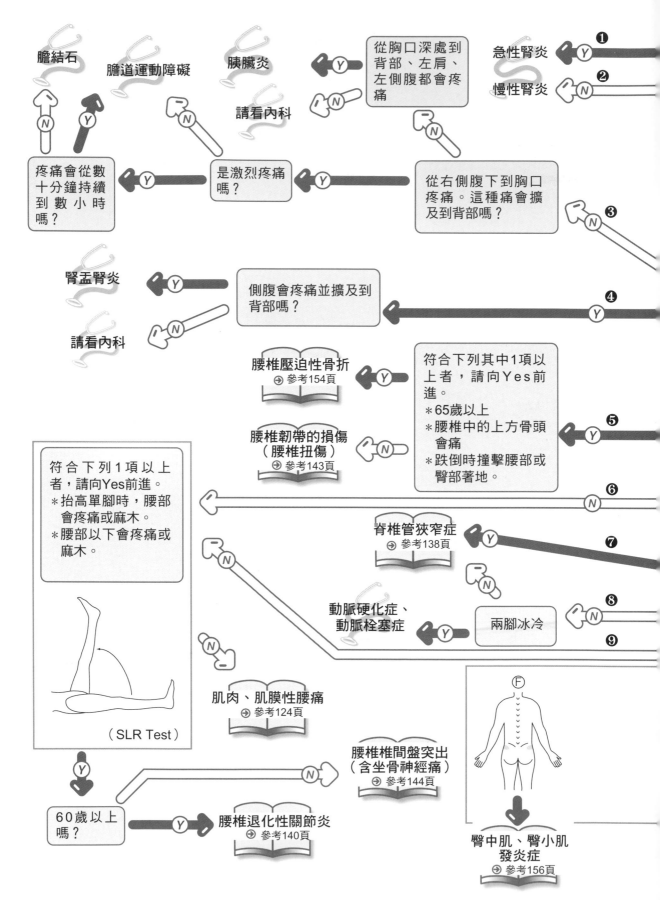

STAR

最近胸部或側腹是否受到撞擊受傷呢？

Y →

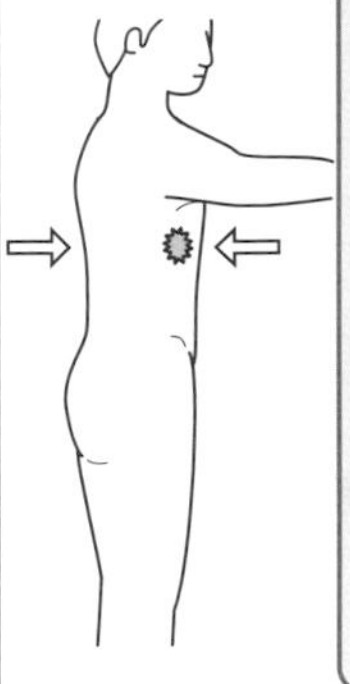

符合下列1項以上者，請向Yes前進。
＊有呼吸痛（咳嗽、打噴嚏）
＊用手抵住疼痛部位，深呼吸時會有聲音。
＊在疼痛點的高度，從前、後方同時壓迫時，疼痛會增強嗎？

Y → 肋骨骨折 參考228頁

N → 肋間肌肉撕裂傷 參考229頁

N ↓

從胸部、側腹到背部，會麻木或疼痛嗎？

Y →

背部或側腹長疹子，或者最近罹患感冒嗎？

Y → 帶狀泡疹 參考232頁

N → 肋間神經痛 參考230頁

N ↓

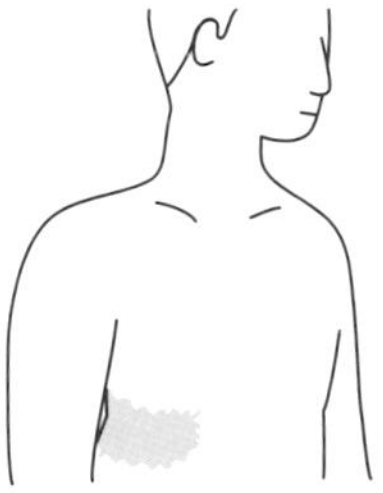

突然胸部激烈疼痛，並持續10分鐘以上

Y ↓ 心肌梗塞

N ↓

會突發胸部被勒緊般的疼痛，或喉嚨被阻塞般壓迫感，並持續數分鐘嗎？

Y ↓ 狹心症

N → 請看內科

接受精密檢查並無異常的情形

→ 胸痛（心臟病以外） 參考231頁

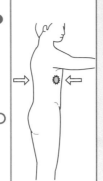

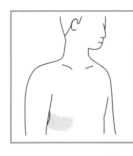

START

除了關節痛或肌肉痛以外，還會發燒或身體倦怠嗎？

- N →（接左頁）
- Y → 有無發燒38度以上，而且咳嗽、喉嚨痛呢？
  - Y → 流行性感冒
  - N → 左右的髖關節有無腫脹、疼痛呢？
    - Y → 類風濕關節炎 ➔參考106頁
    - N → 皮膚下有無硬塊，或者手腳皮膚發紅疼痛呢？
      - Y → 膠原病的結節性多發動脈炎
      - N → 手指和手背是否腫脹，有如麻糬般的彈性呢？
        - Y → 膠原病的混合性結締組織病
        - N → 從兩頰到鼻子的皮膚，有無如蝴蝶狀的紅斑呢？
          - Y → 膠原病的全身紅斑性狼瘡
          - N → 沒有運動但肌肉會痛，困難起床，身體倦怠嗎？
            - Y → 膠原病的多發性肌炎
            - N → 請做檢查

（無倦怠感）

疼痛或麻木的部位在哪裡呢？

（SLR Test）

抬高腳或膝蓋時會疼痛或麻木嗎？

60歲以上嗎？

腰椎退化性關節炎
參考140頁

腰椎椎間版突出（坐骨神經痛）
參考144頁

符合下列1項以上者，請向Yes前進。
＊激烈運動中會有疼痛感
＊只在某一部位激烈疼痛

膕旁肌、股二頭肌撕裂傷
參考165頁

膕旁肌、股二頭肌炎症
參考164頁

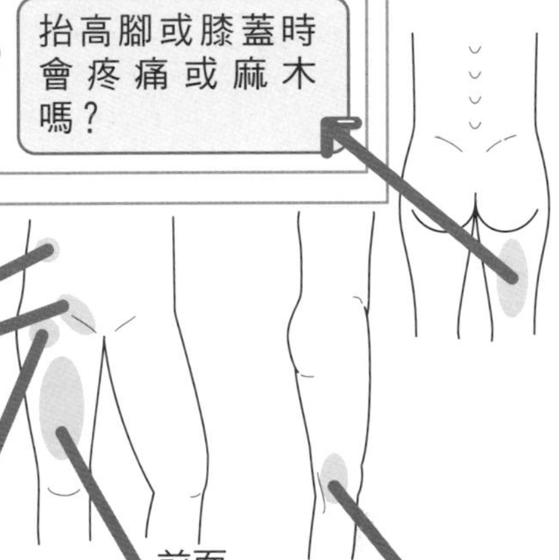

骨頭突出部的正下方疼痛

最近是否一直站立或步行呢？

股四頭肌炎症
參考160頁

V線部會疼痛

V線部有像硬塊的東西嗎？

大腿疝氣、鼠谿部疝氣
參考155頁

髂脛韌帶炎
參考179頁

最近，曾經從高處摔落嗎？

有38度以上的高燒嗎？

髖關節創傷

有股骨頸骨折的可能性
參考166頁

曾經做過先天性髖關節脫臼的手術嗎？

先天性髖關節脫臼手術後的疼痛（參照退化性髖關節炎）
參考158頁

是5～6歲的男性嗎？

幼年型股骨頭壞死（Perthes disease）
參考163頁

是60歲以上嗎？

退化性髖關節炎
參考158頁

請做檢查

符合下列1項以上者，請向Yes前進。
＊激烈運動中會有疼痛感。
＊只在某部位有激烈疼痛。

股四頭肌撕裂傷
參考162頁

股四頭肌炎症
參考160頁

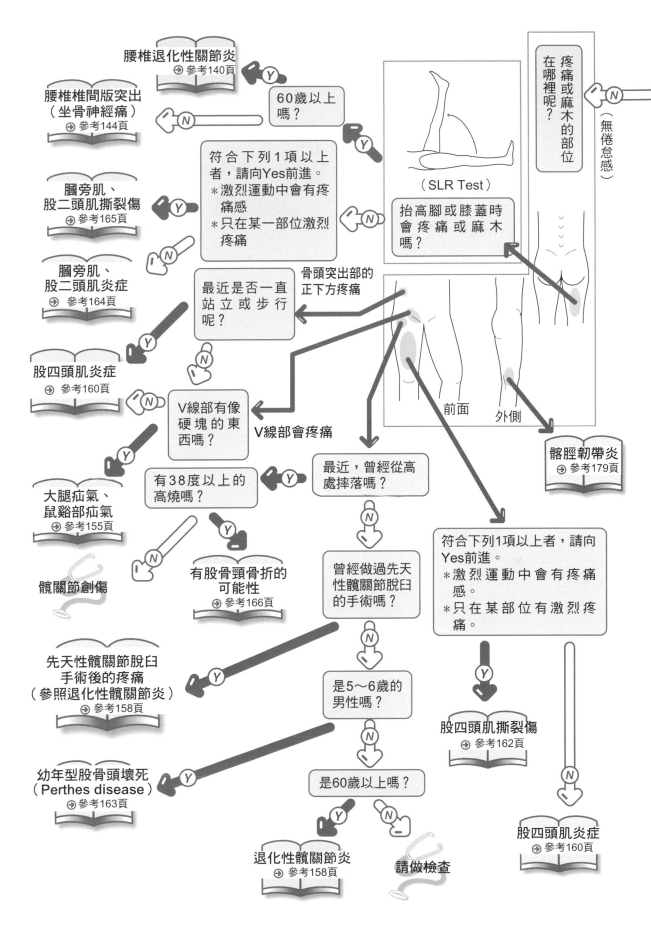

膝關節的疼痛、麻木

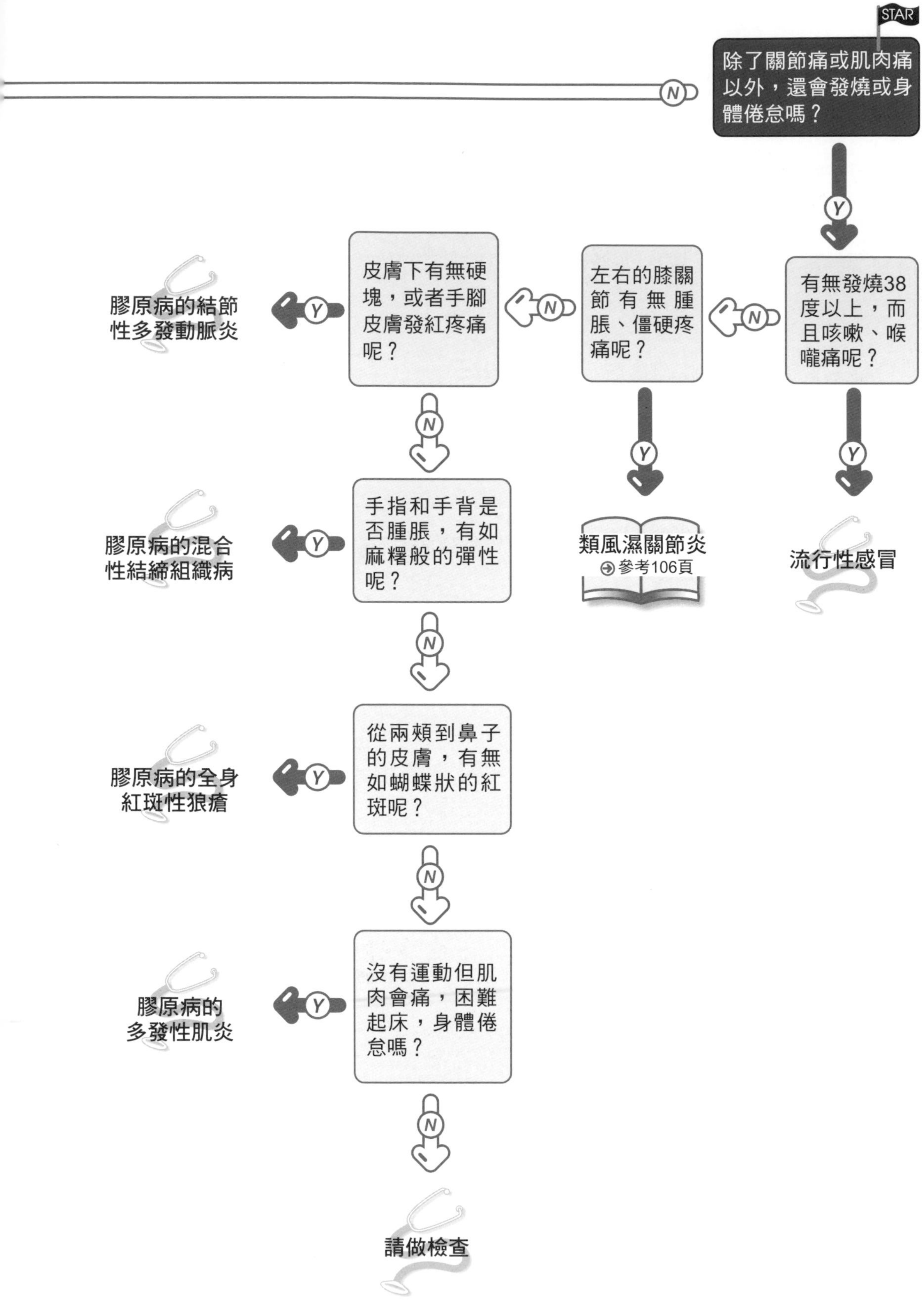
STAR
除了關節痛或肌肉痛以外，還會發燒或身體倦怠嗎？
N
Y
有無發燒38度以上，而且咳嗽、喉嚨痛呢？
Y
流行性感冒
N
左右的膝關節有無腫脹、僵硬疼痛呢？
Y
類風濕關節炎
參考106頁
N
皮膚下有無硬塊，或者手腳皮膚發紅疼痛呢？
Y
膠原病的結節性多發動脈炎
N
手指和手背是否腫脹，有如麻糬般的彈性呢？
Y
膠原病的混合性結締組織病
N
從兩頰到鼻子的皮膚，有無如蝴蝶狀的紅斑呢？
Y
膠原病的全身紅斑性狼瘡
N
沒有運動但肌肉會痛，困難起床，身體倦怠嗎？
Y
膠原病的多發性肌炎
N
請做檢查

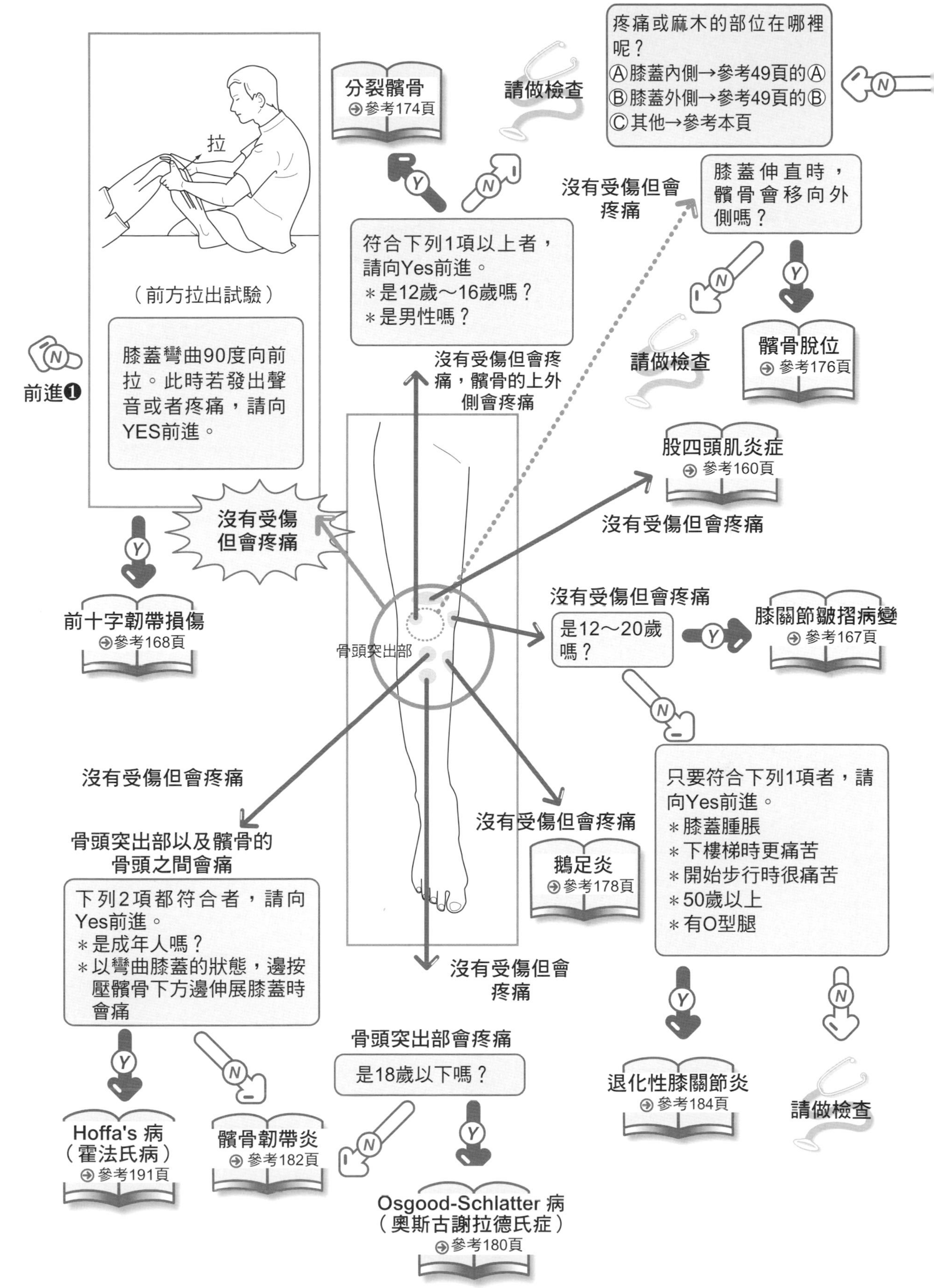
疼痛或麻木的部位在哪裡呢？
Ⓐ膝蓋內側→參考49頁的Ⓐ
Ⓑ膝蓋外側→參考49頁的Ⓑ
Ⓒ其他→參考本頁
N
拉
（前方拉出試驗）
膝蓋彎曲90度向前拉。此時若發出聲音或者疼痛，請向YES前進。
N
前進❶
沒有受傷但會疼痛
Y
前十字韌帶損傷
參考168頁
分裂髕骨
參考174頁
請做檢查
Y
N
符合下列1項以上者，請向Yes前進。
＊是12歲～16歲嗎？
＊是男性嗎？
沒有受傷但會疼痛，髕骨的上外側會疼痛
沒有受傷但會疼痛
膝蓋伸直時，髕骨會移向外側嗎？
N
Y
請做檢查
髕骨脫位
參考176頁
股四頭肌炎症
參考160頁
沒有受傷但會疼痛
骨頭突出部
沒有受傷但會疼痛
是12～20歲嗎？
Y
膝關節皺摺病變
參考167頁
N
只要符合下列1項者，請向Yes前進。
＊膝蓋腫脹
＊下樓梯時更痛苦
＊開始步行時很痛苦
＊50歲以上
＊有O型腿
Y
N
退化性膝關節炎
參考184頁
請做檢查
沒有受傷但會疼痛
骨頭突出部以及髕骨的骨頭之間會痛
下列2項都符合者，請向Yes前進。
＊是成年人嗎？
＊以彎曲膝蓋的狀態，邊按壓髕骨下方邊伸展膝蓋時會痛
Y
N
Hoffa's 病
（霍法氏病）
參考191頁
髕骨韌帶炎
參考182頁
沒有受傷但會疼痛
鵝足炎
參考178頁
沒有受傷但會疼痛
骨頭突出部會疼痛
是18歲以下嗎？
N
Y
Osgood-Schlatter 病
（奧斯古謝拉德氏症）
參考180頁

❶ N →

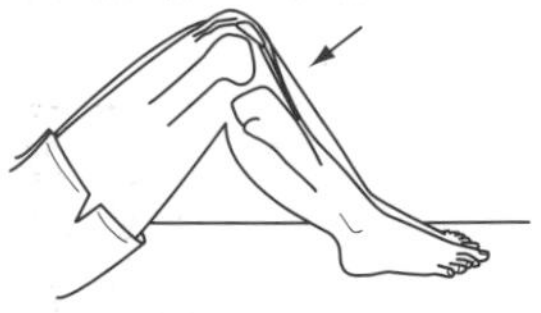

（向後壓入試驗）

膝蓋彎曲90度向後壓入。此時若發出聲音或者疼痛，請向YES前進。

Y → **後十字韌帶損傷**
➜ 參考168頁

N →

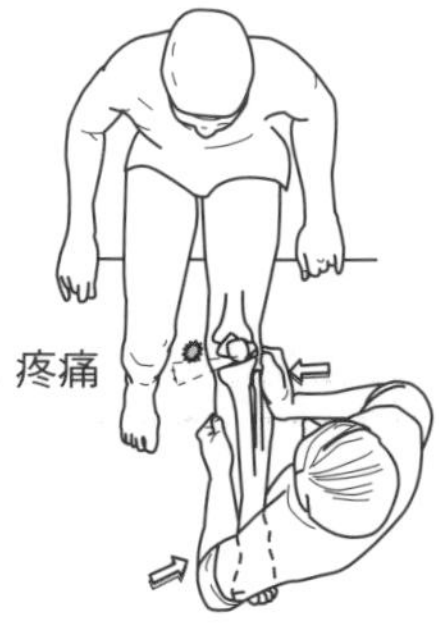

（內側側副韌帶試驗）

膝蓋伸直，從膝蓋外側朝內側，以及從膝蓋下內側朝外側同時擠壓時會疼痛的話，請向YES前進。

Y → **內側側副韌帶損傷**
➜ 參考170頁

N →

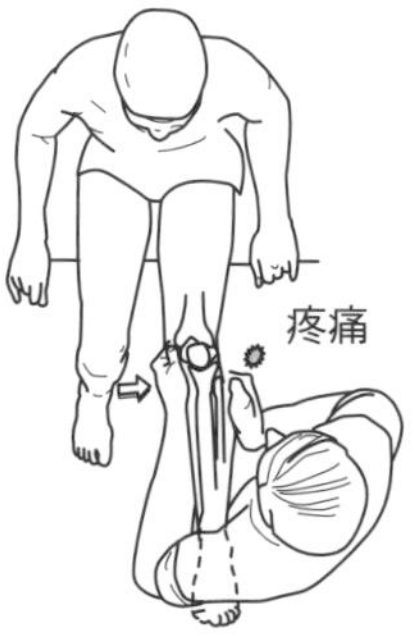

（外側側副韌帶試驗）

膝蓋伸直，從膝蓋內側朝外側，以及從膝蓋下外側朝內側同時擠壓時會疼痛的話，請向YES前進。

Y → **外側側副韌帶損傷**
➜ 參考170頁

N →

彎曲膝蓋90度確實握住腳踝，向外側旋轉時，膝蓋內側會疼痛或發出聲音時，請向YES前進。

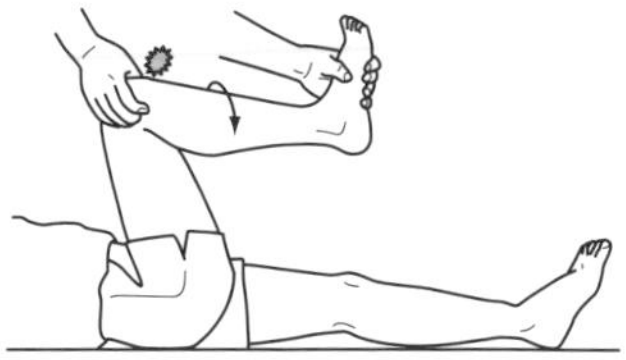

（McMurray Test=迴旋擠壓試驗）

Y → **內側半月板損傷**
➜ 參考172頁

N →

彎曲膝蓋90度確實握住腳踝，向內側旋轉時，膝蓋外側會疼痛或發出聲音時，請向YES前進。

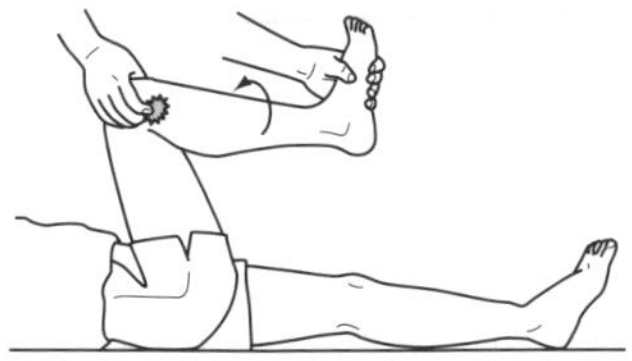

（McMurray Test=迴旋擠壓試驗）

Y → **外側半月板損傷**
➜ 參考172頁

N → **請做檢查**

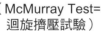

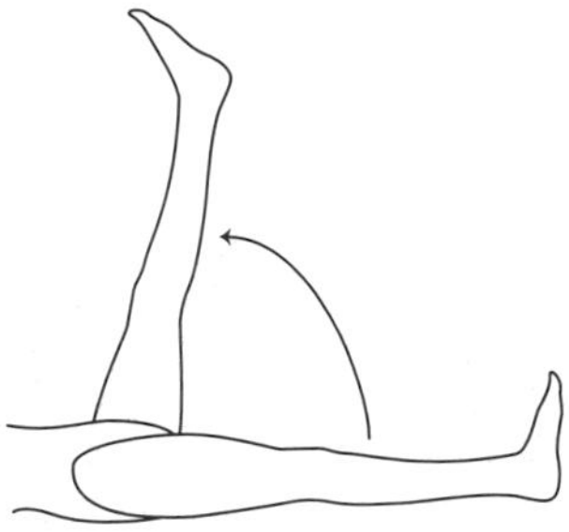

（SLR試驗）

腳抬高時，膝蓋會疼痛或麻木嗎？

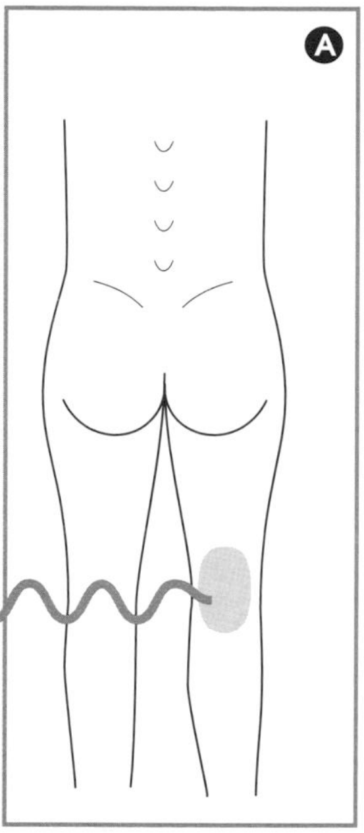

會疼痛或麻木

Y → 是60歲以下嗎？

- **Y** → 腰椎退化性關節炎 ➔ 參考140頁
- **N** → 腰椎椎間盤突出（坐骨神經痛） ➔ 參考144頁

N → 膝蓋背面有腫脹現象嗎？

- **Y** → 貝克氏囊腫（Baker's cyst） ➔ 參考175頁
- **N** → 腓腸肌內側頭炎症 ➔ 參考190頁

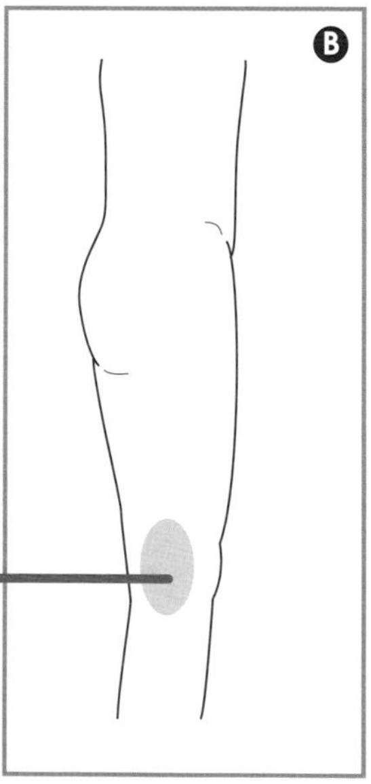

會疼痛

髂脛韌帶炎 ➔ 參考179頁

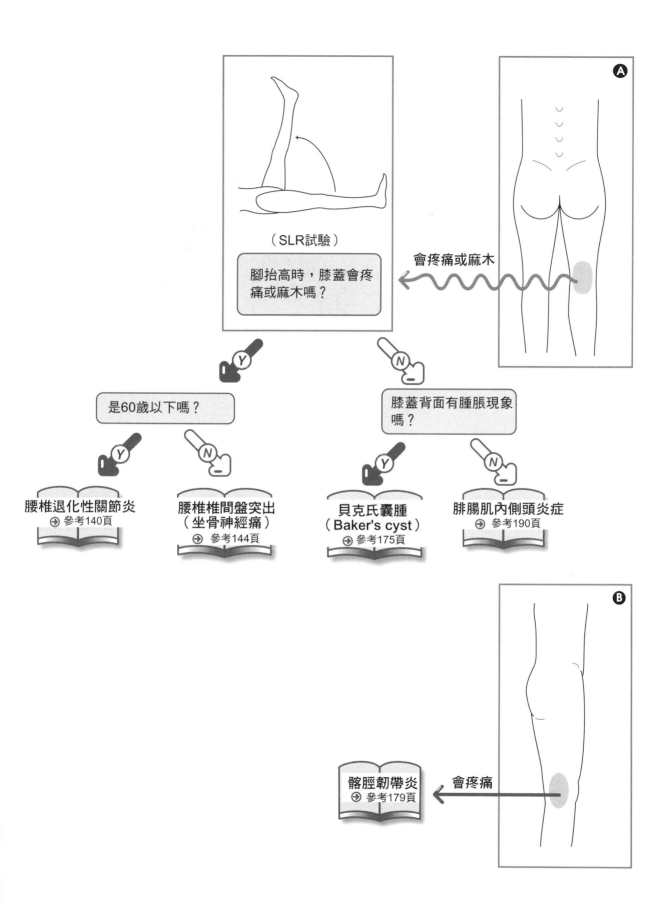

小腿（膝以下～腳）／踝關節的疼痛、麻木

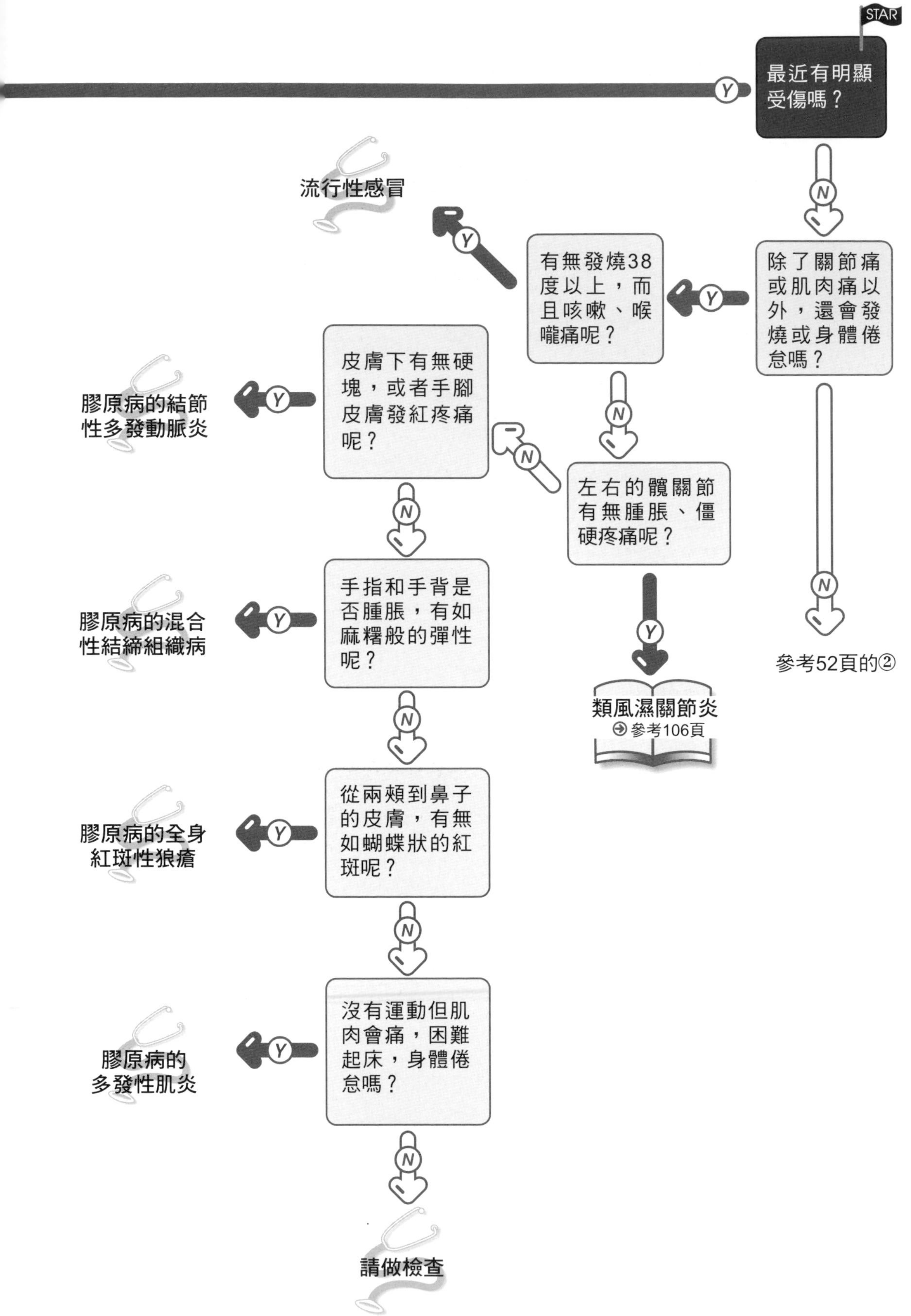
STAR
最近有明顯受傷嗎？
Y
N
除了關節痛或肌肉痛以外，還會發燒或身體倦怠嗎？
Y
有無發燒38度以上，而且咳嗽、喉嚨痛呢？
Y
流行性感冒
N
左右的髖關節有無腫脹、僵硬疼痛呢？
Y
類風濕關節炎
參考106頁
N
皮膚下有無硬塊，或者手腳皮膚發紅疼痛呢？
Y
膠原病的結節性多發動脈炎
N
手指和手背是否腫脹，有如麻糬般的彈性呢？
Y
膠原病的混合性結締組織病
N
從兩頰到鼻子的皮膚，有無如蝴蝶狀的紅斑呢？
Y
膠原病的全身紅斑性狼瘡
N
沒有運動但肌肉會痛，困難起床，身體倦怠嗎？
Y
膠原病的多發性肌炎
N
請做檢查
N
參考52頁的②

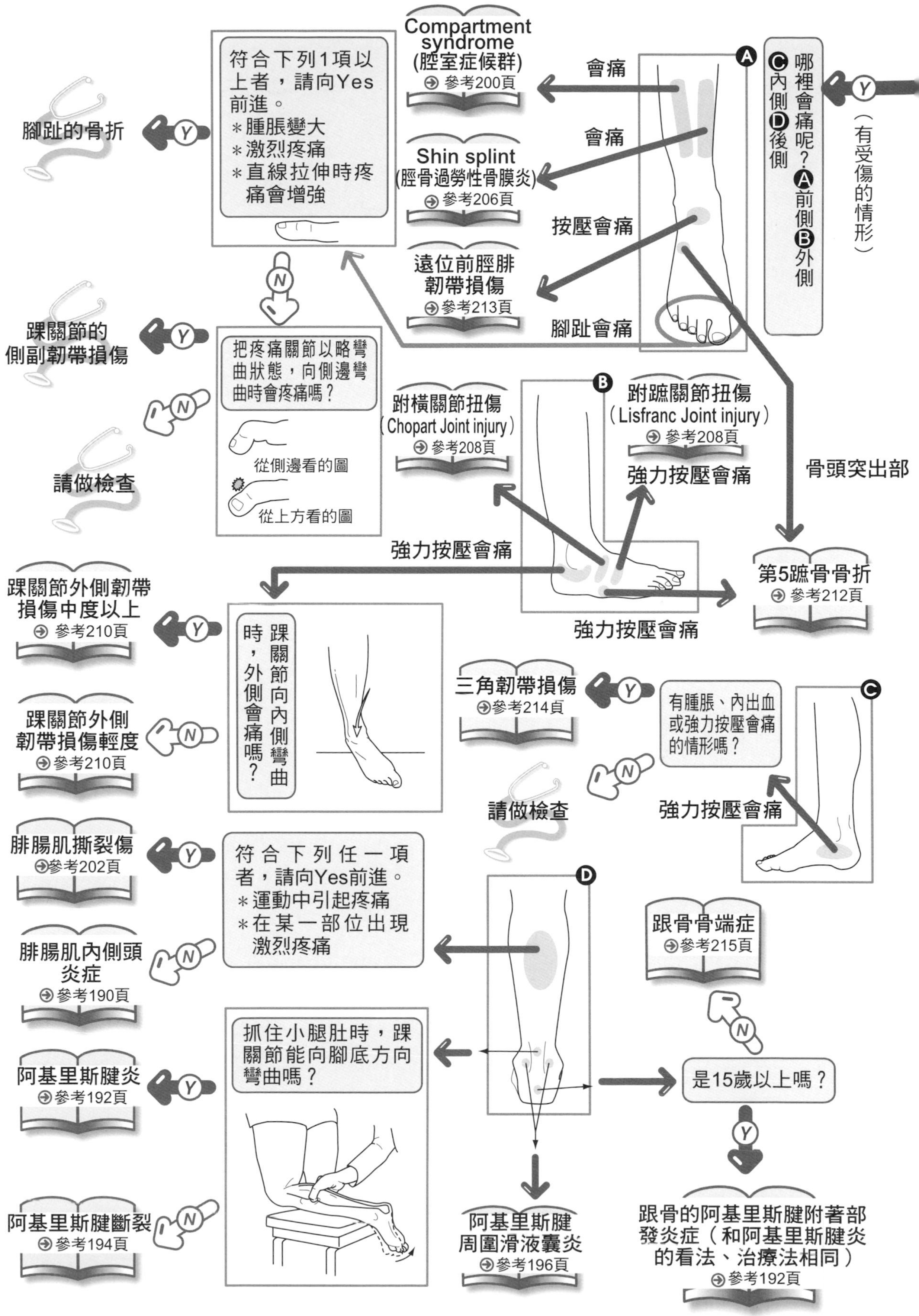
（有受傷的情形）
哪裡會痛呢？A前側B外側C內側D後側
A
會痛
Compartment syndrome
(腔室症候群)
參考200頁
會痛
Shin splint
(脛骨過勞性骨膜炎)
參考206頁
按壓會痛
遠位前脛腓韌帶損傷
參考213頁
腳趾會痛
符合下列1項以上者，請向Yes前進。
＊腫脹變大
＊激烈疼痛
＊直線拉伸時疼痛會增強
腳趾的骨折
把疼痛關節以略彎曲狀態，向側邊彎曲時會疼痛嗎？
從側邊看的圖
從上方看的圖
踝關節的側副韌帶損傷
請做檢查
骨頭突出部
B
跗橫關節扭傷
（Chopart Joint injury）
參考208頁
跗蹠關節扭傷
（Lisfranc Joint injury）
參考208頁
強力按壓會痛
強力按壓會痛
強力按壓會痛
第5蹠骨骨折
參考212頁
踝關節向內側彎曲時，外側會痛嗎？
踝關節外側韌帶損傷中度以上
參考210頁
踝關節外側韌帶損傷輕度
參考210頁
C
有腫脹、內出血或強力按壓會痛的情形嗎？
強力按壓會痛
三角韌帶損傷
參考214頁
請做檢查
D
符合下列任一項者，請向Yes前進。
＊運動中引起疼痛
＊在某一部位出現激烈疼痛
腓腸肌撕裂傷
參考202頁
腓腸肌內側頭炎症
參考190頁
抓住小腿肚時，踝關節能向腳底方向彎曲嗎？
阿基里斯腱炎
參考192頁
阿基里斯腱斷裂
參考194頁
阿基里斯腱周圍滑液囊炎
參考196頁
是15歲以上嗎？
跟骨骨端症
參考215頁
跟骨的阿基里斯腱附著部發炎症（和阿基里斯腱炎的看法、治療法相同）
參考192頁

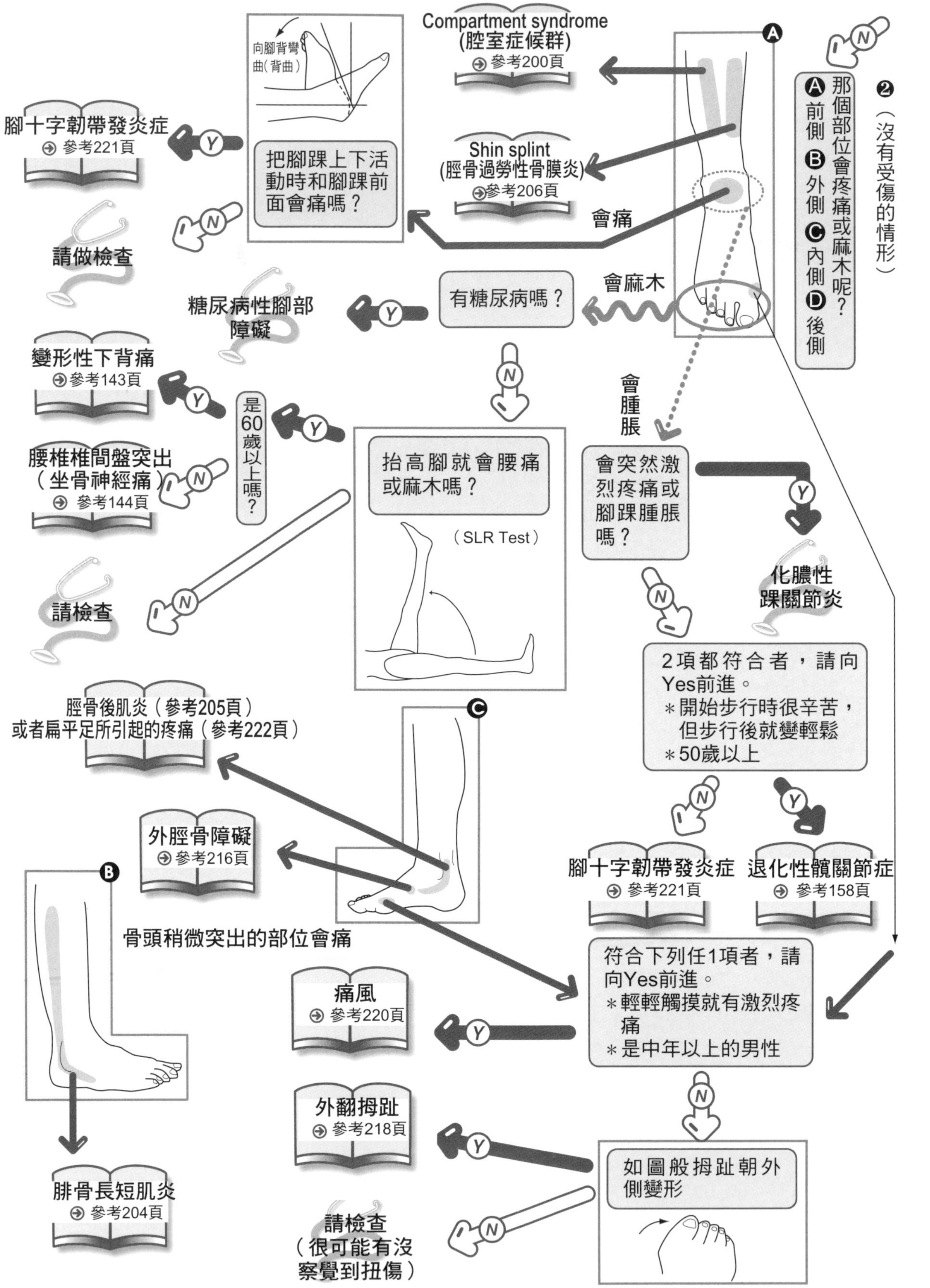
❷（沒有受傷的情形）
那個部位會疼痛或麻木呢？
Ⓐ前側 Ⓑ外側 Ⓒ內側 Ⓓ後側
N
A
Compartment syndrome
(腔室症候群)
參考200頁
Shin splint
(脛骨過勞性骨膜炎)
參考206頁
會痛
向腳背彎曲(背曲)
把腳踝上下活動時和腳踝前面會痛嗎？
Y
腳十字韌帶發炎症
參考221頁
N
請做檢查
會麻木
有糖尿病嗎？
Y
糖尿病性腳部障礙
N
抬高腳就會腰痛或麻木嗎？
(SLR Test)
Y
是60歲以上嗎？
Y
變形性下背痛
參考143頁
N
腰椎椎間盤突出
(坐骨神經痛)
參考144頁
N
請檢查
會腫脹
會突然激烈疼痛或腳踝腫脹嗎？
Y
化膿性踝關節炎
N
2項都符合者，請向Yes前進。
＊開始步行時很辛苦，但步行後就變輕鬆
＊50歲以上
N
腳十字韌帶發炎症
參考221頁
Y
退化性髖關節症
參考158頁
C
脛骨後肌炎（參考205頁）
或者扁平足所引起的疼痛（參考222頁）
外脛骨障礙
參考216頁
骨頭稍微突出的部位會痛
B
腓骨長短肌炎
參考204頁
符合下列任1項者，請向Yes前進。
＊輕輕觸摸就有激烈疼痛
＊是中年以上的男性
Y
痛風
參考220頁
N
如圖般拇趾朝外側變形
Y
外翻拇趾
參考218頁
N
請檢查
（很可能有沒察覺到扭傷）

腓腸肌內側頭炎症
參考190頁

腓腸肌撕裂傷
參考202頁

符合下列任1項者，請向Yes前進。
＊運動中引起疼痛
＊在某一部位有激烈疼痛

Y → 腓腸肌撕裂傷

N → 長時間站立時，膝蓋背面或小腿肚的血管會浮現嗎？

長時間站立時，膝蓋背面或小腿肚的血管會浮現嗎？

N → 腓腸肌內側頭炎症

Y → 下肢靜脈曲張

下肢靜脈曲張
參考198頁

跟骨骨端症
參考215頁

阿基里斯腱斷裂
參考194頁

抓住小腿肚時，踝關節能向腳底方向彎曲嗎？

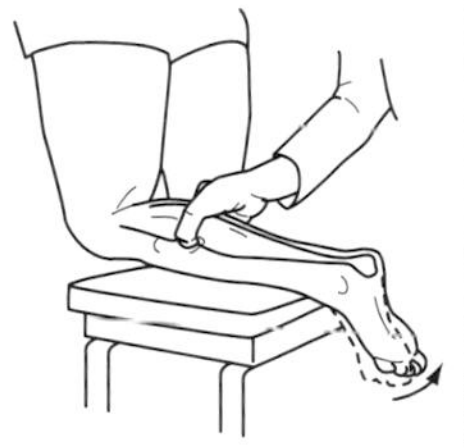

N → 阿基里斯腱斷裂

Y → 阿基里斯腱炎

阿基里斯腱炎
參考192頁

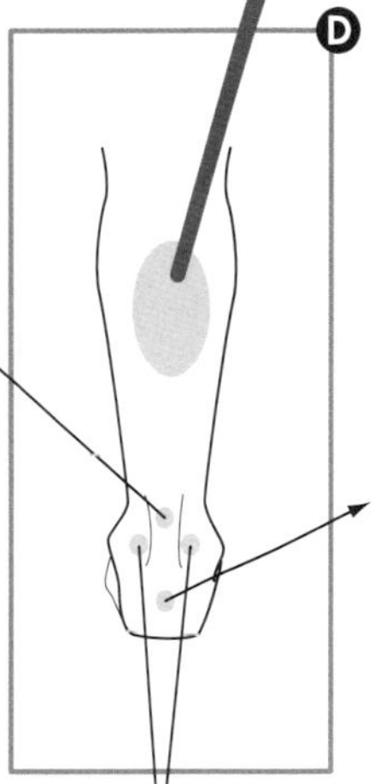

是15歲以上嗎？

N → 跟骨骨端症

Y → 跟骨的阿基里斯腱附著部發炎症

跟骨的阿基里斯腱附著部發炎症
（和阿基里斯腱炎的看法、治療法相同）
參考192頁

阿基里斯腱周圍滑液囊炎
參考196頁

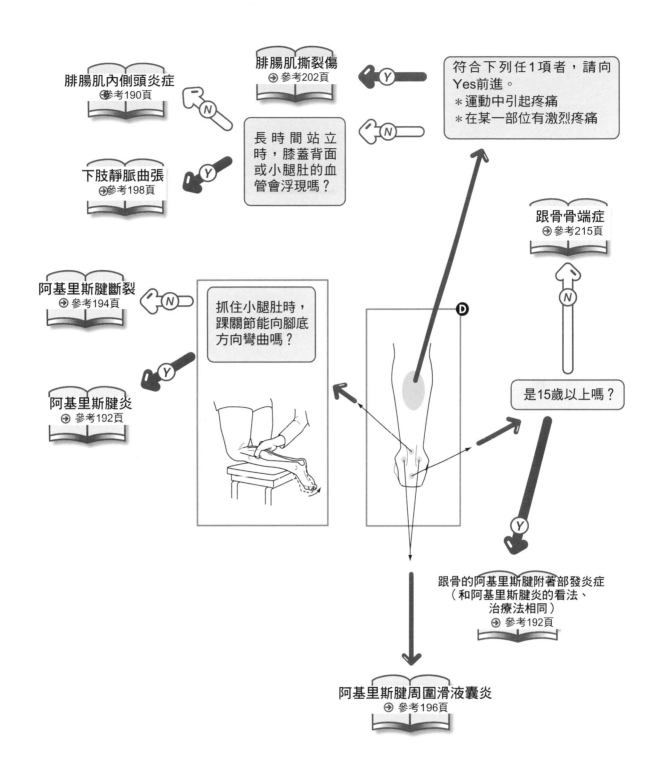

START

- 最近有明顯受傷嗎？
  - Y → 骨折、脫臼、扭傷、撞傷等請檢查（發燒時，骨折的可能性大）
  - N → 除了腳會麻木、疼痛、無力外，也會發燒或身體倦怠嗎？
    - N →
    - Y → 有38度以上的高燒或者咳嗽、喉嚨痛嗎？
      - Y → 流行性感冒
      - N → 左右腳趾關節會僵硬、腫脹、疼痛嗎？
        - Y → 類風濕關節炎 ➔ 參考106頁
        - N → 會經常口渴，尿有甜酸味嗎？
          - Y → 橋本病
          - N → 接觸冷水、冷氣時，手指會蒼白冰涼或產生麻木感嗎？
            - N → 請檢查
            - Y → 雷諾氏病

腳尖的症狀以外，會突然頭痛或意識模糊嗎？

Y 向❶前進

N 向❷前進

會麻木

哪個部位會麻木、疼痛呢？

N

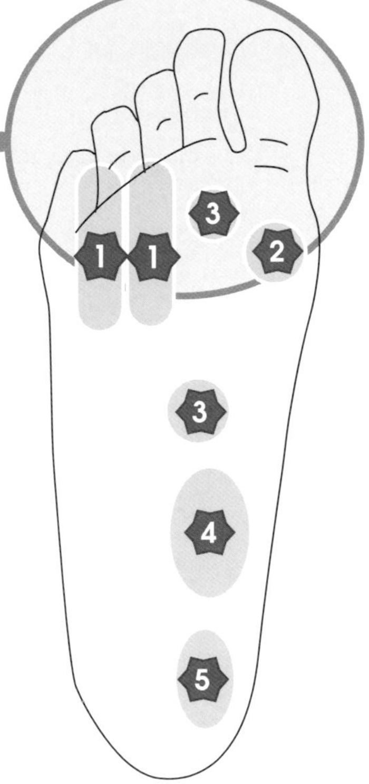

麻木

1 中趾和第4趾之間，或者第4趾和小趾之間會麻木

1 前進

2 會痛

步行時更加疼痛

Y

腳拇趾種子骨障礙

➔參考224頁

N

請檢查

3 會痛

扁平足引起的疼痛

➔參考222頁

5 按壓時會激烈疼痛

跟骨下部滑液囊炎

＊請接受治療

＊腳部安靜，不要對腳跟帶來衝擊。

4 會疼痛

拇趾朝上彎曲時，疼痛會增強。

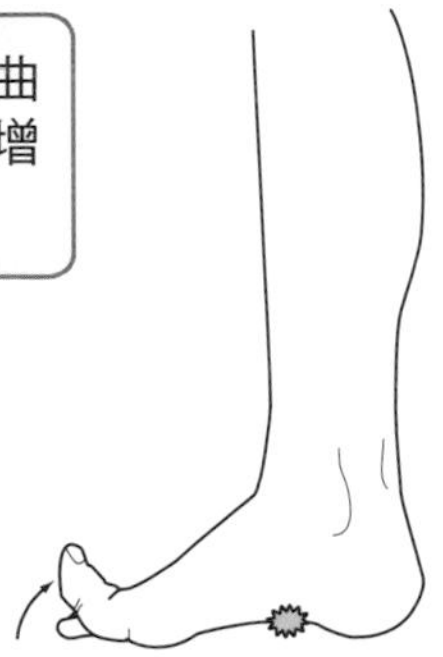

Y

足底筋膜炎（跟骨骨刺）中度以上

➔參考226頁

N

足底筋膜炎（跟骨骨刺）輕度

➔參考226頁

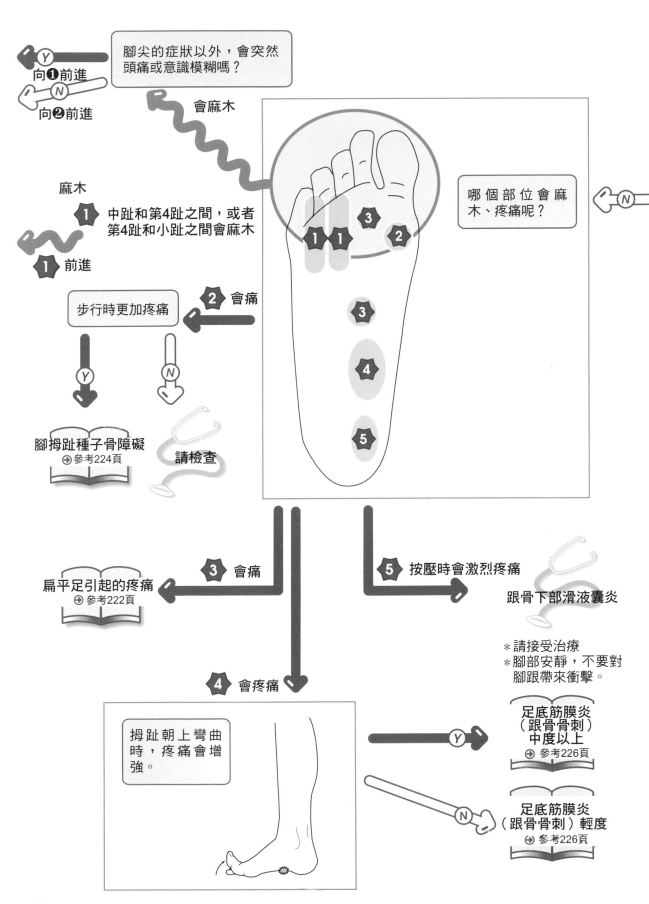

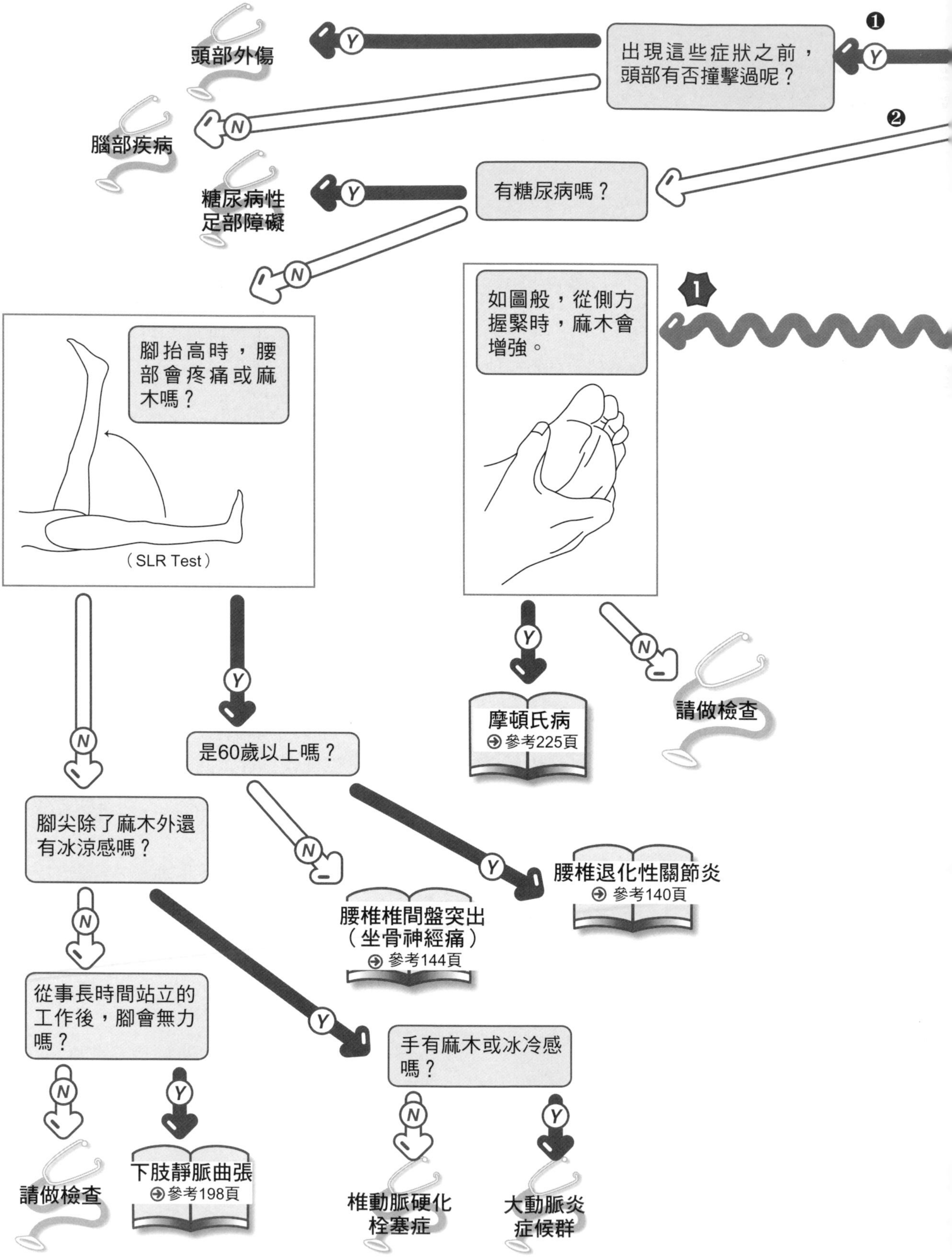
❶
出現這些症狀之前，頭部有否撞擊過呢？
Y
頭部外傷
N
腦部疾病
❷
有糖尿病嗎？
Y
糖尿病性足部障礙
N
腳抬高時，腰部會疼痛或麻木嗎？
（SLR Test）
1
如圖般，從側方握緊時，麻木會增強。
Y
摩頓氏病
參考225頁
N
請做檢查
Y
是60歲以上嗎？
N
腰椎椎間盤突出（坐骨神經痛）
參考144頁
Y
腰椎退化性關節炎
參考140頁
N
腳尖除了麻木外還有冰涼感嗎？
N
從事長時間站立的工作後，腳會無力嗎？
N
請做檢查
Y
下肢靜脈曲張
參考198頁
Y
手有麻木或冰冷感嗎？
N
椎動脈硬化栓塞症
Y
大動脈炎症候群

【第3篇】

依部位別 徹底解說108種「身體的疼痛」

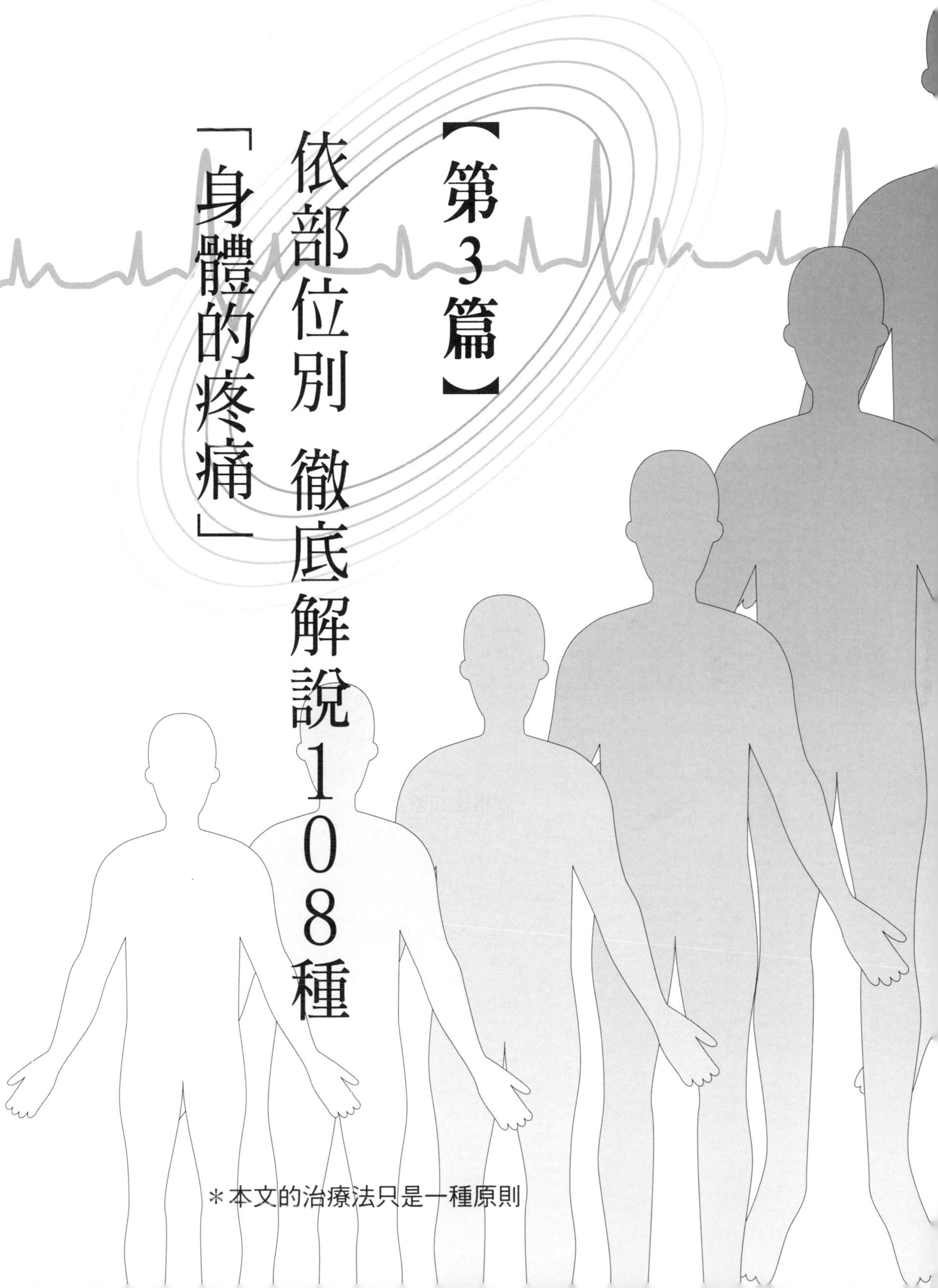

＊本文的治療法只是一種原則

001

落枕

◎特徵—起床時或長時間頸部朝某方向傾倒後，頸部疼痛無法旋轉。重傷時會伴隨麻木。和年齡無關。

症狀和原因

早上起床後，頸部疼痛無法旋轉。除了睡覺，也有躺在沙發看電視的頸痛。不僅疼痛，有時還會伴隨麻木—— 這種症狀就是落枕。

這是因長時間，讓頸部以不自然的旋轉狀態固定下來所致。

此時，提肩胛肌（圖1）或僧帽肌（斜方肌）（圖2）會一直保持被伸展的狀態。過度持續伸展的肌肉，由於受不了持續伸展的狀態，所以會拚命想恢復原狀，因而引起異常收縮。如此一來，提肩胛肌或僧帽肌的邊端會因牽引而發炎。

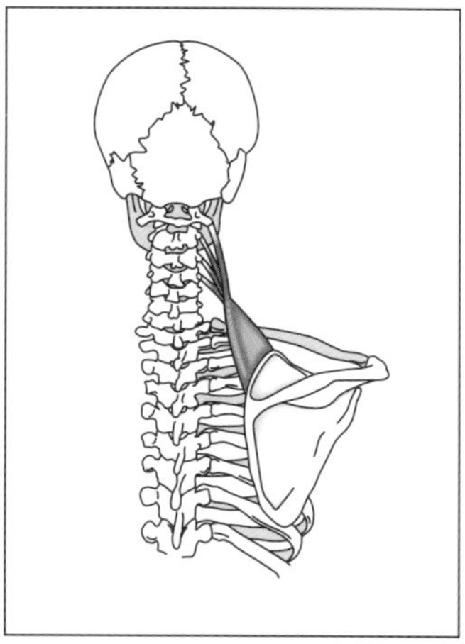

圖1　提肩胛肌

由於這樣的異常收縮，周邊血管的流通會變差，肌肉也變硬。若實際以肌肉硬度計來測量肌肉的硬度，即會顯現相當高的數值。

治療法

首先確認頸部的活動狀況（圖3）。頸部運動分為前屈（向前彎曲）、後屈（向後彎曲）、左迴旋（向左旋轉）、右迴旋（向右旋轉）、左側屈（向左傾倒）、右側屈（向右傾倒）6種。請從其中確認會伴隨痛苦的運動是哪一種。

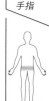

因為突出或骨頭變形的疼痛也可能和落枕一起出現，所以縱使頸部疼痛，仍要在採取治療之前，先進行椎間孔擠壓試驗（Spurling Test）。

若只是單純的落枕，只需治療一週，即使不加以處理，3週後疼痛也多半會自然消失。

自我治療的情形是首先冷敷患部，疼痛減輕一些後，進行伸展運動，活動到可動部位就夠了。

①干擾波、多普勒超音波療法

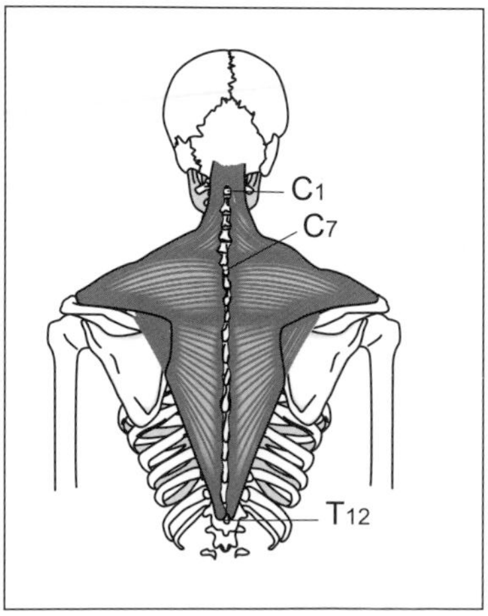

圖2　僧帽肌（斜方肌）

疼痛十分嚴重時，首先冷敷疼痛患部。

其次，使用適合肌肉頻率的干擾波來照射提肩胛肌，藉由舒緩肌肉、促進血液循環，讓肌肉獲得鬆弛。

②雷射

疼痛是局部性時，在患部照射雷射。

③伸展

伸展不僅能夠預防，當作治療法也有效。此時不要勉強，活動到可動處也重要。

④操體法理論

比伸展更有效的方法就是操體法理論。頸部左側疼痛時，就把頸部朝不痛的右側慢慢傾倒。然後，把右手放在右臉，以增加阻力般從下用力推。加力3、4秒之後快速放掉力量。這是要訣。如此反覆5次。如此一來，即能緩和左側的疼痛。這是利用相反動作的肌肉力量，進行更積極的伸展。

⑤針灸

由於針灸有所謂神經阻斷術的要素，所以會有麻痺感。雖非根本療法，但卻是有效減輕疼痛的對應療法。

⑥關節囊內矯正

中高年人或者長時間伴隨疼痛，或者頸部無法旋轉，都懷疑可能引起薦骨腸骨關節機能障礙，建議接受專科醫師的診察。

遇此狀況，若非單純的落枕，則通常是只有3公釐遊隙的薦骨腸骨關節被鎖住，帶給頸部關節不良影響所致。

所以，就針對鎖住的薦骨腸骨關節和頸椎椎間關節，進行關節囊內矯正，加以舒緩薦骨腸骨關節，瞬間會使緊張僵硬的提肩胛肌和僧帽肌變柔軟，消除疼痛。

〔操體法〕

3次×2＝6次

在運動會痛的相反方向上加阻力，運動約3～4秒之後，迅速放掉力量。

（例）若左屈感覺會痛，就邊用手加阻力，邊進行右屈（3～4秒）。之後，迅速放掉力量。

〔治療法〕

頸部

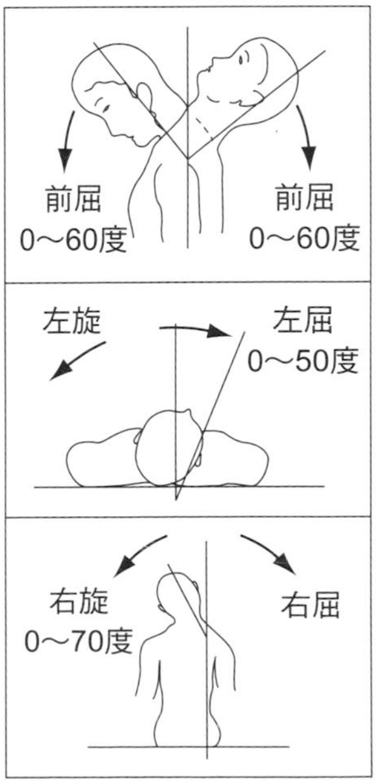

圖3

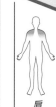

002

頸肩臂症候群（頸椎退化性關節炎／頸椎椎間盤突出）

◎特徵—頸椎退化性關節炎以50歲以上居多，而頸椎椎間盤突出則以20～40歲居多。兩者合併稱為頸肩臂症候群。症狀類似，會有頸、肩、臂的麻木或異常感覺，也會有頸痛現象。

症狀和原因

常見的患者是整天以相同姿勢面對電腦的人等。從頸部到肩膀都會疼痛或麻木。有時會伴隨異常感（圖1）。

起先是手或手臂感覺異常，但手還是可以活動。

症狀嚴重後，手或手臂就無法隨意活動了。而且可能伴隨手指如鉤狀彎曲的運動障礙、肌力下降的情形。像這樣的症狀，稱為頸肩臂症候群。

一般而言，患者在20歲到40歲之間稱為「頸椎椎間盤突出」，50歲以上就命名「頸椎退化性關節炎」。雖然症狀相同，但因超過50歲的人，多少還有增齡引起的骨骼變形，所以目前是如此判斷。

尤其是沒有外傷，但頸、肩、臂卻會疼痛，或有麻木及異常感。故無法斷言是使用某特定肌肉所引起

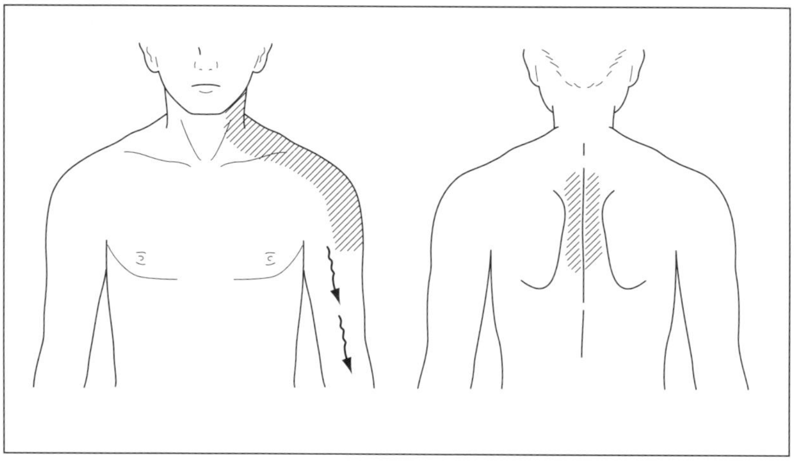

圖1　感覺異常的部位

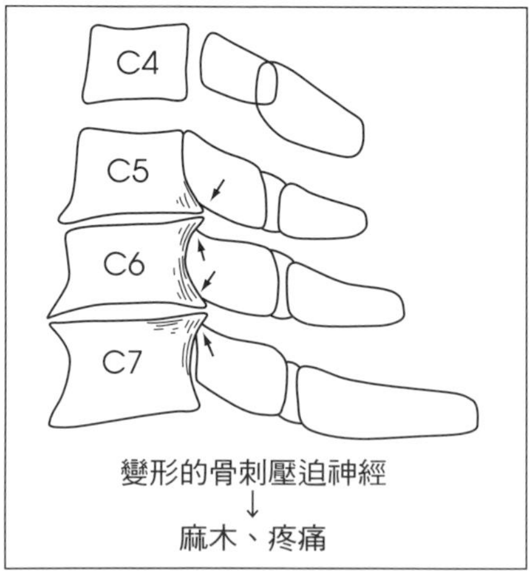

圖2　頸椎退化性關節炎

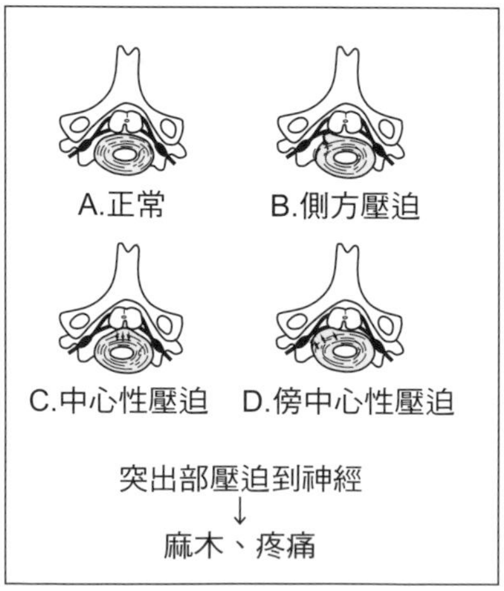

圖3　頸椎椎間盤突出

的肌肉疲勞。像這種瞭解原因、卻不清楚疾病本質的情形，即診斷為「症候群」。頸肩臂症候群就是其中之一。

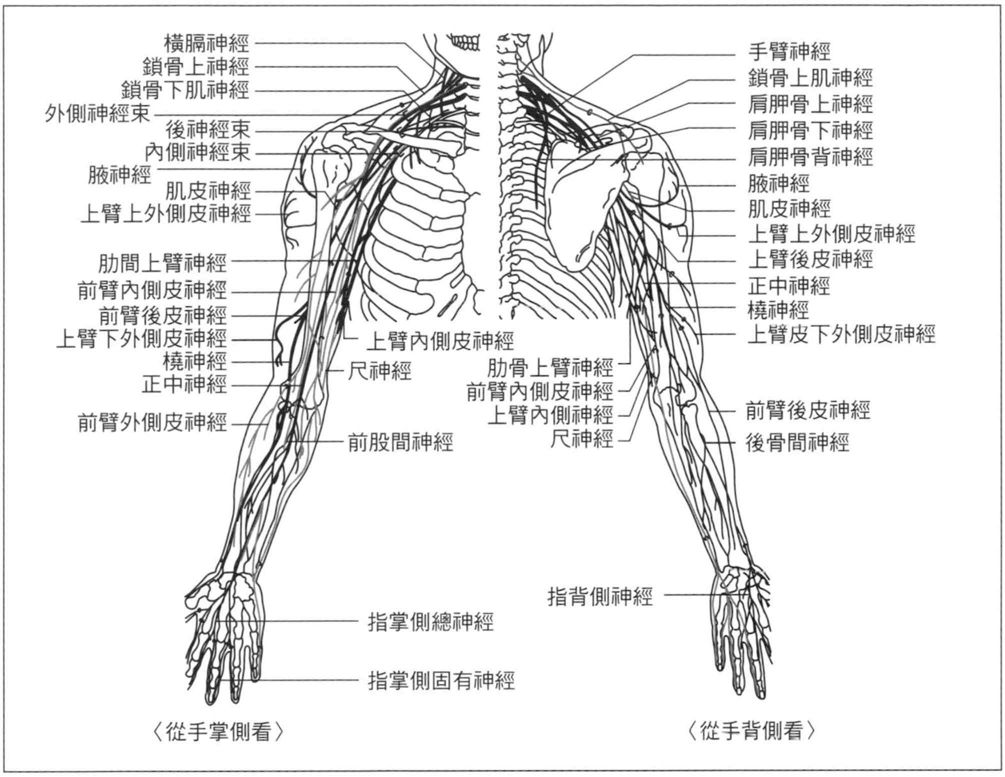

圖4　從頸骨之間伸出的神經圖

治療法

一般醫院的檢查是①頸部X光檢查，稍微發現變形時，即診斷為頸椎退化性關節炎（圖2）。

另外是②的變形性情況，則進行MRI（核磁共振）或CT（斷層掃瞄），發現椎間盤向後突出時，即診斷為「頸椎椎間盤突出」。無左右偏離時，則診斷為「原因不明」（圖3）。

我認為這種「原因不明」，其實才應稱為「頸肩臂症候群」。

在現代醫學上，檢查固然精密，但有知道檢查結果卻不處置的問題；而「頸肩臂症候群」正是直接反映這個問題的代表性疾病。

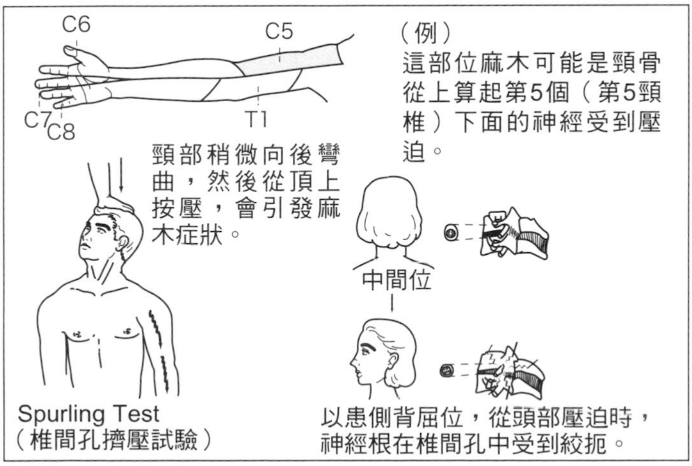

圖5　Spurling Test（椎間孔擠壓試驗）

其實，是有不會痛苦、也無須儀器，就可在短時間內獲得不少效果的檢查。首先建議接受這種Spurling Test（椎間孔擠壓試驗）（圖5）。

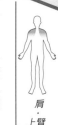

先將頸部朝後方仰，從頭頂用力往下壓迫。此時，若是右手麻木，就傾向右側，感覺症狀惡化就判斷為陽性。若手的麻木現象，在經過這種試驗後不惡化則判斷為陰性。

這種陰性結果表示原因不在頸部，而是在肩關節、肘關節、腕關節等其他部位。

以如此簡單的試驗就能做判斷是有其理由的。脊柱中從頸椎到胸椎為止有脊髓神經，從腰椎有馬尾神經穿過。當從椎間孔伸出的神經根受到壓迫時，頸、肩、臂才會疼痛。由於從椎間孔伸出的神經根是分布在身體的固定區域，因此，哪隻手指麻木，即能瞭解從頸椎上方算起的第幾個和第幾個之間發生問題（圖5的上圖）。

藉由Spurling Test（椎間孔擠壓試驗），判明頸椎間出問題時，就進行以下的治療。

①干擾波、多普勒超音波療法

對準患部的頸部神經根，照射適合肌肉頻率的干擾波（圖4）。

②雷射

對準頸椎患部的神經根照射極為重要。

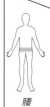

③肌內效貼布（kinesio tape）

沿著圖6、7的肌肉貼紮。

④神經阻斷術

症狀嚴重時，以抑制疼痛的動機進行的確有效。但這只是對症療法而非根本療法。

⑤藥物療法

塗抹消炎鎮痛劑。這也是對症療法而非根本療法（治標而非治本）。

⑥牽引

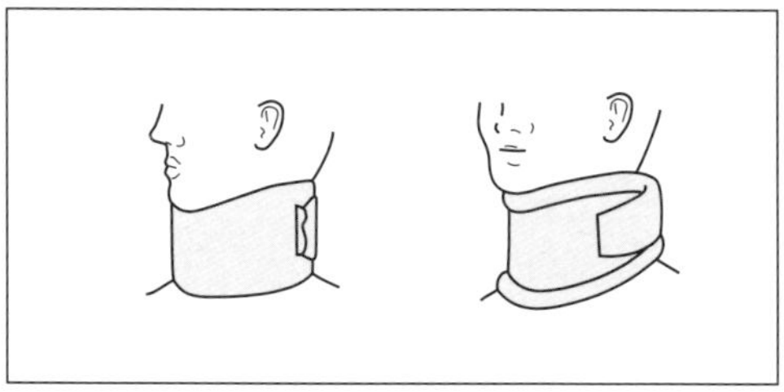

圖6　頸部護圈

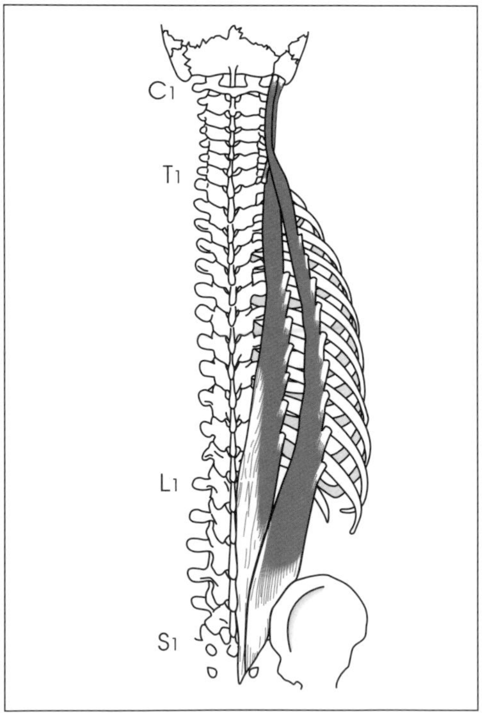

圖7　豎棘肌

患者若只是頸椎受到壓迫，或許可靠牽引治癒，但通常不是單純的症狀，所以能否治癒無法一概而論。想進行牽引時，請先確定是否適合患者的症狀。首先試做1、2次的牽引。適合的人，症狀會改善；不適合的人，症狀會更加嚴重，此時接受其他治療法才明智。

另有如圖6般在頸部裝置護圈的方法。但這只有保持安靜的意義，並無積極治療的效果。

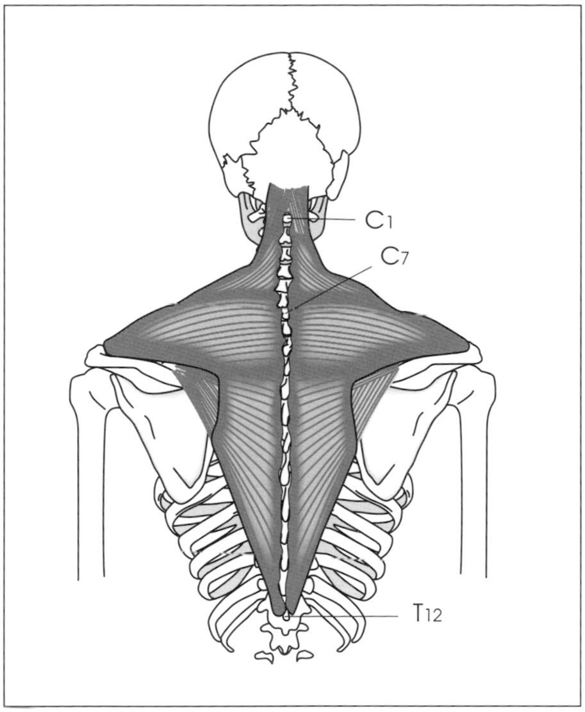

圖8　僧帽肌

⑦關節囊內矯正

進行頸部的關節囊內矯正。

如此可使被壓迫的椎間恢復原狀，完全消除症狀。具有嘗試價值。

即使發生骨骼變形或突出，多數的人也能感覺舒暢。其實，這是臨床現場眾所皆知的事實。

例如，訴求頸部右側有症狀的患者，在拍攝X光或MRI時，卻發現其實是頸部左側椎間盤突出，形成影像診斷和症狀不一致的狀況。請各位牢記這種狀況。

因為「手麻木」到醫院看診時，一般會做MRI檢查，發現變形或突出時，就輕率地通知「來手術吧！」不過依據報告顯示，即使經過手術，症狀依舊沒有改善的案例非常多。

這是影像診斷無法吻合症狀的不幸案例。

為了避免遭遇這種不幸，患者首要選對醫師。

請尋找坐在醫師前面時，不是「馬上做檢查」，而是先詳細詢問「哪個部位麻木？」的醫師。

好醫師是依據症狀及臨床檢查來診斷，會使用Spurling Test（椎間孔擠壓試驗）查出病症位置，之後才做明確的診斷及處置。所以即使影像沒有發現的變形，也會對出現症狀的一側照射干擾波或雷射，或者進行關節囊內矯正。這些處置的結果，都比僅依據影像診斷就輕率動手術來得優越。

003

緊張性頭痛 頸部僵硬

◎特徵─頭痛大致可分為①緊張性頭痛、②血管性頭痛和③重症疾病。

症狀和原因

一般來說，頸部僵硬是面對電腦長時間工作的人常患的症狀。嚴重之後，有時會伴隨頭痛或噁心。

頭痛包含了單純頭痛到攸關生命的重症前兆等各種疾病。再說，即使進行CT（斷層掃瞄），也未必能照到微細血管，所以頭痛其實是非常困難判斷的症狀。

頭痛大致分為以下3種症狀。

（1）緊張性頭痛

從事長時間維持同一姿勢的事務性工作等，會因持續使用僧帽肌（圖1）、豎棘肌（圖2）等而引起異常收縮。

簡而言之，若沒有這些肌肉，骨骼就無法維持坐在辦公桌前的姿勢。所以附著在後頭骨的這些肌肉邊緣被拉引起發炎時，即會產生頭痛症狀。

（2）血管性頭痛

以女性居多，或者腦血管因先天性或後天性較纖細的人。這種人的血管擴張時，血液一下子流入血管中時就會感覺頭痛。是否屬於這種頭痛，有以下的自我診斷法。

覺得頭痛即將發作時（已經頭痛就太遲了），攝取有血管收縮作用的咖啡或可樂等咖啡因飲料，就不會發生頭痛，表示有血管性頭痛的可能性。相反的，如果只是喝一小杯有血管擴張作用的酒類，即引起頭痛的話，表示有血管性頭痛的可能性。

（3）腦腫瘤、腦梗塞等重症疾病的前兆

此時只有到神經內、外科看診一途。若要到神經內、外科以外的地方做確認時，則請進行巴賓斯基氏反射試驗：讓患者手臂交叉，令其注意力放在手臂上，以此狀態搔癢患者腳底的方法。

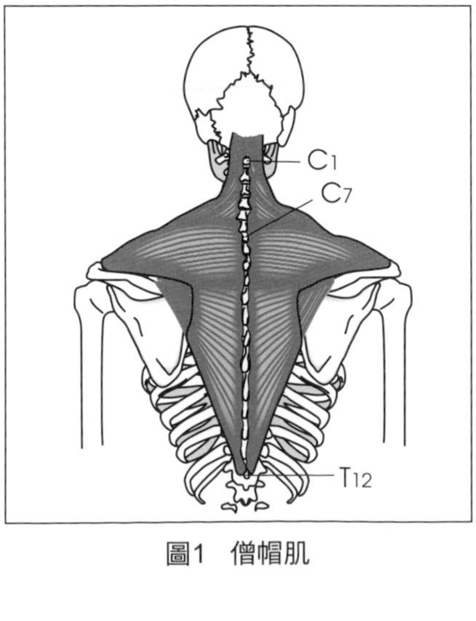

圖1 僧帽肌

如果腳拇趾會迅速朝上彎曲時，表示可能有腦部疾病。但這種反應在嬰兒身上，卻非異常。雖只是簡單的試驗，但本院卻因此幫許多人發現重症疾病前兆，救回一命。

治療法

（1）對於緊張性頭痛，最重要的是避免長時間維持相同姿勢。事務性工作雖然會導致運動不足，但若著眼在肌肉時，其實是相同姿勢帶給肌肉相當的負擔。因此，1小時進行1次伸展，至少也要站立起來才有效。

①干擾波、多普勒超音波療法

（1）的緊張性頭痛嚴重時，對準僧帽肌或起立肌照射干擾波。

②肌內效貼布（kinesio tape）

沿著肌肉貼紮肌內效貼布。當肌肉過勞時會更加收縮，血循變差。貼紮肌內效貼布即可包住肌肉使其休息，而且能放鬆肌肉，改善內部血管或淋巴的暢通。

③藥物療法

最近市面上已有所謂強效性的頭痛藥，但能獲得最佳效果的是（2）的血管性頭痛。

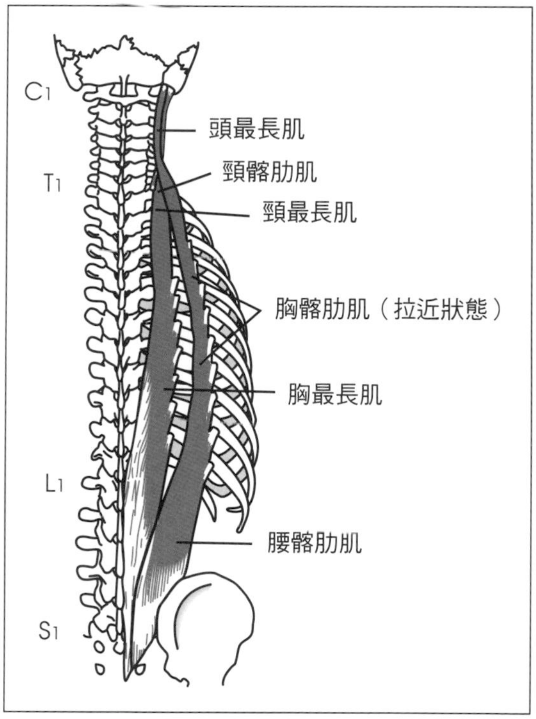

圖2　豎棘肌

④醫療性按摩。

⑤星狀神經節阻斷術（參照252頁）。

⑥關節囊內矯正

因為頑固頭痛而進行薦骨腸骨關節以及第2～3頸椎間關節的關節囊內矯正時，非常不可思議地，總會在瞬間消除頭痛。邊觸摸薦骨腸骨關節，邊上下活動頸部，即能感覺薦骨腸骨關節的活動。亦即薦骨腸骨關節其實和頸部關節有著密切關係。而引起機能異常的機制起先是在薦骨腸骨關節，接著是在頸部關節。

雖然能瞬間消除疼痛，但肌肉再度過勞時卻容易復發。故請別長時間維持相同姿勢。從事長時間事務性工作的人，或是1小時作1次伸展，或是至少站立一下子等，注意日常生活避免累積疲勞是相當重要的。

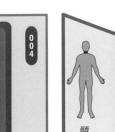

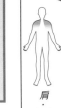

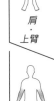

004

頸部揮鞭症候群

◎特徵—因交通事故等引起的頸部疼痛。有時會有頸、肩、臂麻木或異常感的情形。多半在事故發生後3週才開始疼痛。

症狀和原因

被認為是因汽車事故的急速衝擊，導致椎間關節囊損傷、韌帶損傷或肌肉的牽引痛等。同時，在事故瞬間肌肉緊繃的姿勢也可能引起突發性的肌肉痛。

頸部揮鞭症候群分成3種案例。

（1）一般性的頸部揮鞭症候群

頸部揮鞭症候群多半會有頸部疼痛、頭重感、肩膀僵硬、全身倦怠、暈眩、噁心和頭痛等。

（2）慢性的疼痛

其次是慢性的頸部疼痛，案例顯示有時會持續好幾個月。

（3）伴隨神經障礙的情形

另外，還有伴隨神經障礙的情形，引起手指感覺遲鈍、無法使力的狀況。這是因脊髓神經受到壓迫所致。遇此狀況，雖然難以自然治癒，但麻木的範圍也不會急速擴大到其他部位。

有關（3）的情形，若接受下面的Spurling Test（椎間孔擠壓試驗），即可簡單掌握到底那個骨頭的哪個部位受到壓迫（圖2、3）。

首先，把頸部向後彎曲，從頭頂往下用力壓迫。此時，若右手麻木則向右傾斜。透過引發病狀的部位，來掌握哪個頸椎間發生問題。

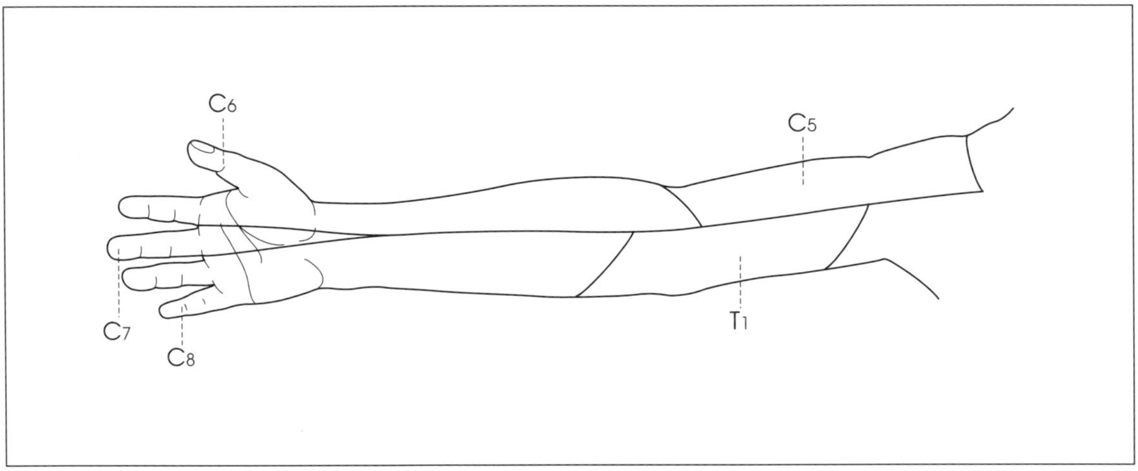

圖1　皮膚感覺帶

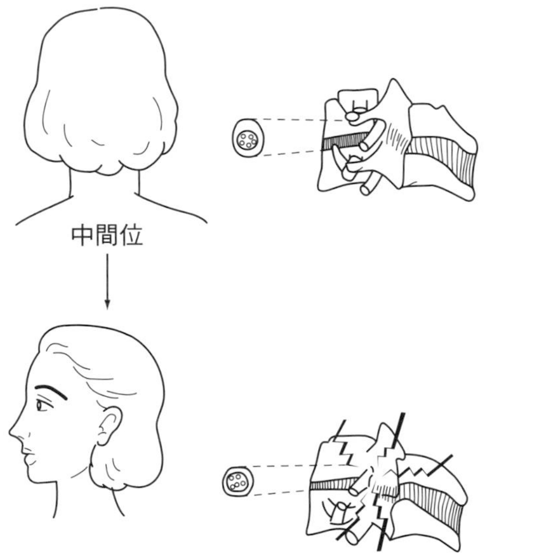

以患側背屈位，從頭部壓迫時，神經根在椎間孔中受到絞扼。

圖3　Spurling Test（椎間孔擠壓試驗）的機制

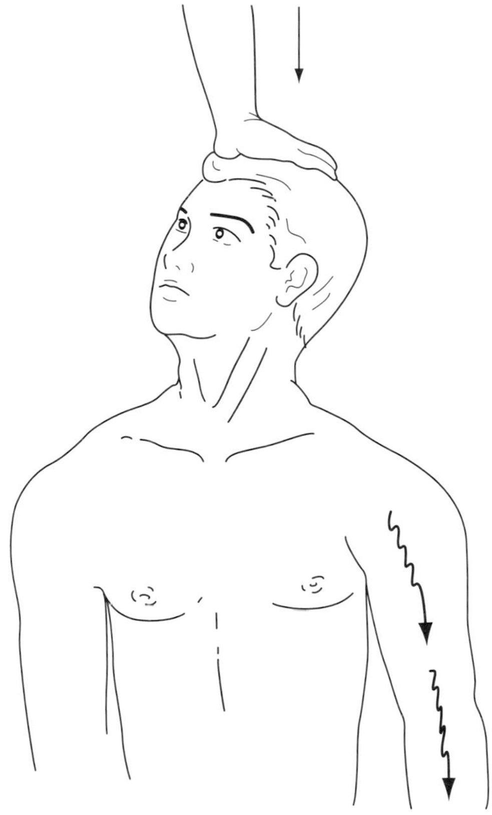

圖2　Spurling Test（椎間孔擠壓試驗）

以如此簡單的試驗就能做判斷是有其道理由的。脊柱中從頸椎到胸椎為止有脊髓神經，從腰椎有馬尾神經穿過。當從椎間孔伸出的神經根受到壓迫時，頸、肩、臂才會疼痛。而且從椎間孔伸出的神經根，是分佈在身體的特定區域。

因此，手臂的哪個部位麻木，即能瞭解哪一節頸椎發生問題（圖1）。

治療法

①間歇性牽引

這是頸部揮鞭症候群最常用的治療法，從約5公斤開始慢慢增加牽引力。

但這種治療法會出現馬上見效，或者更加惡化的兩極化案例。為此，若嘗試幾次不見效果時，就必須更換其他療法為宜。

②雷射

適合（3）的伴隨神經障礙情形，對準頸椎側面的神經孔照射雷射，即能有效減輕麻木感。

③戴上頸部護圈

適合頸部椎間關節囊損傷、韌帶損傷的情形。戴著頸部護圈有修復，以及保持安靜、固定的效果。

④電療法

具有止痛、促進治癒力的效果。症狀（1）（2）的情形，是以適合肌肉頻率，症狀（3）的情形是以適合神經的頻率來進行電療法。

⑤針灸

對止痛或緩和局部疼痛有效。

⑥止痛藥的靜脈注射

⑦醫療性按摩

⑧關節囊內矯正

治療現場上，令人驚訝地常發現，在事故後3週才開始疼痛，才告訴醫師有症狀（2）之慢性疼痛的患者，遠比事故剛發生時就告訴醫師有此症狀的患者多。

根據我的臨床經驗，發生症狀（2）般慢性疼痛的頸部揮鞭症候群，多半的原因是關節囊內機能異常。

因此，進行關節囊內矯正時，無論已經痛苦幾年的疼痛，都能在矯正當場迅速解除。

容易引起關節囊內異常的部位被認為是薦骨腸骨關節、頸椎椎間關節、第一肋關節等。

這是遇到事故引起關節機能異常，經過一段時間後所形成的關聯痛症狀。

遇此狀況，除非進行關節囊內矯正來解除機能異常，否則無論牽引、電氣治療等都無法期待效果。

同時，若在遭遇事故之前，就有薦骨腸骨關節機能異常的人，當發生頸部揮鞭症候群時，即會引起關聯痛的症狀。

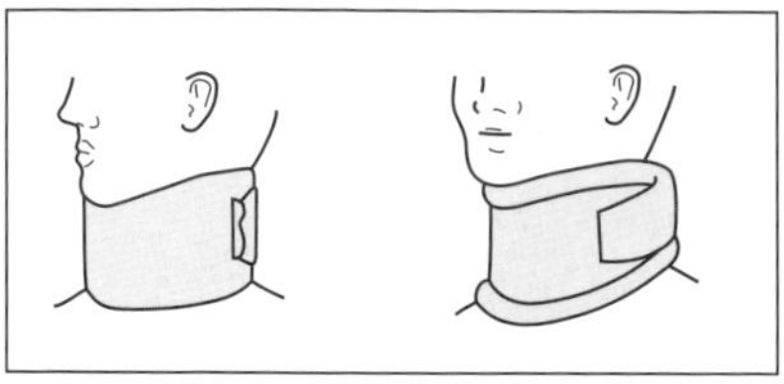

圖4　頸部護圈

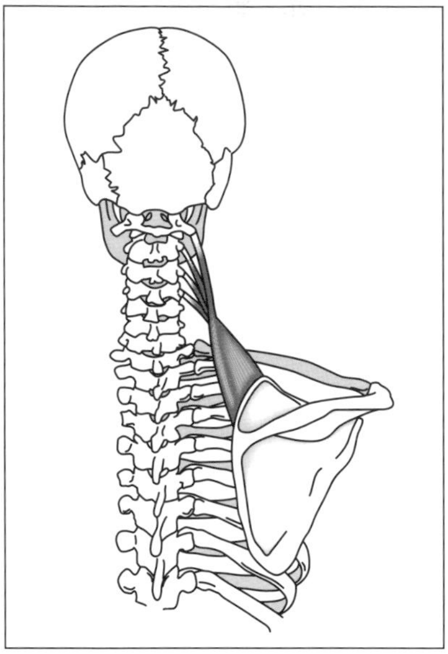

圖5　提肩胛肌

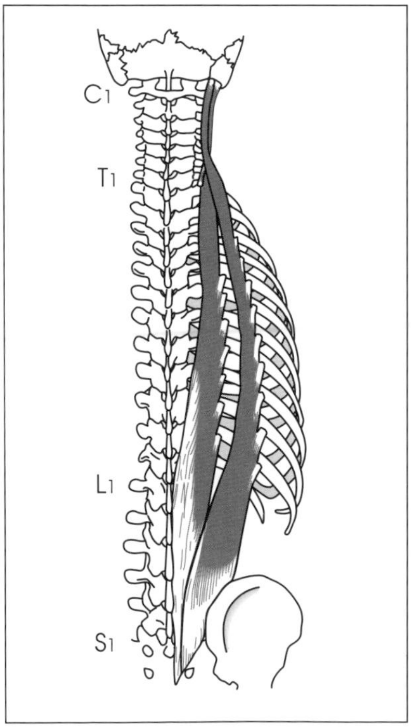

圖6　豎棘肌

005

頸椎後縱韌帶骨化症

◎特徵—別名OPLL。頸部後方韌帶因某原因骨化，致使頸、肩疼痛。痛達腰部時，會引起全身性麻木、步行障礙的麻煩疾病。

症狀和原因

頸椎後方有所謂的後縱韌帶。這種後縱韌帶因某原因骨化，壓迫到神經時，會引發頸、肩僵硬或疼痛，或者上臂疼痛、麻木等疾病。以中高年齡層居多。

惡化之後，會伴隨細微動作遲鈍的障礙。

初期階段因無自覺症狀，故有時連專科醫師自己也察覺不出身體異常而不知罹患此症。因為手會麻木，所以症狀惡化時，必須判別是否糖尿病伴隨的麻木。

治療法

①雷射

伴隨局部疼痛時，有時照射雷射會有效果。

②牽引

雖然一般醫院多半會進行牽引療法，但請記住，本疾病多半無法靠牽引獲得效果。故進行數次不見效果的話，請轉換其他治療法為宜。

③關節囊內矯正

依據過去的臨床經驗，從雷射、牽引無法獲得效果的人，改用關節囊內矯正後，可立即消除疼痛、麻木的個案不少。

所以，別放棄，建議嘗試關節囊內矯正。

很遺憾地，真正的後縱韌帶骨化症，無法以頸椎的關節囊內矯正治癒。

不過，有許多人能夠迅速消除疼痛或麻木。相反的，雖被診斷為縱韌帶骨化症，然而「疼痛或麻木的真正原因，其實並非骨化所致」。

像這樣的案例也非常多。

圖1是「皮膚感覺帶」，屬於較專業的術語。

從本圖可知神經分佈在皮膚表面的狀態。

如圖所示，神經是從脊椎（脊骨）和脊椎之間伸出，擴張分佈到體內末端。

例如，支配手臂上部的是第5頸椎（C5）神經。

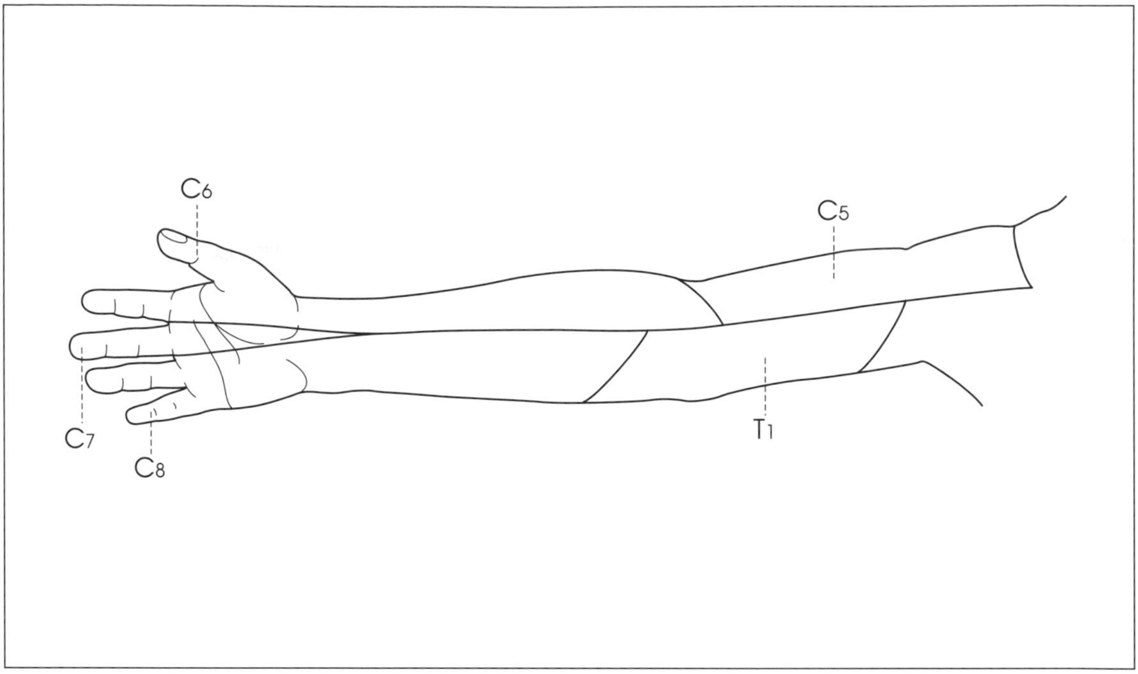

圖1　皮膚感覺帶

如圖1所示，各個頸椎所伸出的神經，各支配身體某特定的部位。

由此顯示，假如後縱韌帶骨化，即會壓迫第5頸椎，所以第5頸椎神經所支配的手臂上部應該會麻木。

但若麻木的部位並非在手臂上部的話，就表示並非真正的後縱韌帶骨化症。亦即，能判斷麻木的原因不是骨化的韌帶。

身為專家的我們把這種現象稱為「原因和症狀不吻合」。

目前多半的醫院都僅依賴X光等影像診斷，而不優先進行如「皮膚感覺帶」般的重要診察，因而深陷武斷的診斷中。

聽到「韌帶骨化」而抱持絕望心態的患者相當多。但雖被診斷骨化，卻沒有疼痛、沒有麻木感的人也不少。

因此，先去尋找願意認真聽你訴說症狀，能夠進行關節囊內矯正的醫院最重要。

而且等找到原因確定在頸椎之後，再進行適切的治療為宜。

006

四十肩、五十肩

◎特徵—中年以後引起的肩痛。由於痛導致手無法轉到頭後或背部。嚴重時，會有夜間痛到想切斷手臂般的劇痛。但也有輕微症狀的情形。

症狀和原因

顧名思義是40~50歲以上的中年人常患的疾病，會有肩痛或無法抬高手臂的症狀。但在臨床上，是從30歲到100歲的人都會發生的疾病。

有人是肩痛，有人是痛及背部或手肘。疼痛的時間多半在體溫降到最低的黎明或天寒之際。反之，泡澡後可減輕疼痛（圖1）。

而且會伴隨無法梳頭、無法綁頭髮的「結髮障礙」，或者無法繫腰帶、扣胸罩的「結帶障礙」等無法抬高手臂、無法順暢後轉的運動障礙（圖2）。

英文稱為frozen shoulder（冰凍肩）的四十肩、五十肩，不僅不容易發現肩部肌腱斷裂，也難以從X光攝影等顯示明顯的異常。

肩關節是被稱為滑液囊或旋轉袖的肌腱或韌帶所包圍。因增齡的關係，會在這些周邊組織上產生發炎或沾黏，所以才會阻礙肩膀運動。

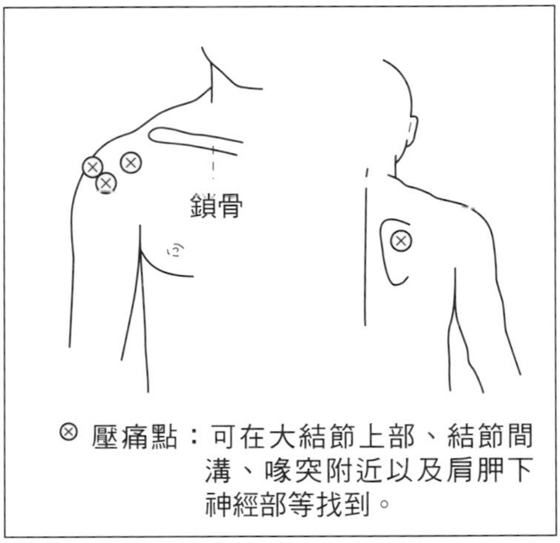

圖1

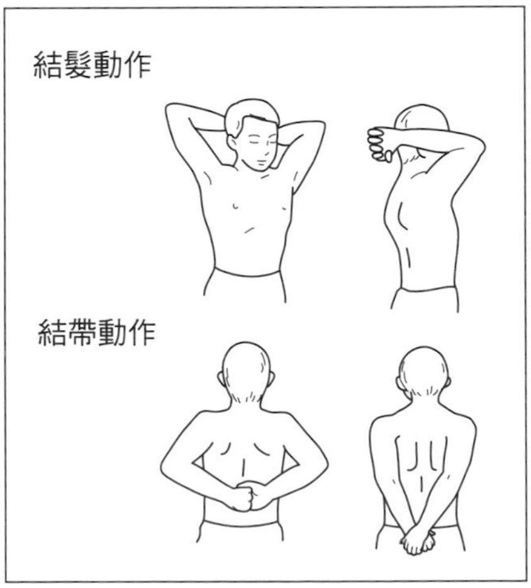

圖2

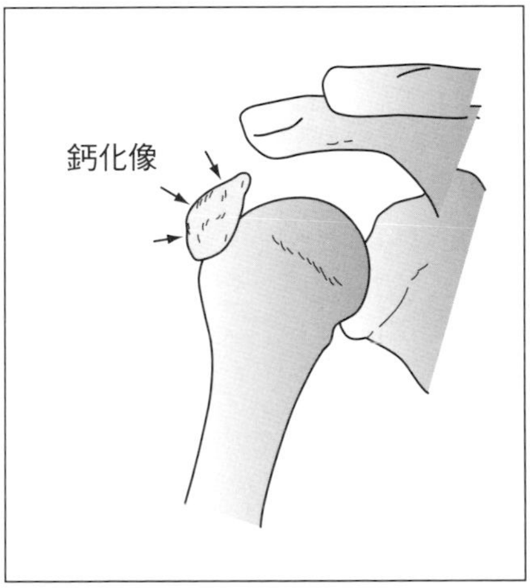

圖3

雖然復原的時間有多則3個月，短則2天，或長達1~2年，甚至數年等個人差異，可是不用擔心。必定可以治癒。

只是，與其等待自然治癒，不如

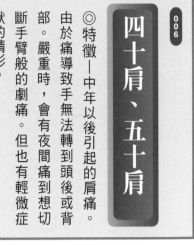

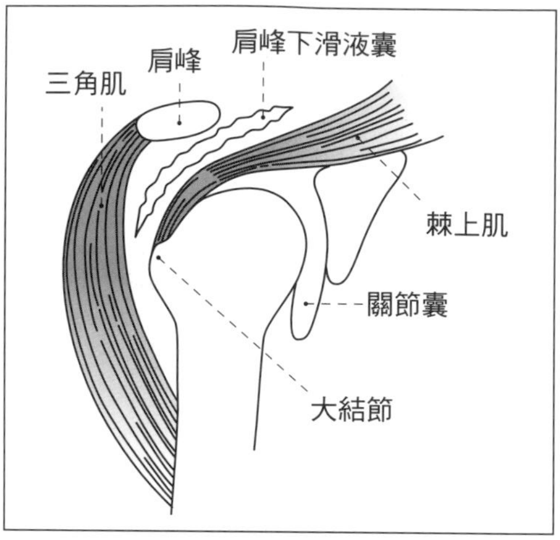

圖4　肩關節

接受治療，趁早減輕疼痛、復原。

據說某古籍曾記載四十肩、五十肩是死期的前兆。這可能是因古人通常在四十、五十歲就死亡所致。

另外，也有因四十肩、五十肩引起胸痛的情形。這是如圖10所示，位於胸部的胸大肌因增齡萎縮引起。

以X光檢查會發現肌腱上有鈣化性肌腱炎的情形。但這未必會引起疼痛，故不用執著於鈣化（圖3）。

四十肩、五十肩分為「急性期」和「慢性期」，治療方法要因不同時期改變。

（1）急性期

這期間需要保持安靜。即使發炎，處在最疼痛的時期，無論如何，首要進行冷敷。

（2）慢性期

在這期間，必須在不勉強的範圍內活動手臂。

治療法

①干擾波、多普勒超音波療法

使用適合肌肉頻率的干擾波照射三角肌、棘下肌、棘上肌、提肩胛肌、上臂二頭肌、胸大肌等大範圍，讓肌肉獲得鬆弛（圖5～11）。

②紅外線療法

透過溫熱來促進血循環。

③水床按摩

和一般的按摩床不同，是靠水的壓力來加強按摩力量，促進血液循環。

④神經阻斷術

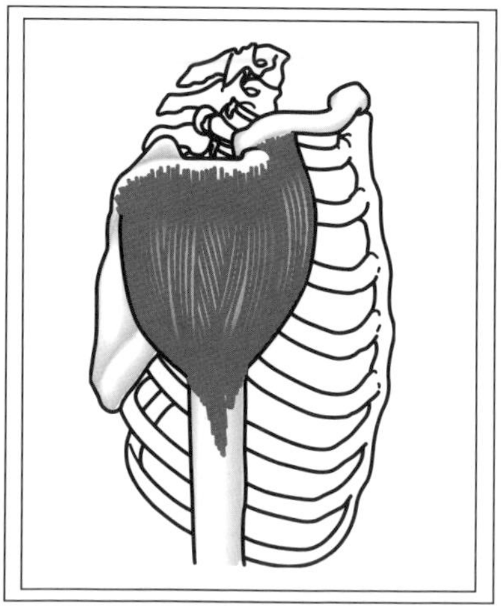
圖5　三角肌

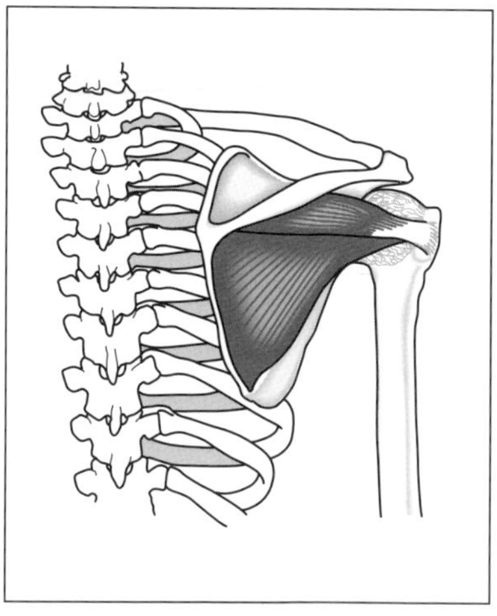
圖6　棘下肌

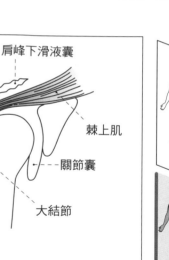

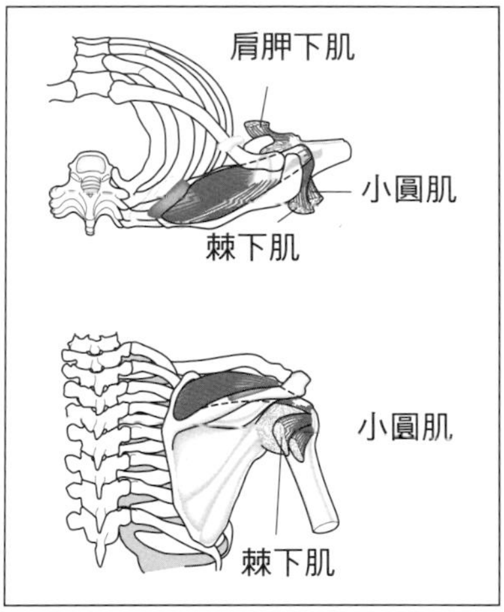

圖7　棘上肌

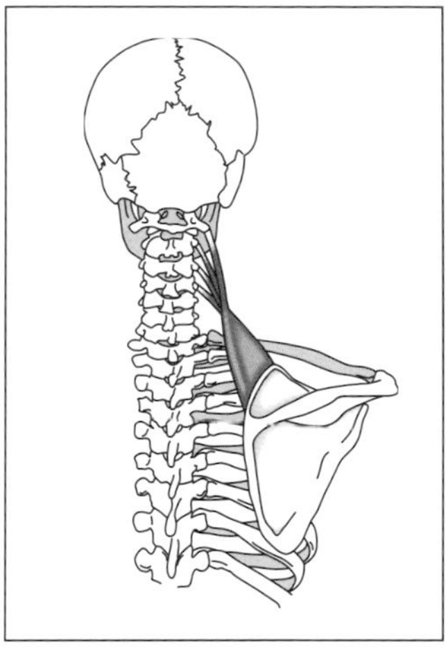

圖8　提肩胛肌

進行肩胛上神經阻斷術，以麻痺來暫時脫離疼痛。

⑤藥物療法

注射玻尿酸（Natrium Hyaluronic Acid），可獲得鎮痛效果。

⑥關節囊內矯正

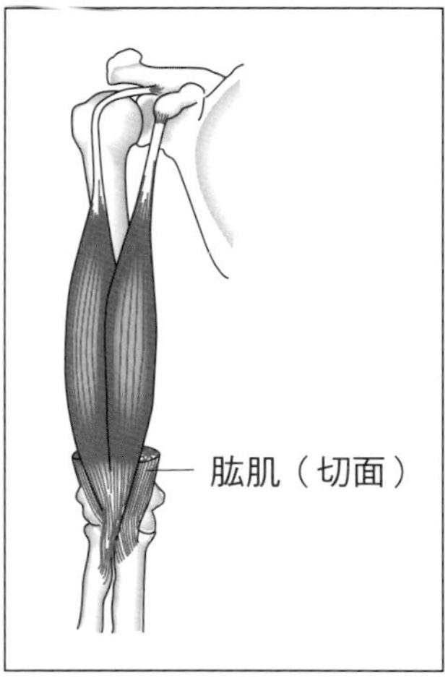

圖9　上臂二頭肌

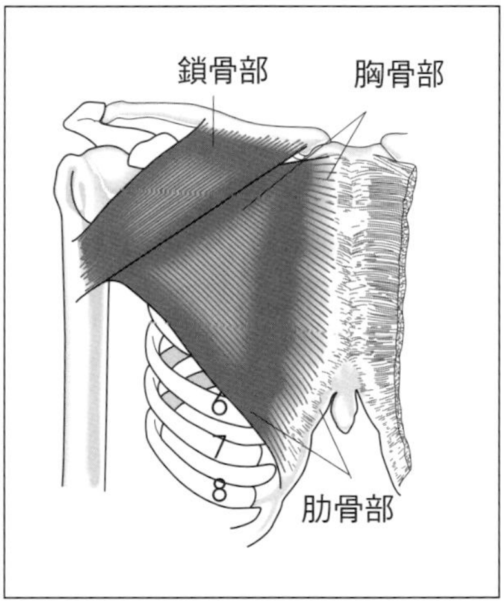

圖10　胸大肌

中高年人或者長時間伴隨疼痛，對急性期幾乎無效，但對慢性期可發揮效果。

不過，比起急性期，也只能減輕疼痛，多半無法完全消除。

這是因肩關節周圍肌肉激烈收縮或韌帶變化，阻礙了肩關節的關節囊內活動，導致活動手臂時即會疼痛。

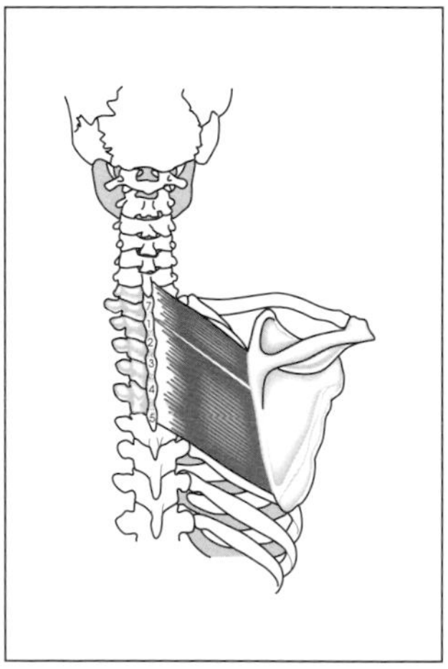

圖11　大小菱形肌

一般來說，「為使肌肉不收縮，積極運動是慢性期間不可或缺」，然而患者卻多半因疼痛而無法做體操等。

過去著名的熨燙體操，現在已因熨斗變輕而喪失意義。所以我想向這些人建議嘗試關節囊內矯正。

關節囊內矯正可說是唯一以關節囊內運動學為基礎，進行恢復關節活動的治療法。併用這種治療法和其他治療法，能使無法活動的手臂，在3～5個月內復原。

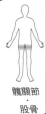

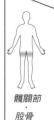

007

肩關節脫臼

◎特徵—並非直接碰撞到肩膀，而是因跌倒手著地，或突然拉扯手臂所引起。脫臼時，會自然採取保護肩膀的姿勢。為避免反覆性的脫臼，必須接受治療。

症狀和原因

由肩胛骨和肱骨所構成的肩關節，是能360度旋轉的便利關節。但是，容易活動，相對地，也是非常不穩定的關節。

因為手臂的活動，主要是肱骨的圓頭（肱骨頭）在肩胛骨的關節窩上旋轉才成立。支撐這個肱骨頭的關節窩，是個又淺又小的碟狀凹陷處，故在結構上，容易活動也容易脫離。

跌倒手著地、突然拉扯手臂或者手被打到時，肱骨頭即會從關節窩脫離。這種狀態稱為脫臼。肩脫臼有90%是屬於骨頭向前突出的前方脫臼。

一旦脫臼，肩關節周圍的旋轉袖、韌帶、關節唇的周圍組織，甚至連血管、神經都可能隨之受傷（圖4）。

看到患者是以保護手臂和肩膀的姿勢進入診察室時，即能清楚瞭解「啊！脫臼了！」（圖1）。

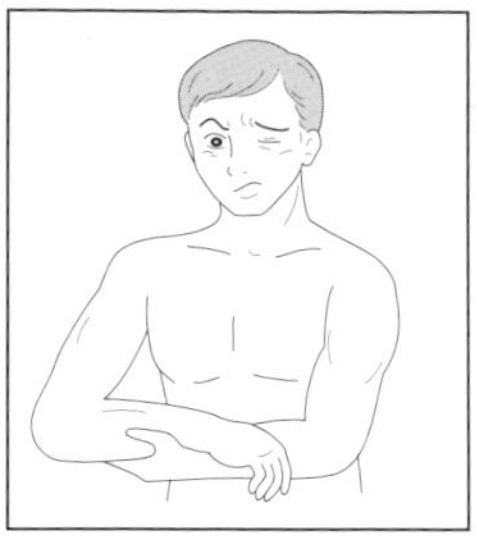

圖1

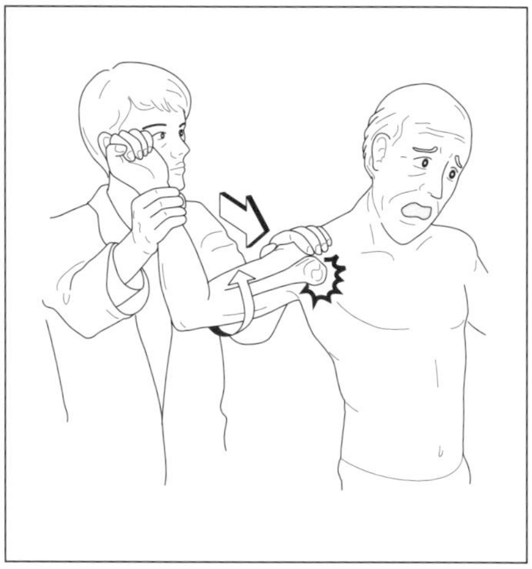

圖2　肩關節脫臼不安試驗

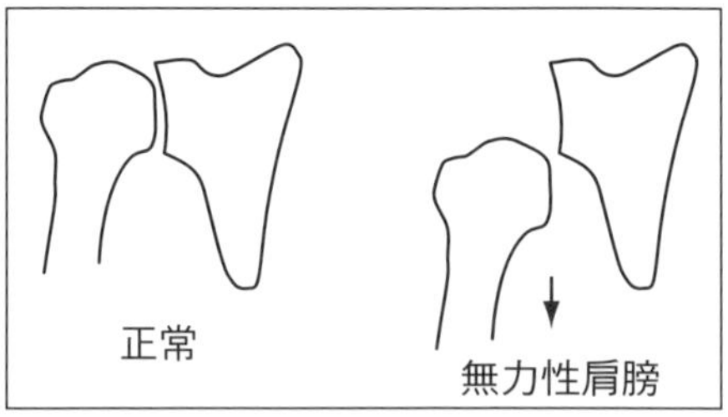

圖3

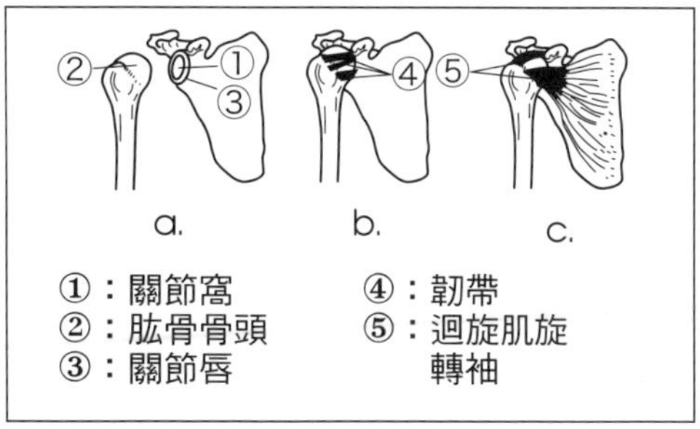

圖4　肩關節的結構

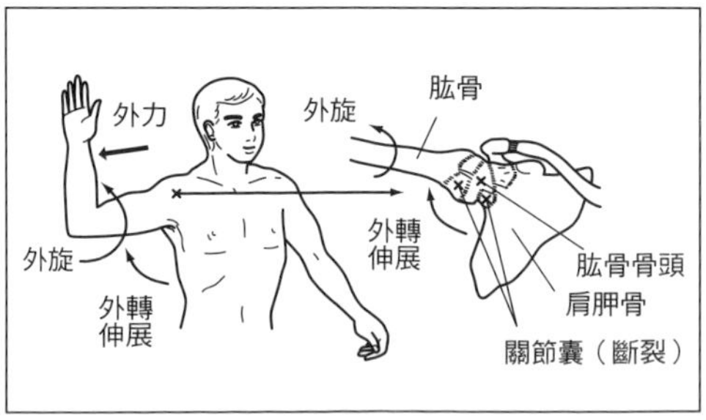

圖5　肩關節容易脫臼的姿勢

另外，為了檢查有否反覆性脫臼，可進行如圖2的肩關節脫臼試驗。試驗中會故意讓患者重現脫臼時的動作，如此一來，有脫臼經驗的人會害怕地哀嚎，這就表示有反覆性脫臼（圖2、5）的現象。

接著，必須判別是無力性肩膀或是脫臼（圖3）。無力性肩膀又稱為loose shoulder，肩關節的結構原本就不穩定，故當肩關節的活動超過普通範圍就會有此狀態。先天性居多，肩膀過勞時，肩膀的不穩定感、無力感也會隨著疼痛而來。

治療法

在事故現場首先冷敷患部。首要把脫離的關節恢復到原來位置（復位）。

但即使在事故現場進行過復位，也非表示脫臼已經治癒，仍需要接受治療。此時，治療務必確實，否則可能變成反覆數次脫臼的反覆性脫臼，或者肩膀鬆弛等其他障礙的原因。因此到醫院接受檢查、治療相當重要。

進行復位時，與其忍痛接受勉強地接骨方式，不如採取不會痛的Stimson氏法較有效。

這是如圖6所示，用毛巾保護腋下，讓患者俯臥在床。接著在脫臼的手臂纏繞3公斤的重物，讓手臂下垂約15分鐘。15分鐘後，邊把手臂往下方拉，邊將手臂根部朝外側拉靠，即可完成復位。

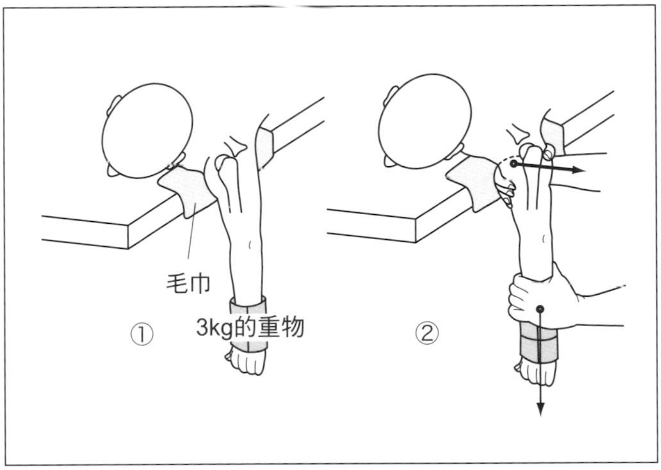

圖6　Stimson氏法

① 石膏或貼紮固定

屬於最有效的固定法。脫臼可能使肩前方韌帶或者關節囊受損傷，故這些部位尚未治癒前，應用三角巾等固定為宜。如此才可避免反覆性脫臼。

② 醫療雷射

對治療韌帶或關節囊的受傷有效果。

③ 干擾波、多普勒超音波療法

因為可促進血流，故能早日恢復。

此外，若復位後仍無法活動手臂時，則懷疑除了脫臼還有肩胛骨骨折的情形。這時候只有手術治療法一途了。

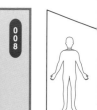

008

肩鎖關節脫臼

◎特徵—肩膀直接受到撞擊，或運動等摔倒手著地時所引起。負傷之後，鎖骨會向上方移位、變形。機能上雖可治癒，但外觀的治療需要手術。

症狀和原因

患者以15歲到30歲的男性居多。

肩鎖關節是連接肩胛骨和鎖骨的關節，靠牢固的肩鎖韌帶來補強。當因橄欖球等的激烈運動或格鬥等導致肩膀受到撞擊，肩胛骨和鎖骨之間的韌帶斷裂時，鎖骨的邊端即會移位到上方。

這種症狀之所以常發生在年輕男性上，就是因為他們從事這類運動的機會較多。

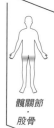

另外，並非直接碰撞或直接因外力，而是像柔道等般被摔跤手著地時，也會引起肩鎖關節脫臼。這稱為間接外力。

肩鎖關節脫臼，不用拍攝X光，從外觀即可判斷。因為這種脫臼，鎖骨的邊端會如圖3般上升到上方，形成凹陷狀。

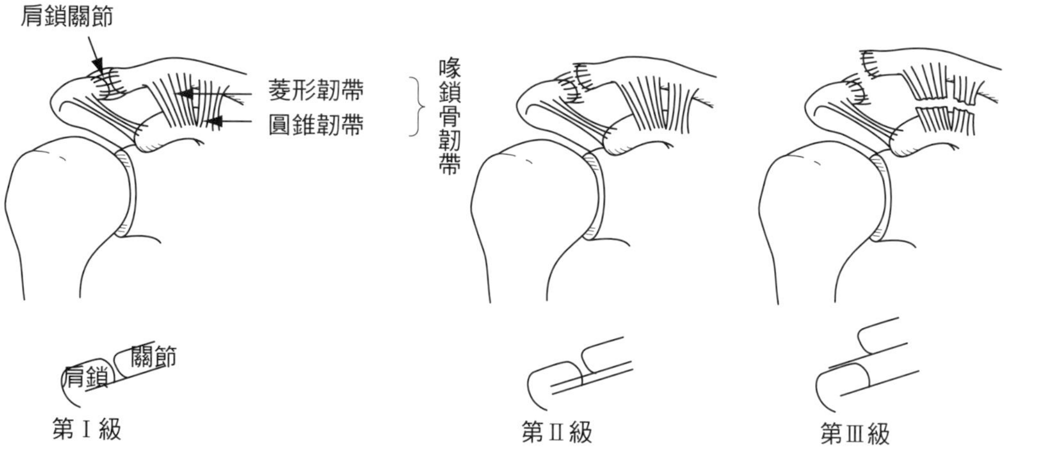

第Ⅰ級：肩鎖韌帶以及關節囊纖維有些斷裂，但關節並無不穩定狀態。

第Ⅱ級：肩鎖韌帶和關節囊斷裂，肩鎖關節是半脫位，但喙鎖骨韌帶沒有斷裂。

第Ⅲ級：肩鎖韌帶和喙鎖骨韌帶斷、脫臼，和肩鎖關節面無法接觸。

圖1

肩鎖關節脫臼的診斷，依程度分為以下3級。

（1）第Ⅰ級

如圖1般，肩鎖韌帶和關節囊的纖維雖有點斷裂，但看不出關節不穩定的狀態。

（2）第Ⅱ級

肩鎖韌帶和關節囊的纖

維斷裂，肩鎖關節變成半脫位（脫離一次的關節恢復原來位置的狀態），但看不到喙鎖骨韌帶斷裂的狀態。

（3）第Ⅲ級

肩鎖韌帶和肩鎖關節斷裂、脫臼，變成和肩鎖關節面完全無法接觸的狀態。

治療法

在現場首先要冷敷患部。若屬於（3）的第Ⅲ級，就只有手術治療一途。在骨頭上貫穿鋼絲固定。

①貼紮（圖2）

若屬於前述（1）（2）的情形，首先利用自己手臂的重量抑制浮起的部分加以固定。

這時候可用貼紮來固定，只是，貼紮固定雖可消除疼痛，但可能會殘存變形狀態。

②醫療性雷射

對患部局部照射雷射，緩和疼痛。

③干擾波、多普勒超音波療法

疼痛消失後，使用干擾波等藉由電療來促進血循、早日治癒。

任何情形下，都和肩關節脫臼一樣具有習慣性，故確實接受治療、復健極為重要。

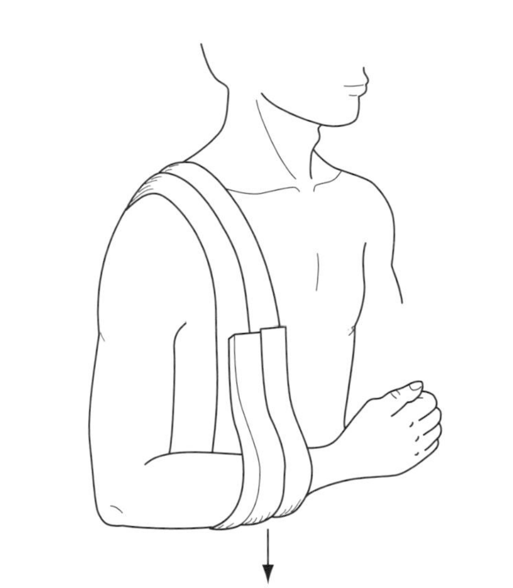

轉位程度輕，喙鎖骨韌帶未損傷的狀態（Allman的分類的第Ⅰ、Ⅱ級），是進行保存性治療。

①肩鎖關節用貼紮固定。

②利用手臂重量復位半脫位的方法，具有高度的復位力，但會抑制肩關節自體的活動，故多半使用在應急的處置上。以固定3週程度最理想。

圖2

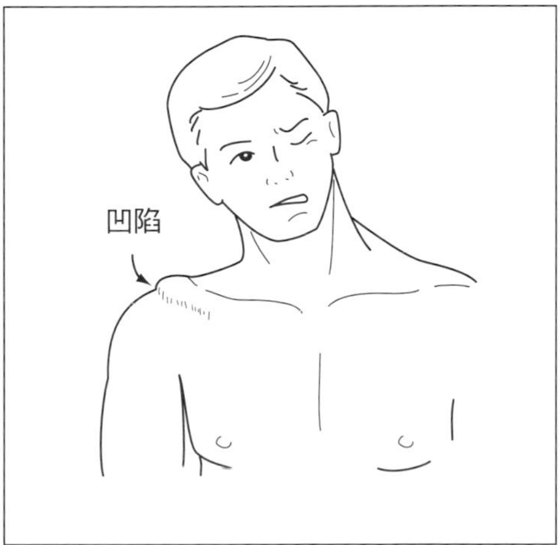

圖3

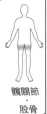

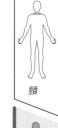

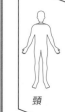

009

上臂二頭肌長頭肌腱炎

◎特徵—肩膀的前面會疼痛。以從事投球運動的人居多。靠試驗法可判斷上臂二頭肌長頭肌腱炎。

症狀和原因

上臂二頭肌是卡通大力水手普派的上臂肌肉。這塊肌肉的上部、長頭腱發炎時，按壓肩膀前面會疼痛。是從事網球等使用球拍的運動或棒球、鉛球等拋投的運動員常見的症狀。

上臂二頭肌如圖1所示，2塊肌肉往下形成一個腱，附著在前臂骨的橈骨上。但這塊肌肉並非從手肘上方的肱骨開始，而是從肩胛骨開始的。而且，上臂二頭肌的長條形肌肉（長肌），從肩胛骨開始到穿出上臂為止會有非常複雜的路徑。

如圖1所示，上臂二頭肌是從肩胛骨的關節盂的上緣，以細腱狀態開始。之後，通過肩關節中，穿出於關節外側。接著再通過骨溝中，從細腱轉成粗條肌肉，變成所謂的肉塊狀肌肉。

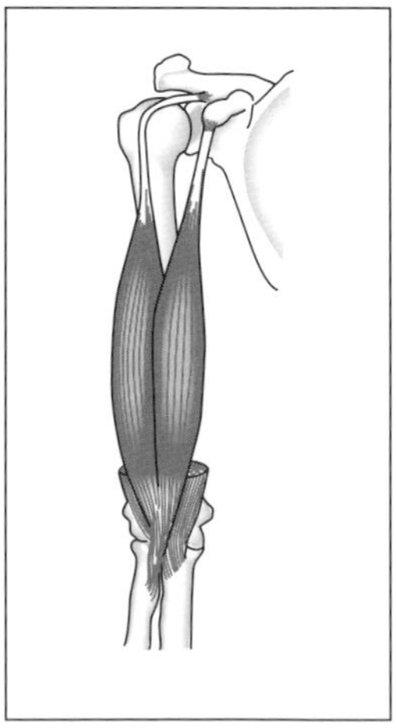

圖1　上臂二頭肌

如圖2所示，上臂二頭肌長頭肌腱炎的疼痛部位，是在肌腱通過骨溝處。骨溝上面因有強壯的韌帶越過，故形成隧道狀。肌腱就是從這個隧道中通過。當進行抬肩動作時，肌腱會在這個隧道中上下移動，容易摩擦到隧道。若長時間持續摩擦時，肌腱和隧道之間即會發炎。

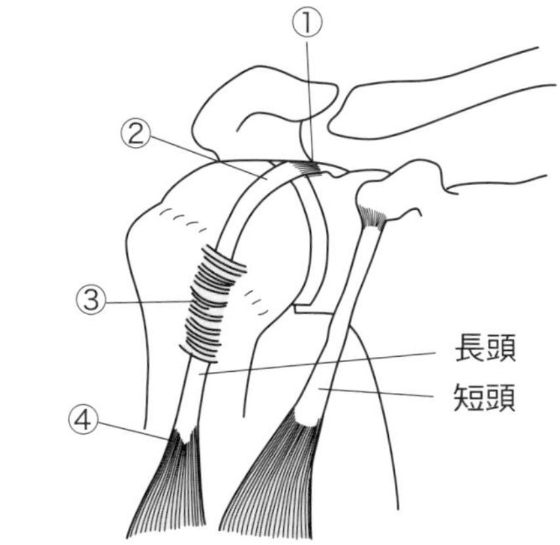

①上臂二頭肌的長頭起始部位。
②通過關節中的部位
③通過隧道中的部位
④離開隧道轉變成肌肉的部位。

圖2　上臂二頭肌起始部位的詳細圖

有關上臂二頭肌長頭肌腱炎的試驗有如下3種。

（1）上臂二頭肌腱的狹窄症狀試驗（圖3）

手臂伸直向後斜下方張開60度，若肩關節前

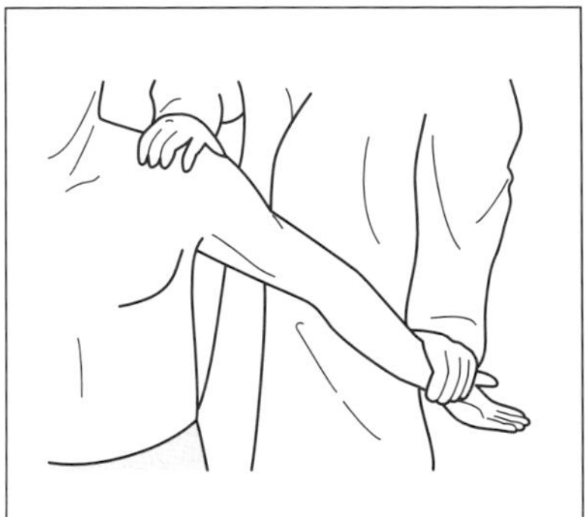
伸直上肢外旋，在肩關節前面產生疼痛。

圖3　狹窄試驗

方會痛即是上臂二頭肌長頭肌腱炎。

（2）速度試驗（圖4-1）

前臂向外側旋轉，以伸直手肘的狀態抬高上臂時，壓迫患者手臂前面。此時，若在上臂二頭肌腱溝部產生疼痛，即是上臂二頭肌長頭肌腱炎。

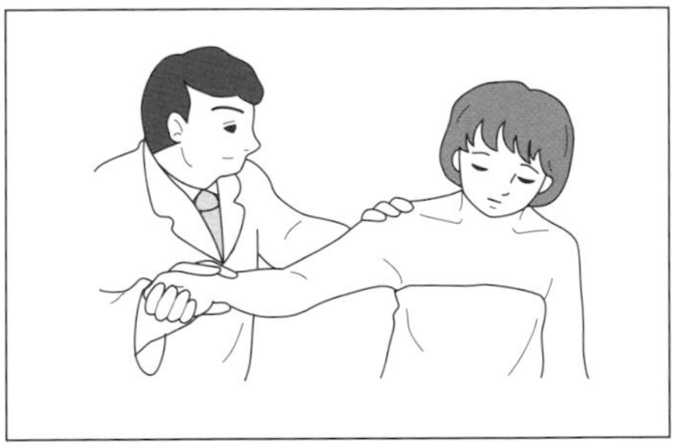
圖4-1　速度試驗

（3）上臂二頭肌緊張試驗（Yergason test）（圖4-2）

請患者坐下，將患者的肘關節彎曲90度。醫師用一手固定患者的手肘，並把該手的手腕向外側壓出，患者會抵抗醫師朝內側方向用力。此際，若結節間溝部產生疼痛即是上臂二頭肌長頭肌腱炎。

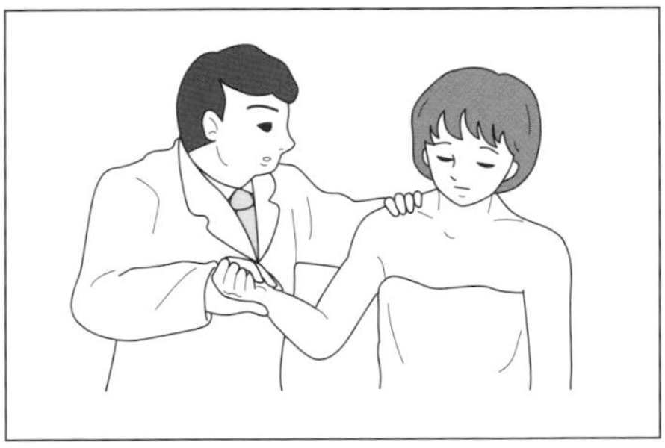
圖4-2　上臂二頭肌緊張試驗（Yergason test）

（4）肘屈曲試驗（圖4-3）

醫師在前臂部加壓力讓患者彎曲手肘時，若結節間溝部產生疼痛即是上臂二頭肌長頭肌腱炎。

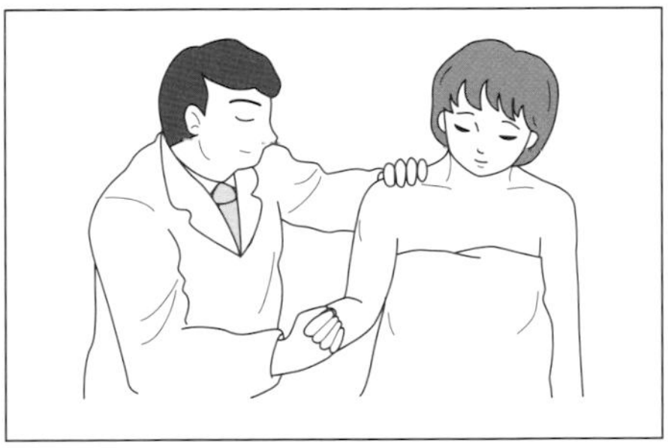
圖4-3　肘屈曲試驗

治療法

簡而言之，這是過度使用手臂造成肌肉疲勞引起收縮的狀態，所以首先採用干擾波、多普勒超音波或醫療按摩等療法來鬆弛上臂二頭肌為要。

①干擾波、多普勒超音波療法

照射整個上臂二頭肌。

②醫療性按摩

和干擾波、多普勒超音波療法一起使用，加速鬆弛肌肉，促進血循。

③醫療雷射

在發炎部位局部照射雷射，可減輕疼痛感。

010

棘下肌、小圓肌炎

◎特徵—肩膀後方、肩胛骨外側會痛。靠肩關節外旋試驗來判斷。

症狀和原因

肩關節能360度活動，然而所謂可大幅活動，也表示容易使用過度，必須注意。

背部的棘下肌（圖1），如圖2上所示，是讓手肘能以彎曲90度的狀態，把上臂朝外側旋轉（外旋）的肌肉。而且，活動上臂時，會如圖2下方所示，擔任讓肱骨在肩胛骨的關節盂內保持穩定的任務。

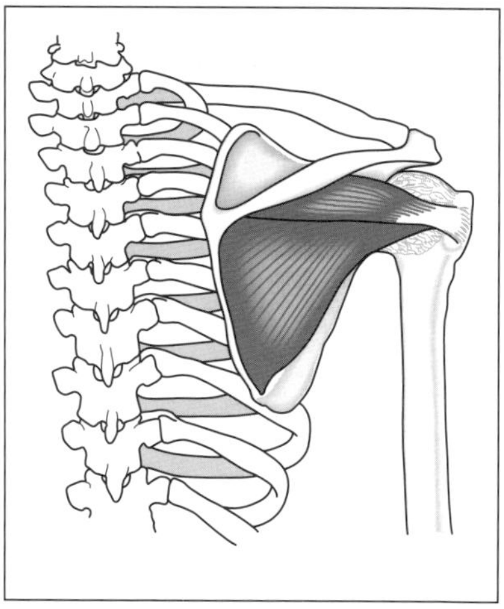

圖1　棘下肌

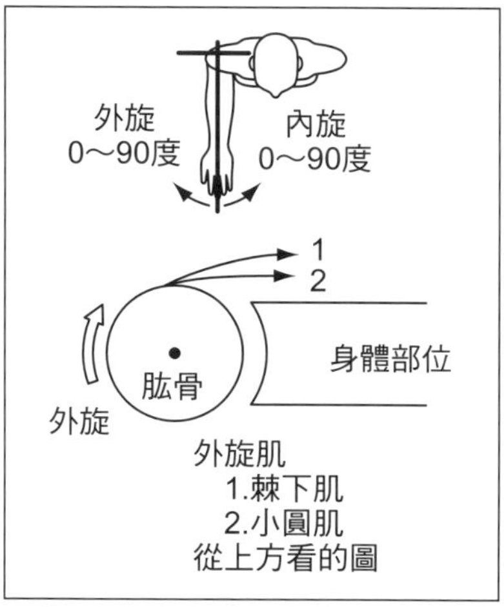

圖2

這個棘下肌是如圖3所示，從肩胛骨的棘下窩和棘下肌膜開始附著在肱骨的大結節和肩關節囊上。

當棘下肌過度使用時即會收縮，剛好拉到肩胛骨下部之棘下窩和附著在棘下肌膜部分的部位，因此引起疼痛。

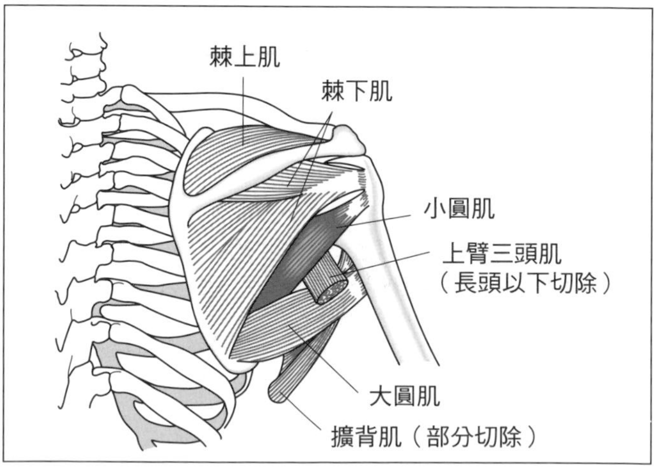

圖3

另有和棘下肌負責相同作用，稱為小圓肌的肌肉。位於背部外側的小圓肌如圖4所示，是從肩胛骨後面和棘下肌膜開始附著在肱骨的大結節下方部分和肩關節包上。

因此，過度使用這兩種肌肉時，

肌肉即會收縮，拉扯其開始部位，引起疼痛。

棘下肌、小圓肌炎的診斷，要進行肩關節外旋試驗。這是對患者採取如圖5般，以手肘緊靠身體的姿勢向外側旋轉肩關節。此時，醫師會在患者的相反方向施加阻力。如果出現劇痛，則認為是棘下肌、小圓肌炎（圖5）。

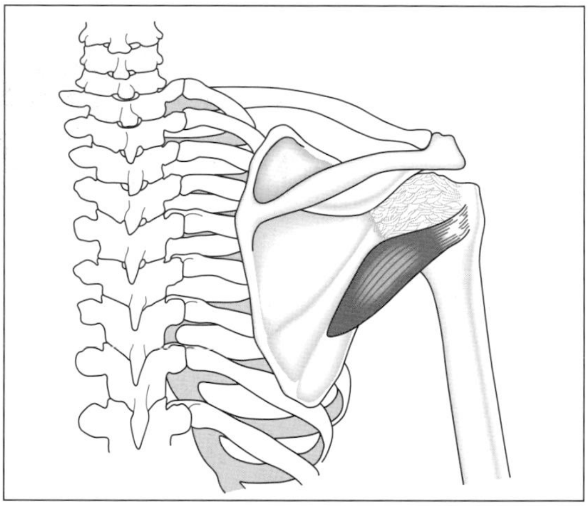
圖4　小圓肌

治療法

①伸展運動

如圖6所示，兩手臂在胸前交叉，朝上側手臂方向伸直。這個動作除了在胸前外，也可在頭上、背部進行。

②肌內效貼布（kinesio tape）

可促進血循、早日治癒。

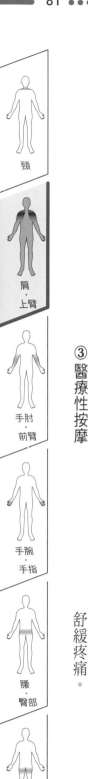

③醫療性按摩

具有舒緩肌肉疼痛的效果。

④干擾波、多普勒超音波療法

對肌肉照射適合肌肉頻率的干擾波，如同醫療性按摩，具有緩和肌肉疼痛的效果。

⑤雷射

伴隨局部疼痛時，照射雷射即可舒緩疼痛。

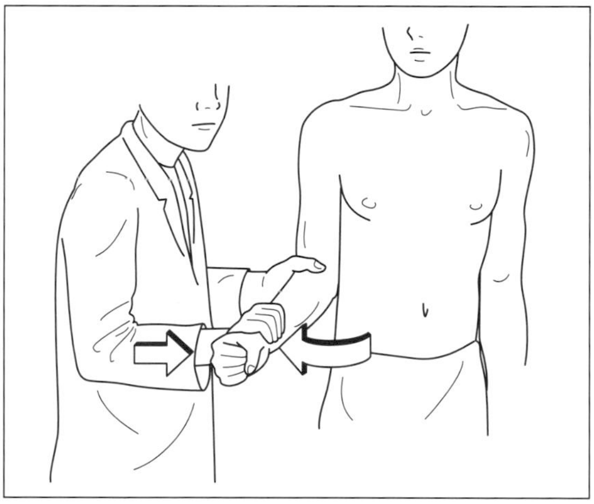
圖5　肩關節的外旋試驗

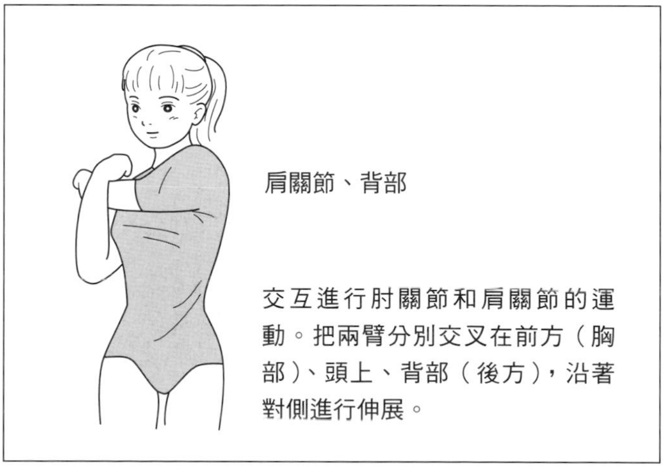

圖6　伸展運動

011

肩夾擊症候群（棘上肌肌腱損傷）

◎特徵—因舉肩的運動引起。常發生在橫向使用手臂的競技上。手臂橫向舉高到60度以上即會疼痛。

症狀和原因

這是如圖1所示，從事棒球、游泳、網球等手臂高舉過肩的競技者常患的疾病。罹患此疾病時，橫向舉高手臂到60~120度範圍，就會出現擠壓和疼痛（稱為疼痛弧=painful arc）。

其實，舉高手臂的動作是靠2條肌肉進行的。亦即靠肩關節內側（inner muscle）的棘上肌和外側的（outer muscle）三角肌一面維持平衡，同時利用槓桿原理加以舉高的。

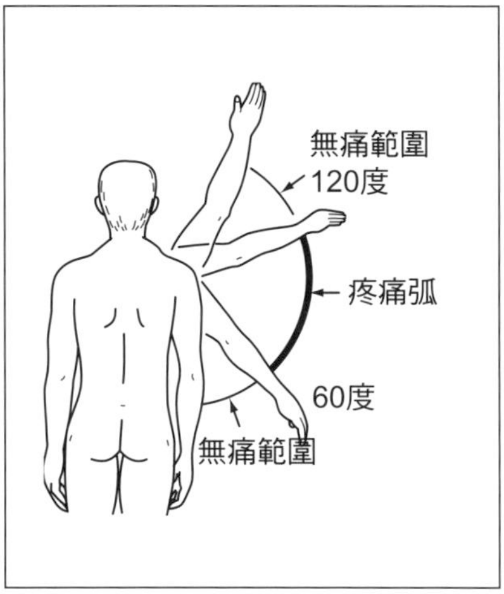

圖1

當過度使用肌肉時，棘上肌會衰弱，導致和三角肌喪失平衡，結果在舉高手臂時，會如圖3一般，肱骨頭碰到肩胛骨，夾到棘上肌引起發炎。

有稱為肩膀滑液囊炎（肩峰下滑液囊炎、鈣化滑液囊炎）的疾病。這是旋轉袖和肩胛骨之間的滑液囊受到刺激，引起腫脹的疾病。這種滑液囊炎，偶爾會單獨發生，但通常是因肩夾擊症候群（impingement）或旋轉袖損傷引起（圖4、5）。

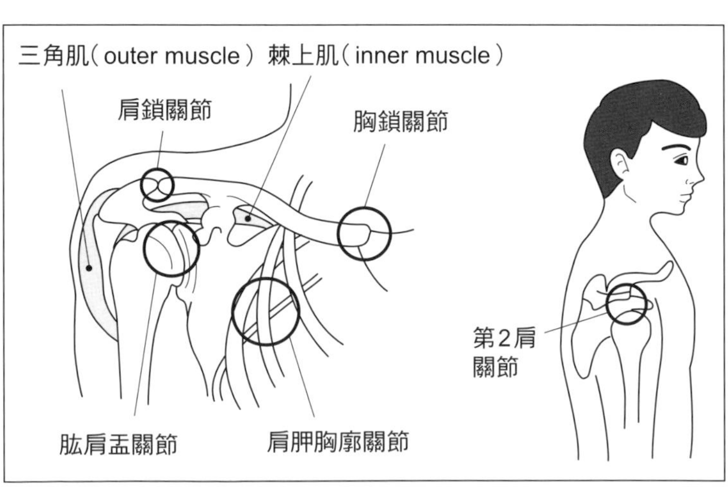

圖2　肩部的5個關節和棘上肌、三角肌

治療法

①干擾波、多普勒超音波療法

對三角肌和棘上肌照射適合肌肉

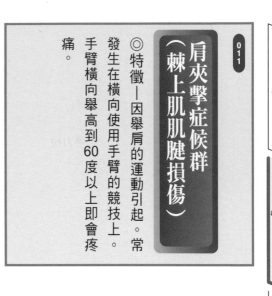

頻率的干擾波，可以鬆弛肌肉（圖6、7）。

②醫療性按摩

具有舒緩肌肉疼痛的效果。

③肌內效貼布（kinesio tape）

幫助受傷肌肉早日治癒的效果。

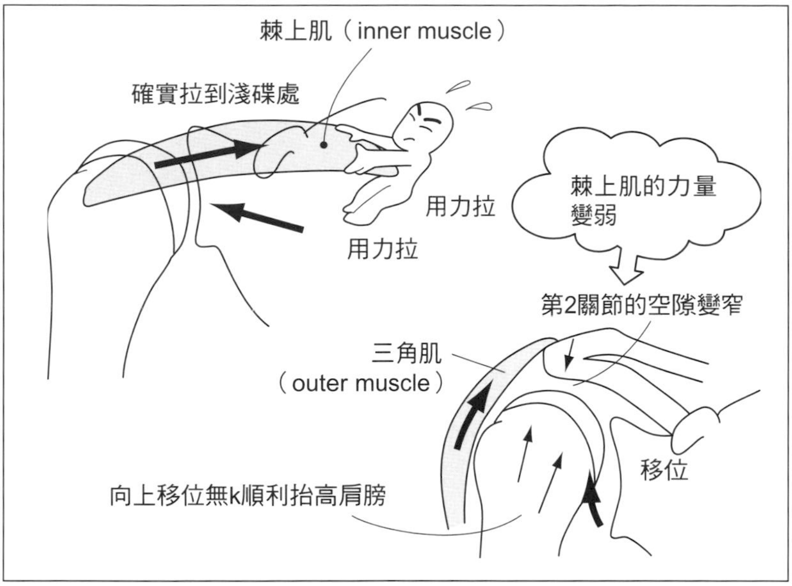

圖3　骨頭的動作和棘上肌、三角肌的關係

④關節囊內矯正

以復健治療到某種程度後，再進行關節囊內矯正，即可迅速復原。

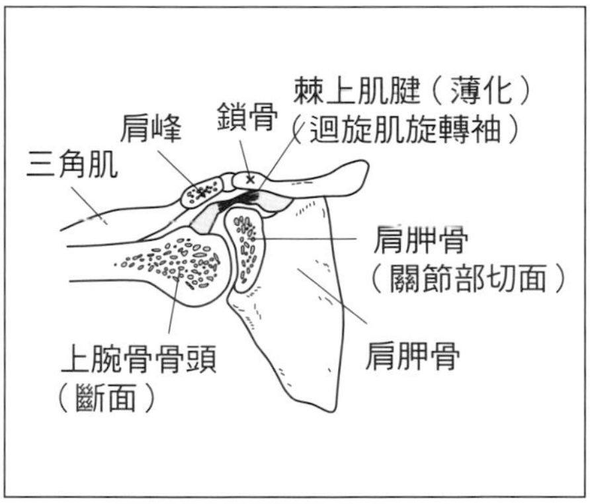

圖5　右肩切面

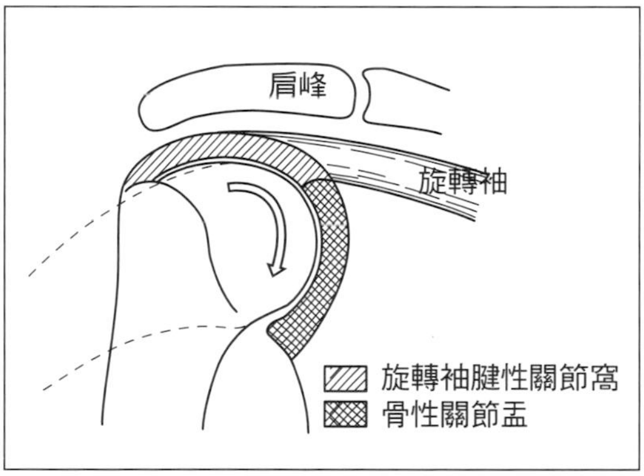

圖4

由於肩夾擊症候群是因過度使用棘上肌和三角肌所引起的異常收縮，所以要一面鬆弛這些肌肉，同時讓肌肉記住原本的動作（再教育）。

若是旋轉袖完全斷離的重症，很遺憾務必手術才行。

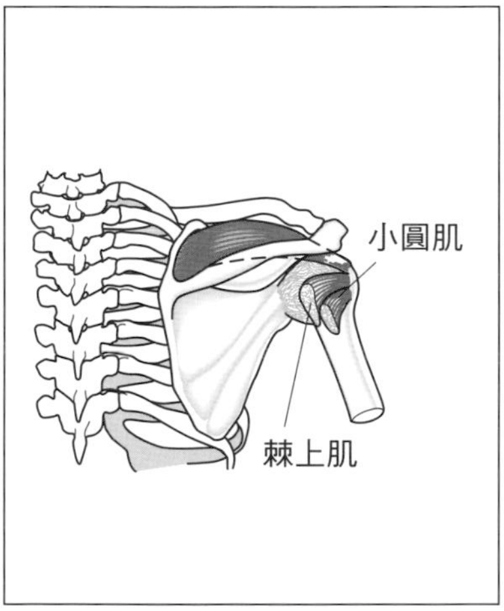

圖7　棘上肌

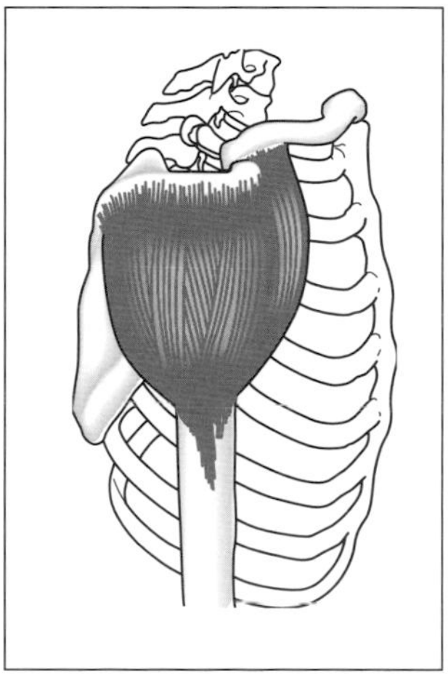

圖6　三角肌

012

胸廓出口症候群

◎特徵—以垂肩的女性居多。從肩膀到手臂疼痛、麻木。因垂肩引起血液循環不良所致。

症狀和原因

最常出現在20～30歲的清瘦型垂肩女性上，是肩膀或手臂等會疼痛的疾病。有時除了疼痛，還會伴隨無力、麻木、手腳浮腫、虛寒等血液循環的障礙。

雖和肩膀僵硬的症狀類似，但肩膀僵硬的疼痛症狀是出現在慣用手側。而胸廓出口症候群則多半出現在兩手臂。

從頸部朝手方向伸出的動脈或神經，是如圖1所示穿過鎖骨下方。

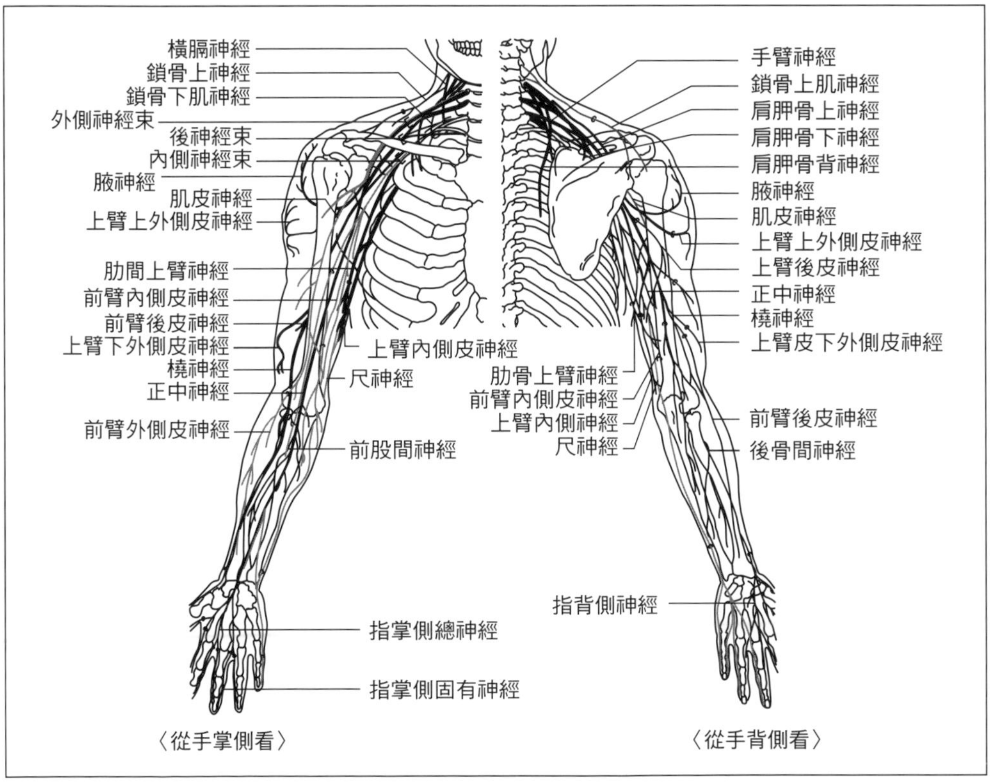

圖1　從頸骨之間伸出的神經圖

而垂肩的人，會讓動脈穿過的空間變窄，受到壓迫。因此血液循環不良，導致肩部肌肉異常收縮。

判斷是否胸廓出口症候群，要進行以下的試驗。

（1）萊特氏試驗（Wright Test）

如圖2般讓患者坐下，醫師站在後面，握住患者的兩手腕，抬高手肘超過90度。若有胸廓出口症候群，那麼在手臂舉高

以萊特氏試驗（Wright Test）的姿勢，把頸部向左右旋轉，深呼吸來診斷橈動脈減弱的狀況。

圖3　艾倫氏試驗（Allen Test）

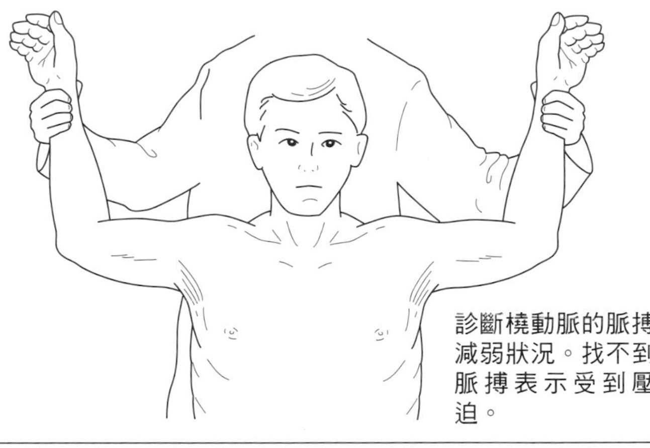

診斷橈動脈的脈搏減弱狀況。找不到脈搏表示受到壓迫。

圖2　萊特氏試驗（Wright Test）

時，即可確認橈動脈的脈搏非常弱。

（2）艾倫氏試驗（Allen Test）

如圖3般採取萊特氏試驗的姿勢，頸部向左右旋轉，並深呼吸。若有胸廓出口症候群，那麼可確認橈動脈的脈搏非常弱。

（3）艾德森氏試驗（Adson Test）

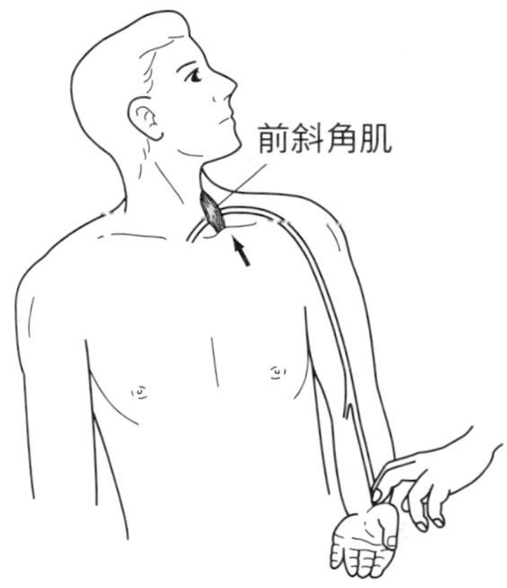

圖4　艾德森氏試驗（Adson Test）

如圖4，採取伸直頸椎的姿勢，並向左右旋轉。若有胸廓出口症候群，那麼可確認橈動脈的脈搏非常弱。

治療法

①干擾波、多普勒超音波療法

胸廓出口症候群多半和神經有關，所以照射對神經有效之頻率的干擾波。

②醫療性雷射

對胸廓窄化的部位照射雷射。

③水床按摩

不僅舒適，還能控制現代疼痛根源的自律神經。骨質疏鬆者也可接受這種療法。

④藥物療法

注射消炎鎮痛劑。

⑤手術

重症時，利用手術削掉受壓迫的第一肋骨骨頭。

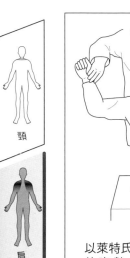

013

一般的肩膀僵硬

◎特徵—肩膀肌肉緊張沈重難過。雖因遺傳有個人差異，但依肌肉狀況有完全治癒的可能。

症狀和原因

非常多日本人有此狀況，據說罹患肩膀僵硬的人數之多，居世界第一位。

眾多前來本院的患者，是基於肌肉緊張僵硬，並以「好像被東西附著的感覺」來陳訴肩膀的痛苦。的確，若以稱為肌肉硬度計的機器來計測肌肉硬度，會顯現相當高的數值。

現代醫學會把肩膀僵硬，以「肩膀肌肉緊張、血液循環變差，乳酸等老舊廢物滯留在肌肉中引起」做說明。但卻不明確解說為何肌肉會緊張。

肩膀僵硬的程度，分為以下3階段。

(1)輕症

肌肉輕微收縮的情形，會感覺僵硬。

(2)中症

肌肉強烈收縮的情形，肩膀會感覺疼痛。

(3)重症

肌肉收縮更加強烈的情形，會伴隨緊張性頭痛。

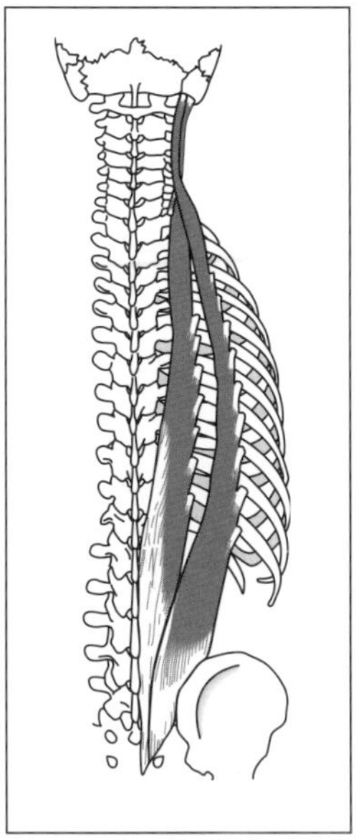

圖2　豎棘肌

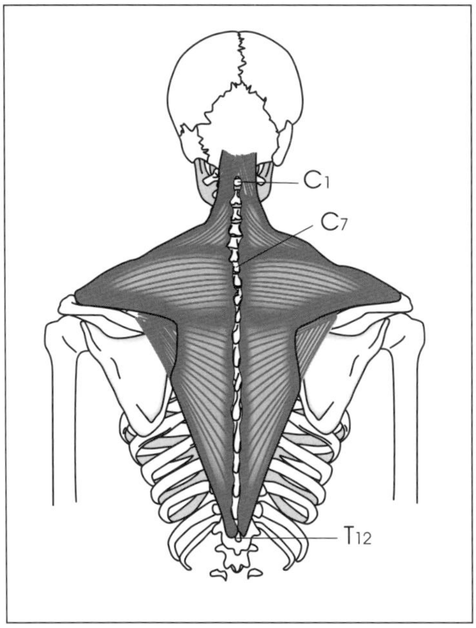

圖1　僧帽肌

然而，在一般醫院，多半的醫師對於肩膀僵硬的患者，是不診察也不治療。頂多給予鬆弛肌肉的藥劑，或進行頸部牽引、電氣治療而已。但這樣並無法改善症狀，所以許多患者會改採針灸或按摩療法也是理所當然的。

治療法

①干擾波、多普勒超音波療法

在和肩膀僵硬有關的僧帽肌（圖1）和豎棘肌（圖2），照射對鬆弛肌肉有效之頻率的干擾波。

②醫療性按摩

對緊張僵硬的肌肉有鬆弛效果。

③肌內效貼布（kinesio tape)

沿著圖1、圖2的僧帽肌和豎棘肌進行貼紮。貼紮後即可保護疲勞的肌肉使其休息，且可放鬆肌肉，促進內部血管或淋巴液暢通。

④神經阻斷術

這是讓肩胛上神經感覺不到疼痛的方法。

⑤星狀神經節阻斷術

能夠改善末稍血管收縮、擴張平衡的療法。透過星狀神經節阻斷術來控制血管的方法，對血管原本就比男性細的女性而言，是非常有效的。詳細說明請參考252頁。

⑥關節囊內矯正

依據我的臨床經驗，深感因薦骨腸骨關節機能異常而肩膀僵硬的人不少。從事事務性工作的人常說：「因整天坐在椅子上，運動不足才肩膀僵硬的」。然而，長時間維持相同姿勢的狀態，其實是持續使用僧帽肌和起立肌的狀態。長久持續這種狀態之後，就會誘發薦骨腸骨關節機能異常。如此一來，和該部位有關的各種肌肉也隨之引起異常收縮，產生疼痛。

這種肩膀僵硬，若在薦骨腸骨關節和第一肋骨關節上進行關節囊內矯正，即能神奇地簡單解除。約有80%的患者能夠完全治癒疼痛。

某天，有個約70歲的女性來到本院。她說曾經因肩膀僵硬又伴隨頭痛，痛苦難耐下前往大學醫院診察。檢查結果是「頸骨的排列有問題，這是肩膀僵硬的原因」，並告知「骨頭排列異常的問題終身無法治癒」，讓這位女士深受打擊。

我反覆說明過，在現代骨科中並不存在對肩膀僵硬有效的根本治療法。當這位患者正為病痛苦惱時，幸好得知關節囊內矯正療法，所以前來本院。

來本院進行關節囊內矯正的初期，所謂「終身無法治癒的骨頭排列異常引起的肩膀僵硬」其症狀迅速獲得減輕。並在第4次治療時完全消除。而肌肉硬度計上的數值也降低了，也無肌肉收縮狀況。雖然像這般只進行1次關節囊內矯正，肩膀僵硬症狀即能大致解除，不過，若不持續進行數次，直到完全治癒機能異常的話，是很容易再度復發的。

014

三角肌發炎症

◎特徵—肩膀上主要用來支撐手臂重量的三角肌引起發炎。依據試驗可瞭解細微的發炎症部位。

症狀和原因

這是像美容師一般，從事經常舉高手肘作業者常患的疾病。這個三角肌如圖1所示，是從鎖骨外側端的肩峰和肩胛棘開始，附著在肱骨三角肌粗隆的肌肉。

以體重60公斤的人來說，一隻手臂約有6公斤；而舉高手臂，以物理學來計算約為4倍的重量。亦即，舉高手臂的作業，對手臂或肩膀來說，都是非常沈重的勞動。

接著，再次注意看圖1的三角肌，附著在肱骨的三角肌粗隆部分是肌肉細細聚集一處。因此，容易因負擔而引起發炎。是在那個部位引起發炎症呢?可依據以下的試驗判別。

（1）屈曲的運動痛

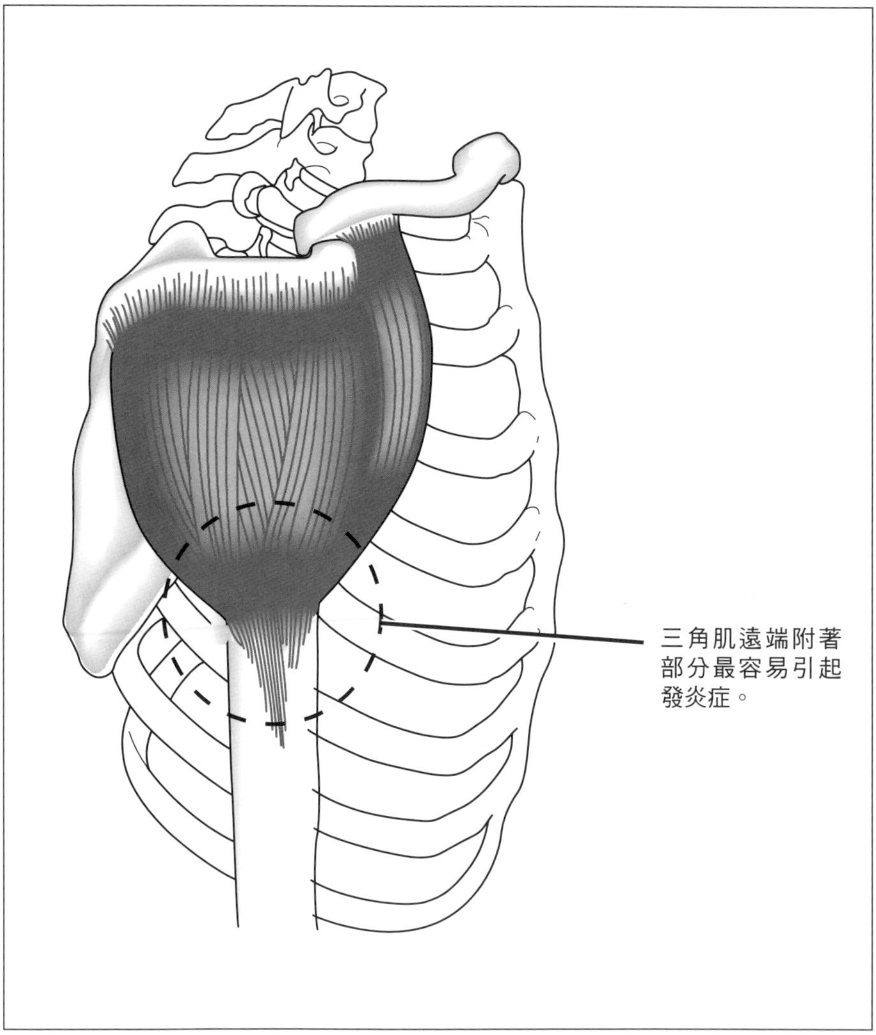

圖1　三角肌

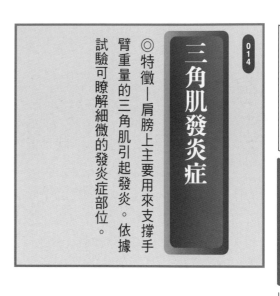

患者直立，把痛側的手臂如「向前看齊」般向前舉高（圖2①）。這樣感覺疼痛的話，表示三角肌的前部發炎。

（2）外轉的運動痛

患者直立，把痛側的手臂以手掌向下的狀態，抬高到和地面成水平（圖2②）。這樣感覺疼痛的話，表示三角肌的側部發炎。

（3）伸展的運動痛

患者直立，把痛側的手臂以手掌朝向內側的狀態，向後抬高（圖2③）。這樣會痛的話，表示三角肌的後部發炎。

治療法

①干擾波、多普勒超音波療法

以對肌肉有效之頻率的干擾波照射患部。

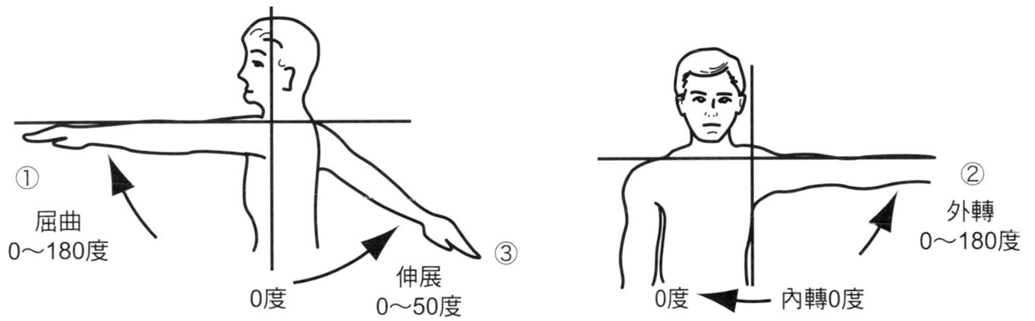

屈曲的運動法……………………三角肌的前部發炎症
外轉的運動法……………………三角肌的側部發炎症
伸展的運動法……………………三角肌的後部發炎症

圖2　肩下運動

②醫療性按摩

具有鬆弛肌肉、促進血循的效果。

③醫療雷射

能有效緩和疼痛，但並非根本治療法。

④肌內效貼布（kinesio tape）

貼紮在受傷的肌肉上，讓肌肉獲得休息。而且能放鬆肌肉，促進內部血管的血液循環。

⑤關節囊內矯正

也有嘗試①～④的療法還是無法消除疼痛的情形。這多半是因原本有空間的關節囊，如氣球洩氣般收縮，導致動作變遲鈍引起的疼痛。

遇此狀況，接受關節囊內矯正有效，有時甚至可瞬間消除疼痛。

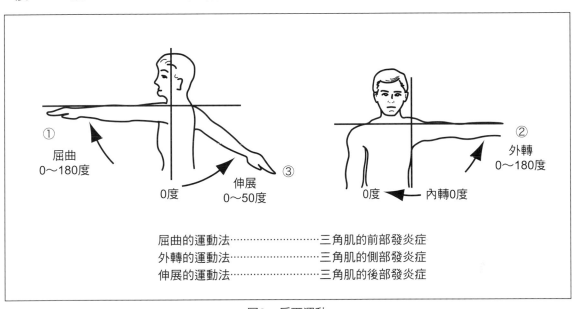

015

肘隧道症候群

◎特徵—從手肘到小指、無名指出現麻木。多半發生在彎曲肘關節工作或者使用振動工具者上。

症狀和原因

從事一直彎曲手肘關節工作的人或者像木工般長年使用振動工具的人，都常會罹患這種症狀。尤其常發生在天生肘外翻的人上。

如圖2斜線部分所示，會有尺神經關節疼痛或者手臂、小指、無名指麻木，感覺異常等的感覺障礙。

以外，還會伴隨寫字困難，無法敲打鍵盤、容易掉落東西、無法打開保溫瓶蓋等運動障礙。

嚴重之後，手掌的小指側肌肉會萎縮，手掌產生溝紋。若進一步惡化，指尖會彎曲成鉤狀，特別是小指和無名指，可能無法伸直。

比起伸展時，彎曲肘關節時的尺神經有拉長5mm的狀態。也因為拉長，所以尺神經的直徑從6mm變細成3mm，結果神經受到壓迫、而引起神經傳導異常。

肘隧道症候群，可依據「Tinel sign（敲擊試驗）」來判別。

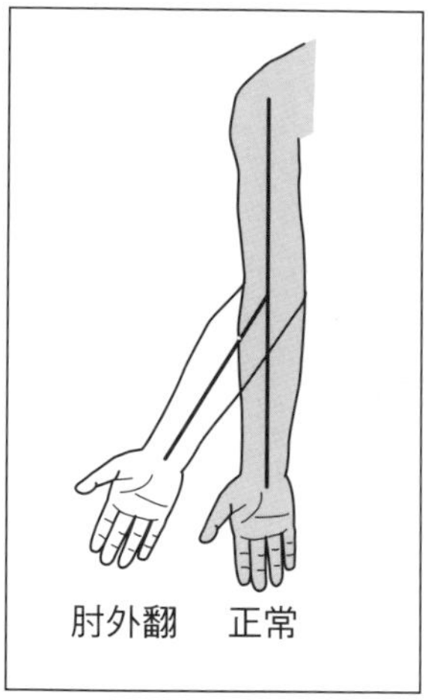

圖1

會陳訴陰影部位（尺神經領域）有疼痛、麻木感以及感覺障礙。主訴小指和無名指有麻木感的人也多。

也有人寫字困難，無法操作打字機或器具，容易掉落物品，無法打開保溫瓶蓋。

幾乎沒有睡眠障礙。是持續以手肘屈曲的姿勢工作，或長年使用振動工具的人容易發生的疾病。

圖2

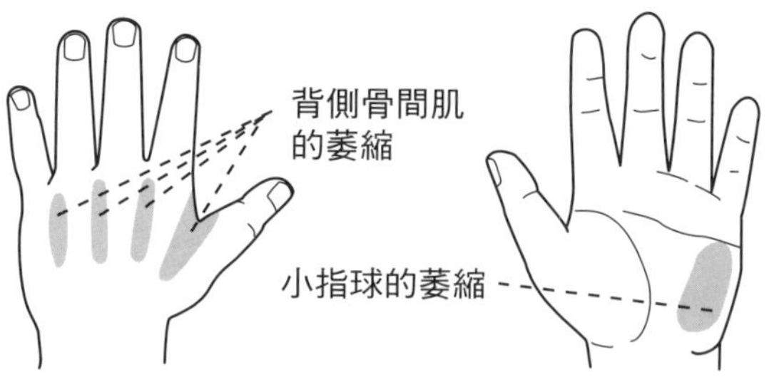

圖3

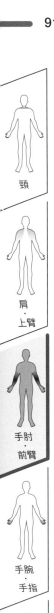

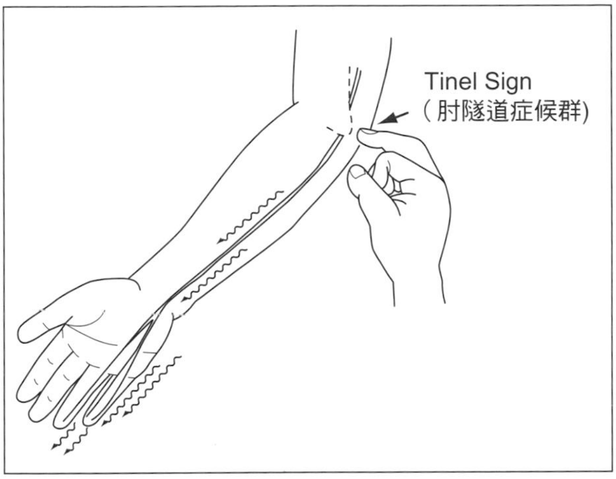

圖5　Tinel sign (敲擊試驗）

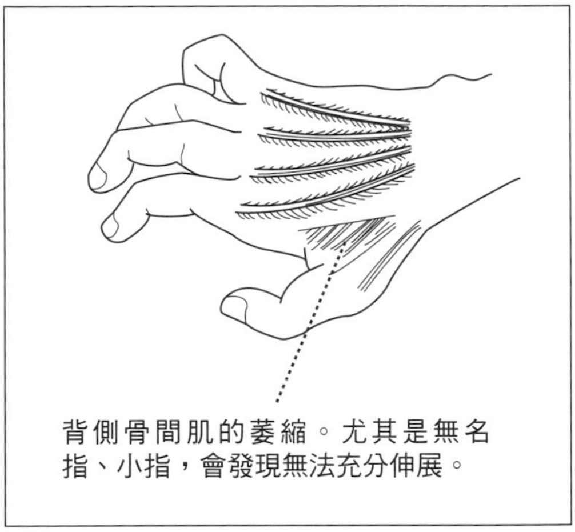

圖4

這種試驗是請患者坐下，如圖5般用指尖輕輕扣擊尺神經，若感覺麻木則診斷是肘隧道症候群。

但患者若有有頸椎退化性關節炎或頸椎椎間盤突出的情況，必須優先治療這些疾病（圖6）。

治療法

①伸展手肘

最有效的方法是伸直手肘。必要時加以固定。

②干擾波、多普勒超音波療法

沿著尺神經，照射適合神經頻率的干擾波。

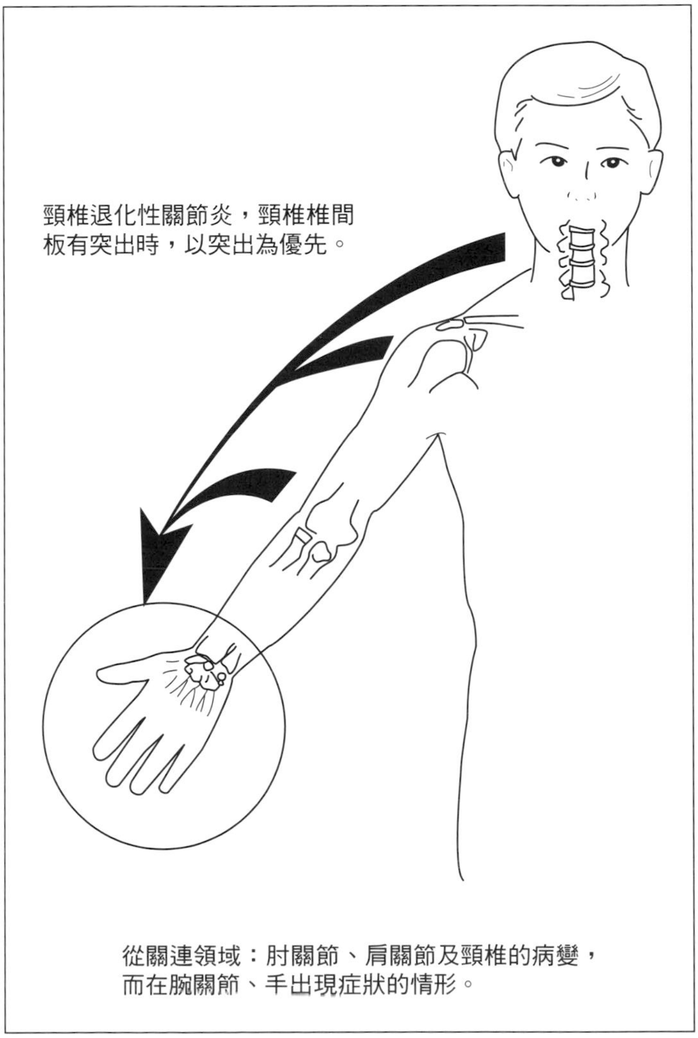

圖6

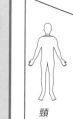

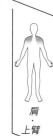

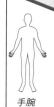

016

肘關節側副韌帶損傷

◎特徵－多半是肘側承受來自側方的強大外力而受傷。手肘會痛以及有不穩定感。

症狀和原因

肘關節的動作只能彎曲、伸直，而無法橫向彎曲。這是因肘關節的內側和外側存在稱為側副韌帶的韌帶，所以無法向兩側擺動（圖1、3）。

因事故等從側方受到強大外力時，受到外力側和反側的副韌帶即會損傷。

試驗方法是重現事故。如圖2所示，以手掌向上，伸直手臂的狀態，從外側加力量，若出現劇痛即可判斷側副韌帶損傷。

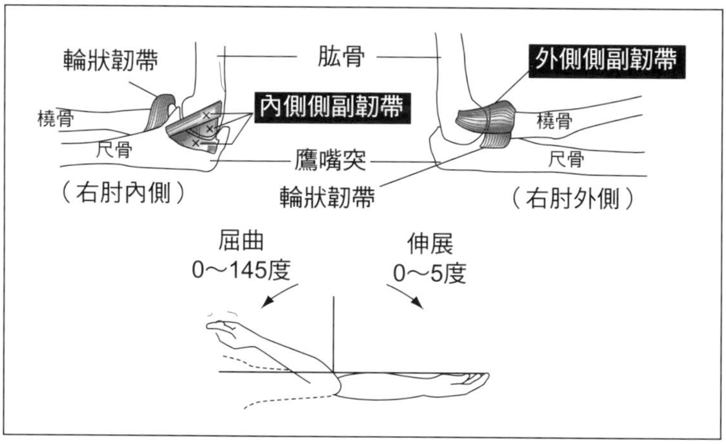

圖1

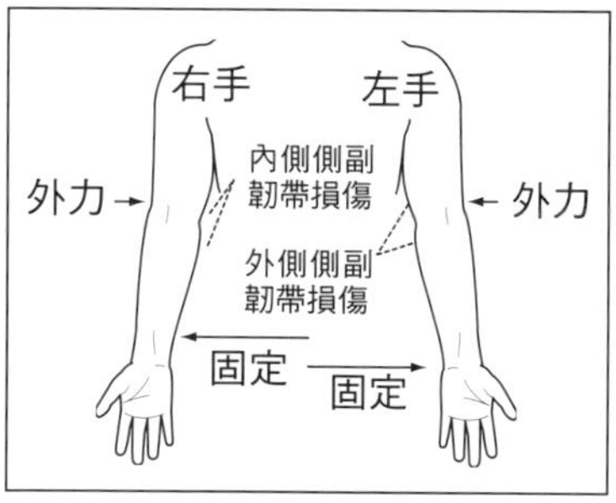

圖2　試驗法

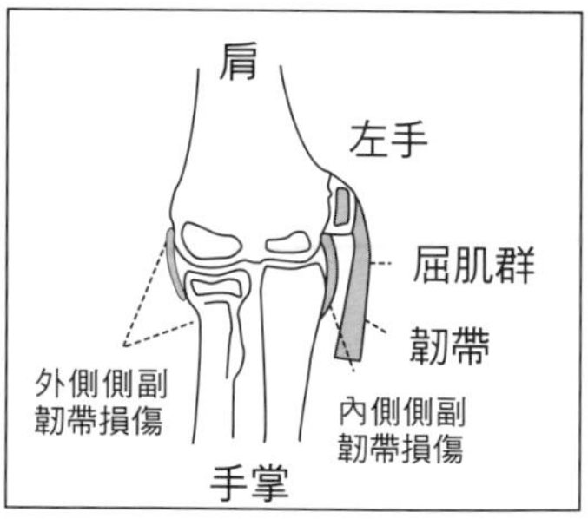

圖3

治療法

①固定

固定是最有效的治療法。以繃帶或石膏或貼紮來固定。由於是韌帶損傷，所以需要3～4週才能復原。

任何部位扭傷或者韌帶損傷，都需要3～4週的復原期。但因固定後肌肉會萎縮，所以去除固定後，肌肉還需3～4個月才能恢復。

②干擾波、多普勒超音波療法

具有促進血循，提早復原的效果。

③醫療性按摩

同樣有促進血循、提早復原的效果。

017

肱骨外上髁炎

◎特徵—進行擰毛巾或扭轉手把等動作時，肘外側的疼痛會增強。患者以中年以上的女性居多。沒有腫脹等症狀，外觀上並無異常。一般都是自己貼貼布對應，但無法治癒。

症狀和原因

肘關節的動作只能彎曲、伸直，因為網球的反拍動作會引起這種發炎症，所以別名網球肘。其實原因多半和網球無關。

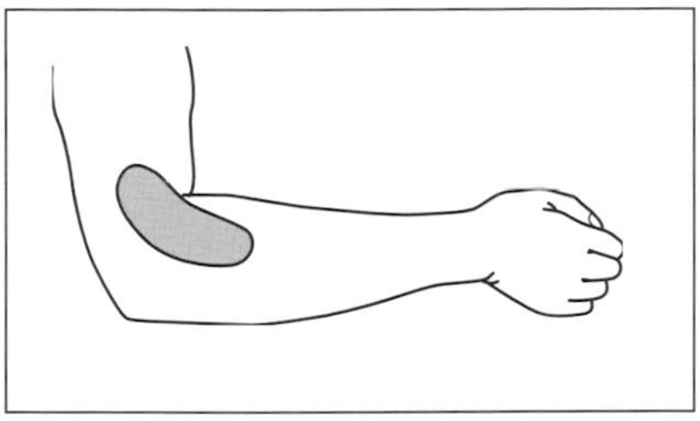

圖1　疼痛部位

容易發生在中年以上的女性上，而常操作電腦滑鼠或手工作業等常使用手腕動作的人也常見這種疾病。

罹患肱骨外上髁炎時，進行擰毛巾、關閉瓦斯、關閉水龍頭或關門等動作時，疼痛會增強（圖1）。

因不會腫脹，從外觀難以判斷，故幾乎都是自行貼貼布，觀察1～2個月。

由於手每天都在使用，難以保持不動，因此一旦發炎，多半是置之不理持續發炎。

嚴重之後，即使不使用肘或肩依舊會疼痛。再惡化之後，會連頸部也會疼痛，變成無法直線步行。所以早期發現、治療相當重要。

如圖2所示，有關反仰（背屈）手腕關節的動作（背屈），或者手肘從內側將手掌由朝下轉成朝上（向外轉）的肌肉，全部聚集在肱骨外側上髁部。若持續使用這些肌肉而引起異常收縮時，其附著部的肱骨外側上髁即會受到拉扯引起發炎。惡化後，連臂橈骨肌也會疼痛（圖2、8、9）。

能診斷肱骨外上髁炎的試驗有下列3種。

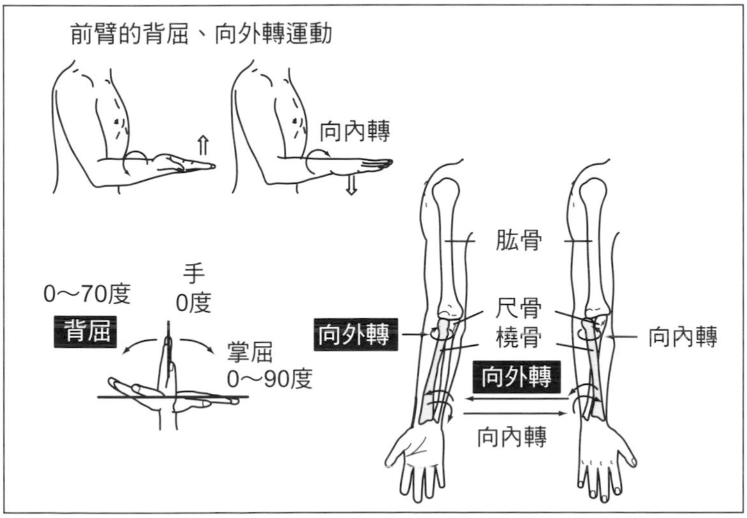

圖2

（1）中指試驗

如圖3般以彎曲手肘的狀態，請患者只伸出中指，在中指加壓力。如果手肘疼痛增強，即判斷肱骨外上髁炎。

（2）湯拇森試驗（Thomsen Test）

如圖4般以彎曲手肘的狀態，請患者握拳。當醫師說「仰起」時，患者就以握拳狀態仰起手腕。醫師同時加壓力般按壓。如果手肘疼痛增強，即判斷肱骨外上髁炎。

（3）椅子試驗

如圖5般請患者用手腕的力量拿起椅子。若覺得椅子負擔太大，可改用皮包來判斷。這時手肘的疼痛會增強的話，即判斷肱骨外上髁炎。

治療法

①伸展運動

肱骨外上髁炎是過度使用肌肉引起，所以對因疲勞而收縮的肌肉進行伸直的伸展運動有效。

方法是以伸直手肘的姿勢，如僵屍般把手臂向前抬高。以此狀態，手腕慢慢朝下或朝上轉動。此際用對側手施加力量效果會更好。接著

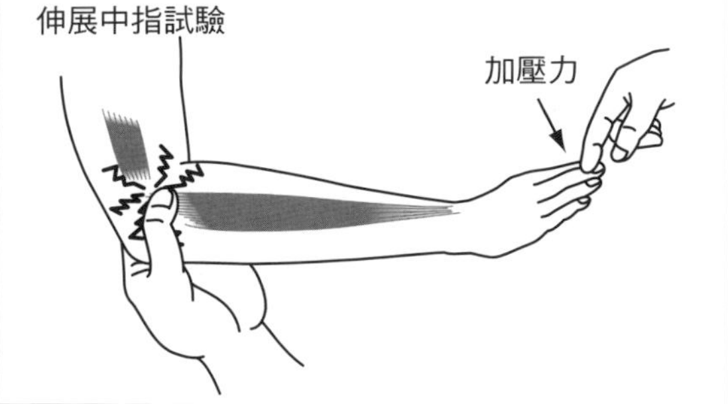

圖3　中指試驗

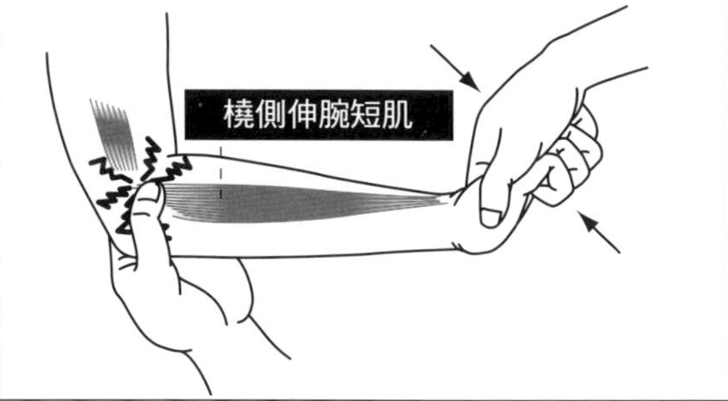

圖4　湯拇森試驗（Thomsen Test）

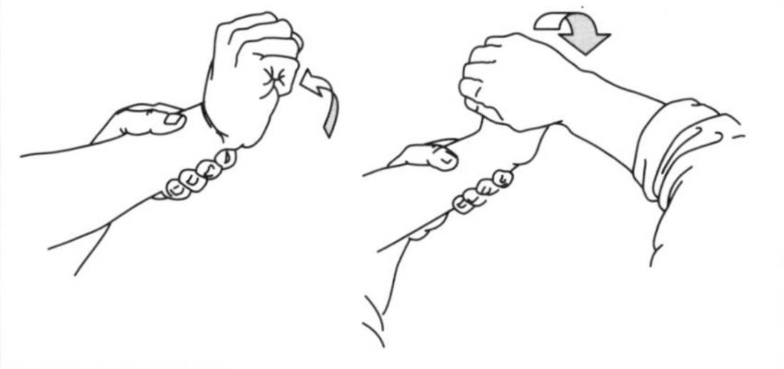

圖5　椅子試驗

上仰下彎手腕的肌肉（反拍擊球常用）的伸展運動。

伸展運動起先以肌肉不痛的程度伸直10～20秒，接著加壓力進行3～5次收縮肌肉，之後，進行10～20秒的伸展運動即有效。
※注意事項：要以不彎曲手肘伸展的狀態來進行伸展運動。

圖6　前臂肌肉的伸展運動

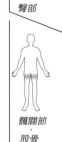

再以這種僵屍的姿勢，右手朝反時鐘，左手朝順時鐘方向伸直。用對側手支撐就容易動作。這種伸展運動對連轉動門把都會疼痛的人也有效果。

常有人詢問：「疼痛時可以做伸展運動嗎？」答案是沒問題的。因為自己在做伸展運動時，通常不會超過自己的能力範圍。從眾多臨床案例來看，從未發生因伸展過度而肌腱斷裂的情形。

②醫療性按摩

可鬆弛緊張的肌肉。對臂橈骨肌的治療也有效果。

③干擾波、多普勒超音波療法

照射對肌肉有效之頻率的干擾波，可鬆弛緊張的肌肉。

④醫療雷射

以雷射照射疼痛的部位，可緩和疼痛。

⑤肌內效貼布（kinesio tape）

沿著疼痛的肌肉貼紮，能夠支撐無力的肌肉。

⑥繃帶

在肘部纏繞彈性繃帶，避免使用生病的肌肉，及早恢復。

⑦強化肌力

改善症狀後，強化肌力對預防有效。

⑧網球肘護具

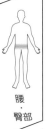

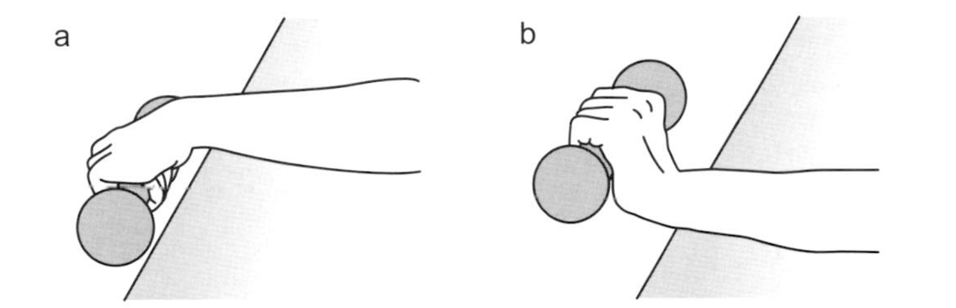

手握住啞鈴等重物，從a位置抬高到b位置，靜止不動5秒鐘。以連續20次為一節，一天進行2～3節。重量調節到可連續做20次的程度較有效果。
※注意事項：進行伸展運動時，把整個前臂放在台面上，僅把手腕到指尖部分露出台面外。

圖7　上仰手腕的強化肌肉法

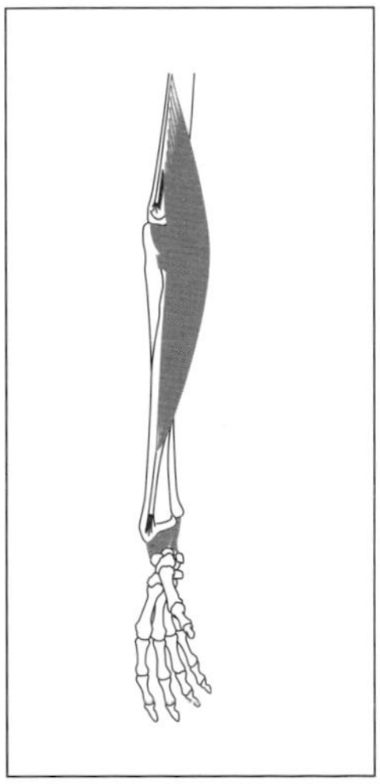

圖9　臂橈骨肌

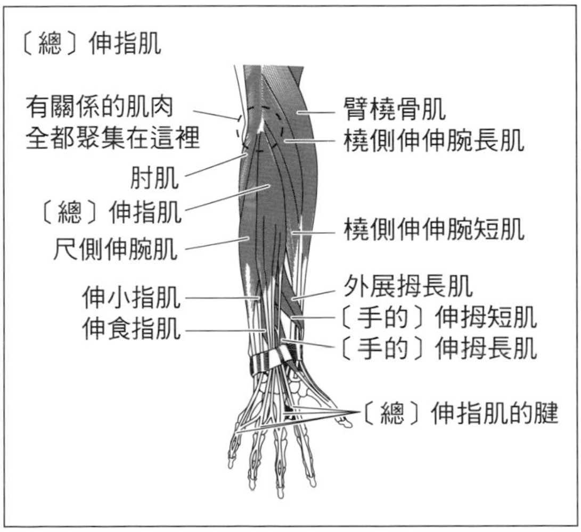

圖8

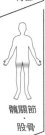

018

肱骨內上髁炎

◎特徵─肘的內側疼痛。以打棒球或高爾夫球的人，或者中年以上的女性居多。重症之後，會如職業棒球的投手一般，需要手術。

症狀和原因

這和017肱骨外上髁炎，亦即俗稱網球肘相似，但肱骨內上髁炎的疼痛部位是在如圖1、2所示的肘內側內上髁處。

這種肱骨內上髁炎，常發生在從事提貨物工作或者打棒球、打高爾夫球的人身上。

另外，即使是姿勢正確的一流網球選手，也可能罹患內上髁炎。原因多出在彎曲腕關節的同時，也從拇指朝小指側扭轉手臂（內旋）的發球動作。而想打出強勁上旋球，把前臂極端向內轉的動作也會引起內上髁炎。

由於，和把腕關節向手腕側彎曲90度（屈曲），或把前臂從拇指朝小指側扭轉（內旋）等運動有關聯的肌肉，就如圖6所示，全部附著在肱骨內側上髁上。因此，持續使用這些肌肉，肌肉會異常收縮，拉扯肱骨內側上髁，引起發炎。

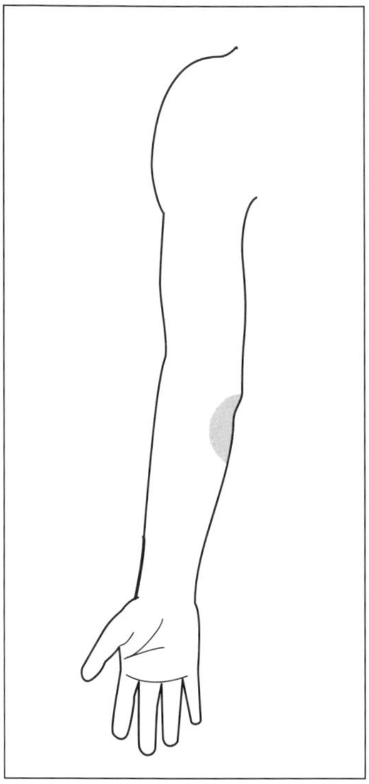

圖1　疼痛部位

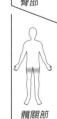

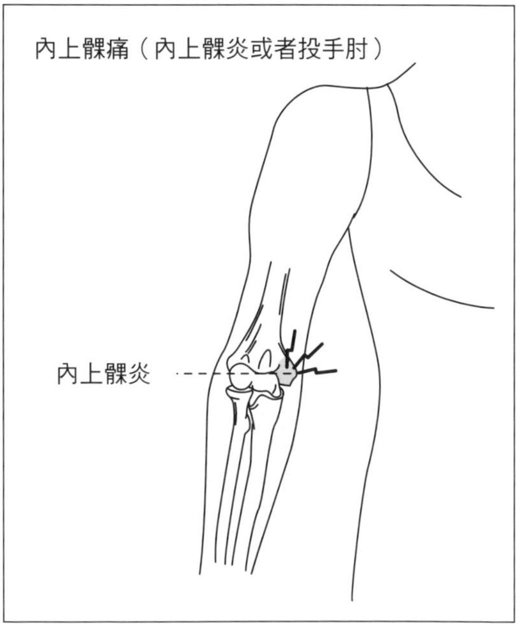

圖2　疼痛部位

試驗法

把腕關節如圖4般向手腕側彎曲90度（屈曲），醫師在反側方向加以阻礙般加壓力，如果肘內側會疼痛的話，即有肱骨內上髁炎的可能性。

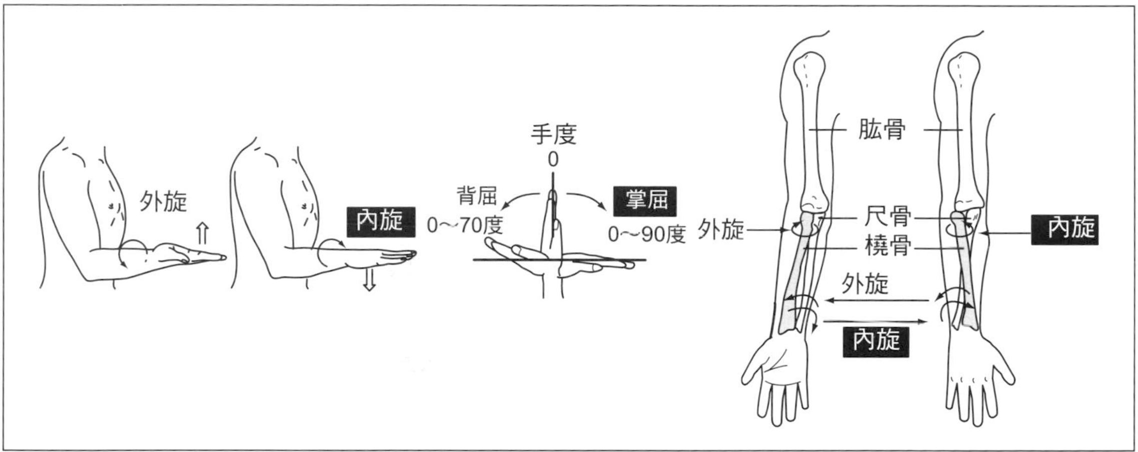

圖3　前臂的向內轉、掌屈運動

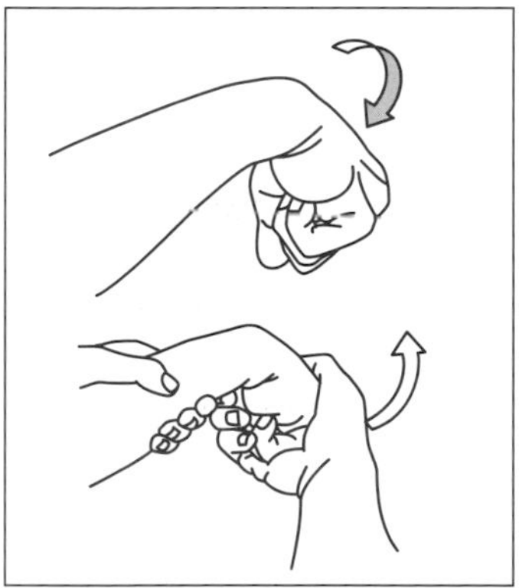

圖4　腕關節屈曲的肌力試驗

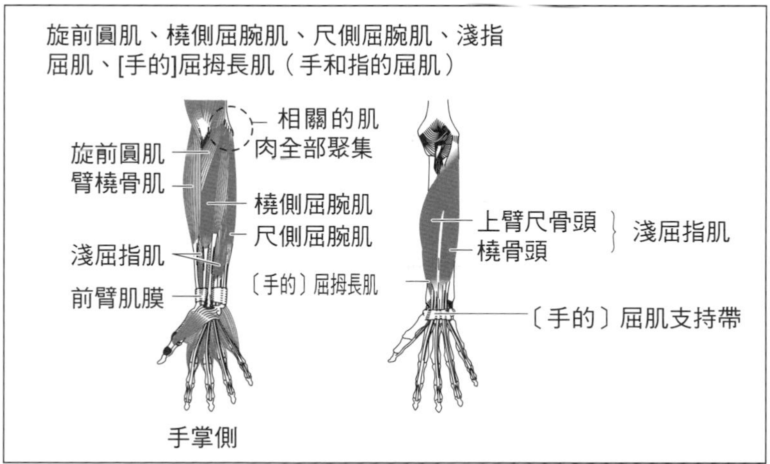

圖6

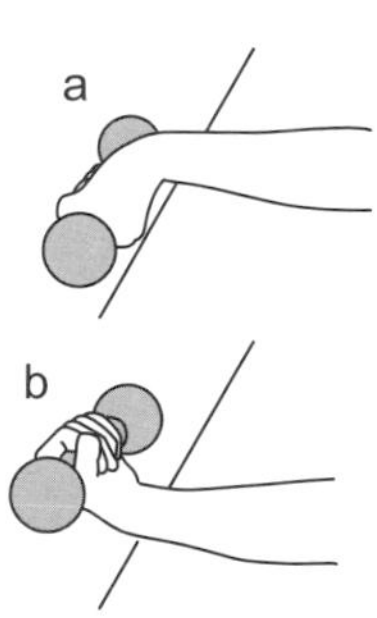

和仰起手腕的肌肉強化法一樣，從a位置往b位置舉高，靜止5秒鐘，連續進行20次。
※注意事項：整個手臂置放在台上，僅把手腕伸出台外，進行伸展運動。

圖5　彎曲手腕的肌肉強化法

治療法

① 醫療雷射。

② 肌內效貼布（kinesio tape）

③ 干擾波、多普勒超音波療法

使用有效的干擾波照射腕關節屈肌群。

④ 醫療按摩

⑤ 石膏或貼紮固定

使用石膏或貼紮來固定手腕關節。

⑥ 伸展運動

⑦ 強化肌力

對改善症狀，預防目的的強化肌力有效果。

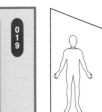

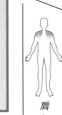

019

肘內障

◎特徵—以小學高年級以前的孩子居多。負傷時無法抬高手臂。為防範復發性，治療十分重要。牽孩子的手，最好先告知一聲以免負傷。

症狀和原因

是從2、3歲的幼童到小學高年級前的孩子容易發生的疾病。也是所謂「拉扯孩子的手臂，引起手臂脫離現象」的疾病。

罹患這種疾病時，手臂會晃蕩，無法抬高手臂，觸摸即會疼痛。

專業術語上稱為「肘內障」，是幼童經常發生的獨特性脫臼。

如圖1般，幼童的橈骨是尚未骨化的細小軟骨。而且輪狀韌帶也容易鬆弛脫落。正確來說，與其說是脫臼，不如說是脫離狀態較適合。

而且，在孩子發呆之際，突然去拉孩子的手，容易受傷。為此，要牽孩子的手之前，請務必事先告知一聲才拉。

孩子事先意識到「有人要拉手」，肌肉自然會使力。如此即可避免事故。

我在幼小時，有一次正在觀看深夜電視節目，父親突然邊拉我的手邊催促「早點睡」，結果我就罹患肘內障了。

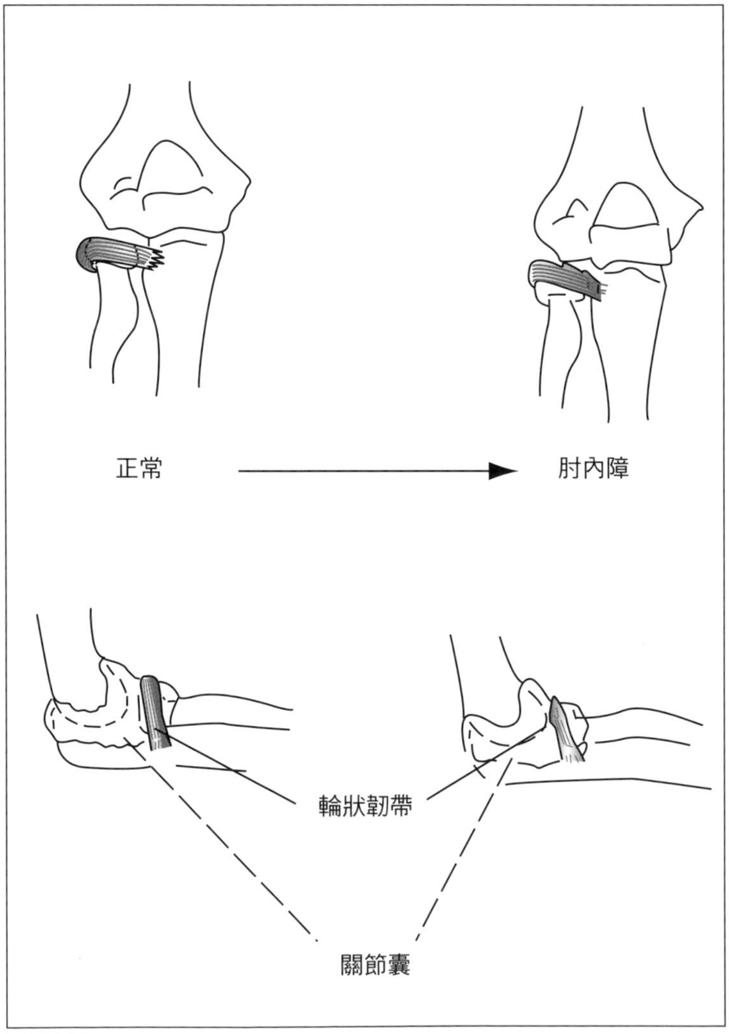

圖1　幼兒的橈骨

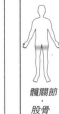

治療法。

基本上，請到醫院治療，能迅速復原。依情況，暫時用彈性繃帶固定為宜。

若是幼童，復位後，可利用玩具等來確認是否能夠抬高手臂。能抬高手臂，就表示已和肘部連接一起了。

雖然擔心成年後會有後遺症的父母不少，但這種憂慮其實是多餘的，請放心吧！

①繃帶固定

②干擾波、多普勒超音波療法

③醫療雷射

脫離部分的韌帶有損傷時，要照射雷射。

④醫療按摩

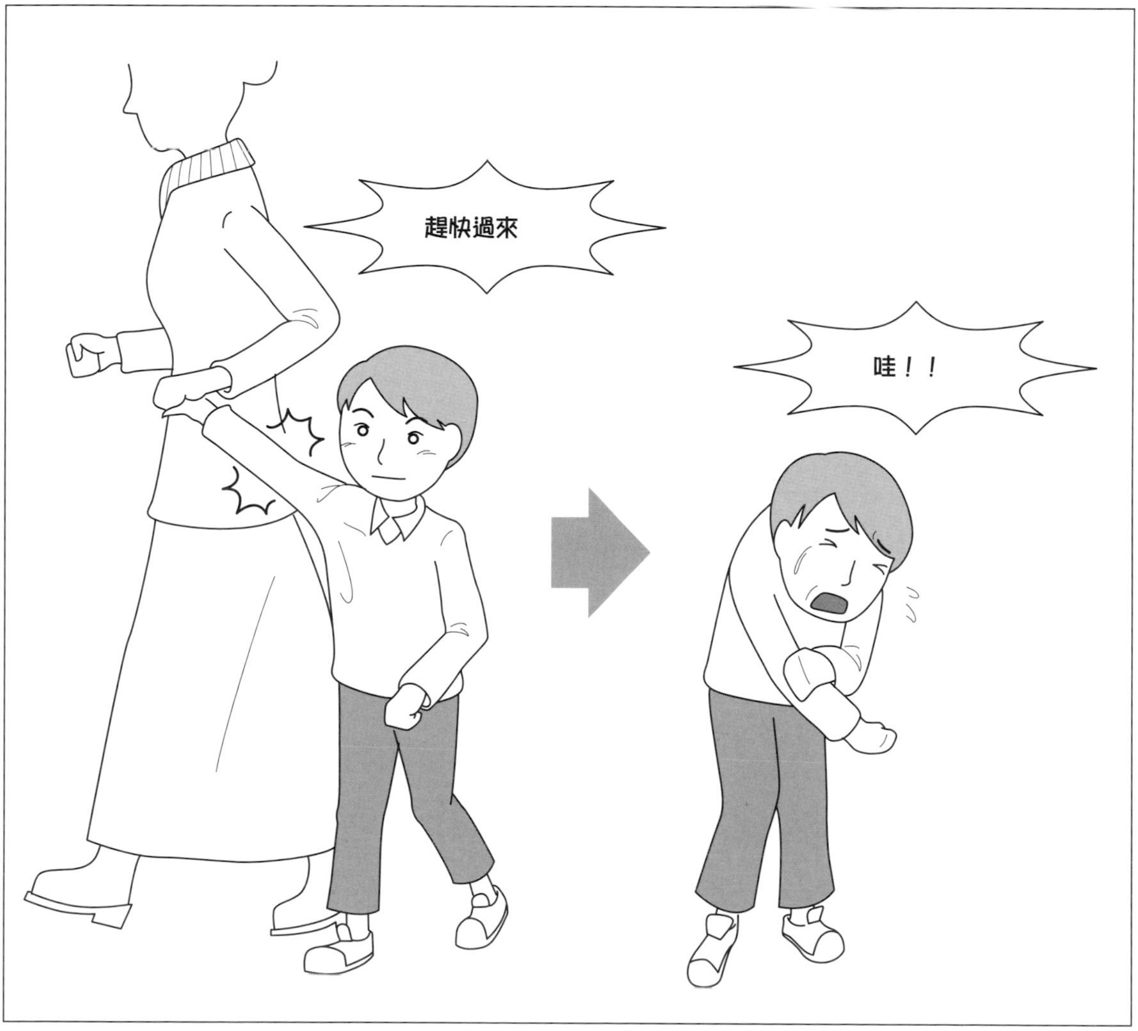

圖2　幼兒的橈骨

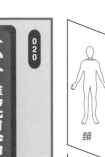

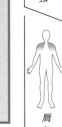

020

肱骨鷹嘴窩炎

◎特徵—以從事運動等伸直手臂動作的人居多。

症狀和原因

肘關節的動作只能彎曲、伸直，像打保齡球或投球或網球般，反覆伸直手肘的人常有這種障礙。

如圖1般伸直手肘時，會如圖2所示，鷹嘴突碰到鷹嘴窩。因此，在鷹嘴突形成骨刺（像刺一般尖尖的），或者產生游離體（骨頭部分分離存在關節中，形成所謂的「關節鼠」）。嚴重時，會引起鷹嘴突疲勞骨折。

試驗法

手掌朝向，手肘關節朝內側彎曲時，壓住鷹嘴窩會疼痛的話，即可能是肱骨鷹嘴窩炎。

治療法

①干擾波、多普勒超音波療法

在上臂三頭肌上照射干擾波（圖3、4）。

②醫療雷射

對鷹嘴窩照射雷射。對深部有效。

③肌內效貼布（kinesio tape）

避免形成伸展位。

④石膏或貼紮固定

使用石膏或貼紮固定肘關節。

⑤關節囊內矯正

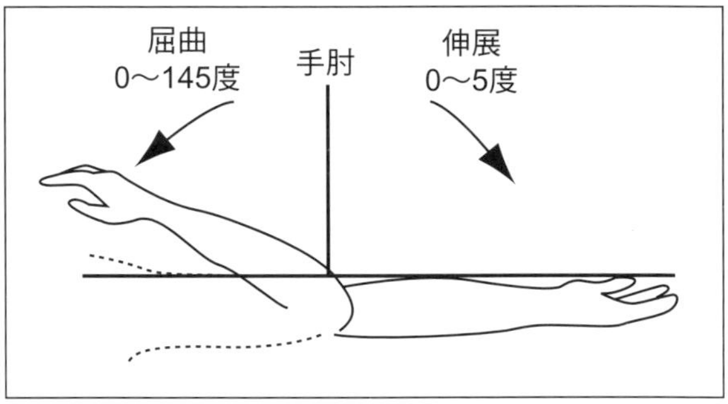

圖1

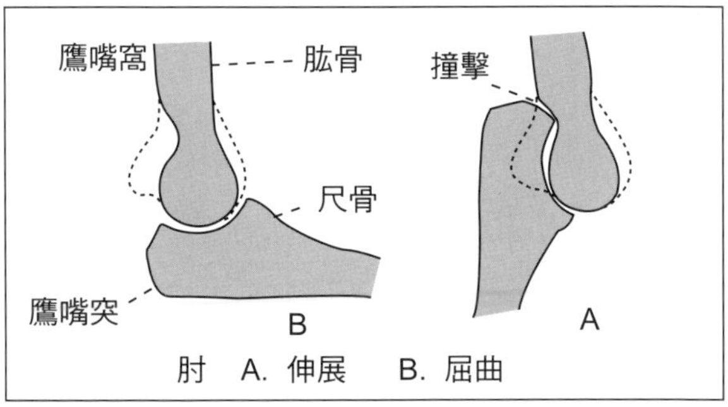

圖2

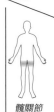

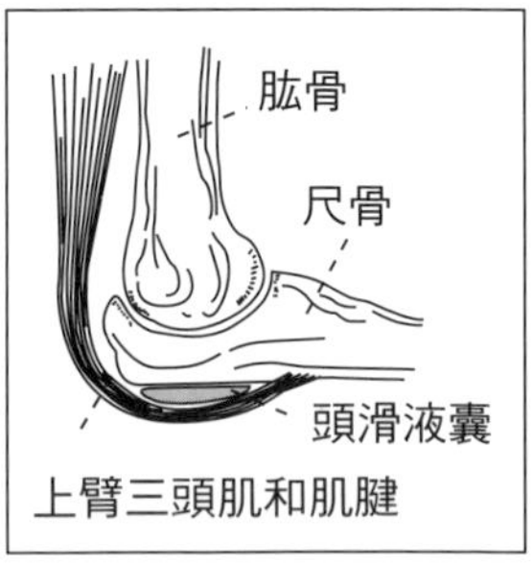

圖3

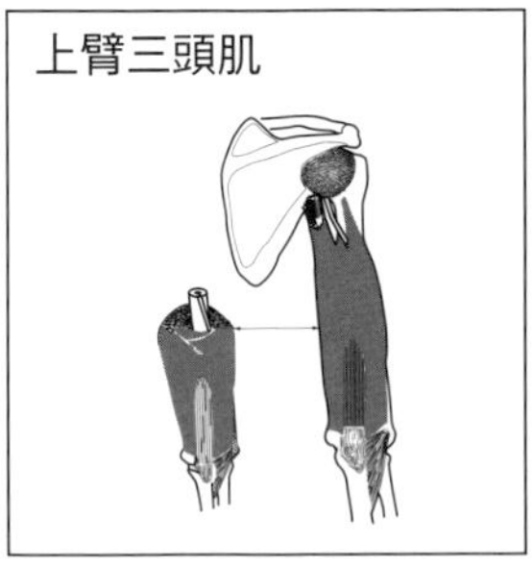

圖4

021

保齡球拇指

◎特徵—別名Bowler's thumb。在拇指內側感到疼痛、麻木或毫無感覺。

症狀和原因

這是打保齡球者壓倒性居多的疾病。如圖1所示，拇指內側會疼痛、麻木或者沒有感覺。

由於保齡球的球洞角度是90度。所以頻繁打保齡球時，拇指會受到這角度的摩擦而發炎。

治療法

首先要保持安靜。若依舊疼痛，即對患部照射醫療雷射。

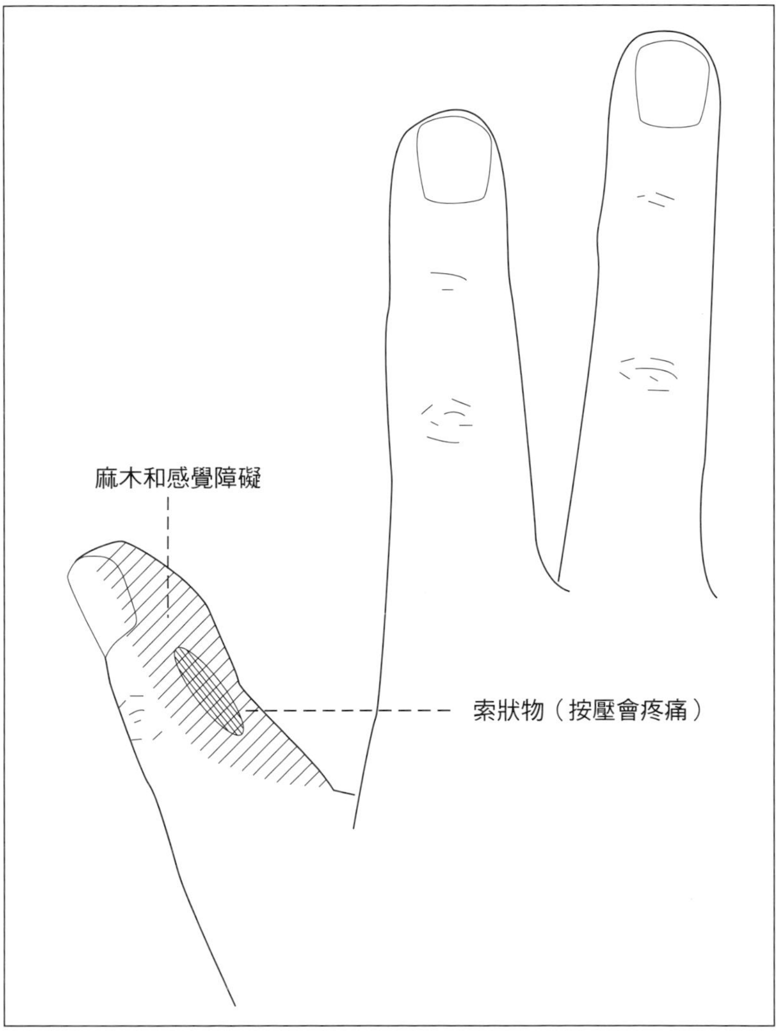

圖1

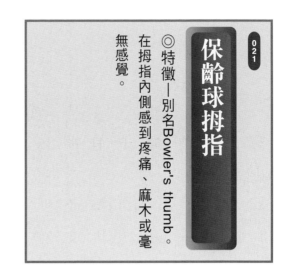

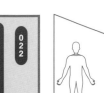

022

手指退化性關節炎（Heberden node）

◎特徵—只在手指的遠端指間關節出現疼痛、變形。以中年以上的女性居多。

症狀和原因

手指的遠端指間關節腫脹，會疼痛、指甲也變形時，就有手指退化性關節炎的可能性。

這種手指的關節炎常發生在中年以上女性的疾病，也是隨著增齡常見的退化性關節炎之一。但不會擴大到遠端指間關節以外的其他關節上。

如圖1所示，此症狀會如圖1般在手指的遠端指間關節背側形成骨頭變形的膨脹，由於本疾病的最初報告源自Heberden博士，所以命名為「Heberden node」。

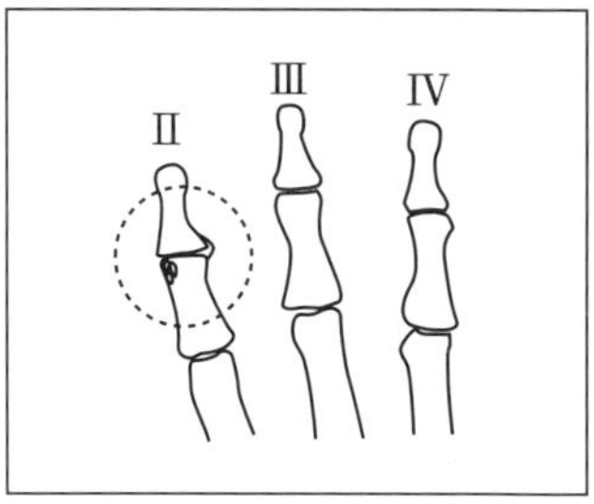

圖1

指頭的變形或腫脹不一定同時間出現在全部手指上，而是如圖2般，像戳傷指或骨折狀的彎曲。有人說原因和賀爾蒙有關，但詳情未明。

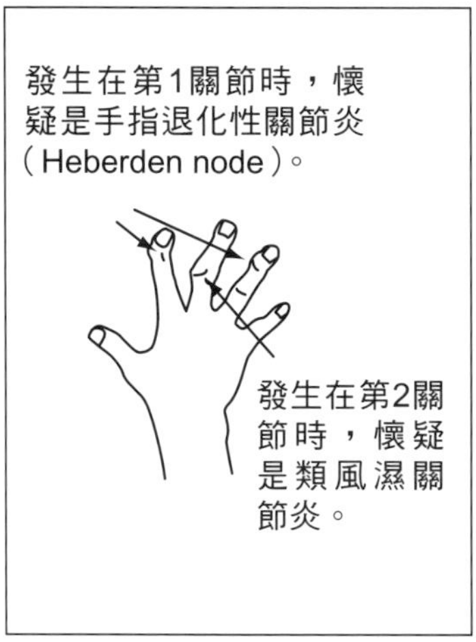

圖2

特徵性的指甲變形則是由於關節變形，導致關節囊部分破裂，從這裡漏出的關節液形成腫瘤，壓迫到指甲根部所引起的現象。

數年後停止，變形停止後，疼痛隨即減輕，故請耐心接受治療。

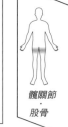

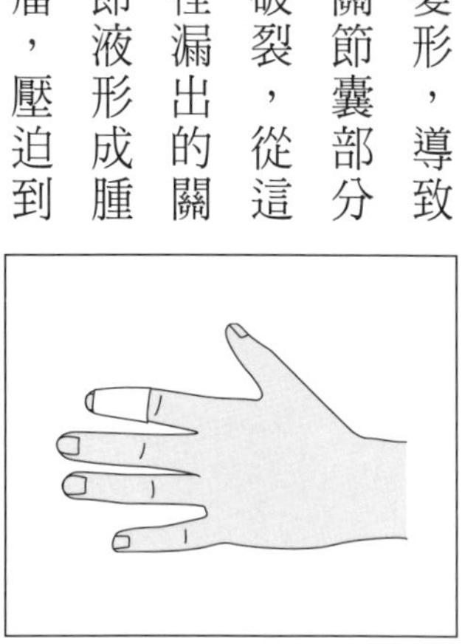

圖3　貼紮

治療法

首先以固定為宜。固定拇指雖有些不方便，但可及早治癒。

①**醫療雷射**

有抑制疼痛的效果。

②**用石膏或貼紮固定**

有效。如圖3般在患部進行貼紮，即可大幅度減輕疼痛。

③**干擾波、多普勒超音波療法**

④**醫療按摩**

⑤**肌內效貼布（kinesio tape）**

023

板機指

◎特徵—別名Snapping Finger、Trigger finger。特別是在早上，手指無法恢復伸直；反之，伸直後又無法彎曲。

症狀和原因

中年以上的女性在慣用手的拇指、中指、無名指最常發病的疾病。亦即無法將扣板機現象的手指恢復伸直，或者相反的，伸直後又無法彎曲的疾病（圖1）。

也因此又稱為板機指、狹窄性腱鞘炎或肥厚性腱鞘炎。

板機指是因屈肌腱（彎曲手指的肌腱）在手指根部通過稱為腱鞘之隧道狀的通道時，在肌腱的周圍發炎（腫脹疼痛的狀態），使得腱鞘內徑變窄，肌腱如滑行般通過時即被卡住，於是一旦進行動作就難以恢復原狀。這是過度使用手指引起的。

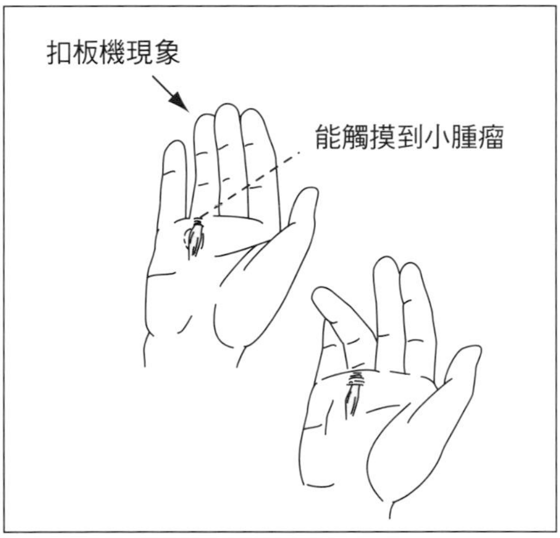

圖1

治療法

首先，儘量不使用手指，並固定為宜。之後進行以下的治療。至於手術則是最後的考量。

①用石膏或貼紮固定

在患部進行貼紮，讓手指不能彎曲或伸直。

②醫療雷射

在腫脹部位照射雷射。

③干擾波、多普勒超音波療法

使用對肌肉有效的干擾波照射患部。

④肌內效貼布（kinesio tape）

⑤水床按摩

中年女性的手腳疾病，被認為是全身血循不良引起。故可用此法改善。

⑥切開肌腱的隧道狀部分。

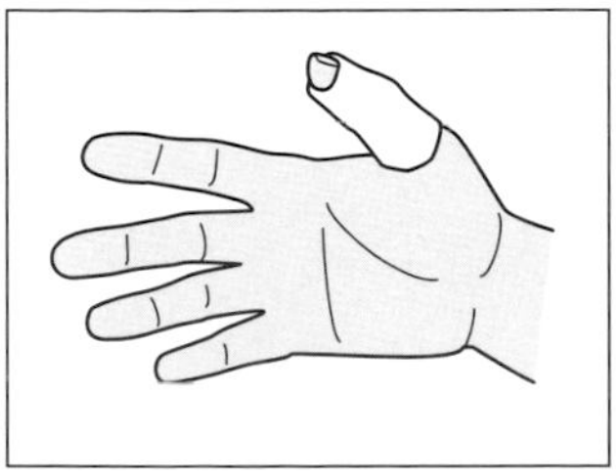

圖2

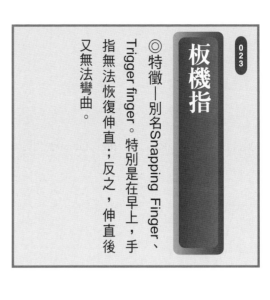

024

橈骨莖突狹窄性腱鞘炎（De Quervain's disease媽媽手）

◎特徵—慣用手的手腕拇指側會疼痛。依據試驗法來診斷。

症狀和原因

以20歲到50歲懷孕時、產後、更年期女性，或者美容師等經常使用手的人居多。是手腕拇指側如圖1部位疼痛的腱鞘炎。各位常把手痛當作腱鞘炎，其實這才是真正的腱鞘炎。尤其多發生在拇指，故特別取名為「De Quervain's disease」。

發病之後，會疼痛到無法進行擰毛巾的動作。

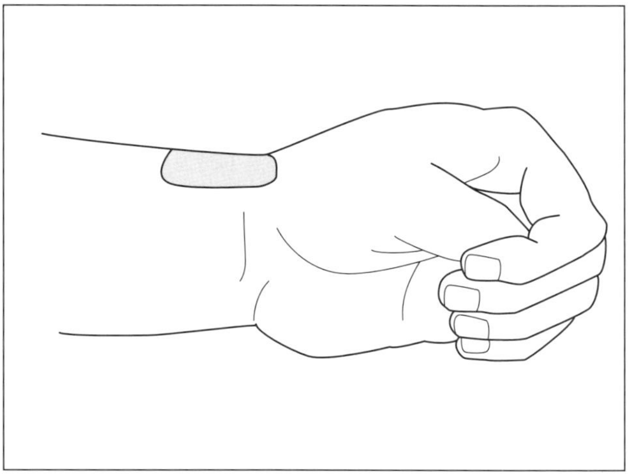

圖1　橈骨莖突狹窄性腱鞘炎的疼痛部位。

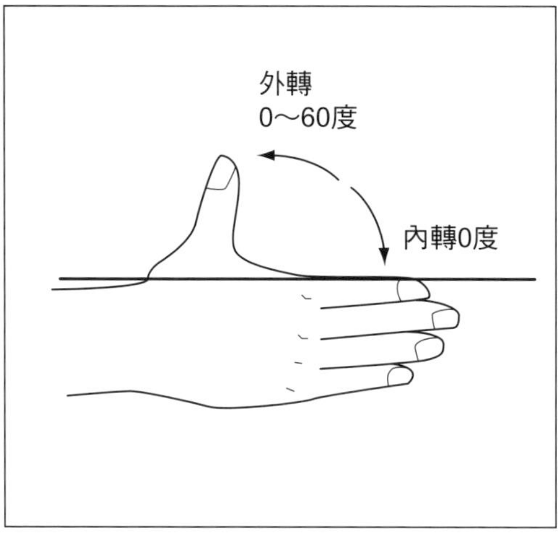

圖2　拇指的運動

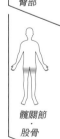

拇指上有幾條腱。其中負責伸直拇指的是伸拇短肌腱，負責張開拇指的是外展拇長肌腱。

如圖3所示，這二條腱都是穿過手腕拇指側的隧道狀腱鞘中。

抱嬰兒或如圖2般過度使用拇指時，腱鞘會肥大，肌腱的表面受傷，導致在腱鞘部分的肌腱無法順暢活動，引起發炎產生疼痛、腫脹，這就是橈骨莖突狹窄性腱鞘炎（De Quervain's disease）。

試驗法

請患者把拇指包在手掌內握拳，醫師將手腕朝小指側彎曲。這稱為Finkelstein Test(芬克斯坦試驗)。這時若疼痛增強，即有狹窄性腱鞘炎的可能性（圖4）。

治療法

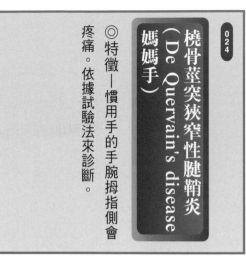

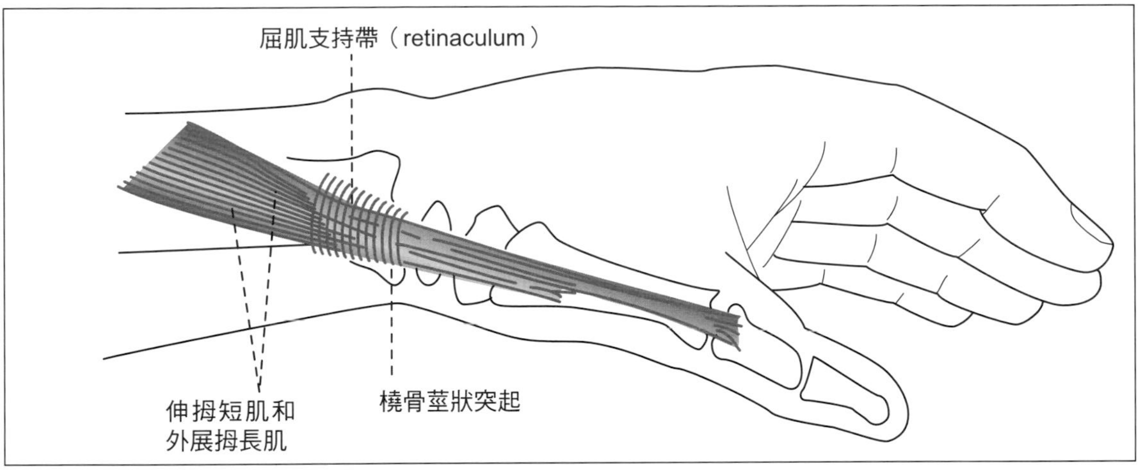

圖3

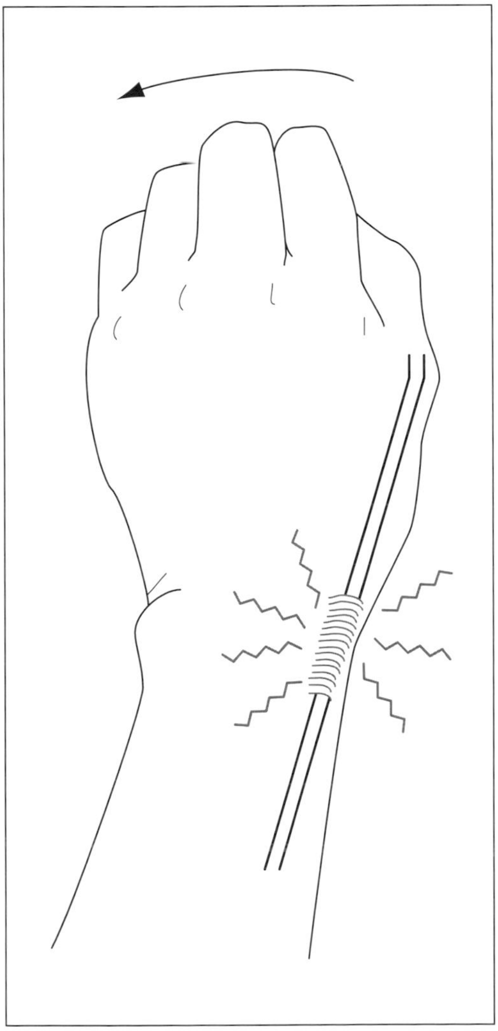

圖4　Finkelstein Test（芬克斯坦試驗）

首先，儘量不使用手指加以固定；之後，進行以下的治療。

①用石膏或貼紮固定、②肌內效貼布（kinesio tape)、③繃帶固定

①～③都是在患部進行貼紮等，讓手指無法彎曲、伸直的療法。

④醫療雷射

在疼痛部位照射雷射。

⑤干擾波、多普勒超音波療法

在患部照射對肌肉有效之頻率的干擾波。

⑥藥物療法

注射類固醇劑。但，懷孕或產後的女性母奶品質會受影響，使用時要慎重。

⑦手術

復健效果不彰時，切除腱鞘。

025

類風濕關節炎

◎特徵—手指的近端指間關節、掌指關節或手腕腫脹、疼痛，以女性居多。是原因不明的遺傳性引起的多發關節炎。

症狀和原因

類風濕關節炎是原因不明的遺傳性多發關節炎。

據說日本的患者總數有70萬人之多，其中每170人中就有1人是類風濕關節炎，7萬人會有日常生活障礙。

比起其他關節炎，類風濕關節炎首先會在無法用力的關節出現症狀。而且女性是男性的3倍多，發病期集中在30～50歲之間。

和本書102頁「手指退化性關節炎(Heberden node)」一樣，最大的特徵是關節會疼痛彎曲，但是手指退化性關節炎只在手指的遠端指間關節出現症狀。

然而類風濕關節炎卻不是出現在遠端指間關節。早上，近端指間關節、掌指關節、手腕都會疼痛、僵硬或腫脹；而且有兩手都發病的傾向。

有這種症狀的人，因有時是屬於遺傳性疾病，故家人中有類風濕關節炎者，請即刻進行血液檢查，確認是否為類風濕關節炎。

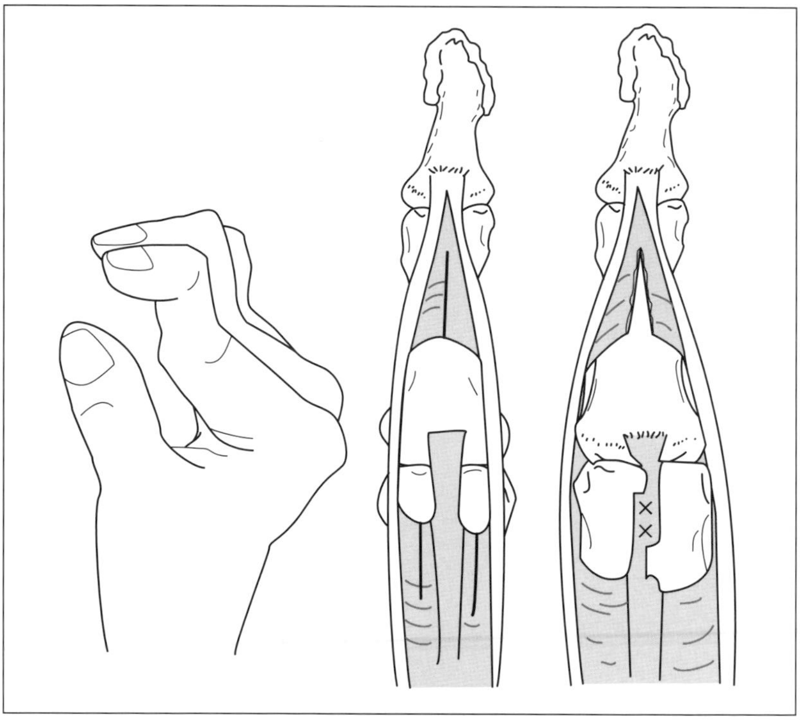

圖1　天鵝頸變形和其矯正術

類風濕關節炎惡化後，手指會如圖1或圖2所示變形像天鵝頸一般，稱為天鵝頸變形或者鈕扣洞變形。

接著疼痛會蔓延到全身關節。

因關節痛來本院的患者，因多半已

經處於劇痛或嚴重關節變形狀態，所以通常對自己的疾病演變深感悲觀。

但是，類風濕關節炎的演變各不相同，現在也研發了各種的治療法，所以早期治療就能抑制疼痛、變形的惡化。

據說10年後，約有50％的類風濕關節炎患者可改善到獲得解脫的狀態（好轉的狀態）。

但請瞭解慢性疾病是難以靠短期間的治療治癒的，故有耐性地進行正確治療相當重要。

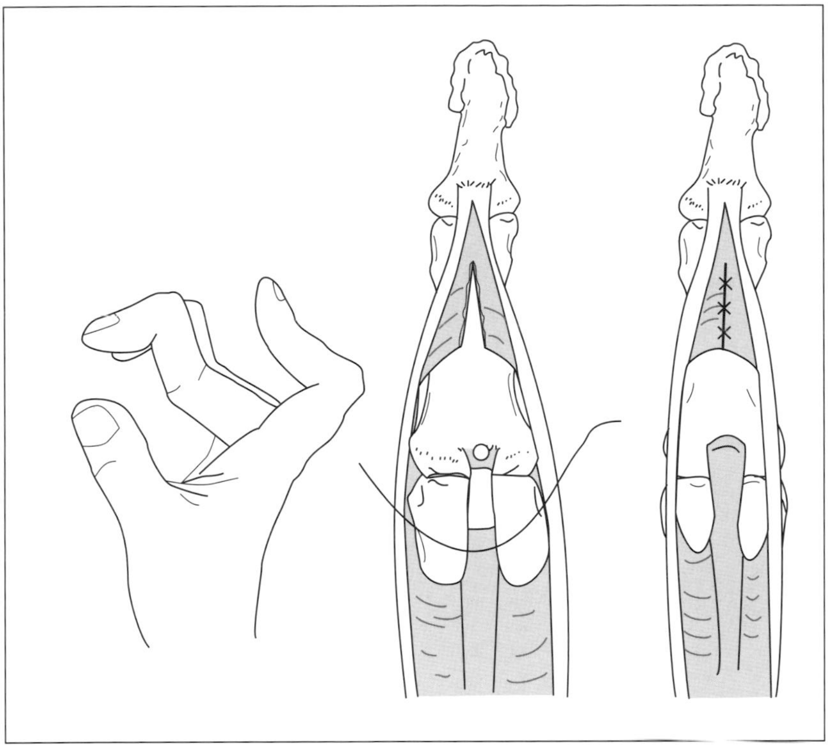

圖2　鈕扣洞變形和其矯正術

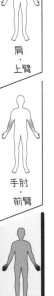

治療法

首先，儘量不要使用手指且加以固定；之後，再進行以下的治療。

①用矯正夾板固定

這是用來防範變形，如同矯正石膏一般的矯正器具（圖3）。

②干擾波、多普勒超音波療法

使用對類風濕關節炎有效之頻率的干擾波照射患部。

③醫療雷射

對疼痛部位照射雷射。

④醫療性按摩

⑤藥物療法

注射類固醇劑。

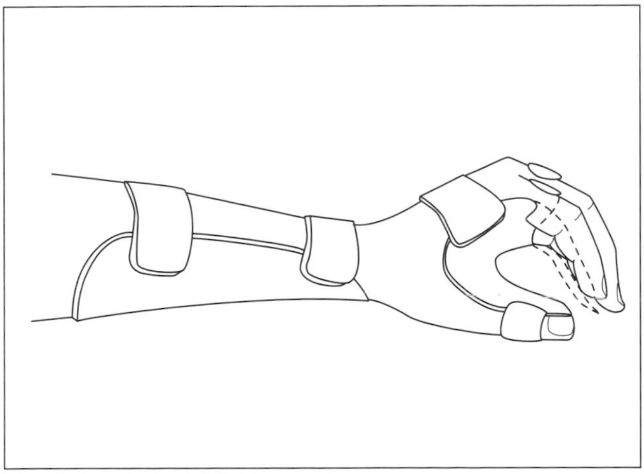

圖3　鈕扣洞變形和其矯正術

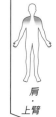

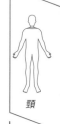

026

尺骨管症候群

◎特徵——別名「蓋恩氏（Guyon's）管症候群」。手的無名指和小指會麻木。以從事用力握物工作的男性居多。嚴重後握力會變差。

症狀和原因

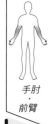

這種疾病常發生在如木工等從事用力握物工作的男性上。如圖1所示，手的無名指、小指和手掌會麻木、疼痛。嚴重時，感覺會變差，變成沒有觸覺，被捏也不覺疼痛的狀態。

進一步惡化時，會伴隨手、手軸疼痛，和手掌的小指側肌肉萎縮。而且手背上手指之間的肌肉也會萎縮，形成又薄又扁的手掌，而無法進行細膩的手指動作，握力也變差。

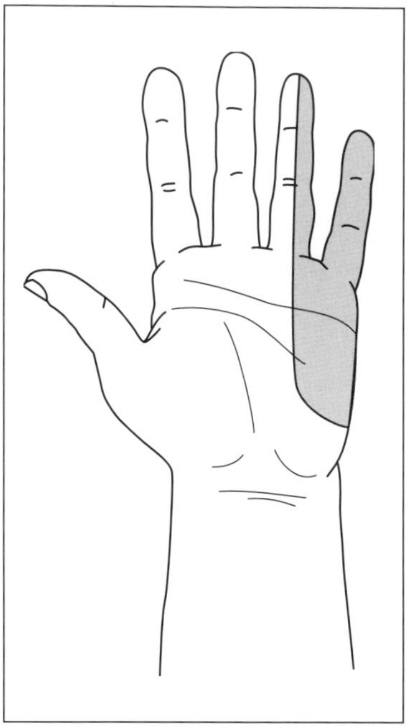
圖1　感覺損傷和疼痛部位

圖2是手的切面圖。

看圖即知，在豆狀骨、三角骨、韌帶和支持帶包圍的非常狹窄空間中，有尺神

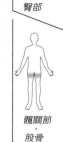

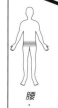

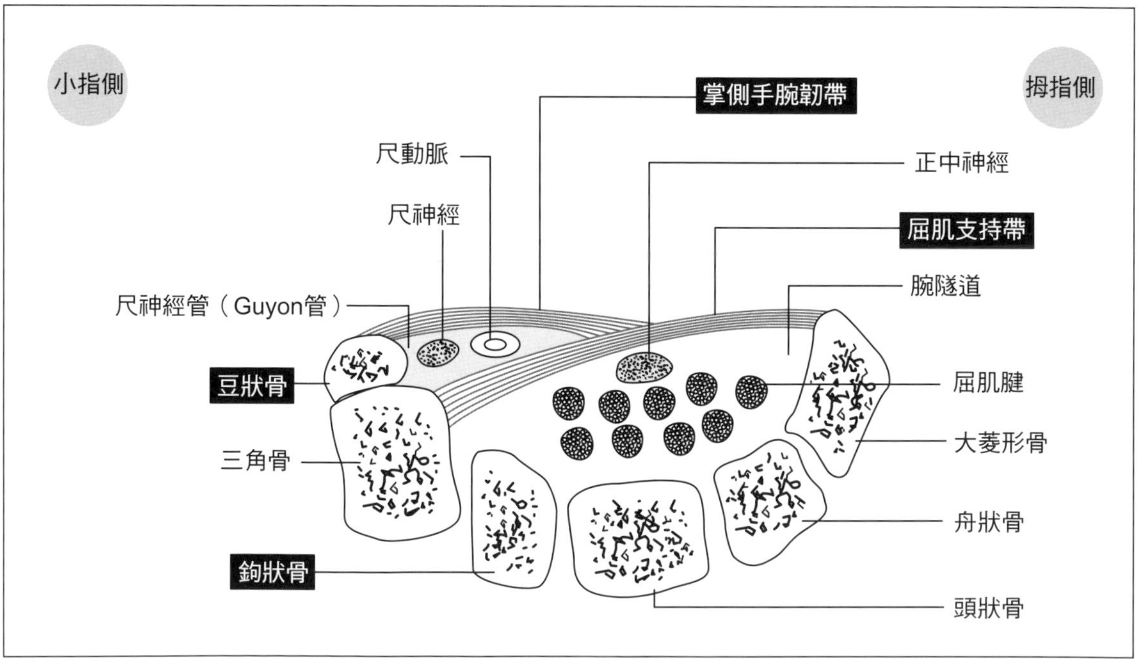

圖2　手的切面圖

經通過。

當頻繁發生外傷或因脂肪瘤、結節腫壓迫到尺神經時，即容易發生伴隨麻木、疼痛的尺骨管症候群。

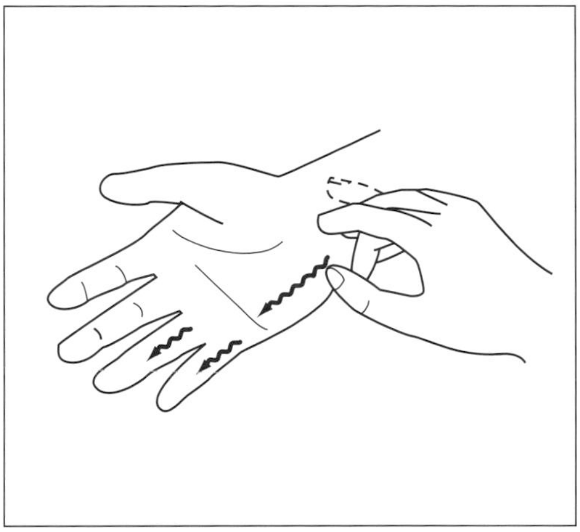

圖3　扣擊試驗（Tinel sign）

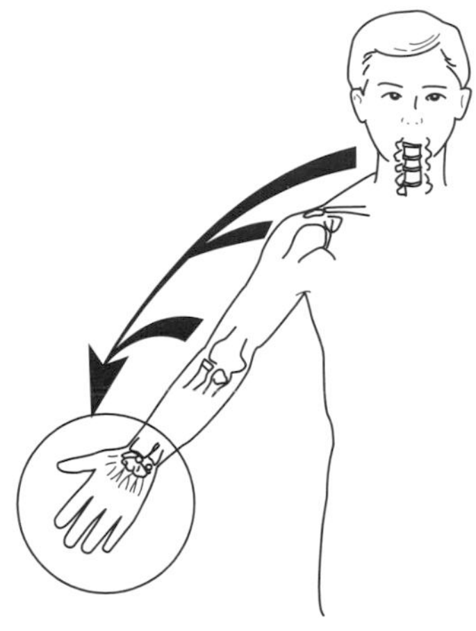

會從相關領域的肘關節、肩關節以及頸椎產生病變，或者在腕關節、手部出現症狀。

圖4

試驗法

如圖3所示，對腕關節的小指側以指尖扣擊，即會產生麻木感。這稱為扣擊試驗（Tinel sign）。

治療法

若有頸椎退化性關節炎、頸椎突出、糖尿病時，要優先治療這些疾病（圖4）。

①干擾波、多普勒超音波療法

以對神經有效之頻率的干擾波照射尺神經。

②醫療雷射

在疼痛部位照射雷射。

③醫療性按摩

④肌內效貼布（kinesio tape）

⑤用石膏或貼紮固定

以保持安靜為目的加以固定。

⑥繃帶固定

⑦手術

切除韌帶，從壓迫中獲得解放。

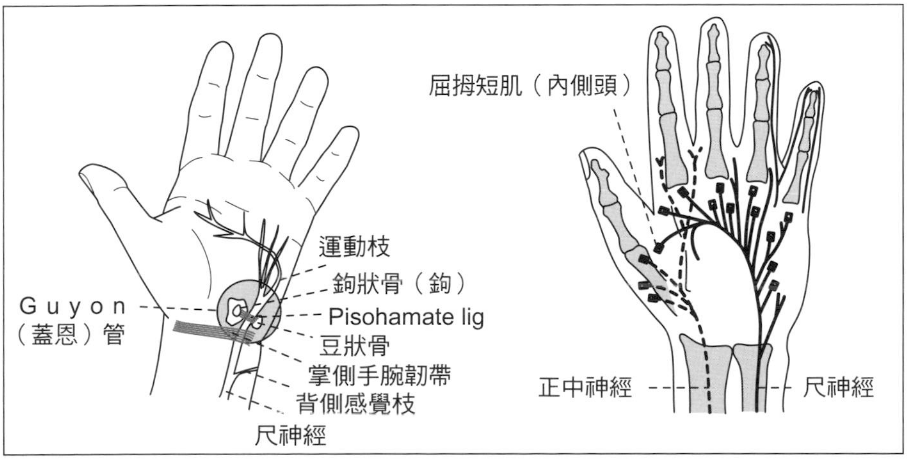

圖5

027

腕隧道症候群

◎特徵—從拇指到中指、手掌有灼熱感的疼痛、麻木。或有夜間痛。以常使用手的50歲女性居多。依據試驗法可判明。

症狀和原因

如圖1所示，這是在拇指的內半側、食指、中指、無名指的內半側和手掌會有灼熱般的劇痛和麻木，而且感覺會降低的疾病。

扣擊手腕的皺褶部分，疼痛會放散到指尖。有時會因夜間疼而醒來（夜間痛）。擺動手可減輕疼痛。

嚴重後，拇指根部的肌肉（拇指球肌）會萎縮，不易進行拇指靠近小指的動作（對指動作）。如此一來，也難以做扣鈕扣、捏東西的動作。

這種腕隧道症候群是常使用手的50歲女性常有的疾病。

腕隧道症候群的疼痛更惡化之後，會從手擴散到手肘、肩部和身體

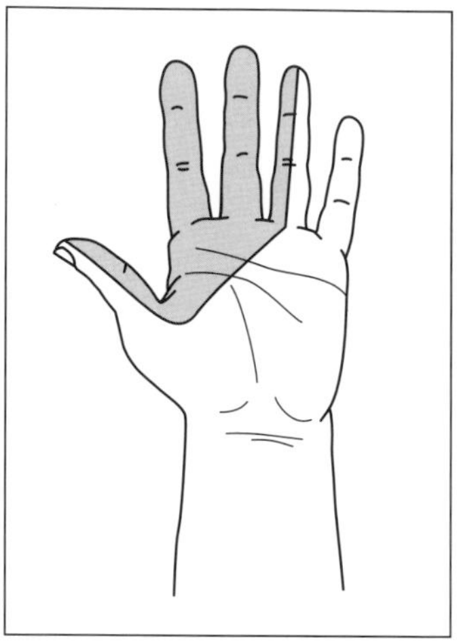

圖1　感覺損傷和疼痛部位

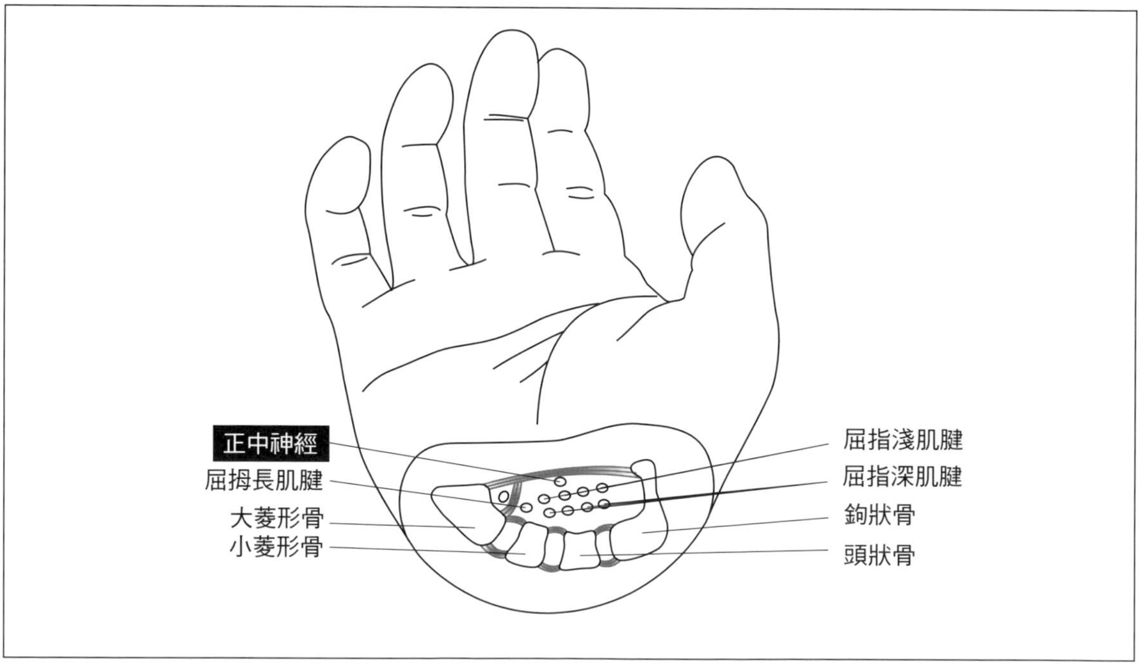

圖2　手的切面圖

內部。不過，感覺異常的現象只發生在腕關節。

另外，長期接受人工透析的人，也容易引起如同腕隧道症候群的症狀。

因接受人工透析時，血管內會附著許多類澱粉的蛋白質成分，導致神經受到壓迫。

圖2是手腕的切面圖。如本圖所示，腕骨和屈肌支持帶所包圍的狹窄空間中，有許多的神經和肌腱通過。活動腕關節，過度使用肌肉時，肌腱即會變粗，壓迫到正中神經，而出現疼痛或麻木（圖3）。

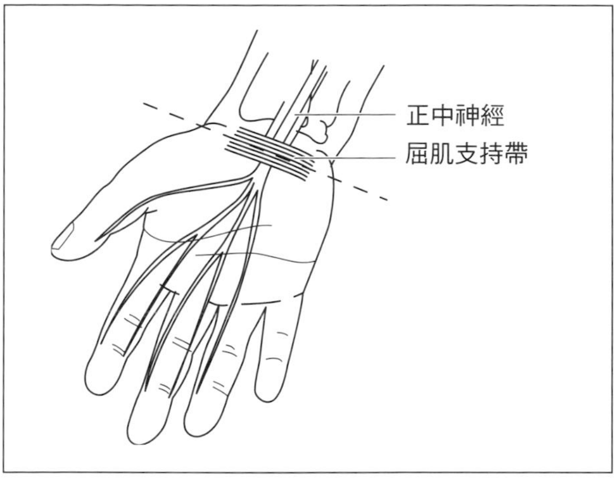

圖3

試驗法

（1）扣擊試驗（Tinel sign）

如圖4所示，對腕關節的中央以指尖扣擊，即會產生麻木感。

（2）法蘭氏試驗（Phalen Test）

如圖5所示，將手背和手背合起來，指尖朝下靜止15秒。如果麻木會增強，就很有可能罹患腕隧道症候群。

治療法

若有頸椎退化性關節炎、頸椎突出、糖尿病時，要優先治療這些疾

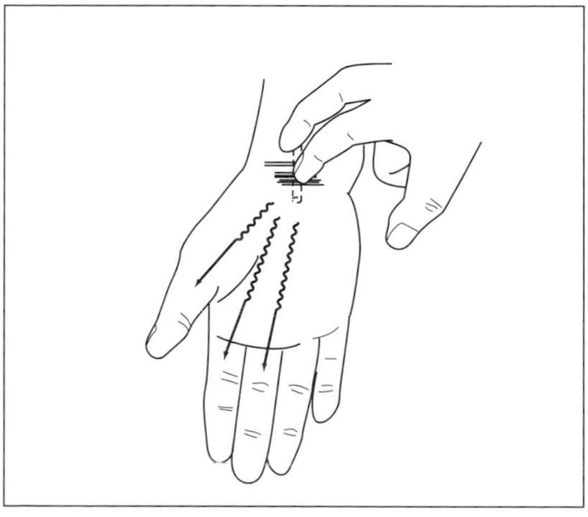
圖4　扣擊試驗（Tinel sign）

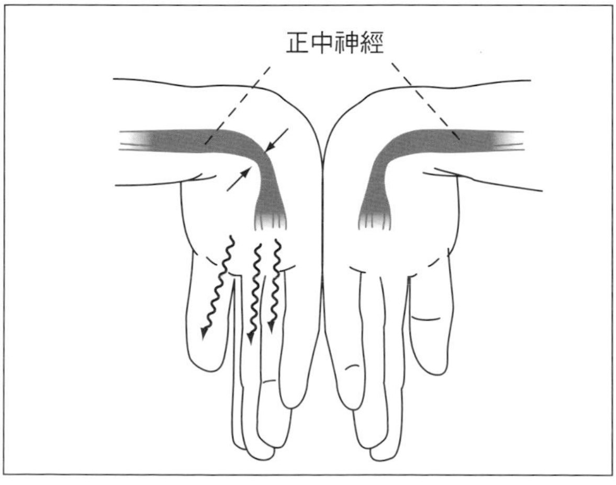

圖5　法蘭氏試驗（Phalen Test）

病（圖6）。

①用石膏或貼紮固定

麻木或疼痛激烈時，用石膏或貼紮固定法來固定手腕的關節，讓手腕無法活動。之後，再進行以下的治療法（圖7）。

②醫療雷射

在疼痛部分的神經照射有效頻率的干擾波。

③醫療性按摩

④繃帶固定

⑤水床按摩

不僅舒適，還能控制現代疼痛根源的自律神經。骨質疏鬆者也可接受這種療法。

⑥藥物療法

每天服用100毫克的維他命B_6。

⑦手術

使用以上治療都沒有效果，而且肌力變差時即要手術。手術是切開韌帶，大致可期待良好的恢復。但是，會在漂亮的手腕上留下大傷口，必須慎重考慮。

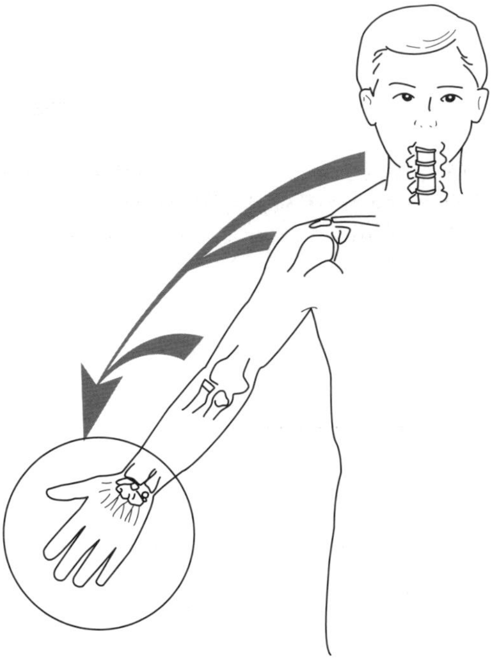

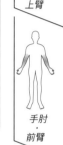

有些在肘關節、肩關節以及頸椎產生的病變，會在腕關節、手部出現症狀。

圖6

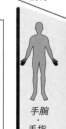

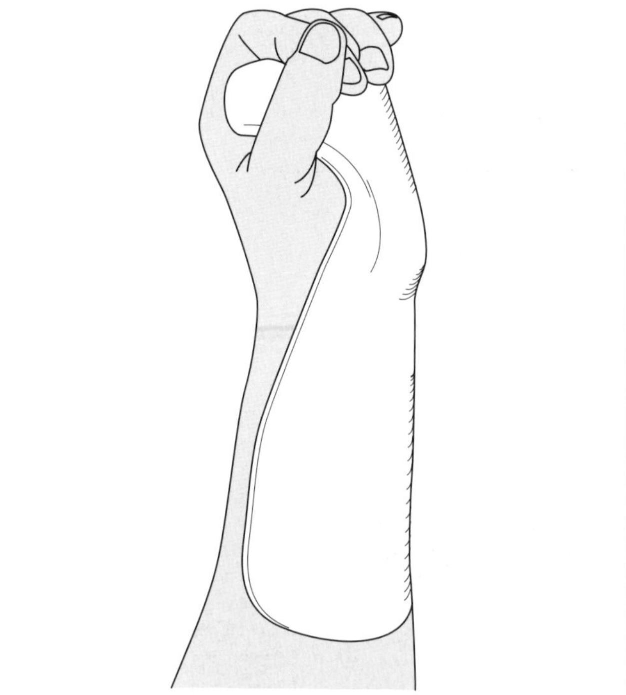

圖7　腕隧道症候群所使用的護木

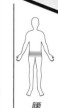

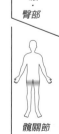

028

橈骨下端骨折（Colles' Fracture）

◎特徵—以50歲以上的骨質疏鬆症女性或幼兒居多。跌倒手著地造成手腕疼痛、腫脹，伴隨變形的骨折。

症狀和原因

常發生在50歲以上有骨質疏鬆症的女性或者幼兒身上。

這種橈骨下端骨折（Colles' Fracture），並非直接碰撞引起的骨折，而是如圖1左側一般，跌倒手著地等間接外力引起的。

橈骨下端骨折占全部骨折的10%，其中最多的是骨質疏鬆症的人。和腰椎壓迫性骨折一樣，是因墊腳跌倒般的日常事故引起的。

而引起橈骨下端骨折（Colles' Fracture）的部位，會如圖1右側般，在腕關節的拇指側上方1～3公分處。

從患部到腕關節出現疼痛、腫脹。有時手會因疼痛而無法動作。也有噁心、發燒等現象。

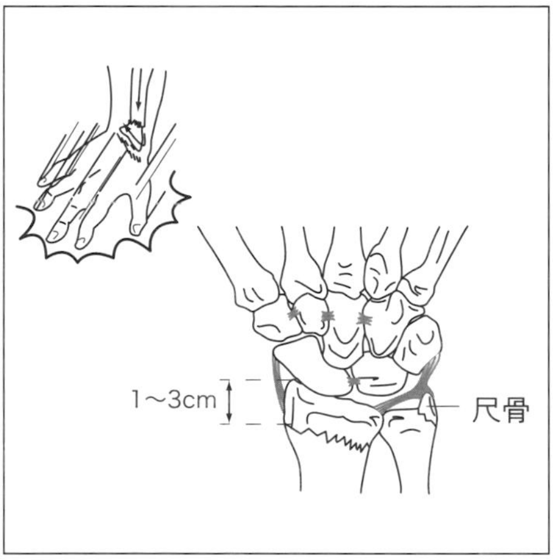

圖1

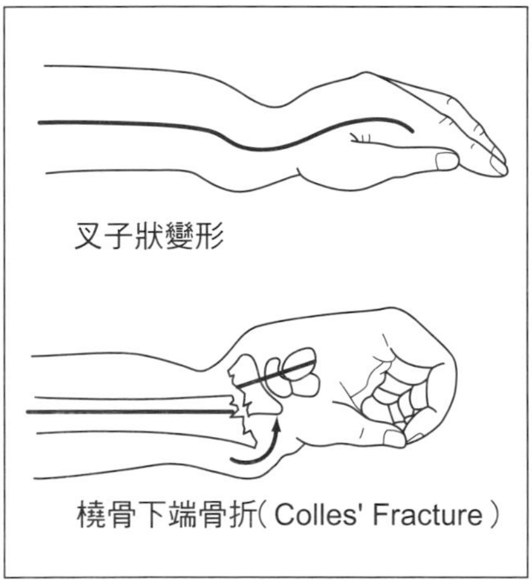

圖2

治療法

若置之不理，會產生如圖2的叉子狀變形，故首先進行①的復位。之後再接受以下的治療法。復健也很重要。

① 復位

把骨恢復到原來位置。

② 用石膏固定。

③ 干擾波、多普勒超音波療法

④ 醫療雷射

在疼痛的部分照射雷射。

⑤ 醫療性按摩

⑥ 肌內效貼布（kinesio tape）

⑦ 水床按摩

復健時可促進血流，及早治癒骨折。

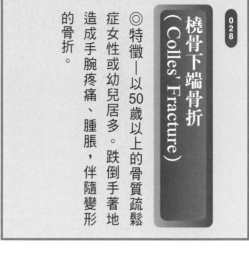

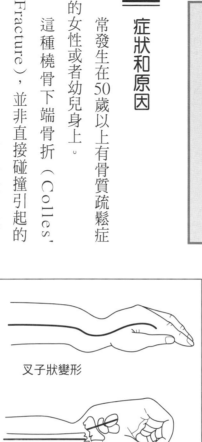

029

腕關節扭傷

◎特徵—扭轉手時引起的手腕扭傷。

症狀和原因

這是網球或桌球等為了瞬間打出旋轉球，常做急速扭轉球拍的動作，或者跌倒時所引起的手腕扭傷。

腕關節如圖1般，由橈骨和8個腕骨所形成的複合關節。構成腕關節的骨頭，則由各個韌帶彼此結合。

腕關節扭傷中，最常見的是扭轉球拍擊出旋轉球，因反覆進行勉強動作所造成的手腕軟骨和韌帶傷害。這稱為三角纖維軟骨的扭傷。

關節內部中有如圖1般，扮演緩衝任務，並可穩定關節的三角纖維軟骨（TFCC）部位。

這個三角纖維軟骨原本就是一個血循不良的

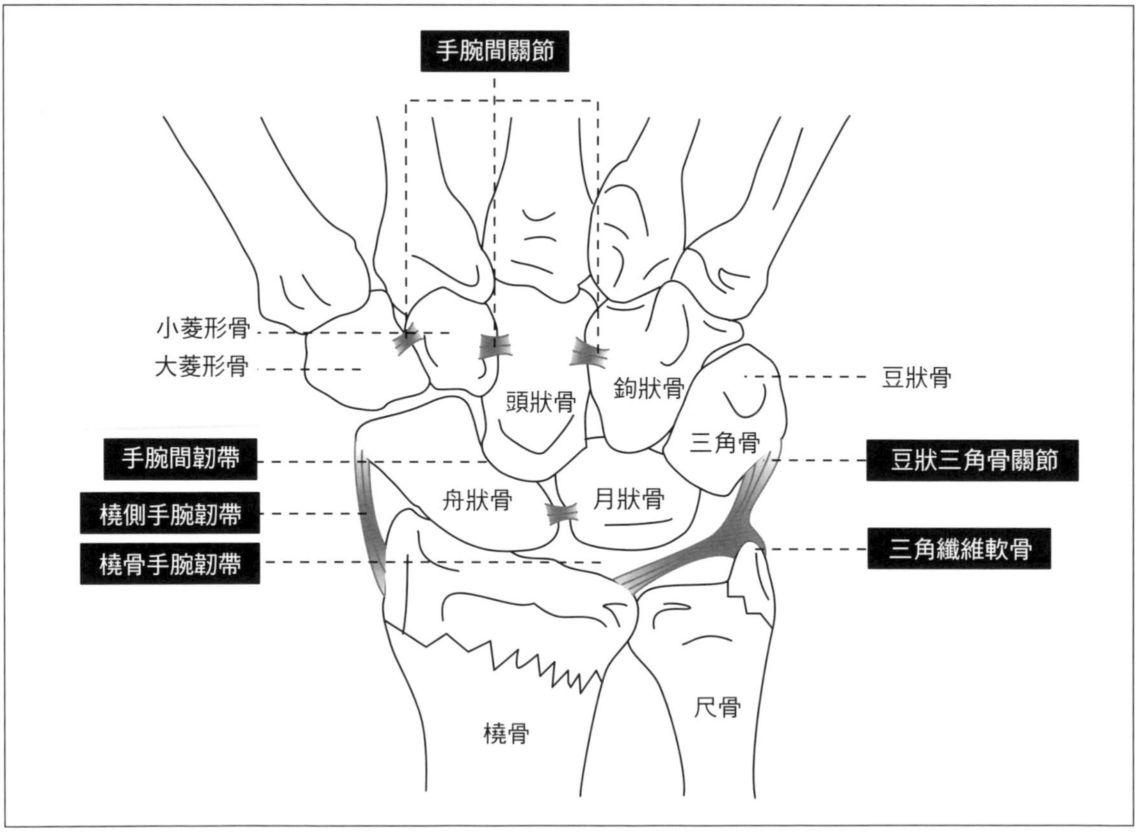

圖1

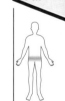

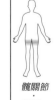

頸
肩・上臂
手肘・前臂
手腕・手指
腰・臀部
髖關節・股骨

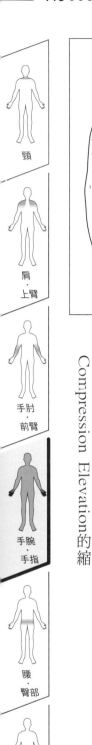

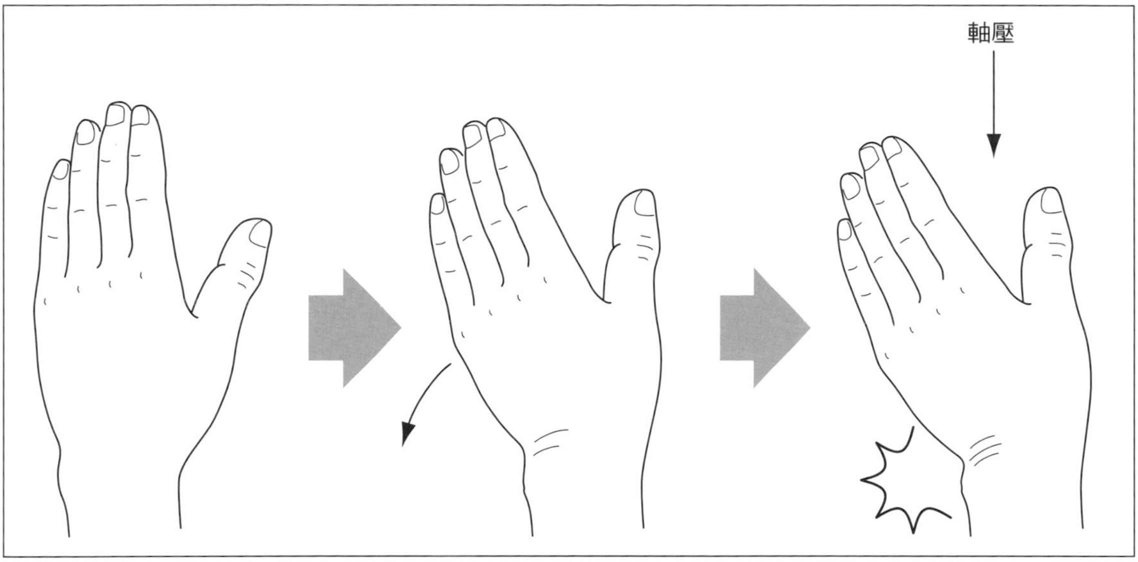

圖2 尺區軸壓試驗

部位，所以一旦扭傷就不容易治療。

而且受傷時會伴隨慢性疼痛，也可能殘留後遺症。因此，感到異常時即應趁早看專科醫師。

試驗法

試驗法稱為「尺屈軸壓試驗」(圖2)。以猜拳「布」的狀態張開手掌，把手腕向小指側彎曲，從上按壓。感覺疼痛表示三角纖維軟骨扭傷。

治療法

任何部位引起扭傷之後，初期治療都應進行「RICE」才重要。

RICE就是Rest Immediate Immobilization Compression Elevation的縮寫，具體的處理法是藉由Rest(安靜)、Icing(冷卻)、Compression(壓迫)、Elevation(高舉)來緩和肌肉的緊張，抑制發炎和浮腫血腫的形成，減輕疼痛。

進行「RICE」之後，再進行①的石膏固定。

接著，再進行後續的治療法。

①用石膏固定

②醫療雷射

在疼痛部分照射雷射。

③干擾波、多普勒超音波療法

在患部照射有效之頻率的干擾波

④醫療性按摩

⑤手術

030

內收拇肌炎

◎特徵—進行拇指靠近食指側的動作時，拇指和食指之間會疼痛。

症狀和原因

把拇指靠近食指的醫療用語稱為「內收」（圖1）。進行內收的肌肉稱為內收拇肌（圖2）。

內收拇肌炎就是拇指和食指之間會疼痛的疾病。

頻繁進行捏物動作時，這個肌肉會引起肌肉疲勞而異常收縮。如此一來，這肌肉附著骨頭的內收拇肌邊緣部分即會引起發炎。

治療法

首先，加以固定為宜。雖然固定拇指會帶來不方便，但可及早治癒。

①肌內效貼布（kinesio tape）
②用石膏或貼紮固定
③干擾波、多普勒超音波療法

用對肌肉有效之頻率的干擾波照射內收拇肌，即能早日復原。

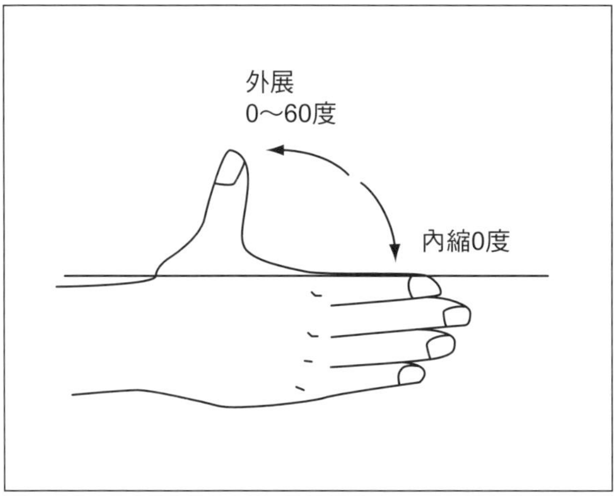

圖1　拇指的運動

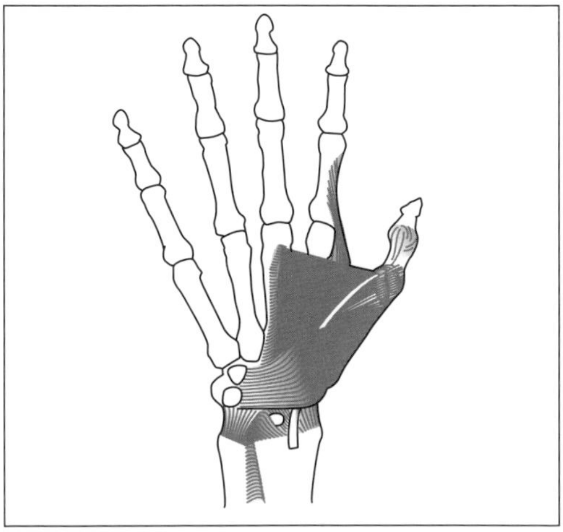

圖2　對掌拇肌、手的內收拇肌

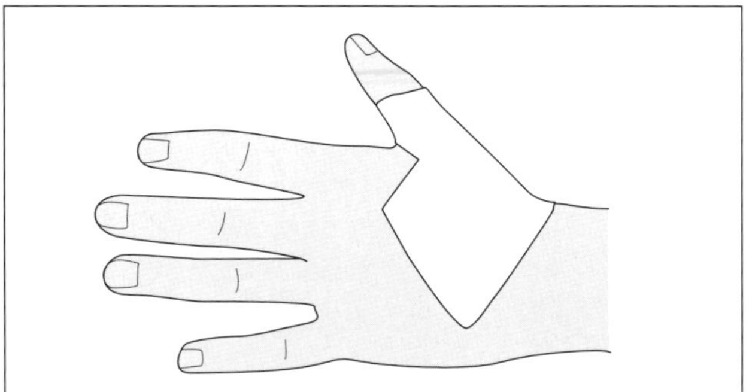

急性期時為了防範拇指內縮要進行貼紮。貼紮是使用柔軟的纖維材質，在拇指外展位上，從橈側壓迫腕掌關節，接著避免拇指內縮而貼上抑制膠帶。慢行期時，請裝置拇指外展護木。

圖3　腕掌關節症貼紮

031

手腕不穩定症

◎特徵—把手腕朝手背側仰起時，如果會疼痛表示手腕的半脫位。

症狀和原因

手腕不穩定症是跌倒手著地等時，腕關節過度反轉手腕，造成圖1上的月狀骨朝手掌側半脫位的障礙（圖1、2）。

女性的關節原比男性鬆弛，其中的月狀骨又缺乏比其他骨頭更強壯的韌帶相連接，因此較容易動作，也較容易脫臼。

故沒有外傷，但彎曲或伸展手腕卻會疼痛時，就有罹患腕隧道症候群的可能性。

不過需要鑑別是否是腱鞘囊腫。腱鞘囊腫是在手腕的某部分出現鼓鼓的腫脹。

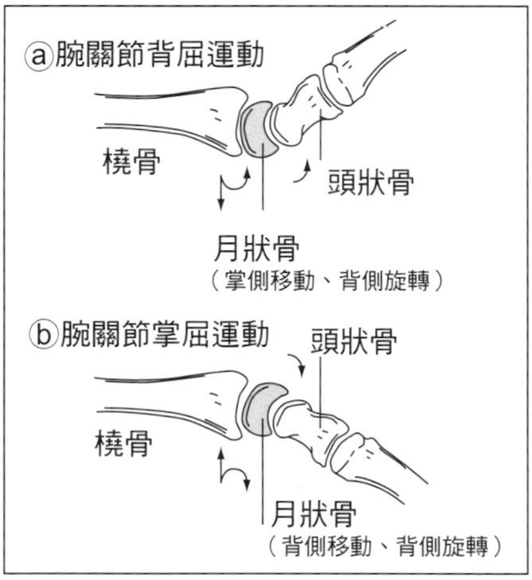

圖1　隨著腕關節屈伸運動的月狀骨動作

治療法

①醫療雷射

在疼痛部分照射雷射。

②干擾波、多普勒超音波療法

使用有效之頻率的干擾波照射患部。

③醫療性按摩

④用石膏固定

疼痛激烈時需要固定。

⑤繃帶固定

⑥水床按摩

⑦手術

以固定為目的。

⑧關節囊內矯正

利用關節囊內矯正來改善腕關節的機能異常，可迅速解除疼痛。這是受到月狀骨的阻礙，才無法保持手腕關節囊內的正常化。

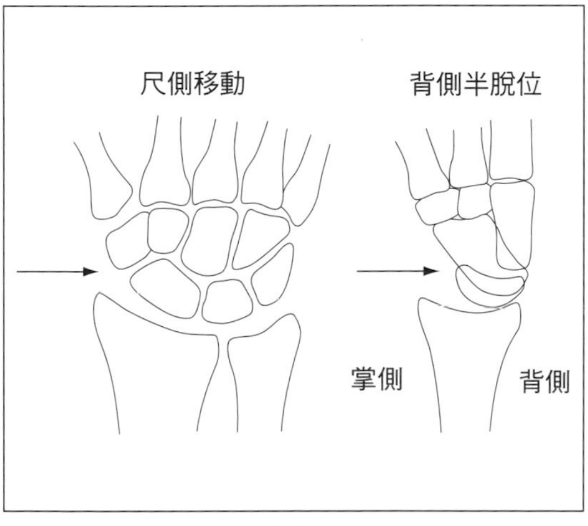

圖2

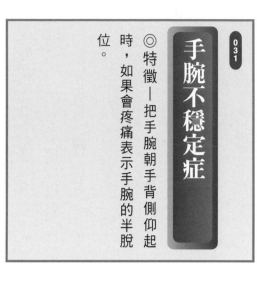

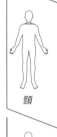

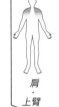

032

舟狀骨骨折

◎特徵—因跌倒或運動引起的手掌骨骨折。使用X光等也困難診斷。臨床診斷較準確。若置之不理，會發生骨頭壞死，要注意。

症狀和原因

手腕部分的舟狀骨骨折是僅次於「戳傷指」的運動障礙。

棒球捕手或足球守門員的接球，籃球或排球的投球等都會引起。運動除外，因摔落或跌倒手掌用力著地，或者在遊樂場玩吊袋擊拳遊戲時也會引起。

現代人的手腕骨骼脆弱，如圖1所示，舟狀骨一旦負荷體重時，即會有強大壓力，容易引起骨折。

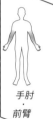

舟狀骨骨折的腫脹症狀或疼痛都不嚴重，但容易和手腕扭傷混淆，故醫生不可輕忽。

如果放置不管，骨骼即會以骨折壞死的狀態自行固定下來。如此一來，手腕的疼痛會慢性化而引起功能障礙，也可能壞死。故感覺疼痛時，看專科

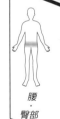

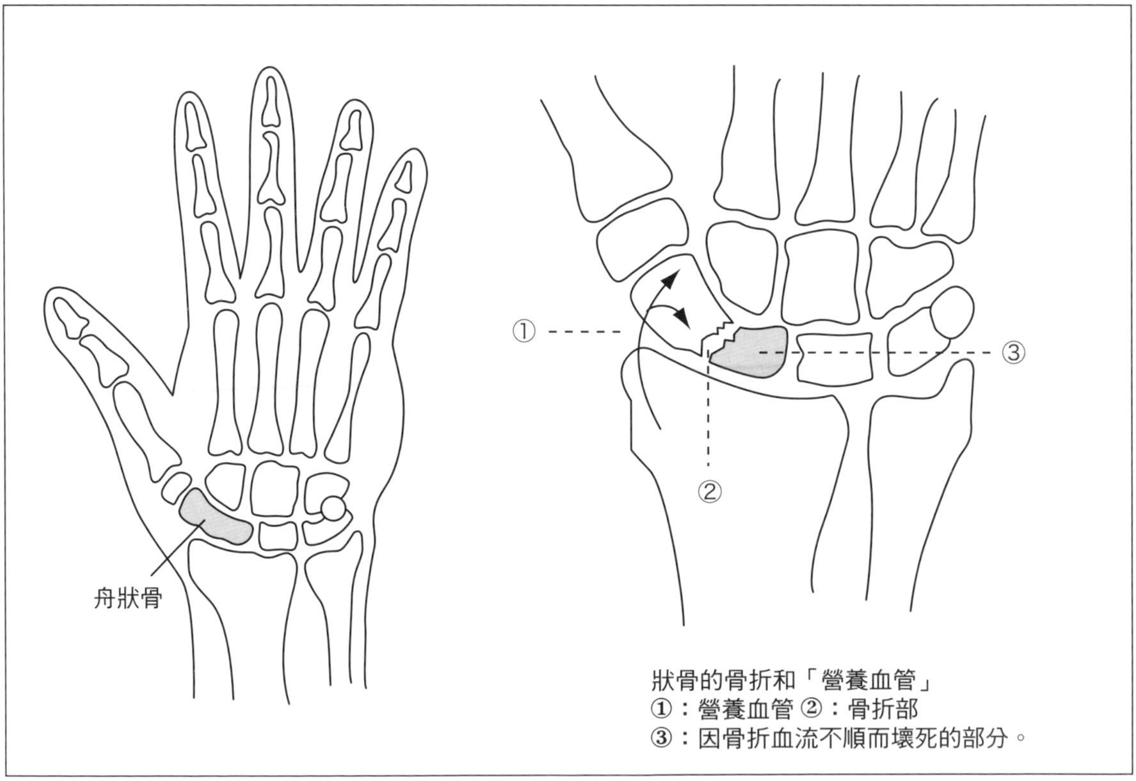

圖1　舟狀骨和其骨折

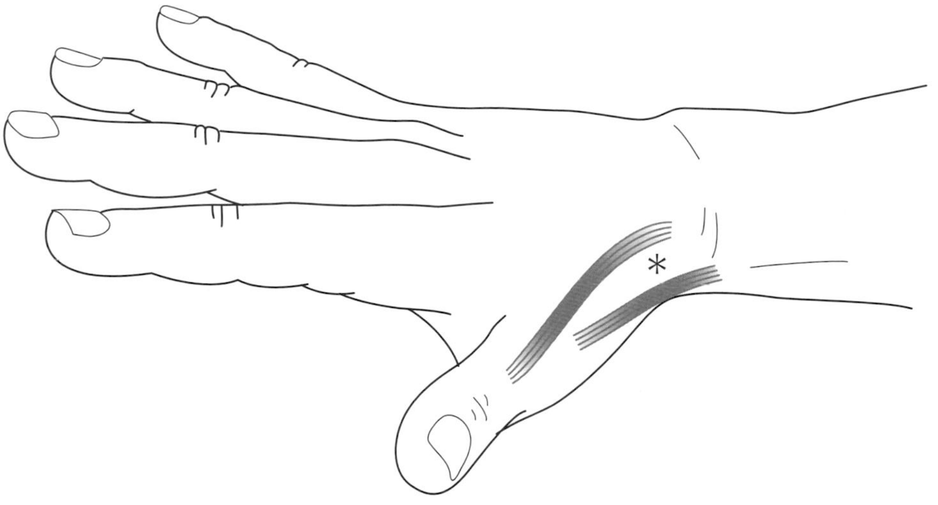

Anatomical snuff box(解剖學上放置鼻煙的位置)是含於伸拇長肌腱、伸拇短肌腱、橈骨莖狀突起的凹陷部，在舟狀骨骨折處會出現腫脹和壓痛。

圖2　舟狀骨骨折的腫脹和壓痛部位

醫師相當重要。

試驗法

舟狀骨骨折是連X光檢查都可能疏忽，也是診斷有困難的疾病。

意外地，不使用X光檢查而做徒手檢查，反而容易正確判斷。

位於圖2稱為Anatomical snuff box（解剖學上放置鼻煙的位置）的部位引起舟狀骨骨折時，這部位即會腫脹、且按壓會有劇痛。

治療法

舟狀骨骨折和其他部位的骨折不同，這是血流不良的部位。

因此，治療以固定為主，但等待骨頭癒合的時間，短則6週，長則需要約4個月。

①醫療雷射

在疼痛部分照射雷射。

②干擾波、多普勒超音波療法

用有效頻率的干擾波照射骨頭。

③用石膏固定。

④繃帶固定。

033

拳擊手骨折

◎特徵—握拳打人或打到牆壁，致使無名指或小指側的拳頭正上方疼痛。若置之不理，會變形或有機能障礙後遺症。

症狀和原因

手腕不穩定症是跌倒手著地等顧名思義這是如拳擊手一般，以握拳狀態用力碰撞或毆打堅硬牆壁等所引起的骨折（圖1）。

無名指或小指側的拳頭正上方骨折時，會腫脹且無法自由伸展手指（圖2）。

圖1　負傷原因

雖然疾病名稱是拳擊手骨折，可是真正的拳擊手幾乎不會在這部位發生骨折。反而，通常是因打架造成。故此障礙以男性居多。

由於原因是打架，所以不想到醫院治療的人也多，認為只是碰撞傷而放置不管。然而放置不管是無法消除疼痛，還可能殘存手變形、手感變遲鈍、手指無法彎曲等日後後悔莫及的狀況，務必注意。

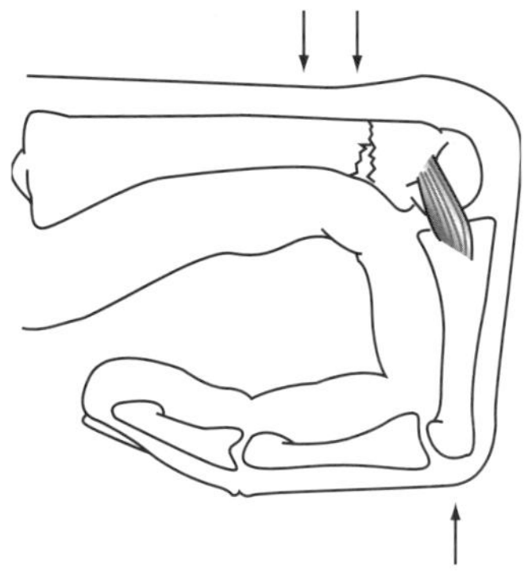

Jahss 依據90度—90度法進行掌骨頸部骨折復位。

圖2　骨折部位

治療法

治療以固定為主。之後再進行以下的治療。

①復位法

如圖2所示，以90度法來復位掌骨頸部骨折。

②肌內效貼布（kinesio tape）

③用石膏固定（圖3）

④干擾波、多普勒超音波療法

⑤醫療雷射

⑥醫療性按摩

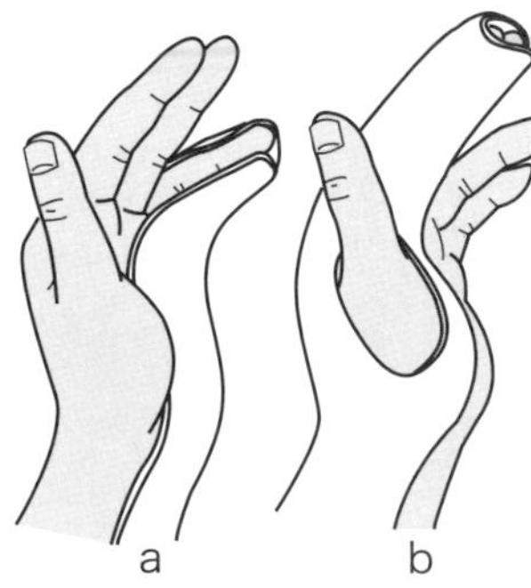

gutter splint
a：ulnar gutter splint
b：radial gutter splint

圖3

頸
肩・上臂
手肘・前臂
手腕・手指
腰・臀部
髖關節・股骨

034

杵狀指

◎特徵—指尖急遽受到外力衝擊等，像戳傷指一樣，手指的遠端指間關節會彎曲無法伸直。若不治療會以受傷狀態留有後遺症。

症狀和原因

接球時等，不慎指尖急遽受到外力衝擊，引起「戳傷指」般的障礙。

罹患杵狀指時，手指的遠端指間關節會一直保持彎曲的狀態。

原因如圖所示，大致分成2種。

（1）原因在肌腱

受到強大外力衝擊，致使伸直手指的肌腱（伸肌腱）附著於骨頭的部分發生斷裂。

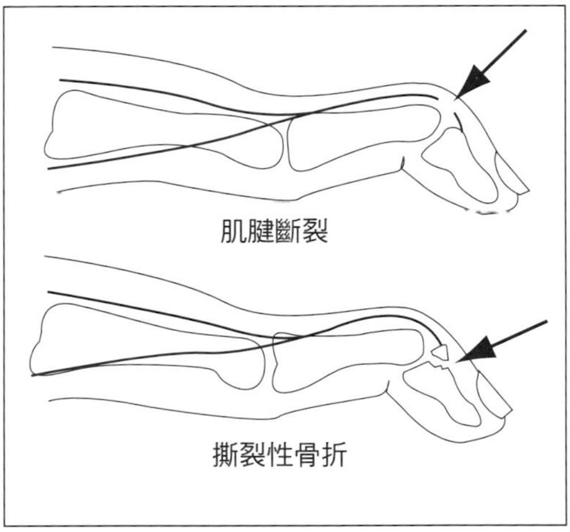

圖1　杵狀指的模式

（2）原因在骨頭

受到強大外力衝擊，肌腱和附著的骨頭一起斷裂的骨折。重症時，遠端指間關節會脫臼。置之不理，會殘存遠端指間關節無法伸直的後遺症。

治療法

因斷裂的肌腱和骨折部位若不附著一起就無法治癒，所以治療首先以固定為主。之後再進行以下的治療。

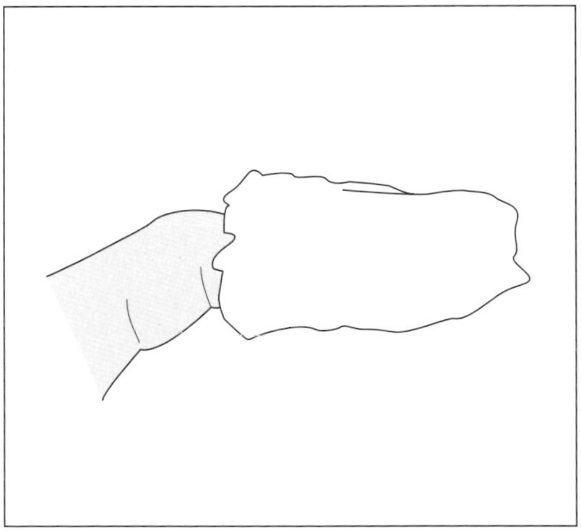

圖2　Priton（音譯）固定

①用石膏固定

使用Priton（音譯）或手指護木等來固定（圖2）。

②干擾波、多普勒超音波療法

使用對肌肉或骨頭有效之頻率的干擾波照射患部。

③醫療雷射

④醫療按摩

⑤肌內效貼布（kinesio tape）

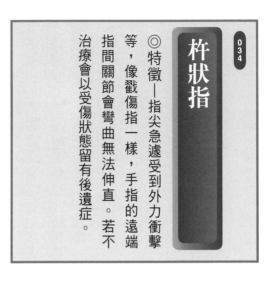

035

戳傷指（側副韌帶損傷）

◎特徵—手指受到球的撞擊，關節朝左右某一方向移位。若不治療，握拳時會殘存手指重疊等後遺症。

症狀和原因

手指被球撞擊，關節像左右某一方向移位或偏離，有彎曲不穩定感時，就可能是側副韌帶損傷。滑雪引起時多半在拇指。

手指關節可以彎曲、可以伸直，但是就無法橫向彎曲。這是因關節的內側和外側有側副韌帶支撐所致。但若如圖2般，尤其是受到來自側方的強大外力衝擊，即會損傷側副韌帶。

試驗法

如圖3所示，稍微彎曲手指時，側副韌帶即會緊張。以此狀態，醫師從側方加壓力，疼痛會增強的話，就有側副韌帶損傷的可能性。

治療法

治療以固定為主；之後，再接受以下的治療。

①用石膏固定

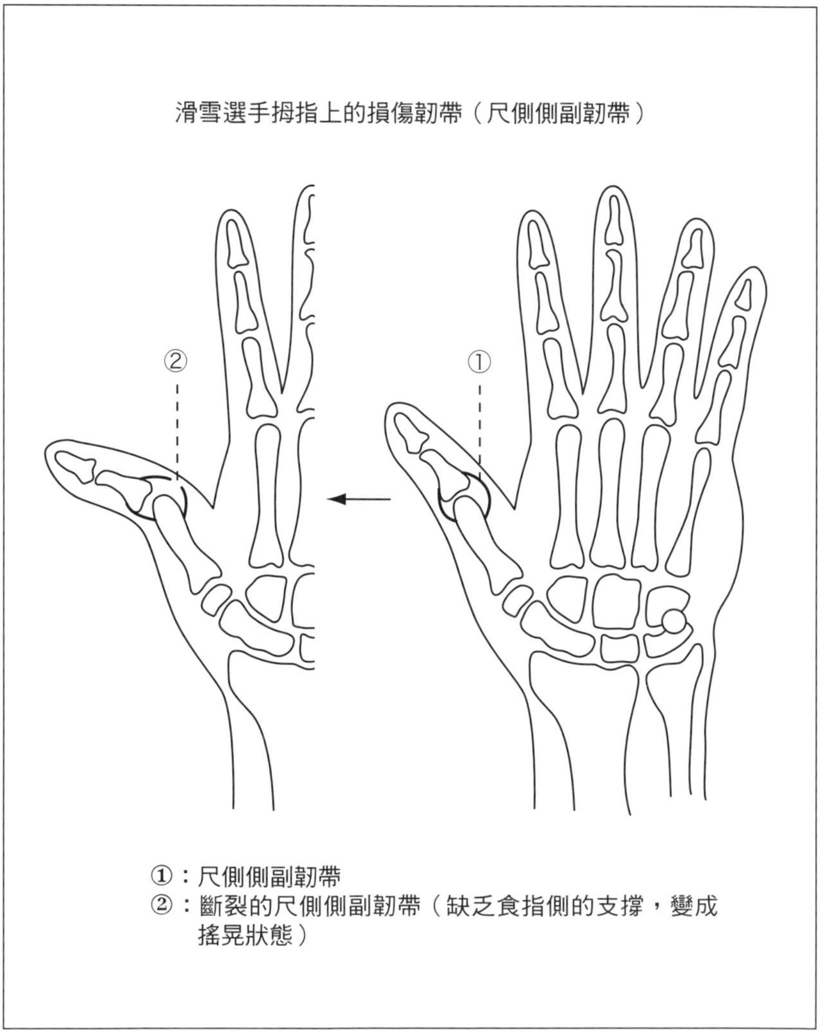

圖1　舟狀骨和其骨折

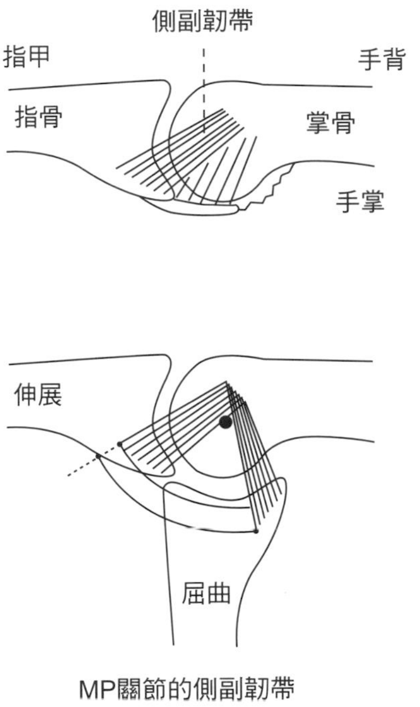

表示伸展時側副韌帶會鬆弛，屈曲時會緊張。

圖3

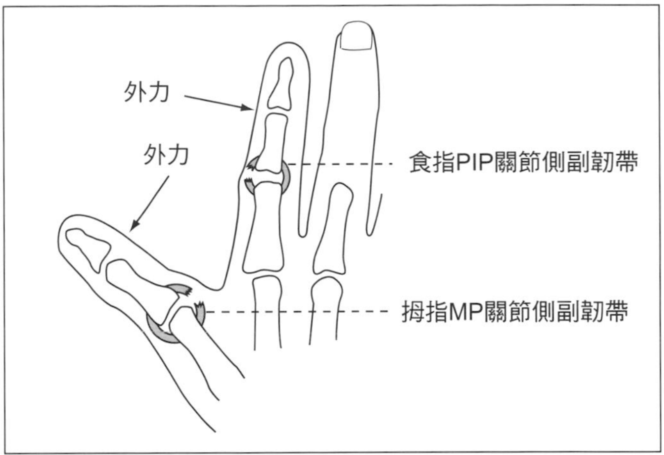

圖2

如圖4般使用手指護木等確實固定。如果固定不確實，側副韌帶即會以鬆弛狀態沾黏一起。如此一來，會殘存彎曲手指時，和其他手指碰撞的變形。一旦變形，除了手術別無他法。

②干擾波、多普勒超音波療法

使用對肌肉或肌腱有效之頻率的干擾波照射患部。

③醫療雷射

④醫療性按摩

⑤肌內效貼布（kinesio tape）

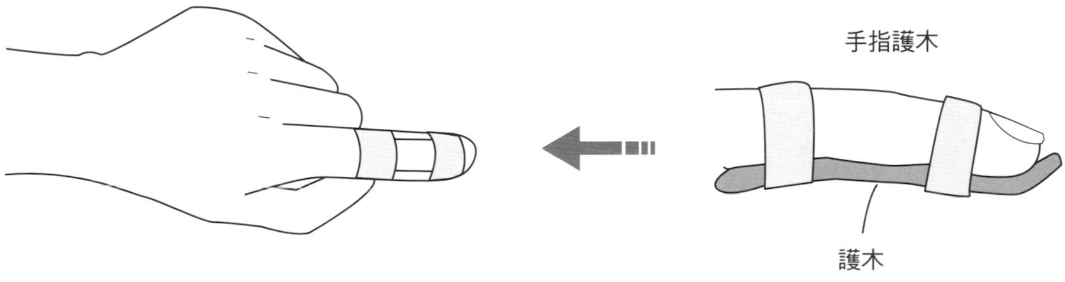

最後捲上固定膠帶固定。

圖4

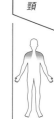

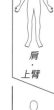

036

肌肉、肌膜性腰痛

◎特徵─無論男女老幼，以長時間站立或坐下的人居多。多半的人只採用牽引、按摩、藥劑療法，但關節囊內矯正可以治癒。

症狀和原因

在一般醫院，若沒發現椎間盤突出或腰椎異常時，常會以肌肉、肌膜性腰痛來命名疾病。

其實，這是不分男女老幼，只要是長時間站立或長時間坐下的人都容易罹患的腰痛。雖然肥胖、壓力或運動不足都是腰痛的原因，但這種疾病的腰痛並無直接原因。

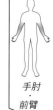

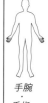

據說疼痛患者中，以腰痛最多。另有一說是日本的腰痛人口高達三千萬人以上。

人罹病時，除了無可救藥的絕症外，若能告知正式的診斷就能較安心。因為確知病名，就能針對該疾病接受適切的治療。

但即使最近醫學進步，全部的疾病、症狀也無法都有診斷名。疼痛也一樣，腰痛也存有原因不明的症狀。

過去的骨科，許多時候會把腰痛原因，歸咎在骨頭或椎間盤老化、突出而壓迫神經。亦即，因疼痛而接受X光或MRI等檢查時，若影像資料發現變異，就把疼痛原因歸咎於這個異常。

椎間盤突出或脊椎退化性關節炎就是這種典型的例子。

然而，沒有椎間盤突出或脊椎變形的人中，也有甚多腰痛患者。

過去的骨科，不知道疼痛原因就不作診斷，因此創造了所謂「下背痛」的曖昧病名。有些醫師雖會說明那是「肌肉變僵硬」等，但卻未說明肌肉為何會變僵硬。

亦即，檢查沒有發現異常，無法下診斷時，就會賦予「下背痛」的

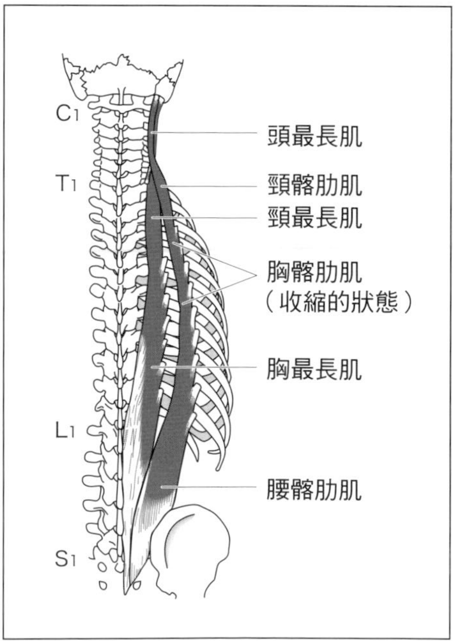

圖1　豎棘肌

病名。

最近，「下背痛是生活習慣病」的說法，在雜誌上喧騰一時。

內容記載腰痛的原因來自肥胖、壓力、運動不足等，因為這是現代人共通的生活習慣，所以是難以避免的疾病。

但是請仔細想一想。依我的臨床經驗來說，腰痛患者中包含清瘦的人，也包含健康俱樂部的教練、運動選手等天天運動的人。

不，這並非生活習慣病。

也就是說，我認為運動不足和腰痛有關，純屬傳聞。

其實，只要不是一直躺在床上的狀態，即使過著普通日常生活的人，下肢或許有稍微運動不足的情形，但以保有其他姿勢的肌肉而言，並不算是運動不足。

有關這一項，就利用圖表向有「下背痛」的人，或在醫院等被診斷為「下背痛」的人，說明以下3種症狀。

（1）姿勢性腰痛

早上起床時或一直站立時，腰部會疼痛。這種情形以姿勢性腰痛最多。尤其多半是肌肉、肌膜性腰痛，會在如圖2所示的腰上部左右疼痛。

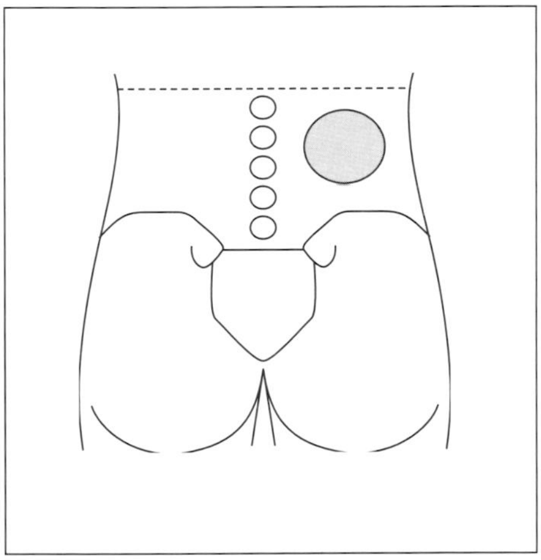

圖2　肌肉、肌膜性腰痛的壓痛、硬結部位

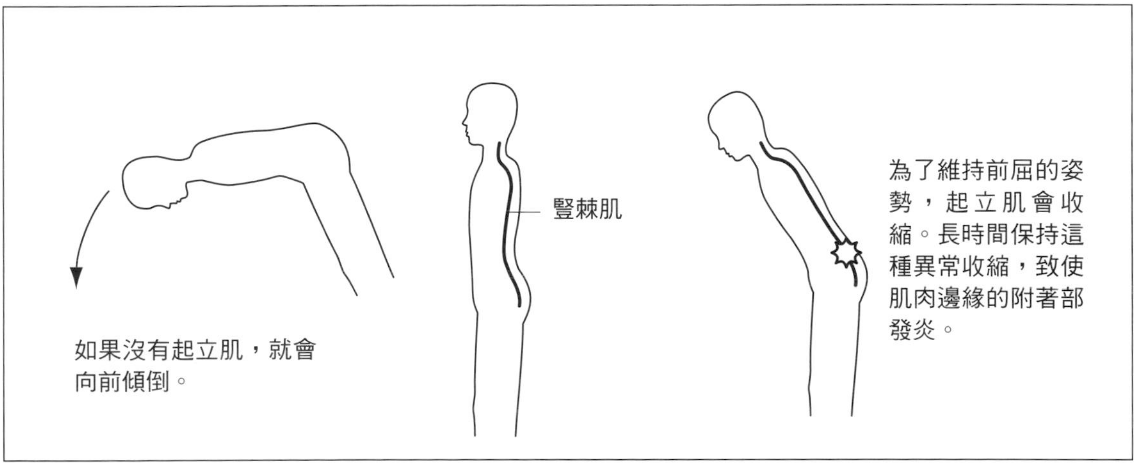
如果沒有起立肌，就會向前傾倒。
豎棘肌
為了維持前屈的姿勢，起立肌會收縮。長時間保持這種異常收縮，致使肌肉邊緣的附著部發炎。

圖3　豎棘肌的異常收縮

這種腰痛是因長時間以相同姿勢使用電腦，或長久持續前傾姿勢所引起的。而為了維持這種前傾姿勢，別名「姿勢肌」的豎棘肌會收縮來對應。

中途若不做伸展運動，持續同一姿勢過久時，這個豎棘肌就會疲勞而引起異常收縮（圖3）。

如此一來，豎棘肌受到拉扯，致使該肌肉附著骨頭邊緣的部分因拉扯而引起炎症，產生疼痛。

而且，不僅是豎棘肌，輔助該肌肉的臀大肌也會引起類似現象。亦即，依序會產生連動。

那麼，經常像電梯小姐一般，保持伸直背肌的良好姿勢就沒問題了嗎？

一般來說，所謂「良好的姿勢」其實是異常反仰（背屈）的狀態，所以這也會引起異常收縮。

因此，為了避免肌肉疲勞、異常收縮，最好不要持續使用同一肌肉。亦即，不持續維持相同姿勢為要。

另外，有所謂「閃腰」的名詞。大部分的人會因「幫忙搬家」或「移動重物」引起。但原因其實很多。與其說是一口氣使用肌肉引

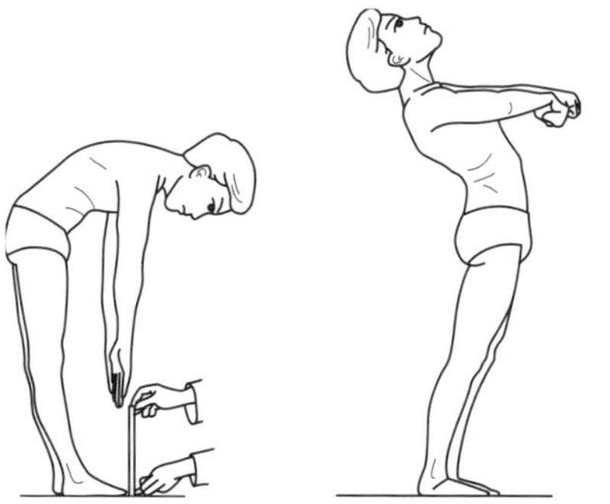
左：腰椎的屈曲可動範圍。　右：腰椎的伸展可動範圍

圖4-1

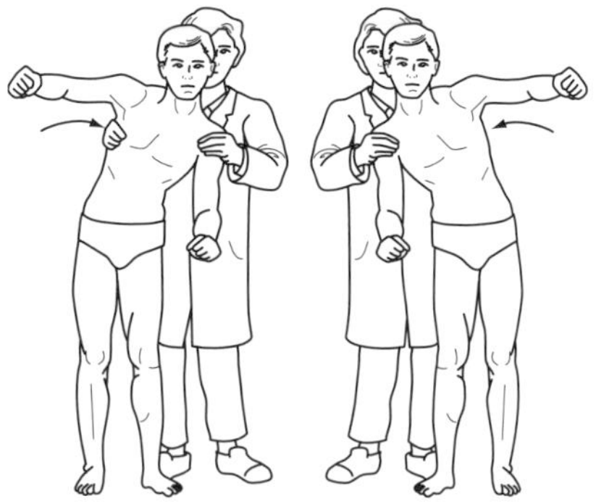
腰椎的側屈可動範圍是左右一樣。

圖4-2

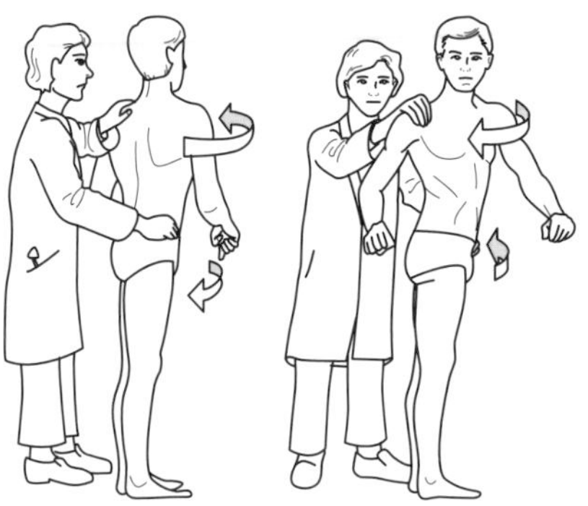
腰椎的旋轉可動範圍

圖4-3

起，不如說是日常生活上天天使用肌肉引起的肌肉疲勞，經過累積才造成閃腰（急性腰痛）的居多。

閃腰的情形是起立肌過度異常收縮，把腰部的前凸狀態變成後彎狀態。故在診察時，會如圖4所示，把腰部向前後彎曲或向左右傾倒或向左右扭轉，充分確認哪個姿勢舒服，哪個姿勢痛苦。再依其結果，治療和疼痛有關的肌肉，這才是治癒的捷徑。

急性期時應如圖5所示，採取彎曲腰或膝的姿勢來鬆弛肌肉，即可及早復原（但慢性期則無效）。

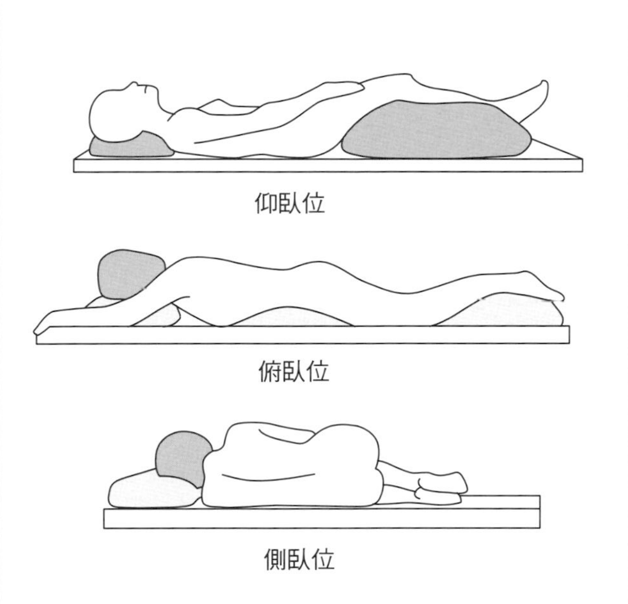

圖5　急性期的舒服姿勢

另外，拿重物時要如圖6左圖一般，彎曲膝蓋蹲下再抬高重物，這樣即會使用到和腰、髖關節、膝關節、踝關節等分別有關的肌肉，讓每個關節減輕約1／4的負擔，達到預防受傷的效果。

此外，也有人在介紹預防腰痛的「腰痛體操」等。但體操果真能預防腰痛嗎？

某製藥廠在著名教授的監督下製作了「腰痛體操」，並對患者進行1年的觀察。結果據說一直無法改

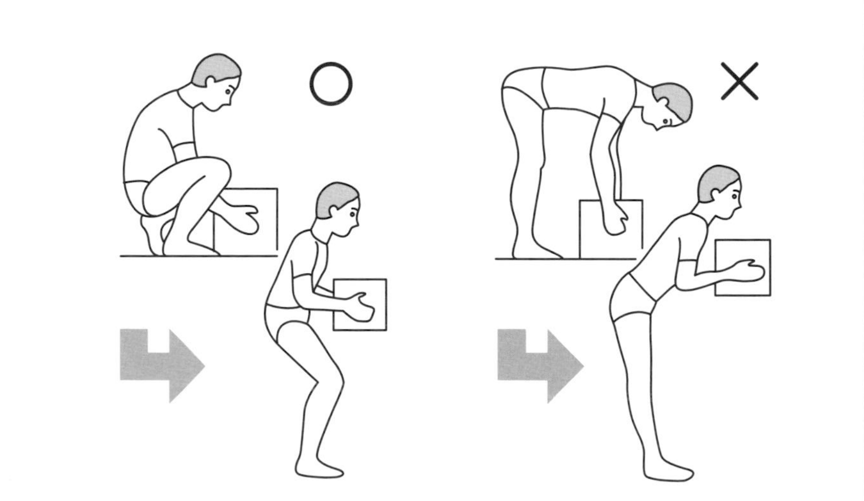

抬高重物時，要彎曲膝蓋，蹲下使用腹肌和股四頭肌來舉起。

圖6

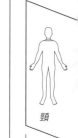

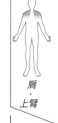

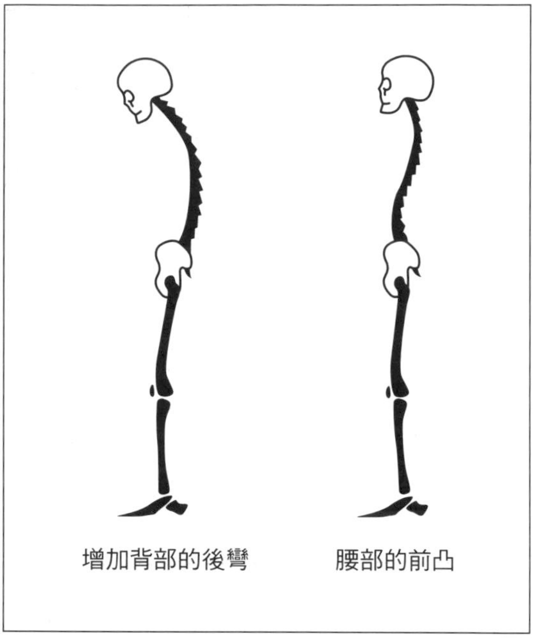

圖7

善。亦即，腰痛體操無法預防腰痛。

而且，如圖7所示，雖然是目前科學尚未證明的推論，但有許多腰痛的文獻指出「過度的腰椎前凸是腰痛的原因」。

所以有關預防腰痛的坐姿，推薦如圖8所示的「膝關節不要低於髖關節的坐姿」。理由是因為這種姿勢可減少腰椎前凸。

這種姿勢稱為「安樂姿勢」，和淺坐沙發然後把背部靠在椅背的姿勢相同。不過，維持這種安樂姿勢持續1小時，必然會產生腰痛。很簡單，自己試試看就知道。

因為像這樣為了矯正腰椎前凸，而以錯誤的觀念所架構的方法，是無法預防腰痛的。

故近年來受到矚目的是馬肯奇醫師的想法。馬肯奇認為腰痛的因素是無法維持腰椎前凸所致。因此把恢復、維持腰椎前凸當作主要的治療和預防。這是和過去的觀點截然不同的建議。

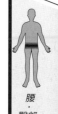

每天生活中都有導致腰痛的姿勢。例如，一整天坐在椅子上的事務性工作；廚師的前傾工作；使用下背部的工作等。無論做家事、掃除、洗滌、烹調，在一定時間內維持相同姿勢時都可能引起腰痛。

因為這些姿勢都是減少腰椎前凸姿勢，長時間持續即會腰痛。開車的司機，在下車時會發生腰痛也是

圖8　過去錯誤的腰痛預防姿勢

這是針對強制坐著工作的事務員設計的坐姿矯正姿勢。為了維持腰椎的前凸，以前屈狀態最大限度減少腰椎前凸下維持1分鐘。接著進行最大的伸展，把腰椎前凸做到最大限度維持1分鐘。正在從事事務性工作時，則進行介於中間的姿勢。

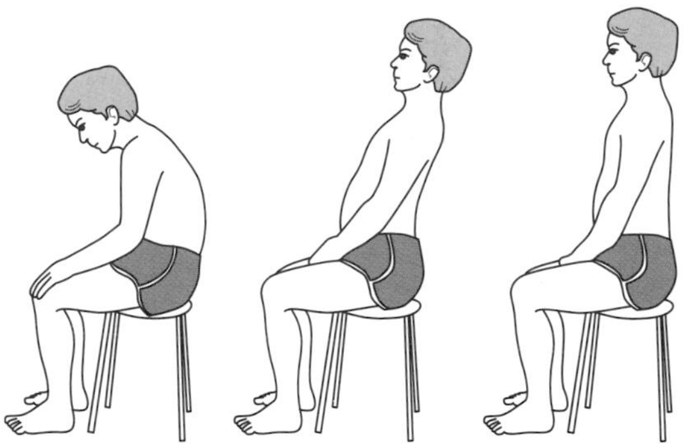

圖9　坐姿的矯正

同樣的道理。故建議從事事務性工作的人，應進行如圖9的伸展運動。

坐姿的矯正（圖9）

①坐在椅子上，腰向前彎曲，以減少腰椎前凸的最大限度維持1分鐘。

②伸直背肌，挺起胸部，身體稍微像後仰。保持這個姿勢1分鐘。

③正在從事事務性工作時，請

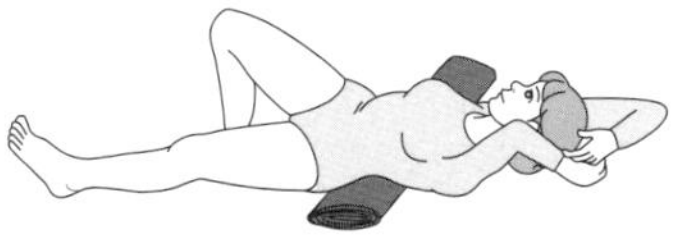

●維持腰椎前凸的椅子

長久持續坐著工作引起的腰痛，是因減少腰椎前凸的姿勢，亦即強制採取前屈姿勢所致。這種椅子就是為了預防這種姿勢，維持自然的腰椎前凸所設計的。歐美從事事務性的人員，平常即會使用這種椅子。讓膝關節在髖關節之下，膝蓋抵住軟墊以半座位的姿勢從事工作。藉由本方法可維持腰椎前凸，是長時間辦公人員的必需品。

●在就寢時設法維持腰椎前凸

只在就寢時或早上起床時引起腰痛的人，可能因寢具無法維持腰椎前凸所致。治療方法是在床單下方橫鋪捲起來的毛巾，讓睡覺時的腰椎不會下沈（減少腰椎前凸）。這和床鋪的軟硬度無關，床是否能維持腰椎前凸才是問題所在。

圖10　腰椎前凸的維持、預防法

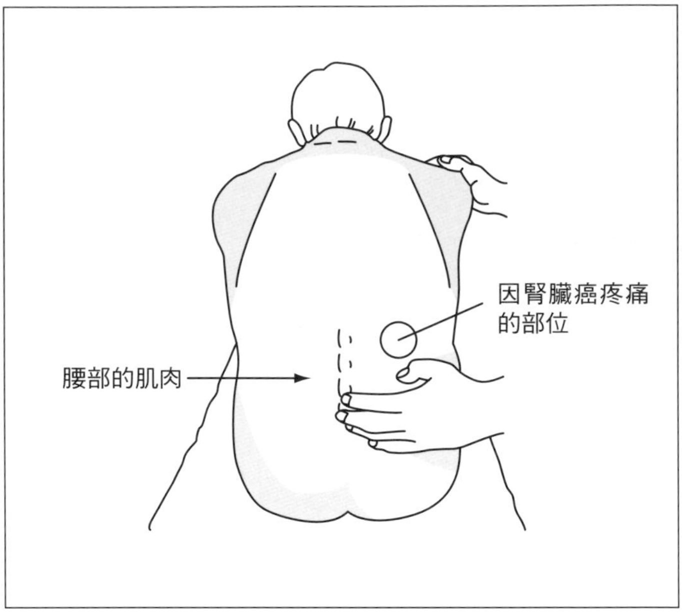

圖11　腰部的肌肉

採取介於①和②的姿勢來進行。

這種椅子的獨特設計，可維持腰椎前凸。必須保持姿勢的F1賽車選手所使用的車椅支撐板，就是以此為啟示所開發的。

另外，只在睡覺時或早上起床時才會腰痛的人，則要在寢具上下功夫，即可解除疼痛。這種疼痛是因仰臥時床墊無法維持腰椎前凸，導致腰椎部下沈形成後彎引起的。為解決此問題，可把毛巾捲成剛好夠翻身大小的圓筒狀，抵住腰椎前凸部分。如此，無論仰臥、側臥都能維持腰椎前凸，預防腰痛。

一般而言「硬的墊被對預防腰痛有效」，但這毫無意義。

因為墊被無論軟硬，只要會使腰椎後彎的被子，都是腰痛的原因。

亦即，在現在日常生活中，把腰椎前凸變成後彎的壞習慣加以改善，才是預防腰痛的重要課題。

（2）內科的腰痛

這是指胰臟癌或腎臟癌等所引起的腰痛。到醫院前可靠簡單的方法來自行判斷是姿勢性的腰痛或者內臟引起的腰痛。

若是姿勢性的腰痛，會有「反仰（背屈）身體時疼痛，前屈時舒服」所謂的減輕疼痛姿勢（圖11）。但若是內科的腰痛，則採取任何姿勢都無法避免疼痛。

（3）薦骨腸骨關節機能異常的腰痛

除了如（1）般因豎棘肌異常收縮或喪失腰椎前凸所引起的腰痛，以及（2）的內科的腰痛之外，還有別的腰痛病例。

這類的患者務必嘗試的是薦骨腸骨關節的關節囊內矯正。因為約有80%的患者可藉由矯正解除、治癒腰痛。我對開始治療時的效果也曾驚訝不已；而且對患者也有好處，因為靠關節囊內矯正無法改善時，亦即表示原因並非是薦骨腸骨關節的機能異常，可確認另有原因。因此，進行完全不痛的關節囊內矯正，一旦無法解除腰痛，即可到一般醫院進行精密檢查，接受正確的診斷和適切的治療，早日解除疼痛。

以下是有關薦骨腸骨關節的關節囊內矯正，患者戲劇性治癒的案例報告。

30歲男性的案例

因腰痛到過3家大學醫院和綜合醫院診察，接受X光攝影，結果「無異常」，故診斷為「下背痛」。由於疼痛依舊，於是再度到綜合醫院嘗試稱為「硬膜外阻斷術」的局部麻醉療法，但還是無法止痛。

接著又到大學醫院進行牽引療法，也完全無效。

最後，也嘗試按摩療法和針灸治療，依然沒有太大改善。

處理這樣的個案正是關節囊內矯正最自豪的部分。只要4次，進行薦骨腸骨關節的關節囊內矯正即可

【薦骨部硬膜外阻斷術】

這是對應急性腰痛或者椎間盤突出、慢性腰痛，尤其是脊椎管狹窄症等的治療法。過去是在腰椎部，如圖12所示，在薦骨部分注射局部麻醉藥，進行「硬膜外阻斷術」。

但由於衍生眾多如①和薦骨部同等效果、②併發病的風險比薦骨部多、③在忙亂的現場進行危險性高的醫療事故訴訟，所以此療法目前已不盛行。而「薦骨部阻斷術」則無太多併發症，又有①不易感染、②血壓不易急速降低、③麻醉的下肢少有運動麻痺的優點。只是體格矮小的女性因較容易運動麻痺，故注入量限男性的2/3程度。

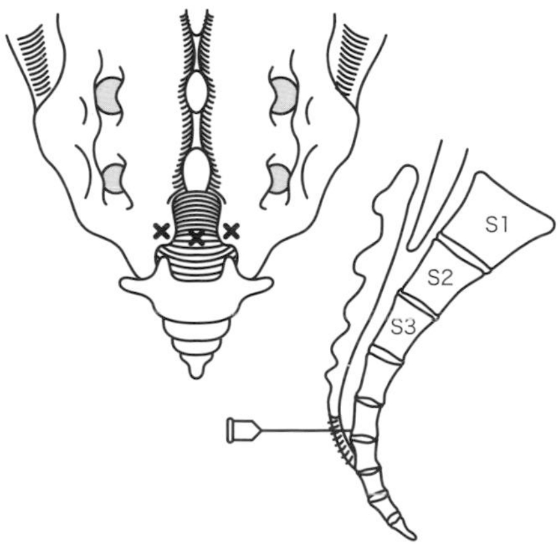

薦骨部硬膜外阻斷術的進入方向

把針對準薦骨裂口垂直刺入，碰到薦骨裂口的側邊薦骨時，只滑動針頭即會接觸到柔軟的韌帶性，即知這裡是薦骨裂口。若針頭並非垂直，而是朝向頭部側插入，那麼中途就無法這樣變更方向。

圖12　薦骨部硬膜外阻斷術

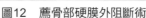

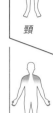

完全治癒。

而且，之後不再復發。只是為了避免治癒後的腰椎再度後彎，預防體操相當重要。

多半被診斷為下背痛的患者，由於過去未曾在骨科接受過適切治療，只進行按摩而已。但若原因只在薦骨腸骨關節的話，那麼按摩或指壓雖可暫時緩和疼痛，卻無法完全治癒。

原因不明的下背痛，以關節囊內矯正最有效果。

60歲男性的案例

從閃腰開始，逐漸慢性化，之後長年反覆腰痛。這是常見的案例。

然而，所謂原因不明的下背痛或慢性腰痛，其實真正原因幾乎和過去骨科的診斷名毫無關係，應該是薦骨腸骨關節的機能異常。

這位患者在20年前是位棒球選手，因左腰常使力，一年後突然引發激烈的閃腰症狀。

之後，每隔2~3年就會復發一次嚴重腰痛，甚至需要救護車送到醫院。這是慢性化引起薦骨腸骨關節的機能異常。

後來，他去過幾次治療院，但一直無效。

接受整脊術（chiropractic）時，最初有些療效，但持續幾次後就失效，疼痛還增強。最後，成為經常持續疼痛的狀態。

因為蒐集了眾多醫療院所的資訊，終於瞭解自己的腰痛原因出在薦骨腸骨關節。

也得知薦骨腸骨關節的關節囊內矯正，所以前來本院。接受矯正後，20年來的痛苦腰痛，經過3次治療就痊癒了。

比起其他治療法，疼痛不僅能戲劇性地消除，也是不花時間、金錢，又無肉體痛楚的最佳治療法。

但由於這種腰痛是長時間累積引起的薦骨腸骨關節異常，所以關節韌帶已缺乏彈性，關節間隙已變窄。

為此，如果沒有每月約進行1次的關節囊矯正，有可能復發。這也是目前打高爾夫會疼痛的理由。

然而，因為相當忙碌，所以一旦疼痛消失就疏忽回來治療，有時長達半年都沒回診。不過，我認為這位患者已復原到不回診治療也沒太大問題的程度了。

前述這些案例都是薦骨腸骨關節的機能異常所引起的疼痛，故只要接受關節囊內矯正，就能解決疼痛。

治療法

①干擾波、多普勒超音波療法

使用對豎棘肌有效之頻率的干擾波照射患部。

②醫療雷射

③遠紅外線照射器（僅對慢性期的人有效）

④間歇性的牽引療法

顧名思義，牽引會出現立即見效和更加惡化的兩極化結果。而且牽引並非馬上使用強力，而是慢慢增加力量，如果進行幾次不見效果時，就應更換其他療法為宜。

⑤醫療性按摩

⑥肌內效貼布（kinesio tape）

⑦貼紮

⑧水床按摩

⑨神經阻斷術（薦椎硬膜外阻斷術）

會出現有效和無效兩極化的結果，當然施術者也有影響。

這是讓疼痛的神經暫時喪失感覺的方法，但很難治癒，需要併用復健。人體對藥會產生抗藥性，慢慢習慣後就會失效，所以要限制使用次數。

⑩藥物療法

消炎止痛藥。人體對藥會產生抗藥性，慢慢習慣後就會失效，所以要限制使用次數。

尤其是肌肉疼痛，不適合採用內服藥的間接療法，首要採用直接的復健療法為宜。

⑪整脊術（chiropractic）

因薦骨腸骨關節機能異常會引起肌肉的異常收縮並引發疼痛。常可利用整脊術（chiropractic）來調整關節機能，進而抑制肌肉的異常收縮，達到暫時止痛的目的。

不過，根本原因的薦骨腸骨關節異常卻沒真正消失。很多時候，疼痛會快速復發。亦即，這種治療無法根治腰痛。

⑫束腹帶（普通）

在疼痛部位纏繞束腹帶時，疼痛感會消失。但若長期穿著，會如打石膏1個月後，關節變得僵硬無法動彈一般，致使腰部的薦骨腸骨關節受到限縮。

為此，脫掉束腹帶時可能引起薦骨腸骨關節的機能異常。所以纏繞期間固然有效，但使用期間卻難控制。

⑬3WAY醫療束腹帶

（酒井式）參考254頁。

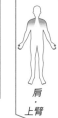

037

薦骨腸骨關節炎

◎特徵—只在薦骨腸骨關節的部分（左右臀部之間。尾骨上方的骨頭）會有灼熱感、疼痛。

症狀和原因

在高爾夫或棒球等運動選手或重勞動者身上，常在薦骨腸骨關節處非常疼痛。但除了運動，也有因滑雪或滑雪板跌倒臀部著地引起的情形。

其實，薦骨腸骨關節是大家較少聽聞的關節，在骨科界尚未受到重視，但在整脊術（chiropractic）或國術館上卻非常受矚目。其中也有人士大誇豪語說：「腰部以下的疼痛有99%只要接受薦骨腸骨關節機能異常的矯正即可治癒」。

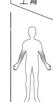

薦骨腸骨關節炎的症狀和椎間盤突出非常相似，故誤診的例子非常多。

而且，因X光或MRI檢查的影像顯示確實有椎間盤突出，就不再去探究真正的病因，而輕易建議住院手術。故請務必注意。

然而，真正的原因並非是影像顯示的椎間盤突出，而是外科醫師毫不關注的薦骨腸骨關節異常……。

但，很遺憾的，薦骨腸骨關節炎無法呈現在X光等的影像資料中。

也因此，對薦骨腸骨關節較不熟悉的醫師常誤診為椎間盤突出，結果接受手術後仍無法解除一切疼痛的悲劇經常發生。

而且請牢記，即使罹患椎間盤突出或變形，有些患者是不會伴隨疼

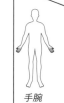

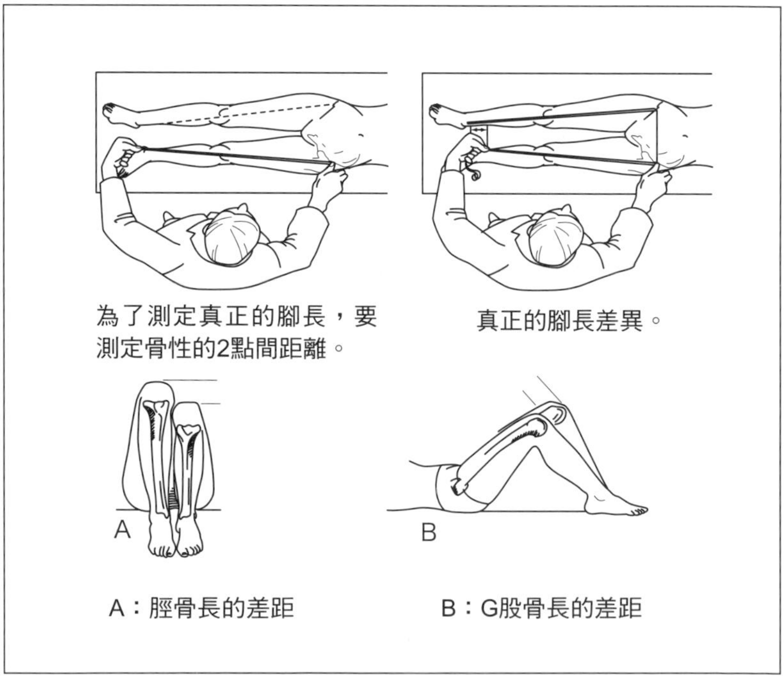

圖1　真正的腿長差異測定法

痛的。

薦骨腸骨關節有以下2類。

＊因反覆機械式的刺激而引發的薦骨腸骨關節炎

有許多運動選手就是因罹患這種疾病而不得不退休。

＊病毒性的薦骨腸骨關節炎

罹患感冒時，身體的關節會疼痛，此時多半會伴隨輕度薦骨腸骨關節炎。

試驗法

是否罹患薦骨腸骨關節炎，靠「觸診」即可知道。首先，請患者俯臥，按壓薦骨腸骨關節部分感到疼痛（壓痛），即可診斷可能是反覆機械式刺激而引發的薦骨腸骨關節炎或者病毒性薦骨腸骨關節炎。進一步也要確認腎臟背側部分的壓痛。

若是病毒性的薦骨腸骨關節炎時，則還要確認是否肩胛骨和肩胛骨間周邊的脊骨疼痛。

＊測定腳的長度

引起薦骨腸骨關節的機能異常時，左右腳會有長短不一的情況。記得測正確的腳長，如圖1般，請患者仰臥，測定從骨盆根部（髂前上棘）到內腳踝的距離。兩膝站立，確認髕骨的位置。

以伸直的狀態計測腳長，若左右相差在3公分以內的話，就無須像電視或雜誌所言那麼擔心。

若相差在3公分以上，本人有障礙感時，就應看骨科等，採取一些對策為宜。

治療法

①關節囊內矯正

薦骨腸骨關節炎幾乎都會伴隨薦骨腸骨關節異常。因此進行關節囊內矯正，可能治癒。

但是，發炎嚴重時，即使消除機能異常，也無法解除疼痛，必須保持安靜。

此外，因反覆機械式的刺激而引發的薦骨腸骨關節炎，則能靠關節囊矯正獲得卓越的效果，且約2週內即可痊癒。

而病毒性的薦骨腸骨關節炎，需要經過6個月的治療，但也有無效的案例。

②3WAY醫療束腹帶（酒井式）

依據疼痛程度，其穿著方法可分3階段調節，故這種束腹帶可達到初期的治療效果。

而這種束腹帶是綜合我在腰痛專科醫院的臨床經驗資料，以及在日本擁有最多束腹帶（corset）專利的阿希斯特株式會社的衛生材料知識所研製而成（參考254頁）。

038

腰椎崩解症、腰椎滑脫症

◎特徵—在國、高中時曾經從事激烈運動，現在按壓腰椎下部會疼痛，臀部肌肉也會痛。外觀上要完全治癒，必須手術。

症狀和原因

在國、高中生時曾經從事激烈運動的人，在中年以後發生症狀。特徵是腰的上部會疼痛，臀部肌肉也會痛。

腰椎崩解症是在脊椎骨後方的突起處增加一些力量，就會如圖1般，在椎間關節的上下關節突起形成分離狀態。雖然活動腰部即會造成疼痛，但疼痛不一定會發生。

而腰椎滑脫症是指第5腰椎喪失後方的支撐而向前移位的狀態。多半發生在第5腰椎上，或是從脊椎崩解症轉移，或是和脊椎崩解症合併，會引起腰痛或腳痛。滑動症也和腰椎崩解症一樣，疼痛不一定會發生。甚至有人完全沒有疼痛感。

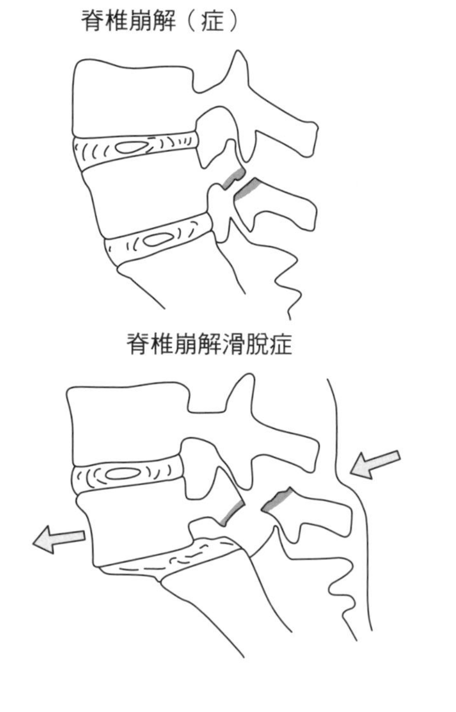

圖1　真正的腿長差異測定法

有關腰椎崩解症、腰椎滑脫症，其實最近出現和過去不同見解的報告。

過去發現從事運動的年輕人罹患腰椎崩解症、腰椎滑脫症時，總會以悲觀的說法來討論該選手的未來；但最近這被指摘是錯誤的。

檢查專業的芭蕾舞者，發現有32%的受測者罹患腰椎崩解症、腰椎滑脫症，但是腰痛的發生率卻沒有一致性（譯註：有骨骼上的異狀卻沒有症狀）。另外，又針對青少年運動專門學校中，發現86個病例，平均有10.1%滑脫度，預計進行數十年的訓練，結果經過5年期間，這些選手中並無腰痛者。

由此可見，青少年的腰椎崩解症、腰椎滑脫症其實和腰痛無關。

治療法

剛發病時進行冷敷。

①醫療雷射

對疼痛患部照射雷射，有緩和疼痛、及早復原的效果。

②手術

復健也無法解除疼痛時，就要手術。

③關節囊內矯正

其實，罹患腰椎崩解症、腰椎滑脫症時，會伴隨薦骨腸骨關節機能異常的情形相當多。

以到本院就診的30歲女性患者為例。因脊骨和肩胛骨周圍疼痛，故接受整脊術（chiropractic）。經過2～3週，背部疼痛消失，但腰痛依舊。於是又到大學醫院進行X光、MRI檢查，從影像診斷的結果是脊椎崩解症。

但如圖2般，並無來自椎間關節的關聯痛。所以，只給予止痛藥，並未解決疼痛。之後，也到治療「氣」的治療院，但還是效果不彰。

半年後前來本院。因引起關節囊內炎，所以進行輕度的關節囊內矯正。其實，脊椎崩解症或滑脫症的人，若接受在腰部周圍施加強大外力的治療，有時不僅無法治癒，反而會引發薦骨腸骨關節炎。

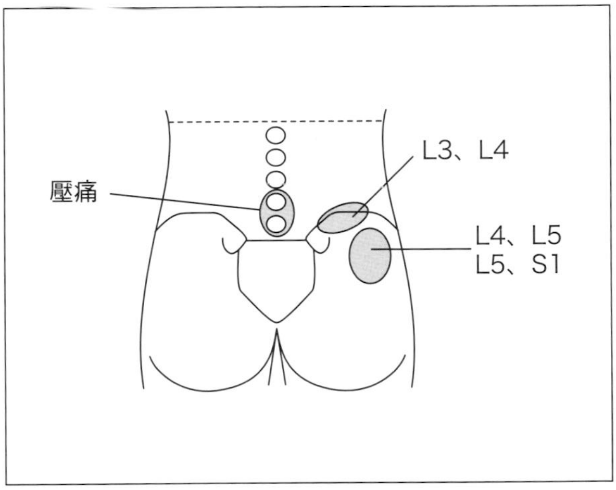

圖2　來自椎間關節的關聯痛

該案例的治療需要3個月即可消除疼痛。目前為了預防，以每3週1次的比率接受關節囊內矯正。現今患者在累積疲憊時背部會痛，但進行關節囊內矯正後，疼痛隨即消失。

所以，被診斷是腰椎崩解症、腰椎滑脫症的人請別絕望，建議來嘗試關節囊內矯正。

④3WAY醫療束腹帶（酒井式）

依據疼痛程度，其穿著方法可分3階段調節，故這種束腹帶可達到初期的治療效果。而這種束腹帶是綜合我在腰痛專科醫院的臨床經驗資料，以及在日本擁有最多束腹帶（corset）專利的阿希斯特株式會社的衛生材料知識所研製而成（參考254頁）。

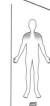

039

脊椎管狹窄症

◎特徵—腳麻木嚴重時雖會有步行障礙，但休息後又可步行，有時也會腰痛。以50歲以上的男性居多。可以輕鬆騎腳踏車。多半會腰痛、臀部痛或腳部麻木。

症狀和原因

較多發生在50歲以上男性的疾病。會伴隨腰痛、腳痛、麻木或步行障礙。

下肢的麻木，並非經常性而是間歇性的跛行，短暫休息後即可改善；但開始步行後又會疼痛。

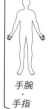

所謂脊椎管是指在脊骨中穿過脊髓或馬尾神經的管子，和脊髓、馬尾神經一起被硬膜保護。所謂脊椎管狹窄症就是因脊椎骨退化變形或椎間盤膨脹等使得脊椎管變狹窄，讓穿過脊椎管中的神經受到壓迫，產生足腰部疼痛、麻木的狀態（圖2）。

依據現在的骨科科學，認為這是因假性腰椎滑脫症、不穩定腰椎等導致韌帶肥厚，在椎體形成如刺一般的骨頭（骨刺），或是後縱韌帶、黃韌帶肥厚或骨化，導致脊椎管窄化。

另外，也有天生狹窄的說法，以及因椎間盤突出的術後所引起，但理由不明。

這種疾病的特徵是間歇性的跛行，因馬尾神經會在步行時受到壓迫。此外，腰部反仰（背屈）時脊椎管也會變狹窄，馬尾神經受到壓迫產生疼痛，但前傾即輕鬆。因此，常見步行會痛的人，卻能輕鬆騎腳踏車的案例。

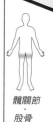

試驗法

（1）SLR試驗（Straight leg raising=下肢伸展抬高）

如圖1所示，請患者仰臥，把整隻腳筆直抬高，腳踝向腳背側彎曲，此時有椎間盤突出的人，會在抬腳時產生劇痛，位於圖2部位會強烈感覺疼痛或麻木。

通常，疼痛是發生在有障礙的那側，所以沒事的腳抬高時不會痛。

（2）動脈硬化測定

治療法

①束腹帶（corset）

使用適合前屈狀態的束腹帶來固定。

②雷射

照射細的雷射即可消除疼痛。

③手術

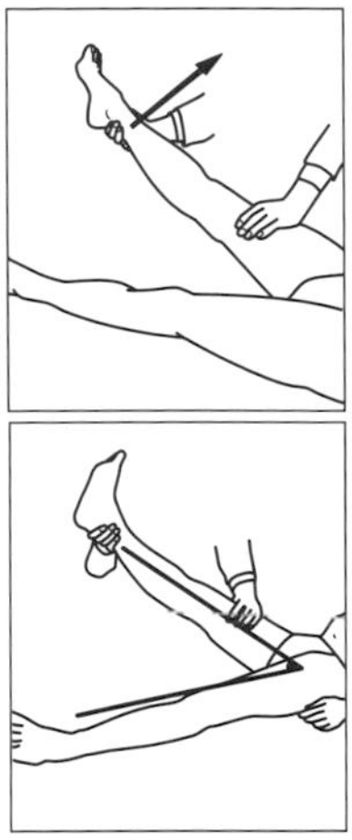

圖1　SLR試驗

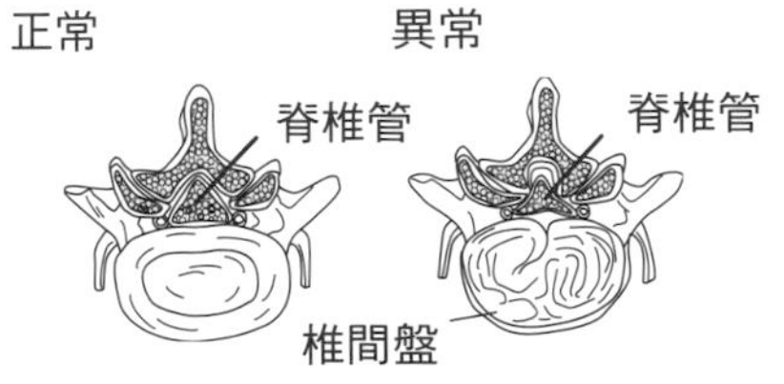

因為骨頭變形或椎間盤膨脹等，致使穿過脊椎的背中側的脊椎管變窄。為此，穿過脊椎管中的神經受到壓迫，引起下肢、腰部疼痛。

圖2　腰部脊椎管狹窄症

若因重症，導致穿過脊椎管中的神經受到壓迫時，就要進行擴張脊椎管的手術；但預後狀況不一定良好。

因為經過6小時到7小時的大手術後，疼痛、麻木依舊無法解除的案例非常多。所以，手術前請慎重考慮，是否嘗試非手術的治療法。

④關節囊內矯正

在無數的治療法中，我認為務必嘗試的是薦骨腸骨關節的關節囊內矯正。

理由是脊椎管狹窄症的症狀和薦骨腸骨關節的機能異常非常相似。

兩者都出現所謂「後仰腰部就疼痛」的症狀，在脊椎管狹窄症上是因脊椎管變窄，壓迫到馬尾神經所致。而在薦骨腸骨關節機能異常上是因原本擁有空隙的薦骨腸骨關節，卻侷限在狹窄無空隙的位置中才引起異常。

而所謂「向前傾就舒服」的症狀，在脊椎管狹窄症上是因能擴大脊椎管、減少壓迫所致。而在薦骨腸骨關節機能異常上是因薦骨腸骨關節可獲得鬆弛所致。因此，常有錯誤診斷的情形。

	腰部後仰	腰部前傾
脊椎管狹窄症	痛苦 脊椎管變窄，馬尾神經受到壓迫。	舒服 （脊椎管變寬，壓迫減少）
薦骨腸骨關節的機能異常	痛苦 薦骨腸骨關節缺乏空隙，侷限在狹窄位置所引起機能異常 ↓ 有次要性肌肉異常收縮 ↓ 疼痛、麻木	舒服 （薦骨腸骨關節能處於較寬鬆的狀態。）

圖3

而且據報告顯示，藉由X光或MRI影像資料確認脊椎管兩側都狹窄的人中，有47%患者卻只在一側出現疼痛。可見影像資料和症狀呈現不一致的例子相當多。

由於如此，被診斷為脊椎管狹窄症時，建議首先進行關節囊內矯正。

⑤和醫大式Flexion brace

⑥3WAY醫療束腹帶（酒井式）

症狀是輕症者有效（參考254

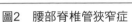

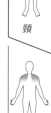

040

腰椎退化性關節炎

◎特徵—別名「脊椎退化性關節炎」。會伴隨腰痛、下肢麻木或異常感覺。以40歲以上的中高年人居多。

症狀和原因

是40歲以上的中高年人較常發生的症狀。會伴隨腰痛、臀部痛，以及多半在膝蓋內側的下肢麻木。特別是早上起床或者疲憊的傍晚，麻木感更強烈。

這種脊椎退化性關節炎是隨著年齡增加引起的。脊椎骨的椎間盤隨著增齡喪失彈性被壓扁時，椎間盤中心的髓核也會喪失水分，纖維輪變鬆弛，附著在脊椎骨每個椎體上的韌帶受到刺激。結果，椎體邊端引起骨頭增殖，形成骨刺。一般認為就是骨刺壓迫到神經才引起疼痛的。

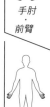

另有說法是因椎體變窄，韌帶受到刺激才引起疼痛，或者椎間關節受到壓迫才引起疼痛。

這種疾病，不僅在腰椎，也會發生在頸椎或胸椎。

試驗法

一般的骨科，對陳訴腰痛或下肢麻木的高齡患者，首先拍攝X光。確認結果是骨刺或椎間關節變形後，即認定這是疼痛原因，診斷為脊椎退化性關節炎。

其實，中高年人，任誰多少都會有腰椎變形，其結果可由X光確認。但是，其中有的是骨刺連接上下椎骨的大變形，卻完全不覺疼痛或麻木。

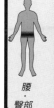

最近的論文中明顯增多「只靠影像診斷來判斷腰痛原因」的報告。

然而，有許多的疼痛原因並非影像顯示的變形，而是影像沒有顯示的薦骨腸骨關節機能異常。

至於原因是在變形或者薦骨腸骨關節的機能異常，可藉由SLR試驗來瞭解。故建議首先接受這項試驗。

（1）SLR試驗（Straight leg rasing=下肢伸展抬高）

如圖1所示，請患者仰臥，把整隻腳筆直抬高，腳踝向腳背側彎曲，此際有椎間盤突出的人，會在抬腳時產生劇痛，位於圖2部位會強烈感覺麻木或運動困難。

通常，疼痛是發生在有障礙的那側，所以沒事的腳抬高時不會痛。

(2) 動脈硬化檢查

手腳麻木的原因除了神經外，也可能因栓塞硬化的血管引起，為了鑑別，進行動脈硬化檢查十分重要。何況，這對三大死因中的心肌梗塞或腦梗塞的早期發現也有幫助。

過去接受這項檢查，需要時間等待結果出爐；但現今因檢查機器發達，只要5分鐘即可揭曉。只是檢查機器昂貴，只有醫療機關才有，但本院是免費計測。

治療法

過去的骨科治療法是用石膏固定靜養，或進行牽引，或給予止痛的藥劑，然而這都不是根本療法。

建議如果得不到良好療效的患者，不妨嘗試薦骨腸骨關節的關節

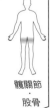

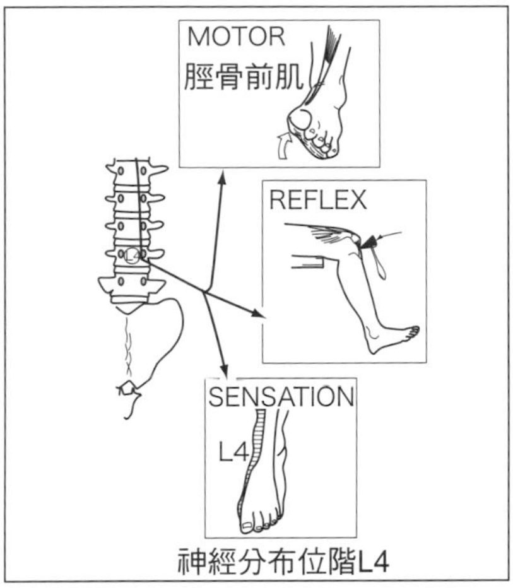

圖2 -1

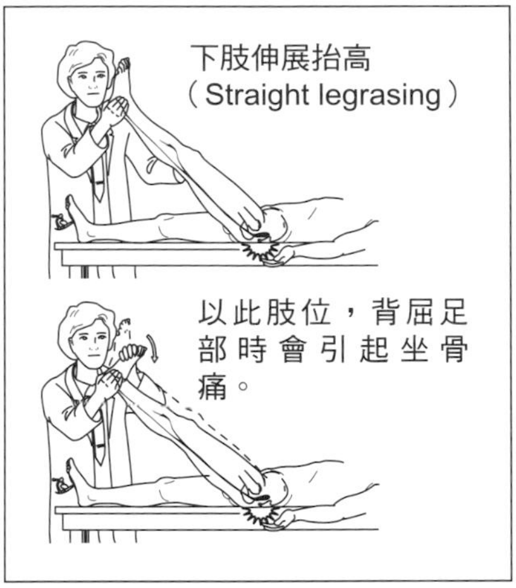

圖1　SLR試驗

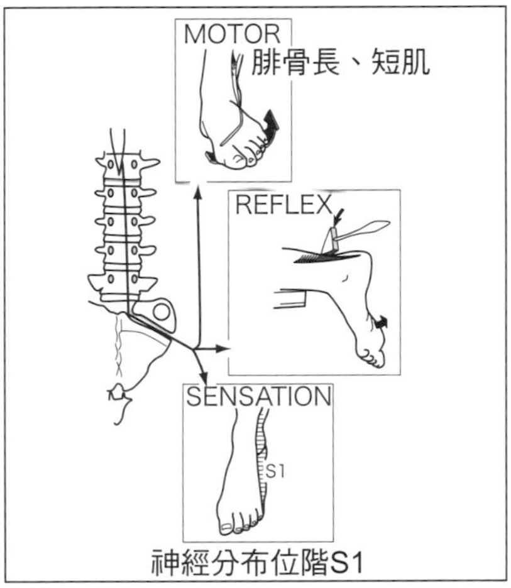

圖2 -3

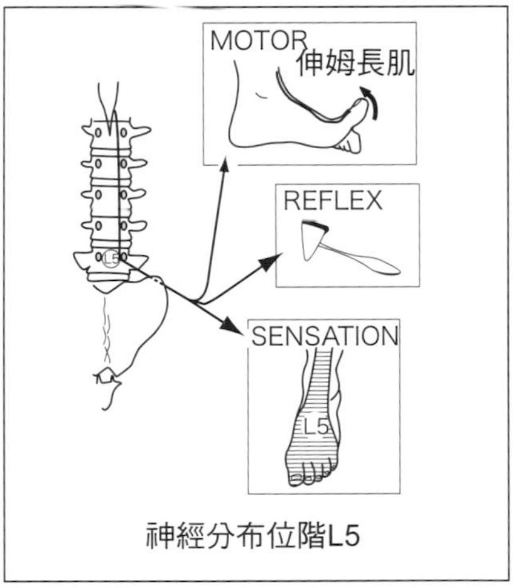

圖2 -2

退化性脊椎的X光影像

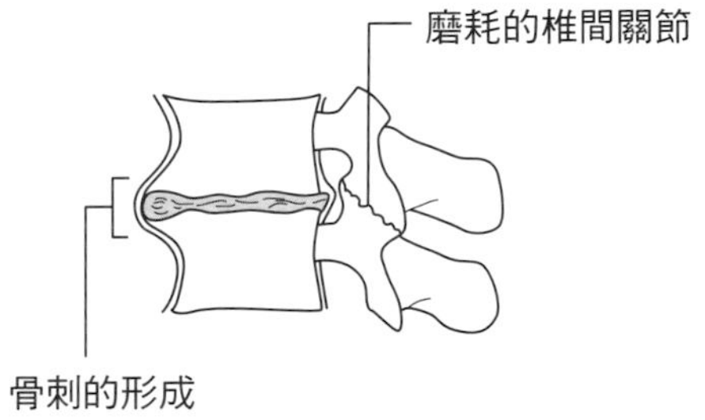

椎間盤退化嚴重後，椎間盤喪失柔軟性，在椎體周圍長出骨刺，椎間腔因此窄化而引起變形。同時，後方的椎間關節也引起變形。

圖2 -4

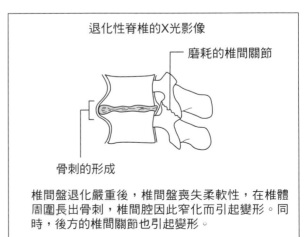

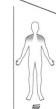

囊內矯正。

①關節囊內矯正

脊椎的退化變形（骨刺）和薦骨腸骨關節的機能異常有何關聯，至今尚未解明。

可是，在大學醫院被診斷為「脊椎退化性關節炎」的患者，多半進行薦骨腸骨關節的關節囊內矯正後即可痊癒。進一步再多進行幾次關節囊內矯正，即不易復發。

假說上形成脊椎退化性關節炎之後，椎間關節活動也變差。如此一來，薦骨腸骨關節為了協助其動作形態會啟動代償作業，這被認為是引起機能異常的原因。

②干擾波、多普勒超音波療法

③雷射

④針灸

⑤醫療性按摩

⑥肌內效貼布（kinesio tape）

⑦水床按摩

不僅舒適，還能控制現代疼痛根源的自律神經。骨質疏鬆者也可接受這種療法。

⑧神經阻斷術

⑨3WAY醫療束腹帶（酒井式）

依據疼痛程度，其穿著方法可分3階段調節，故這種束腹帶可達到初步的治療效果。而這種束腹帶是綜合我在腰痛專科醫院的臨床經驗資料，以及在日本擁有最多束腹帶（corset）專利的阿希斯特株式會社的衛生材料知識所研製而成（參考254頁）。

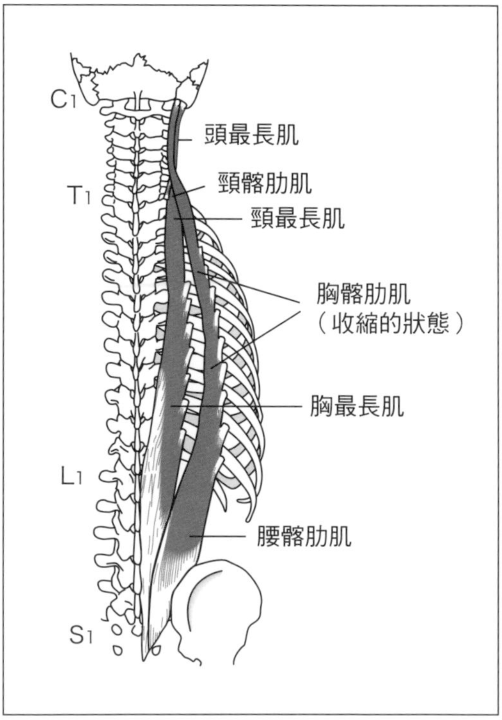

圖3　豎棘肌

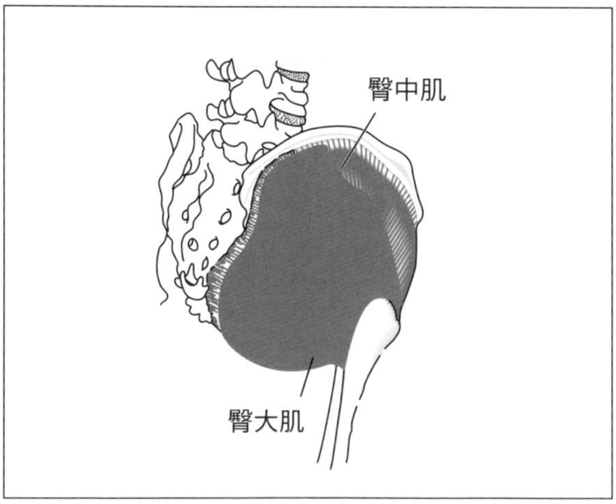

圖4　臀大肌

041

腰椎韌帶的損傷

◎特徵─按壓位於腰部中心的骨頭下方，會有激烈疼痛。

症狀和原因

因拿重物或扭轉不慎，造成腰椎韌帶損傷引起疼痛的疾病。以按壓腰部的下、中心部，會有激烈疼痛為特徵。

脊椎是由稱為椎骨的小骨頭重疊而成，上下排列在骨盆上支撐身體。

脊柱具有弧度的原因是椎體和椎弓堆積重疊所致。

連接這些椎骨的是存在椎體之間的椎間盤、連結上下椎弓之間的椎間關節，以及椎骨前後、上下延伸、具有補強作用的韌帶。

位於脊柱腰間部分的椎骨稱為腰椎，由5個椎骨所構成。補強這些腰椎的韌帶受到強大外力衝擊受損時，會在腰下部分以及第3、第4、第5腰椎引起疼痛，故按壓患部即有劇痛。

腳的扭傷是指腳踝韌帶斷裂，而腰椎韌帶損傷造成的腰痛，就猶如腳扭傷一般，只是部位在腰部。

骨頭脆弱的高齡者受到強大外力衝擊時就會骨折。但年輕人因骨頭強壯，故韌帶只會部分而非完全斷裂。

腳踝扭傷會引起內出血，而腰椎韌帶損傷則幾乎無內出血情形。

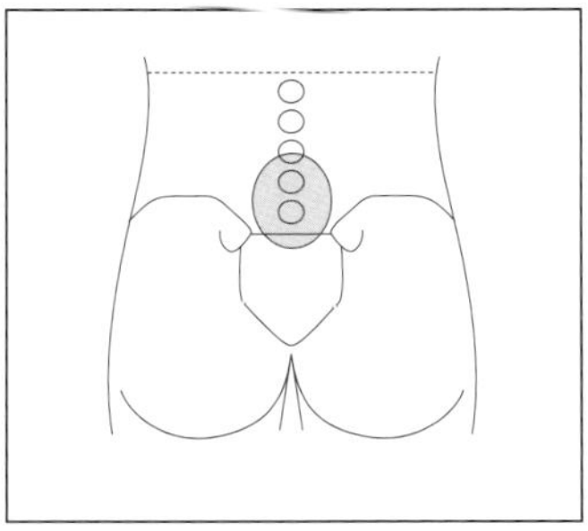

圖1　腰椎韌帶的壓痛部位

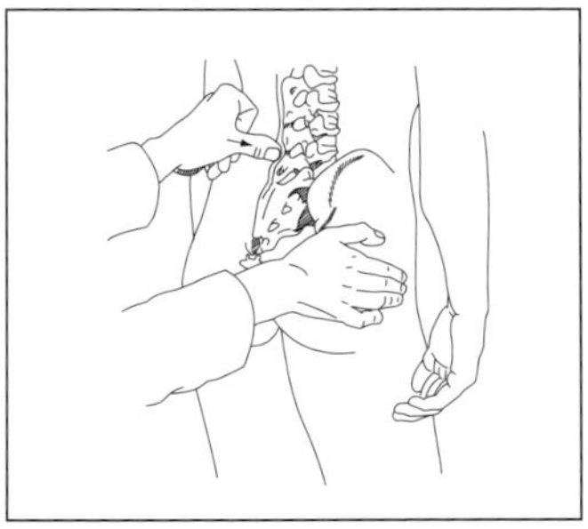

圖2　按壓骨頭上方會有尖銳疼痛。

試驗法

（1）觀察椎間關節痛的試驗

請患者俯臥，用兩拇指重壓突起處，以邊按壓邊搖動來確認椎間關節的疼痛狀況。如果感覺劇痛，即可確認腰椎韌帶損傷。

治療法

冷敷是首要的緊急對策。之後保持安靜讓韌帶癒合。可能的話用束腹帶等加以固定。

①3WAY醫療束腹帶

（酒井式）參照254頁。

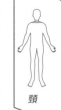

042

腰椎椎間盤突出

◎特徵－腰部會痛。有時伴隨下肢的麻木或疼痛。以20～50歲的人居多。

症狀和原因

椎間盤如圖1所示被夾在脊椎的椎體和椎體之間。當脊柱受到壓力時，椎間盤是具有緩衝墊作用的軟骨。

位於椎體和椎體之間的椎間盤，其中心部原本存在膠質狀的柔軟髓核，當因某種理由，髓核被擠出時就是椎間盤突出。這些被擠出的髓核會壓迫或刺激到神經根，因而引起足腰疼痛或麻木等症狀。

椎間盤突出會發生在任何年齡，尤其是20～50歲的運動選手等腰部承受負擔的人。

椎間盤突出也會在頸椎引起，但最普遍的是腰椎，尤其在第4和第5腰椎，或者第5腰椎和薦椎之間最常引起。

這時候，即會壓迫到從這些關節之間伸出的第5腰椎神經和第1薦椎神經。

如圖2所示，屬於這些神經分布領域的腰部、大腿、腳背、腳拇趾、膝蓋外側等都會引起疼痛、麻木、感覺異常或運動困難。

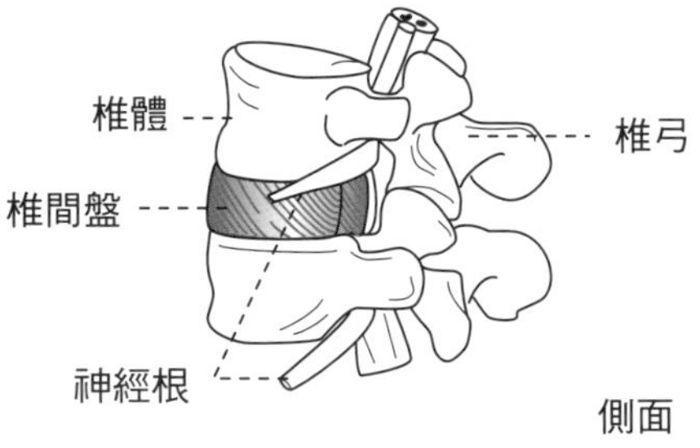

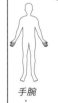

位於椎體和椎體之間的椎間盤是由軟骨形成，其中心部存在膠質狀的柔軟髓核。當這種髓核受到壓擠突出時，就是腰椎椎間盤突出。

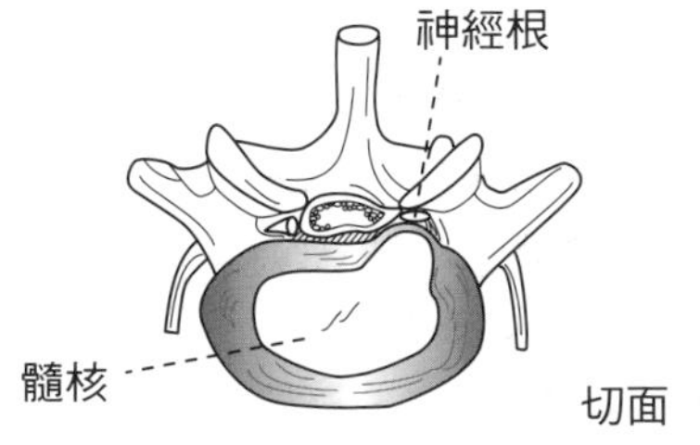

突出的髓核壓迫到神經根的狀態。因此會引足腰疼痛、麻木等的腰椎椎間盤突出症狀。

圖1　腰椎椎間盤突出

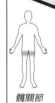

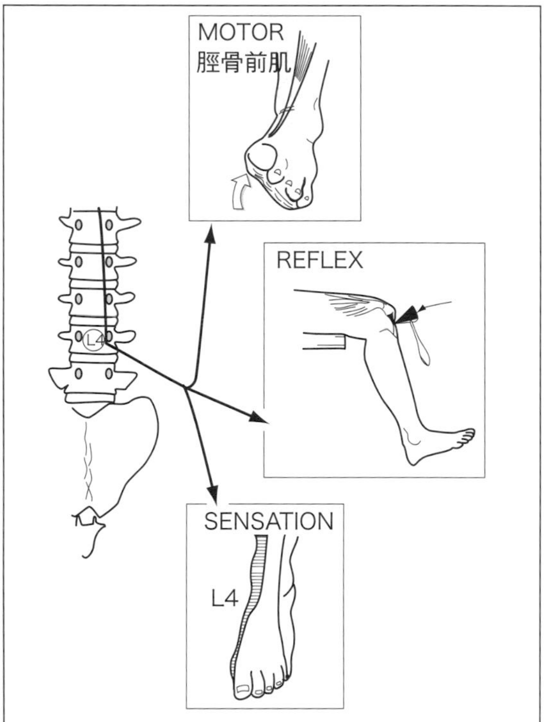

神經分布位階L4

圖2-1

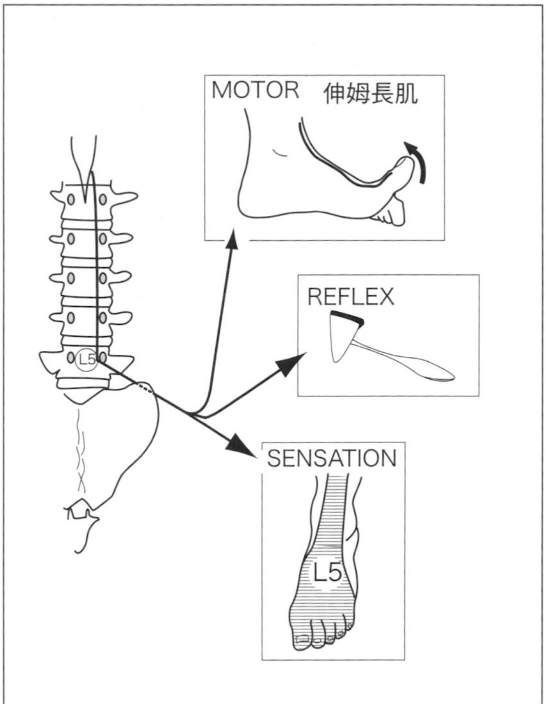

神經分布位階L5

圖2-2

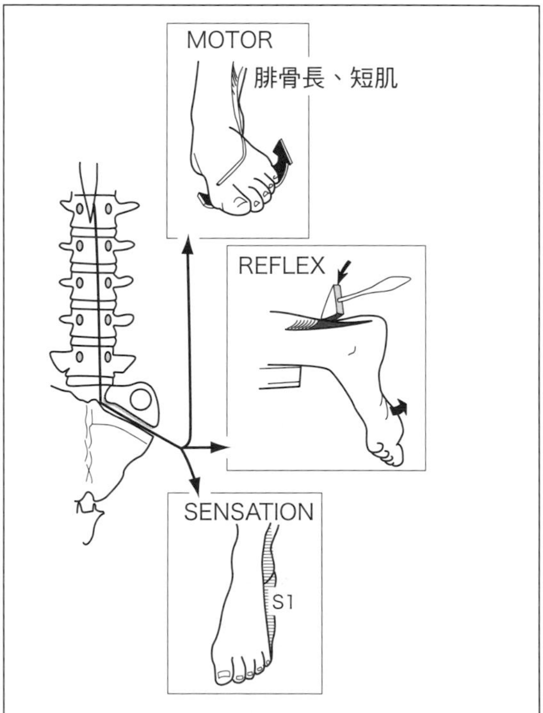

神經分布位階S1

圖2-3

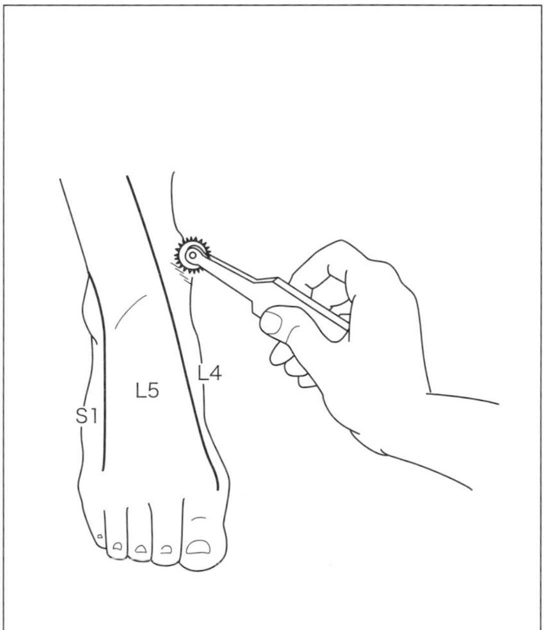

足部和踝關節的感覺試驗

圖2-4

試驗法

（1）SLR試驗（Straight leg raising=下肢伸展抬高）

如圖3所示，請患者仰臥，把整個下肢筆直抬高，腳踝向腳背側彎曲。此時有椎間盤突出的人，會在抬腳時產生劇痛，位於圖2部位會強烈感覺疼痛或麻木。通常，疼痛是發生在有障礙的那側，所以沒事的腳抬高時不會痛。

（2）動脈硬化檢查

手腳麻木的原因除了神經外，也可能因栓塞硬化的血管引起，為了鑑別，進行動脈硬化檢查十分重要。何況，這對三大死因中的心肌梗塞或腦梗塞的早期發現也有幫助。

過去接受這項檢查，需要時間等待結果出爐，但現今因檢查儀器發達，只要5分鐘即可揭曉。只是檢查儀器昂貴，只有醫療機關才有。

治療法

首先保持靜臥為要。以骨科教科書來說，使用牽引療法的情形最多，門診或住院1個月進行腰部牽引。但疼痛依舊無法解除的人不少。

此時會實施精密檢查，在脊髓腔注入照影劑進行脊髓造影術或MRI。如果椎間盤突出大時，即以手術切除突出。據說需要手術的人，不到全部的10%。

只是事實上，手術後依舊疼痛的人非常多。過去我也是施行教科書教導的治療。但學會關節囊內矯正的現今，已大大改變對椎間盤突出的想法。

曾有某資料顯示，在大醫院接受MRI，結果診斷是「椎間盤突出需要手術」的46名患者中，有44名被發現有薦骨腸骨關節機能異常。聽到這個消息，我對被診斷是「需要手術的椎間盤突出」患者進行薦

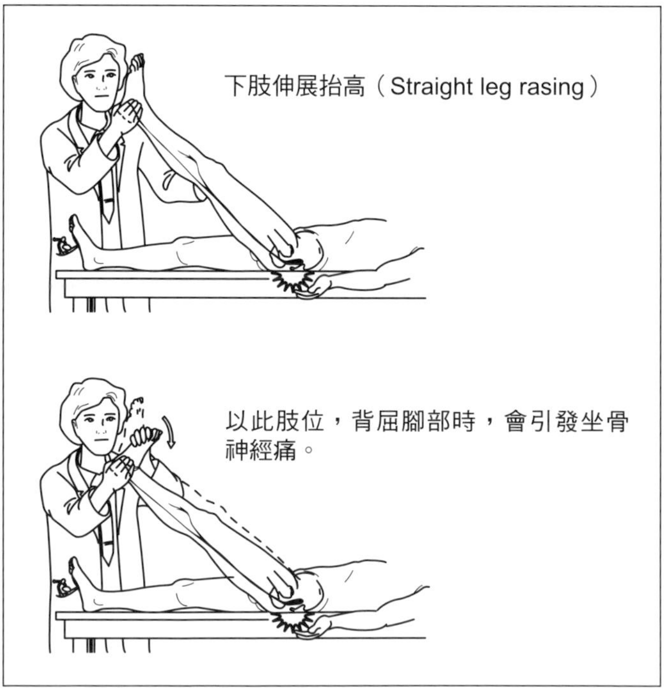
下肢伸展抬高（Straight leg rasing）
以此肢位，背屈腳部時，會引發坐骨神經痛。

圖3　SLR試驗

骨腸骨關節囊內矯正。

結果，經過3～4次，最多8次的矯正即可痊癒。至於對關節囊內矯正沒有反應的人佔10～20%。

為何會發生這種情形呢？何況如上述，大醫院擁有MRI等影像資料，診斷結果絕對有公信力。只是大醫院往往發現稍微突出，就會輕易地把麻木或疼痛原因歸咎於突出。

然而，基於臨床神經學進行SLR試驗，會發現相當多的案例顯示：被椎間盤突出壓迫的神經位階和引起麻木、疼痛的部位（神經領域）完全不同。

也就是說，疼痛的真正原因並非影像顯示的椎間盤突出。即使影像中有突出，但這種突出本身也無關病因。

這時候即使用手術去除突出，但由於另有原因，所以無法消除疼痛和麻木。

其實，大醫院原本首先應花些時間進行如SLR試驗般，以神經學為基礎的臨床理學檢查。

為此，若懷疑有椎間盤突出時就進行SLR試驗吧！然後進行薦骨腸骨關節囊內矯正。

最後如果神經學上的疼痛和影像結果一致，再考量是否需要手術才明智。

①干擾波、多普勒超音波療法

②醫療雷射

③牽引

④針灸

⑤醫療性按摩

⑥肌內效貼布（kinesio tape）

⑦水床按摩

不僅舒適，還能控制現代疼痛根源的自律神經。骨質疏鬆者也可接受這種療法。

⑧神經阻斷術

⑨藥物

⑩束腹帶（corset）（普通）

⑪整脊術（chiropractic）

⑫手術

藉由復健把身體維持在一個良好的條件時，證明椎間盤突出是能自然恢復到原來的位置。除了日常生活產生障礙，否則我認為手術是最後、最後的選擇。

⑬3WAY醫療束腹帶（酒井式）

依據疼痛程度，其穿著方法可分3階段調節，故這種束腹帶可達到初步的治療效果。而這種束腹帶是綜合我在腰痛專科醫院的臨床經驗資料以及在日本擁有最多束腹帶（corset）專利的阿希斯特株式會社的衛生材料知識所研製而成（參考254頁）。

043

臀大肌炎症

◎特徵—臀部肌肉會痛。以駝背的高齡者居多。

症狀和原因

高齡者容易駝背，這是脊椎因增齡變形或被壓彎曲所致。

此時，為防止前傾跌倒，會在無意識中收縮豎棘肌來平衡。但高齡後，能保持姿勢筆直的豎棘肌之肌力會變弱，導致無法迅速直立。

而長時間採取前屈姿勢，會因豎棘肌的收縮而引起疲勞，導致輔助豎棘肌的臀大肌也隨之收縮。

當臀大肌也疲勞時，會如圖1所示，在薦骨腸骨關節旁邊或股骨根部發炎。臀大肌炎症就是過度使用臀大肌引起的疾病。

因此，不僅駝背的老年人，這也是臀大肌過勞的足球或排球選手常發生的疾病。

另外，也有如圖2所示，因第12胸椎和第1腰椎的壓迫性骨折所引起的關聯痛。

而且必須注意，罹患尿道結石

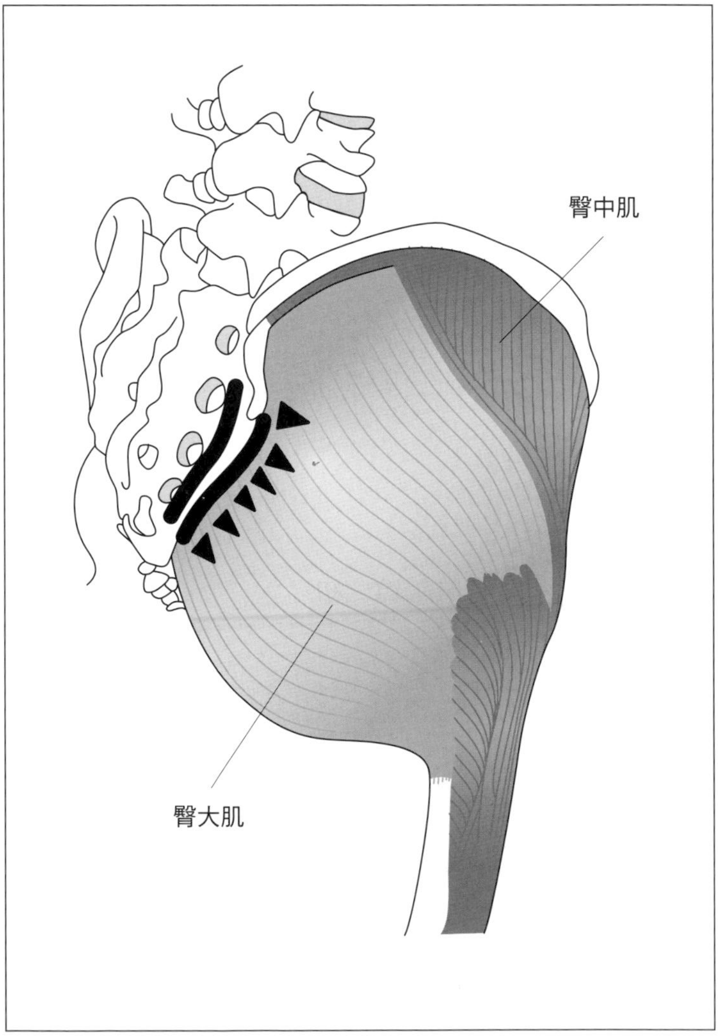

圖1　臀大肌硬結的分布

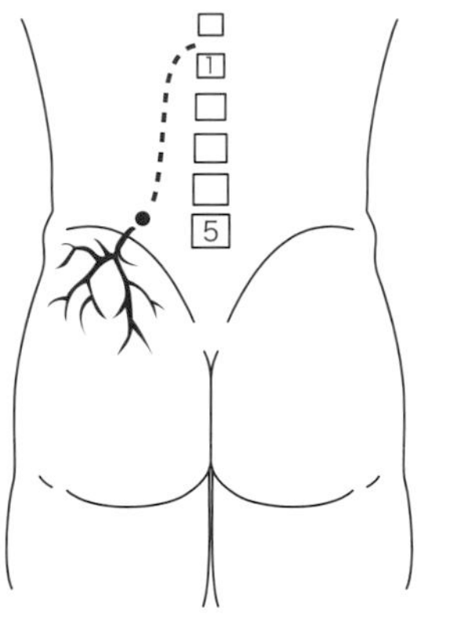

此部位的cellulalgia並非下部腰椎起因，而是因T12、L 1 的椎間關節痛引起（Maigne）。尿道結石的疼痛是分散的。另外高齡者骨質疏鬆症引起的胸腰椎移行部變形，也會在此部位出現疼痛。過去，腰痛時，L4、5被認為是代表性的疼痛發作部位，這是錯誤的，應該是來自胸腰椎移行部（T12、L1）的椎間關節痛。

圖2

時，臀大肌有時也有疼痛感。

治療法

①伸展運動

臀大肌炎症可說是過度使用臀大肌，導致肌肉異常收縮的狀態。因此，除了運動選手外，駝背的高齡者都可藉由伸展運動來有效伸展肌肉。

②干擾波、多普勒超音波療法

具有鬆弛異常收縮的肌肉，以及去除疼痛的效果。

③醫療雷射

在患部照射，具有緩和疼痛的功效。

④醫療性按摩

能夠鬆弛異常收縮的肌肉，去除疼痛。

⑤肌內效貼布（kinesio tape)

貼紮在受損的肌肉上，使得肌肉獲得休息。而且會使肌肉鬆弛，促進血液循環。

⑥關節囊內矯正

是可期待完全治癒的超有效治療法。進行薦骨腸骨關節的關節囊內矯正。

⑦3WAY醫療束腹帶（酒井式）

依據疼痛程度，其穿著方法可分3階段調節，故這種束腹帶可達到初步的治療效果。而這種束腹帶是綜合我在腰痛專科醫院的臨床經驗資料，以及在日本擁有最多束腹帶（corset）專利的阿希斯特株式會社的衛生材料知識所研製而成（參考254頁）。

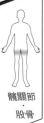

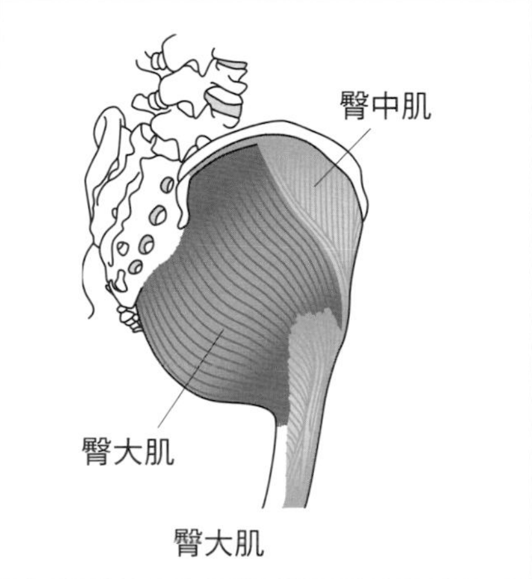

圖3

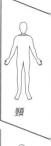

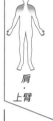

044

尾骨痛

◎特徵—尾骨部分會痛。以長時間坐著的年輕女性或者臀部直接碰撞到地面的人居多。因尾骨是血循不良的部位，所以難以治癒。

症狀和原因

多半發生在長時間坐著的年輕女性身上，尾骨部分會痛。過去曾經臀部著地碰撞到尾骨的人，或者尾骨原本就如貓一般彎曲變形的人，容易罹患這種疾病。

尾骨在幼兒期分成5個，成年後就變成連結一起、不會活動的骨頭。

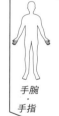

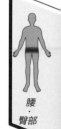

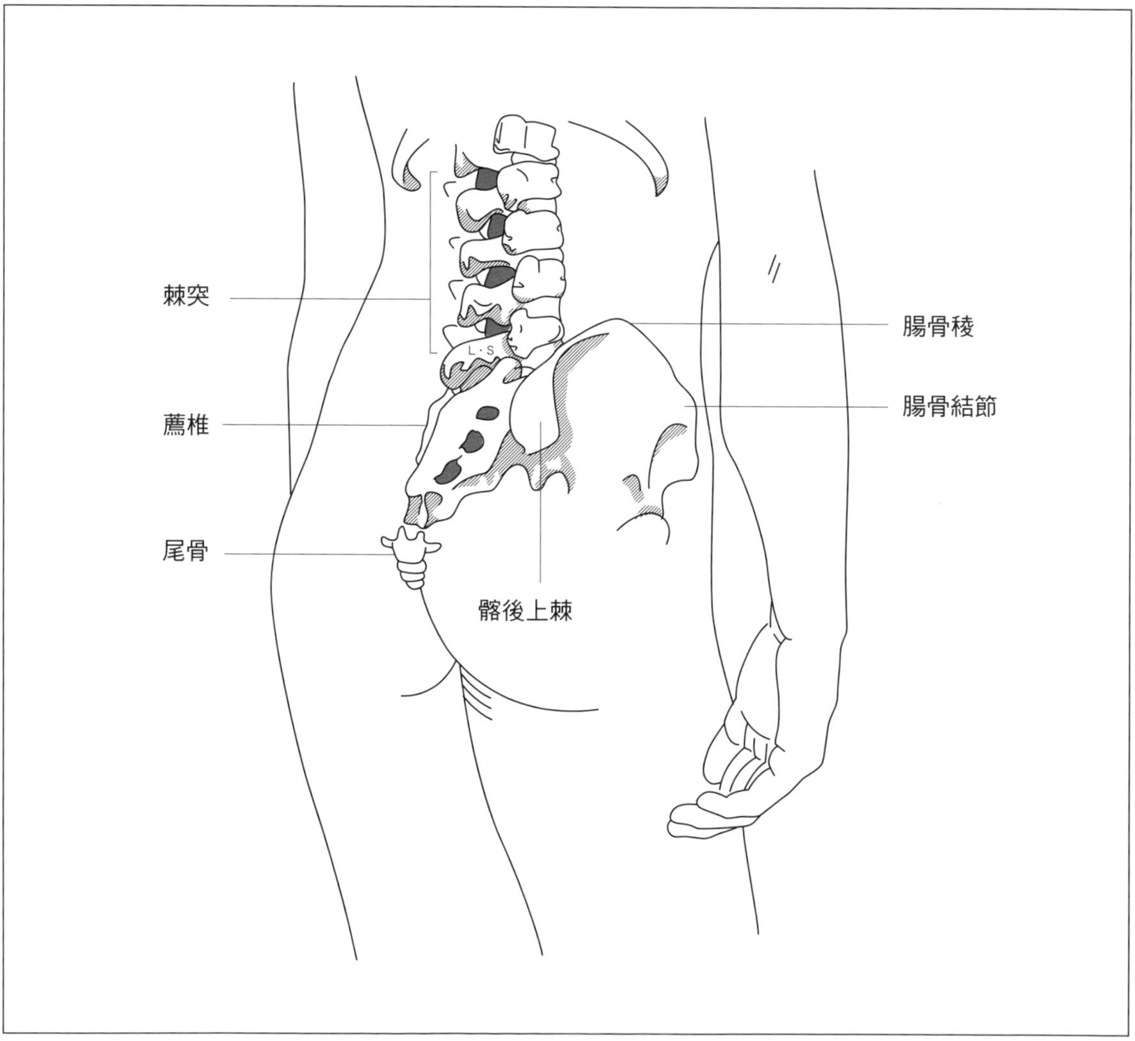

圖1

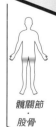

而且，尾骨部分沒有肌肉，是容易產生褥瘡的部位。而容易產生褥瘡的部位，即表示尾骨的血循不良。而血循不良也表示不容易治癒。

治療法

①電療法

有促進血流和鎮痛效果。

②雷射

可增強血液循環。

③消炎止痛藥

由於尾骨在骨頭邊端，故服用消炎止痛藥也難以期待效果。

④關節囊內矯正

尾骨疼痛的原因除非是神經根的壓迫、發炎或骨頭腫瘤，否則醫院通常會診斷為神經上的壓力。

但依我的眾多臨床經驗，我認為尾骨痛幾乎都是薦骨腸骨關節的機能異常所引起的疼痛。而且多半接受幾次的關節囊內矯正就能完全消除疼痛，的確是非常有效的治療法。

以下是一位20歲的事務性上班族女性，因尾骨痛前來本院的情形。她疼痛到無法忍受靜靜地坐著。曾在附近的綜合醫院骨科拍攝X光，結果診斷尾骨炎症。並服用消炎止痛藥，但卻無法減輕疼痛。

於是，她改到中醫門診，接受中藥或針灸治療，但也無成效。在深感痛苦時，那位醫師才介紹她來本院。

因為坐在診察椅會疼痛，所以站著接受診斷。首先，當身體前後彎曲進行關節囊內矯正的檢查時，發現無法後仰，同時陳述腰痛。

這正是薦骨腸骨關節異常的典型症狀。因此確信尾骨痛是薦骨腸骨關節機能異常引起的關聯痛，當場進行關節囊內矯正。

如此一來，就如預料中一般，疼痛當場幾乎完全消除。

接著之後又進行3次的關節囊內矯正即完全治癒。

進行薦骨腸骨關節的關節囊內矯正，為何能夠改善尾骨痛的理由雖然未明，但或許是背尾骨和薦骨腸骨關節相當靠近。

⑤3WAY醫療束腹帶（酒井式）參考254頁

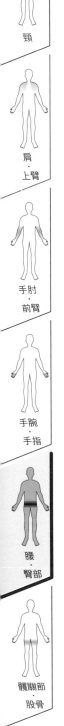

045

產前、產後的腰痛、不孕症

◎特徵—產前、產後的獨特腰痛。由於孕婦無法使用藥物療法或部分的機械療法。但多半可靠關節囊內矯正完全治癒。

症狀和原因

指在產前、產後引發獨特性的腰痛。

懷孕之後，腹部通常會在第5個月變大。因此，身體後仰時會使腰椎的前彎角度變大，導致擔負支撐任務的豎棘肌疲勞而引發腰痛。

加上體重增加也是原因之一。

治療法

針對孕婦，無法採用藥物治療或機械治療的療法。

①干擾波、多普勒超音波療法

不可使用。

②藥物療法

不可使用

③醫療性按摩

輕度按摩沒有問題。

④醫療雷射

是機械治療上唯一有效的方法，

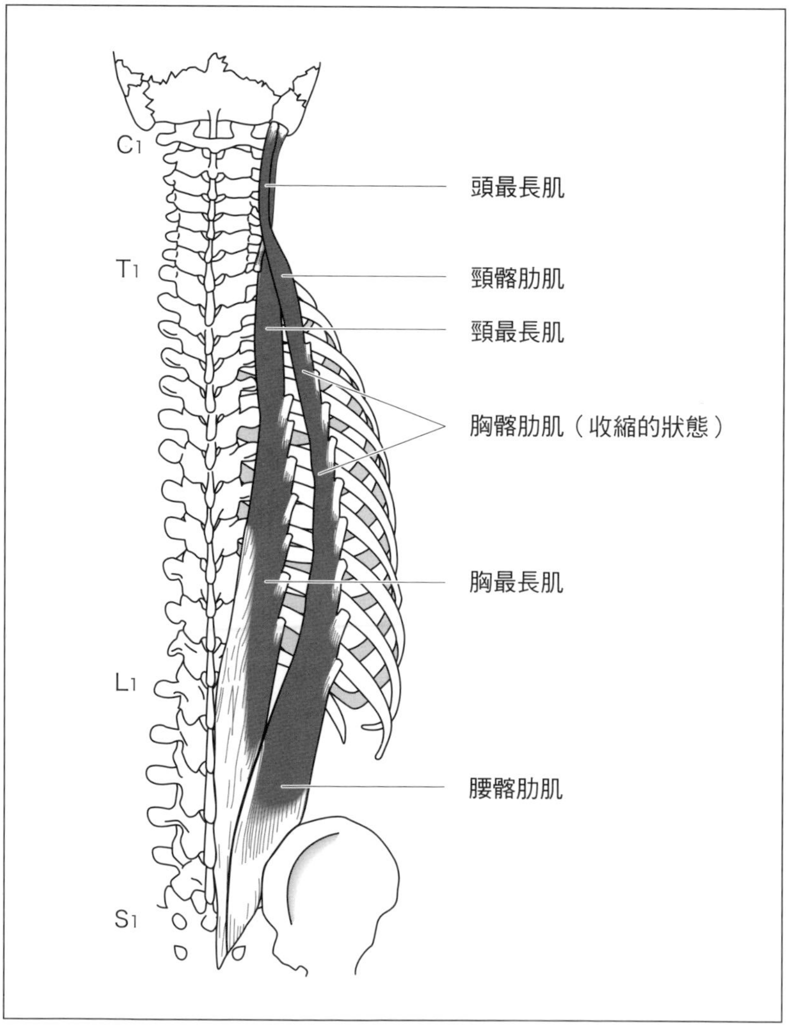

圖1

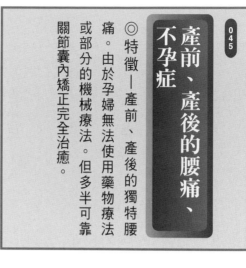

但不適合大範圍的症狀。

⑤關節囊內矯正

我經常在婦產科舉辦「孕婦腰痛」的講習會。在此扼要說明當時講習的內容。

生產時為了確保產道，薦骨腸骨關節會張開，增加了極大的負擔。簡單舉例來說，患者在產前沒有腰痛，但產後卻引起腰痛。為何有此現象呢？

因為生產導致薦骨腸骨關節張開，但之後要閉合時，薦骨腸骨關節卻吻合不良，而無法從事正常的關節囊內運動。結果豎棘肌受到影響，容易疲勞。

這種情形只要進行1次關節囊內矯正即可解除疼痛。

需要攜帶幼兒的產婦患者，因擔心打擾到一般患者，故有對醫院敬而遠之的傾向。為此，本院特別每週一次撥出固定時間，專門給這類患者看診。在此時段，不僅是腰痛，或抱孩子引起的手痛，都可接受治療。

本院雖沒設置嬰兒床，但可直接推著娃娃車進入。

※不孕症

在此特別要作進一步的說明。據資料顯示，其實不孕症的原因80%是虛寒所致。比起男性，女性的血管較細，因此手腳的疾病比男性多許多。

在骨盆內，子宮是位於薦骨和恥骨之間，以韌帶相連接。虛寒的人，薦骨腸骨關節無法正常活動。因此，骨盆內的血循變差，形成子宮肌瘤或不孕症。不孕症的人接受薦骨腸骨關節的關節囊內矯正時，血液循環當場獲得改善，會排汗到濕透床單的地步。

本院並非婦產科，故看板上當然沒有關於不孕症問題的說明。不過透過口耳相傳，不孕症治療也成為本院患者的一環。

除了患者外，也有熱心的婦產科醫師前來本院，希望跟我學習這種關節囊內矯正技術。

046

腰椎壓迫性骨折

◎特徵—骨質疏鬆症的人，即使沒有直接碰撞，只是稍微跌倒也會腰痛。

症狀和原因

如圖1所示，腰椎破裂而骨折。更年期之後的女性原本有眾多骨質疏鬆症的人。所以，即使像坐在公車座椅上，只是車子搖晃就可能骨折。

像這般並非跌倒或事故，只是日常生活上的小事情即會骨折（圖2）。

且如圖3所示，骨折多半發生在腰部中央略高的位置（第12胸椎第1腰椎）。

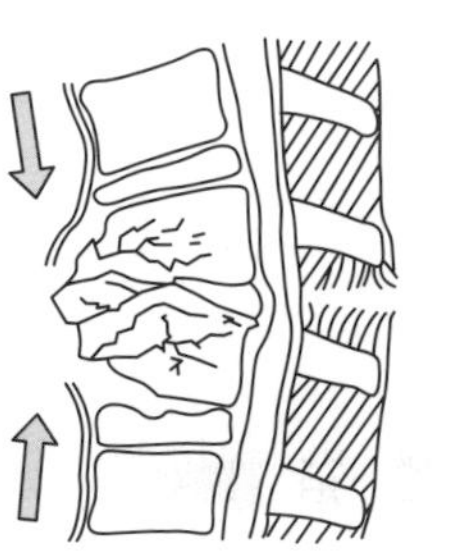

脊椎骨骨折（椎體壓迫性骨折）＋脊髓損傷（多半在胸腰椎移行部）

圖1

圖2

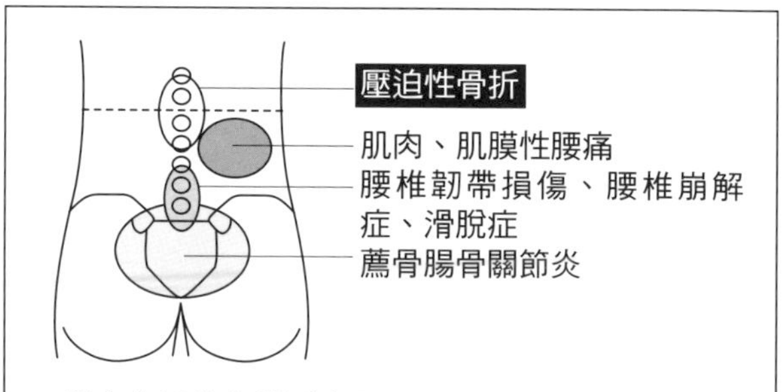

從疼痛部位來推測病因

圖3

治療法

利用打石膏或束腹帶固定，在骨頭癒合之前好好靜養。之後再進行以下的治療法。

①束腹帶（corset）

骨頭癒合之前，為了保持腰部穩定而使用。

②水床按摩

③關節囊內矯正

拿掉石膏後還會疼痛的話，進行關節囊內矯正即可解決。

④和醫大式Flexion brace

⑤３ＷＡＹ醫療束腹帶（酒井式）參考254頁

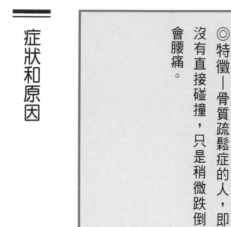

047

大腿疝氣、鼠谿部疝氣

◎特徵—大腿的根部、內褲的股線部位有硬塊會疼痛。

症狀和原因

在大腿的根部、內褲的股線部位有硬塊，壓迫時會伴隨血流障礙和麻木、引起疼痛的疾病。

男性的鼠谿疝氣，多半在一側的鼠谿部（內褲的V線）出現疼痛。

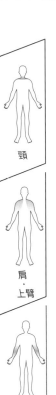

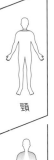

女性則常發生在多次生產的肥胖者上，而且位置和男性不同，是在大腿疝氣。亦即症狀在股直肌的起始部附近，務必區別。

治療法

①手術

要去除疼痛、麻木原因的硬塊，只有手術一途。

②保守療法

有時醫師會依據症狀加以壓入，再觀察狀況。

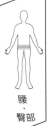

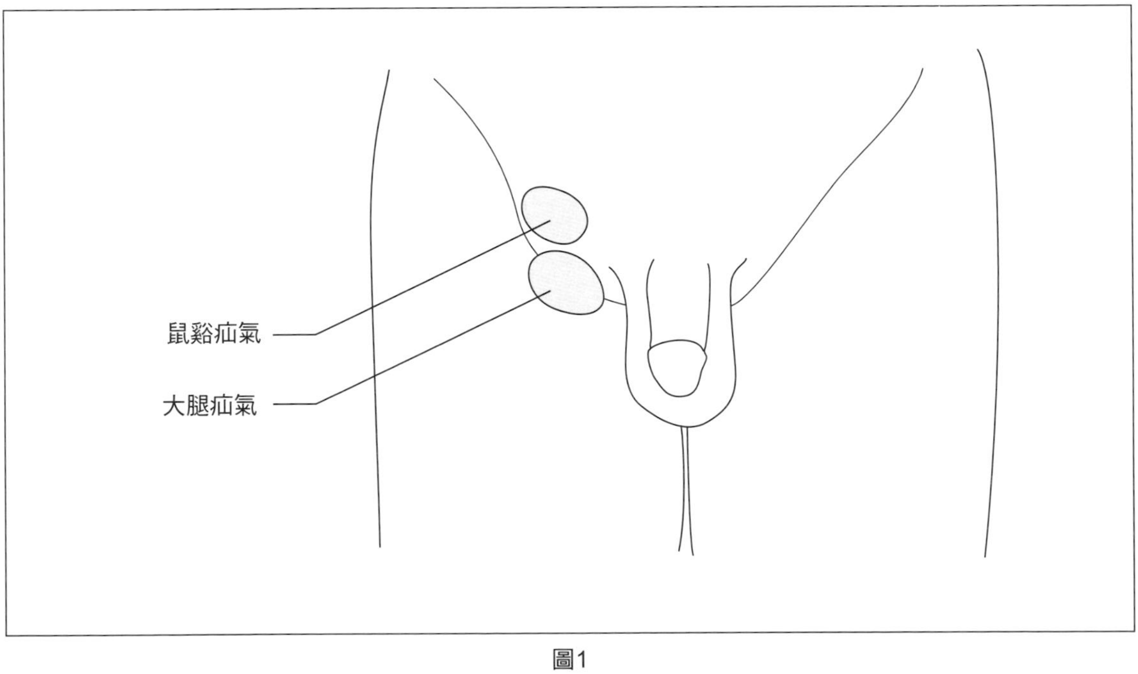

圖1

048

臀中肌、臀小肌炎症

◎特徵─以女性居多，多半是天生有髖關節脫臼症狀的人，或者身體負荷在左右某一側的人。臀部肌肉、髖關節略上方處會疼痛。

症狀和原因

原本就以女性居多的先天性髖關節脫臼患者，或是因膝蓋疼痛而有跛行症狀的人，易發生臀部肌肉疼痛的疾病。而且無論男女，都有不去治療急性腰痛而強加忍耐的人。

圖1的臀中、小肌是支撐髖關節的主要肌肉。髖關節罹病的人或者有拖著腿走路症狀的人，會帶給臀中、小肌很大的負擔，造成肌肉疲勞，因而容易引起異常收縮，產生疼痛。

此外，很多人不理會腰痛繼續工作或運動。然而這是非常危險的，腰痛的人會因腰痛而引起豎棘肌和臀大肌異常收縮，而無法發揮原本機能。如此一來，骨盆承受很大負擔。若漠視這種狀態，不久後，臀中、小肌隨即因疲勞而引起異常收縮（圖2）。

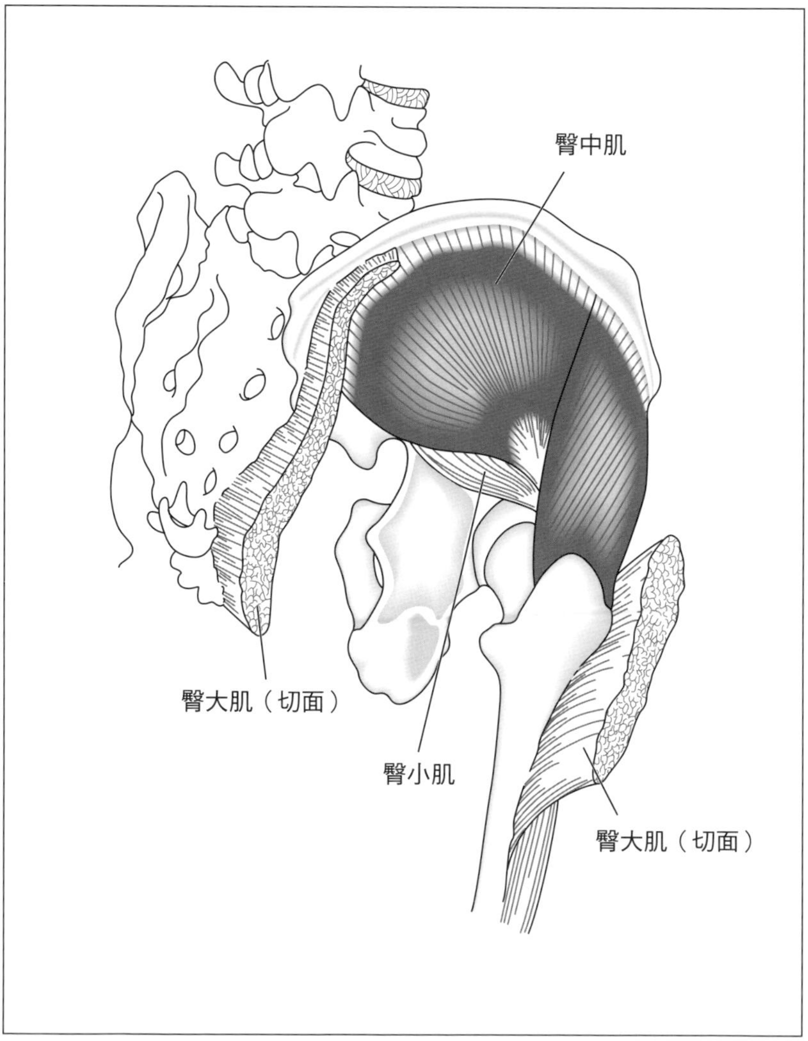

圖1

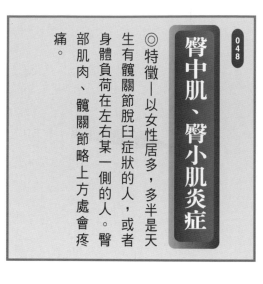

最後演變成無法自力站立，需要救護車送到醫院的嚴重後果。

因此，請別漠視腰痛，早期發現、早期治療非常重要。

治療法

①干擾波、多普勒超音波療法
在引起異常收縮的肌肉照射有效的干擾波。
②醫療性按摩
③醫療雷射
④肌內效貼布（kinesio tape）
⑤束腹帶（corset）
具有保護支撐肌肉的功能。
⑥水床按摩
⑦3WAY醫療束腹帶（酒井式）參考254頁
⑧關節囊內矯正

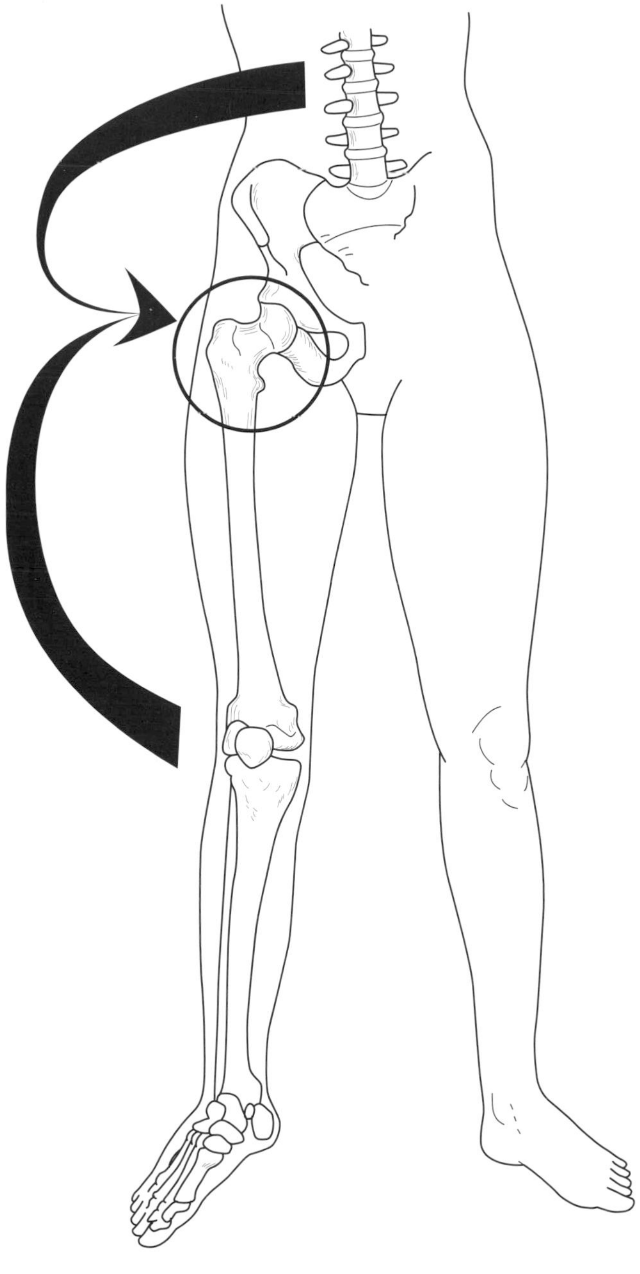

髖關節比腰椎、膝關節容易產生關聯痛。

圖2

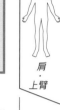

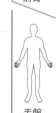

049

退化性髖關節炎

◎特徵—髖關節會痛。以有先天性髖關節脫臼經驗的中年以上女性居多。

症狀和原因

以中年以上的女性居多，會引起髖關節變形的疾病。特別是嬰兒期曾經發生關節脫臼的人更常見。

嬰兒期發生髖關節脫臼時，雖曾利用各種裝具來治療，但邁入中高年後，還是會出現變形性的髖關節脫臼。造成要拖著腿走路的情形。

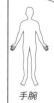

變形性髖關節症（髖關節退化性關節炎）是髖關節喪失空隙，骨頭變得凹凸不平，而且股骨頭歪斜變形，產生骨刺（在骨頭上長出如刺一般的東西）等表現的疾病。

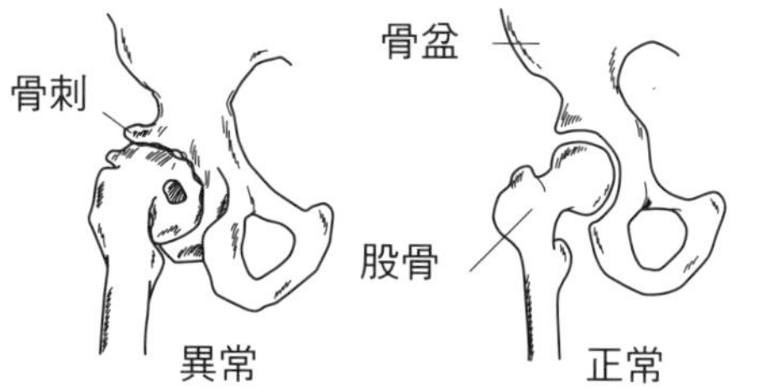

圖1

這種退化性髖關節炎，是髖關節軟骨受到磨損所引起的變形。

髖關節是負荷體重的關節，故如圖1所示，髖關節的股骨會以接近90度的角度彎曲。亦即，重量並非加在股骨的正上方，所以負擔非常重。

因此，軟骨稍微磨損產生變形時，即會相當敏感地感受到疼痛或不舒服。

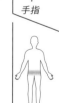

而且，髖關節的軟骨磨損之後，就喪失髖關節的空隙，使骨頭變得凹凸不平。此外，也會因股骨頭變形，長出骨刺（在骨頭上長出如刺一般的東西）引起劇痛。

治療法

①干擾波、多普勒超音波療法

②醫療雷射

用有止痛效果的醫療雷射照射髖關節。由於髖關節位於身體深處，故雷射的缺點是無法深達其部位。

③醫療性按摩

以髖關節為中心，按摩支撐髖關節的臀中肌、臀小肌來鬆弛肌肉。

④減重

體重是髖關節的最大的負擔，故控制體重非常重要。

⑤藥物療法

注射類固醇或玻尿酸（Hyaluronic Acid）。

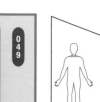

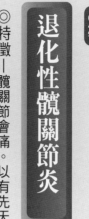

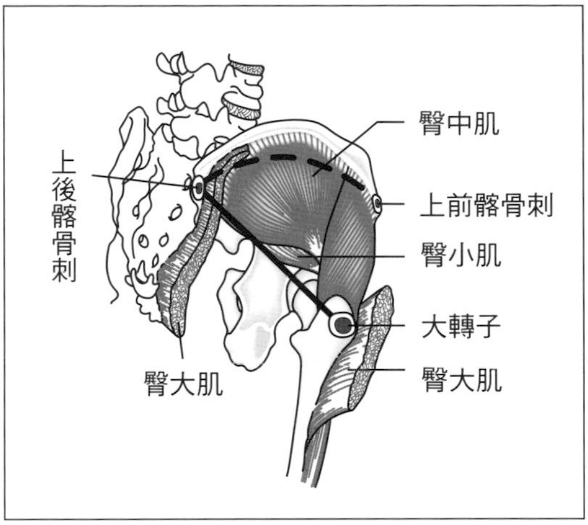

圖2

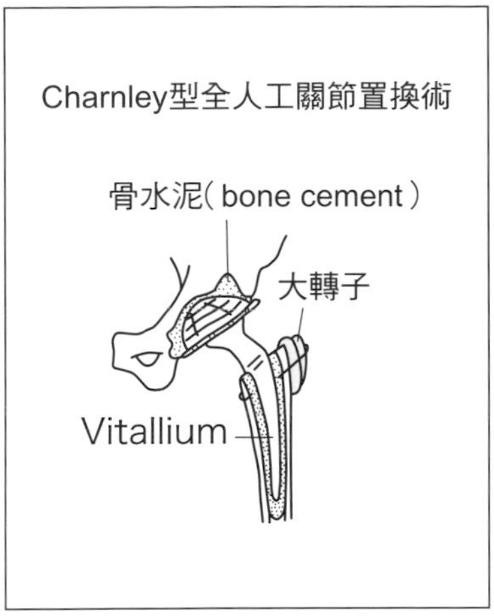

圖3

⑥手術

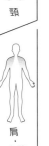

僅對60歲以上，需要使用枴杖、會拖著腿走路的人或者有夜間痛的人，進行人工髖關節置換術。但是，手術後10年可能復發（圖3、4）。

亦即，每隔10年要重新進行手術。

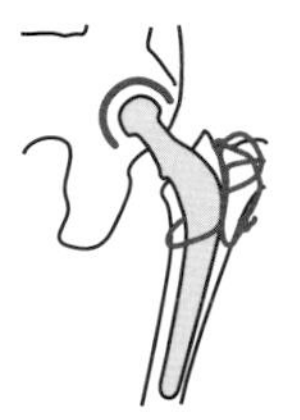

透過X光可瞭解以下事項。在Charnley的人工關節（正常像）中，可看出stem被正確設置，大轉子癒合在原來位置，銅線也無異常。骨頭位於附有wire-marker的杯子中心。

圖4

⑦關節囊內矯正

雖已接受人工髖關節置換術，但仍然無法解除疼痛的人不少。

其原因尚未解明，但依臨床經驗來看，這些人若進行薦骨腸骨關節的關節囊內矯正，多半可以解除疼痛。因此，診斷判定需要手術的人，不妨在手術前，先嘗試關節囊內矯正看看。

而有拖著腿走路症狀的人，可能是薦骨腸骨關節缺乏空隙，受到拉扯引起的機能異常。這時候必須進行關節囊內矯正。

有位旅行社的女性（50歲），是個孩童期間曾罹患髖關節脫臼、現在有變形性髖關節症（髖關節退化性關節炎）的患者。由於工作關係步行機會多，且因拖著腿走路、腰部晃動，形成容易引起薦骨腸骨關節機能異常的狀態。

連這樣的患者都可以不手術，只進行薦骨腸骨關節的關節囊內矯正，就能達到防止惡化的效果。

⑧3WAY醫療束腹帶（酒井式）參考254頁

050

股四頭肌炎症

◎特徵—以20歲以上，過度步行或站立工作的人居多。髖關節前面會痛。要和「大腿突出、鼠蹊部突出」區別為要。

症狀和原因

常發生在20歲以上，過度步行者或銷售人員等，體重經常負荷在身體前方的人身上。是大腿會疼痛的疾病。

髖關節是藉由股四頭肌的收縮才能彎曲，但站立工作的人，不知不覺中會用膝蓋使力。由於是膝蓋使力，所以疼痛的部位在膝蓋。但症狀會隨著年齡而異。15歲以前是Osgood-Schlatter病（奧斯古謝拉德氏症）。20歲之前多半會轉變成膝韌帶炎，有隨著年齡增加，疼痛位置有向上發生的趨勢。

股四頭肌是人體中最強壯的肌肉。這個股四頭肌顧名思義就是由4塊肌肉所構成。如圖1所示，從髂骨開始，經由髕骨（髕骨）附著在其下方稱為脛骨結節的部位。

該股四頭肌當因站立工作等造成疲勞而引起異常收縮時，脛骨結節部分和髂骨部分即會疼痛，這就是股四頭肌炎症（圖1、2）。

髂骨部分疼痛的位置，類似鼠蹊部突出。但鼠蹊部突出和股四頭肌炎症的差異在於「有

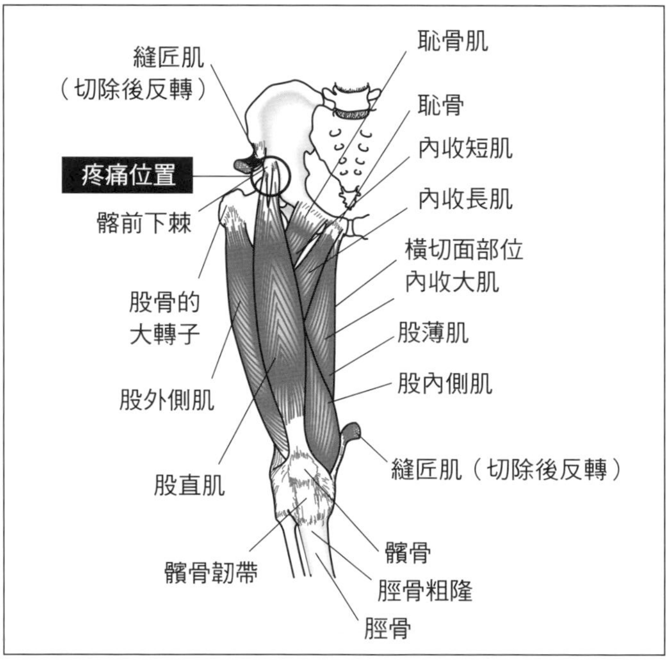

圖1　股四頭肌和疼痛位置

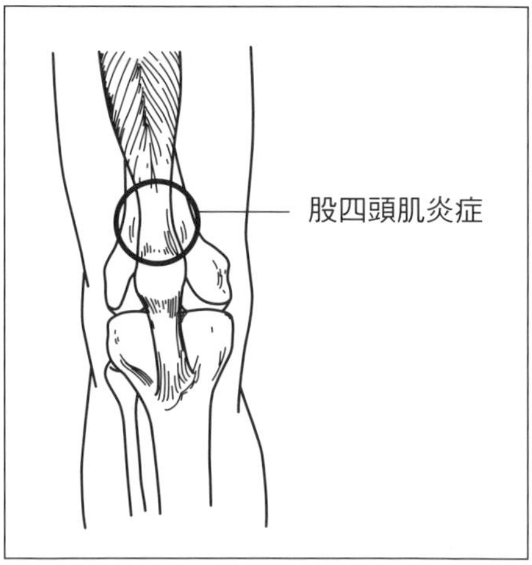

圖2　疼痛部位

硬塊」。鼠谿部突出時，靠觸診即可確認有硬塊。

試驗法

（1）臀部翹高現象

如圖3所示，請患者俯臥，彎曲疼痛側的膝蓋。醫師依箭頭方向按壓腳部，結果股四頭肌收縮疼痛增強，且臀部翹高。

這可判斷是股四頭肌炎症。

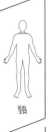

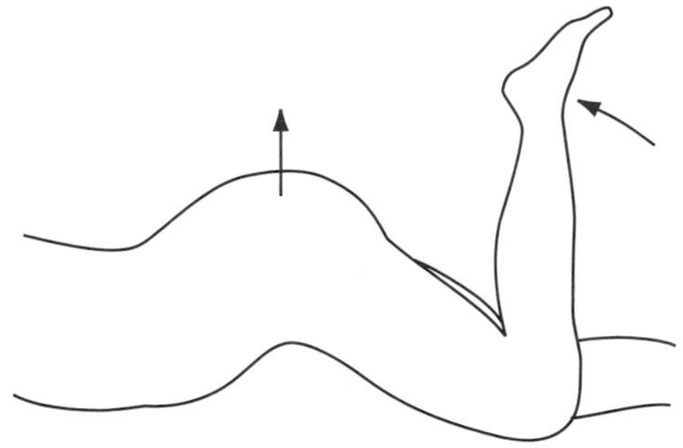

透過臀部翹高現象2關節的股直肌障礙徵候，可看出直肌型和混合型。

圖3　試驗法

治療法

① 伸展運動

如圖4般彎曲膝蓋，拉靠到大腿後側。此時，用手加力協助更有效。

另外，如圖5般一腳伸出正座，手臂在後方支撐，以此狀態採取反仰（背屈）上體的姿勢也有效果。

這些伸展運動，不僅可當作治療法，也是有效的預防對策。建議從事站立工作的人或缺乏運動的人多加嘗試。

② 干擾波、多普勒超音波療法

在肌肉照射干擾波。

③ 醫療雷射

疼痛集中在一點，雷射有效。

④ 肌內效貼布（kinesio tape）

讓股四頭肌獲得休息的效果。

股四頭肌的強化訓練

採取上圖的姿勢，努力抗拒手的力量，伸直下肢。更換左右下肢反覆進行。

圖4　股四頭肌的伸展運動和強化訓練

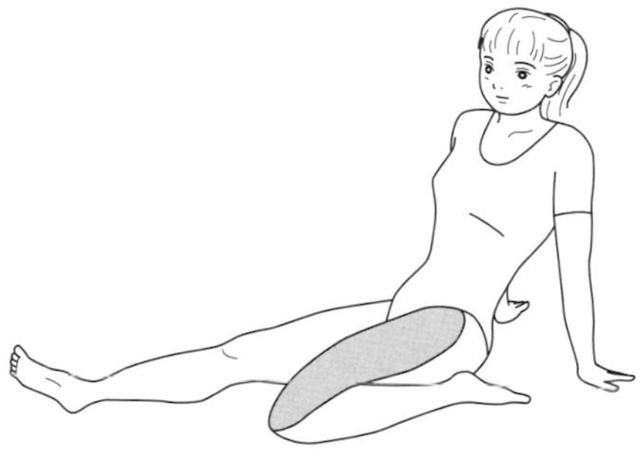

把和膝關節有關的股四頭肌和膕旁肌加入伸展運動。

圖5

051

股四頭肌的撕裂傷

◎特徵—從事運動的人，有被刺到般的尖銳疼痛。

症狀和原因

像籃球選手一般，需要進行邊急速停止和開始邊跑步運動的人，常會罹患這種疾病（圖1）。

股四頭肌是體內最大的肌肉，故能進行爆發力的動作，任何運動都會使用到。

因此，當運動造成肌肉疲勞（過度使用）或虛寒引起肌肉收縮時，肌肉邊端會被拉扯而發炎。

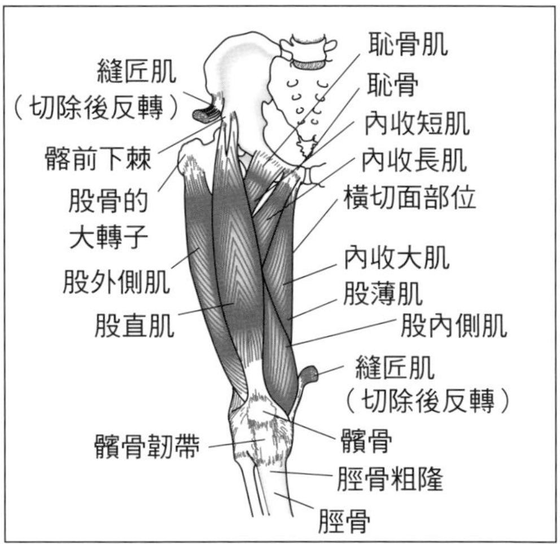

圖1　股四頭肌

此外，股四頭肌撕裂傷時，也有肌肉正中央斷裂的情形（圖2）。

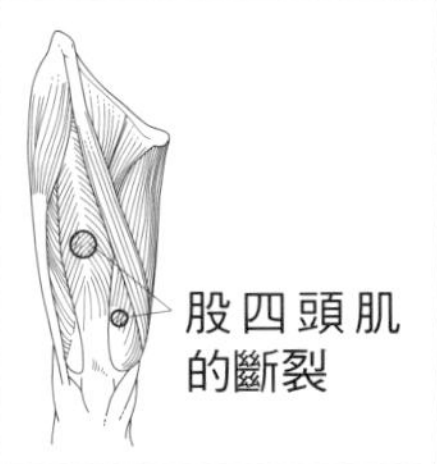

圖2

預防法

（1）伸展運動

如圖3般站立，彎曲膝蓋，拉靠到大腿後側。此時，用手加力協助更有效。

從事運動的人，在運動前，務必做做看！

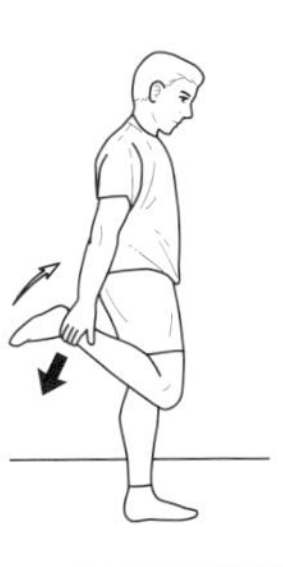

如左圖所示，以站立姿勢把踝關節拉靠臀部，伸展大腿。接著用手把踝關節往腳掌方向壓，製造抗力，進行強化訓練。。更換左右下肢反覆進行。髖關節要筆直伸展或者稍微伸展。

圖3　股四頭肌的伸展運動

治療法

發生肌肉撕裂傷時的緊急處置，首要是冷敷。

①繃帶固定

用彈性繃帶邊加壓邊固定，具有按壓傷口的效果，對肌肉撕裂傷特別有效。

②肌內效貼布（kinesio tape）

可壓住傷口，幫助股四頭肌復原。

③干擾波、多普勒超音波療法

用對肌肉有效之頻率的干擾波來照射患部。

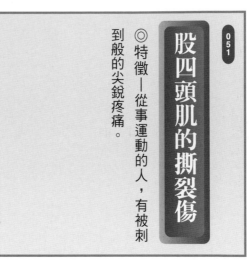

052

幼年型股骨頭壞死（Perthes disease）

◎特徵—以4～10歲的男童居多。髖關節會疼痛，會拖著腿跛行。

症狀和原因

所謂幼年型股骨頭壞死（Perthes disease）是指股骨頭（在胯下根部的骨頭）不明原因發生缺血性壞死（血流中斷，組織死亡）的疾病，以4歲到10歲的男童居多。治療需要3～4年。

血流中斷的原因眾說紛紜，包括受感染症、壓力、賀爾蒙或香菸等影響，但並無明確的答案。

幼年型股骨頭壞死（Perthes disease）的症狀是髖關節會疼痛和跛行。也有膝蓋疼痛，無法盤腿而坐，髖關節運動受到限制的情形。

治療法

①干擾波、多普勒超音波療法

可以促進血液循環，及早治癒。

②醫療雷射

可消除疼痛，促進血液循環。

③水床按摩

不僅舒適，還能控制現代疼痛根源的自律神經。骨質疏鬆者也可接受這種療法。

④藥物療法

並無特效藥。但服用能擴張血管的維他命E以及能強化骨骼的維他命D、鈣也不錯。

053

膕旁肌、股二頭肌炎症

◎特徵—在大腿後方，或坐下時碰撞到椅子的臀腰部會疼痛。

症狀和原因

如圖1所示，半腱肌、半膜肌、股二頭肌稱為膕旁肌（ham-string）。

坐在椅子時，接觸到椅子的內側肌肉稱為膕旁肌，而外側肌肉稱為股二頭肌。這些肌肉疲勞（過度使用）時，肌肉邊端部分即會發炎疼痛。這就是膕旁肌、股二頭肌炎症。

過去日本鈴木前都知事曾以站立彎腰，手碰觸地板的姿勢，來表示他還年輕。其實這並非腰部柔軟，而是膕旁肌、股二頭肌柔軟（圖2）。

大腿背側的痛點剛好類似坐骨神經的疼痛位置，故必須注意。

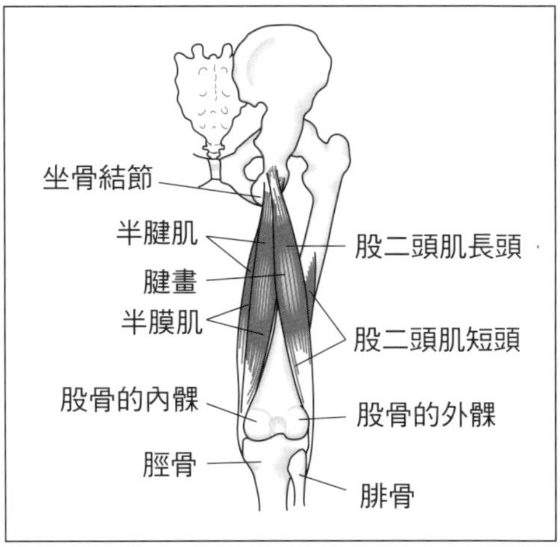

圖1　膕旁肌、股二頭肌炎症

治療法

①伸展運動（圖3）

②干擾波、多普勒超音波療法

使用有緩和肌肉效果之頻率的干擾波來照射患部。

③肌內效貼布（kinesio tape)

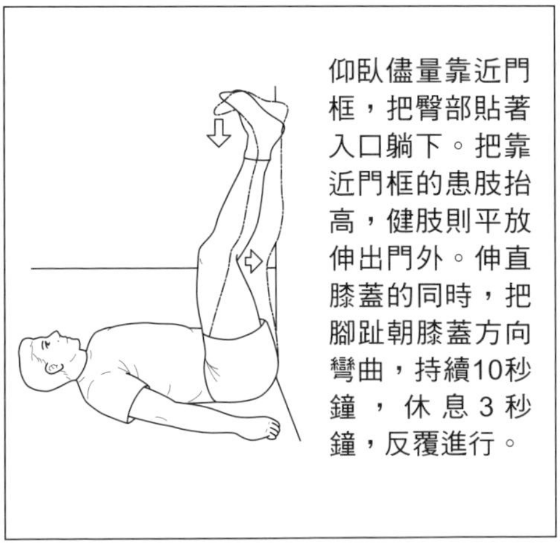

圖3　伸展運動法

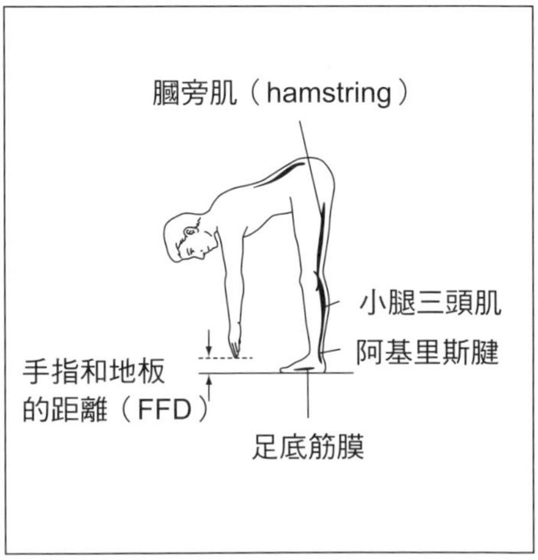

圖2

054

膕旁肌、股二頭肌撕裂傷

◎特徵—大腿後側有針刺般的尖銳疼痛。

症狀和原因

賽跑或短跑時，在衝刺、起跑的瞬間容易引起的傷害。如圖1、4般，在大腿後側膕旁肌、股二頭肌的肌肉正中央發生斷裂的疾病。

試驗法

請患者俯臥，如圖2般彎曲膝蓋。此際醫師依箭頭指示方向，在膕旁肌上加壓力使其收縮。

若有撕裂傷狀況，肌肉會下陷，可發現肌肉斷裂。

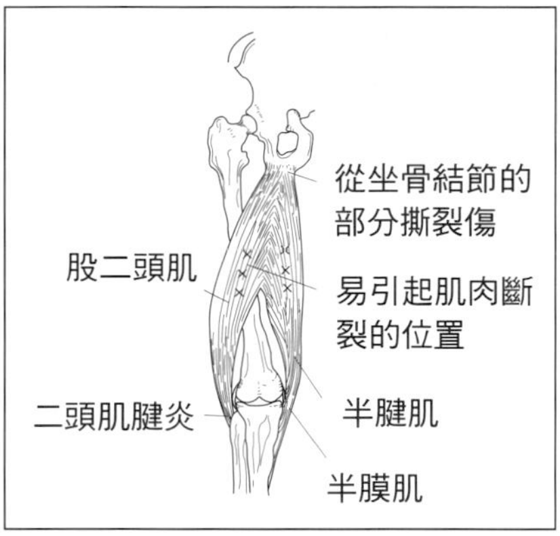

圖1　容易肌肉撕裂傷的部位

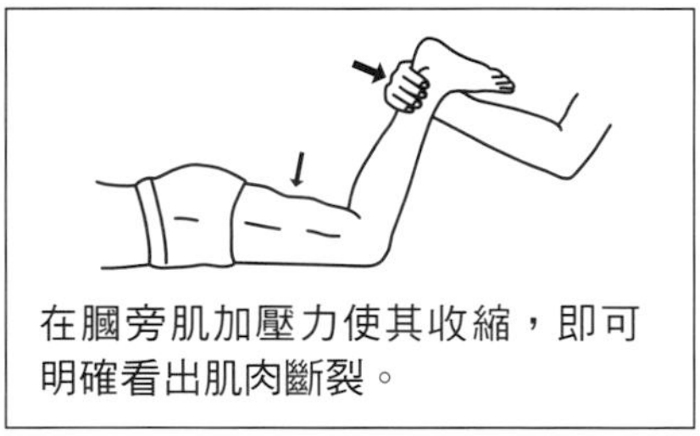

圖2

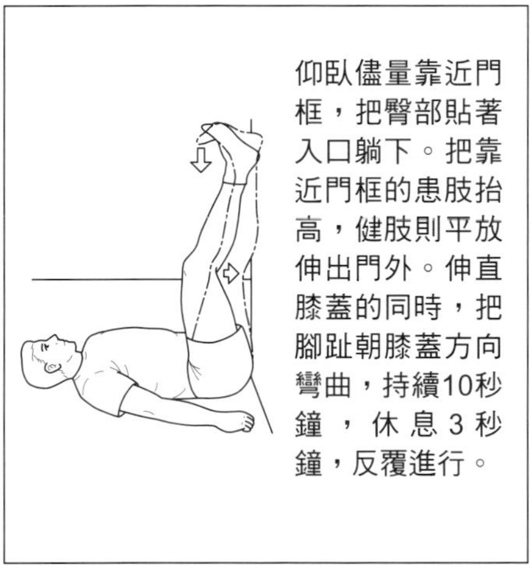

圖3

治療法

肌肉撕裂傷的緊急處置發，首要冷敷。

①伸展運動

伸展運動不僅可以治療疾病，也是避免撕裂傷的有效預防法。

故建議運動前後務必施行（圖3）。

②繃帶固定／③肌內效貼布（kinesio tape）

具有閉合傷口加以固定的效果。

④干擾波、多普勒超音波療法

⑤醫療性按摩

能夠促進血液循環。

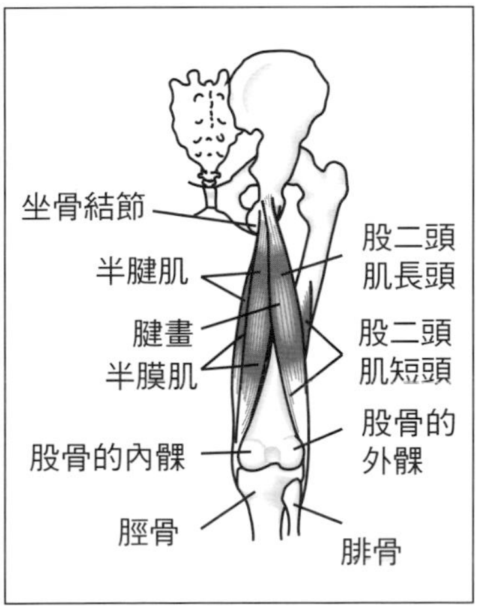

圖4

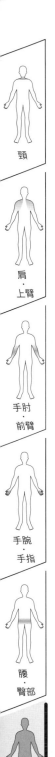

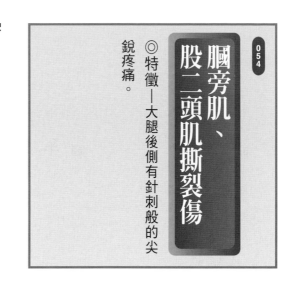

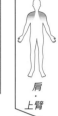

055

股骨頸部骨折

◎特徵—因跌倒負傷。以50歲以上的骨質疏鬆症女性居多。無法步行。若內出血量高達5公升，需要輸血。

症狀和原因

特別是超過50歲的骨質疏鬆症女性最多，約佔8成。負傷時會發燒、腫脹，無法步行。內出血量多達5公升時，需要輸血。

不僅髖關節，每個關節都有包住關節的關節囊。由於關節囊內的血循不良，所以治癒較慢；若骨折部位在關節囊內的話，手術後狀況會變不佳。若在關節囊外的話，預後狀況傾向良好。

治療法

①手術

年輕人可採用保守療法。但這種疾病通常以高齡者居多，故需要進行手術，期待早日離床、步行。

②護具

這是能防範跌倒骨折，稱為臀部護具的褲子。在歐洲已是普遍化的商品。建議穿著。

據說在歐洲，65歲以上的高齡者約有2成會發生在家跌倒的事故，其中1成會骨折。故把護具當作預防對策非常有效。

但因厚重，有人會以上廁所麻煩等理由而停止穿著。

③干擾波、多普勒超音波療法

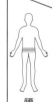

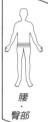

手術後，用來促進患部血循的方法。

④醫療性按摩

這也是手術後，為了促進患部血流的有效方法。

⑤醫療雷射

因雷射可達到深部，故對骨折有效。

⑥關節囊內矯正

患者即使進入復健階段，但為了保護患部，會在腰或膝蓋等其他部位增加負擔，而易引起續發性症狀。關節囊內矯正對防範這種情形非常有效。

以促進血循的意義來說，對骨折患部也有優越效果。

056

膝關節皺摺病變

◎特徵—以12～20歲的女子居多。膝蓋疼痛，有夾住某東西的不舒服感。

症狀和原因

從事運動時，膝蓋內側疼痛，或者彎曲膝蓋時疼痛增強的疾病。

進行屈伸運動時，髕骨和股骨之間似乎夾住某東西，且會發出喀拉喀拉的聲音。

這種皺摺障礙，是包住關節的袋子（滑液囊）突出，被夾在髕骨和股骨的關節（膝蓋大腿關節）之間，用力時會疼痛。由於突出的袋子會像褶棚一般，故稱為皺摺障礙。

這種皺摺本身，其實每個人都有些差異。但是皺摺若因體質而過厚、過大，或者觸及關節、肌肉疲勞（過度使用）等情況引起發炎的話，即會疼痛。

由於嚴重扭傷引起韌帶或半月板損傷時，皺摺也可能一起斷裂，那麼大量出血的關節即會腫脹。

治療法

①干擾波、多普勒超音波療法

在患部照射干擾波，能促進血液循環，及早治癒。

②醫療雷射

能夠去除疼痛。

③手術

皺摺相當大時，以局部麻醉用關節鏡進行皺摺切除。

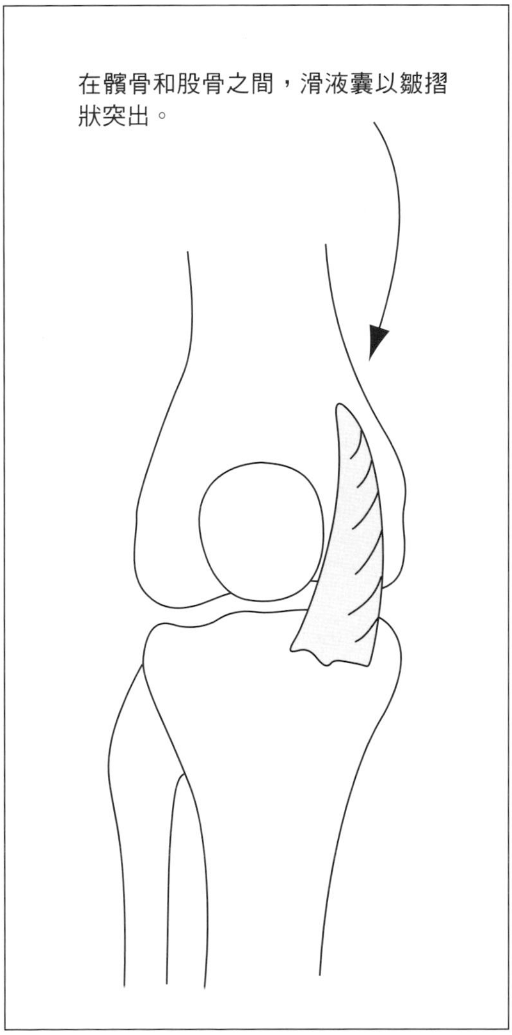

圖1　皺摺障礙

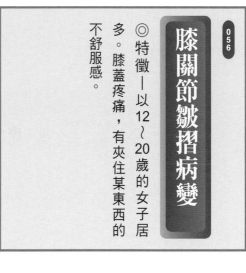

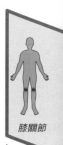

057

前十字、後十字韌帶損傷

◎特徵—因交通事故或運動等，從前、後受到強烈衝擊，引起膝蓋疼痛。常會內出血。膝蓋有不穩定感。

症狀和原因

因機車事故等從前方或後方受到強大衝擊，若感到膝蓋痛即可能前十字、後十字韌帶有損傷情形。

而且常見前十字韌帶、內側半月板和內側側副韌帶3處同時損傷，遇此狀況稱為Unhappy triad。

損傷後，步行會深感不穩定。甚至引起內出血、腫脹。

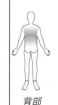

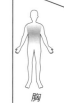

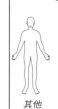

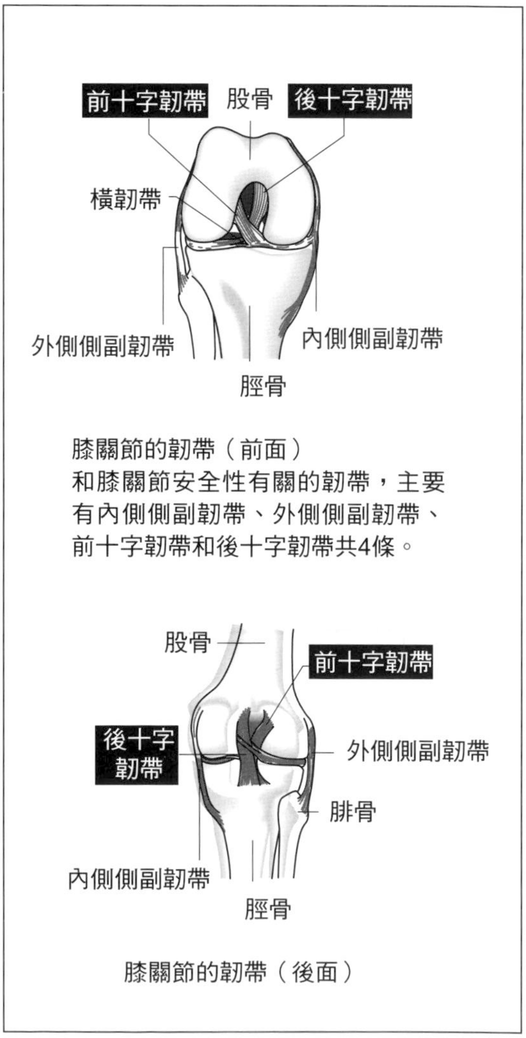

圖1　前十字、後十字韌帶的結構

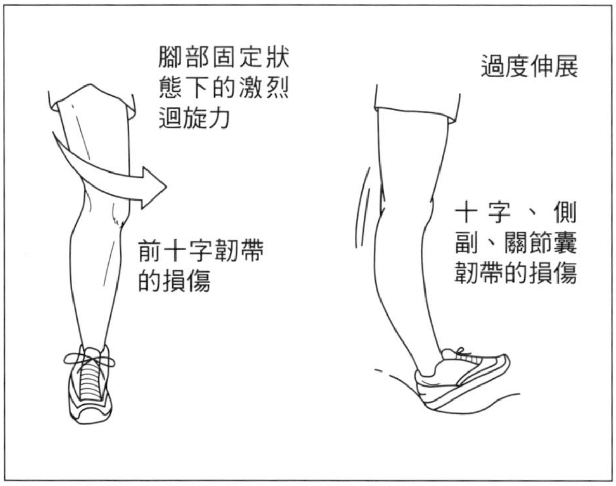

圖2　前十字、後十字韌帶的損傷原因

試驗法

前十字、後十字韌帶受傷時，不必進行X光檢查，只用以下手法即可確認（圖3）。

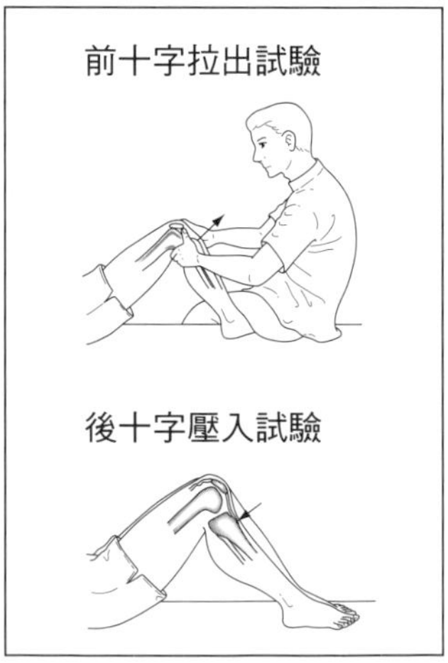

圖3　試驗法

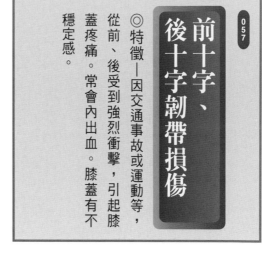

膝蓋中有稱為前十字韌帶和後十字韌帶的韌帶，兩者分別穿過各股骨的縫隙；但後十字韌帶是從後往前，而前十字韌帶是從前往後連接的韌帶。韌帶在膝蓋中是扮演避免晃動的支撐角色，故斷裂時膝蓋就無法穩定。

＊前十字拉出試驗

臉朝上，輕度彎曲髖關節，讓膝關節彎曲90度。醫師確實握住膝蓋下面往前拉，會有晃動感。

＊後十字壓入試驗

醫師確實握住膝蓋下面向後壓，會有晃動感。

後十字韌帶和前十字韌帶相比較，前十字韌帶較粗，所以前十字韌帶損傷時，會無法站立。甚至步行困難。

試驗法

（1）用針筒抽血

因前十字韌帶損傷引起腫脹時，可用針筒抽出累積在膝蓋的血。關節液的黏度高，呈現紅色。

（2）手術

①後十字韌帶損傷的情形

採用不手術的保守療法也可治癒。

②前十字韌帶損傷的情形

因屬特殊韌帶，靠保守療法（不手術）很難治癒，故需進行重建手術（圖4）。這種手術是利用自己體內其他部位的韌帶或冷凍保存的死者韌帶來移植。

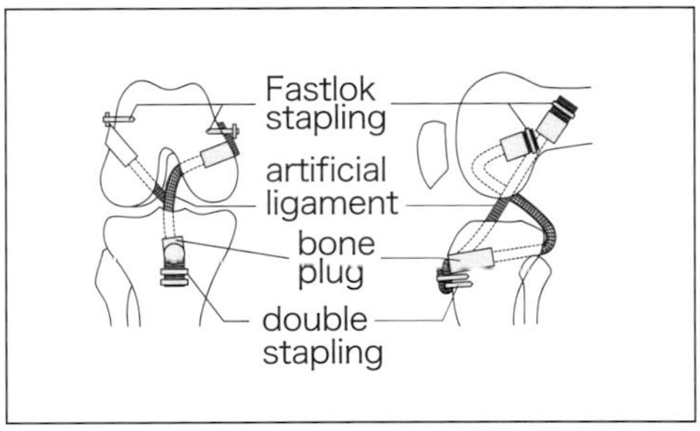

圖4　利用人工韌帶重建術的一例

因進行手術後，股四頭肌的肌力會顯著衰退，所以手術後的復健相當辛苦。

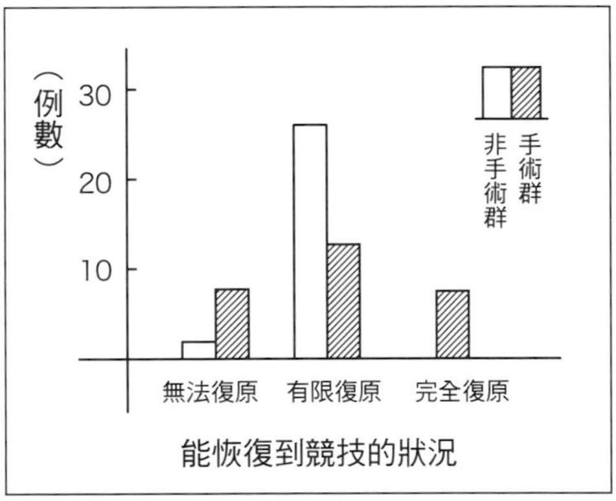

圖5

恢復運動需要等待1年到17年（圖5）。職業運動員只有25%能夠完全康復。

治療法

①用石膏或貼紮固定
②肌內效貼布（kinesio tape）
③繃帶固定
④干擾波
⑤雷射
⑥十字韌帶損傷用護具

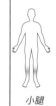

058

內側、外側側副韌帶損傷

◎特徵—因柔道等運動，受到來自膝蓋內側或外側的外力衝擊所引起的膝蓋疾病。基本上保守療法可以治癒，不用手術。

症狀和原因

從事柔道等武術或格鬥人士常患的疾病。

膝關節是只能屈伸的關節。膝關節之所以無法橫向彎曲，是因為膝關節兩側有側副韌帶發揮作用所致。

如圖1所示，從外側踢膝蓋時，位於膝蓋內側的韌帶（內側側副韌帶損傷）可能會斷裂。反之，從內側踢膝蓋時，位於膝蓋外側的韌帶（外側側副韌帶損傷）可能會斷裂。

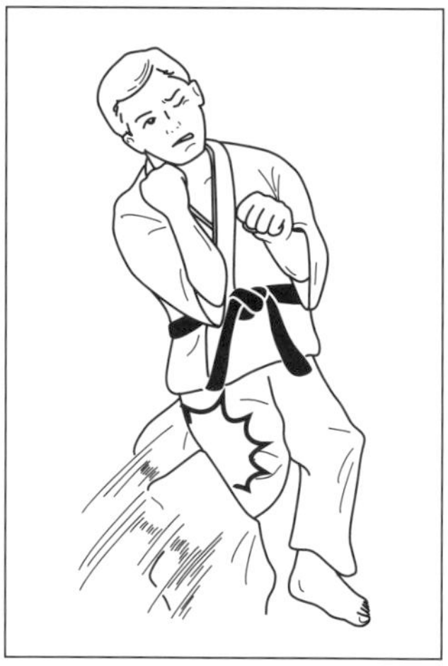

圖1

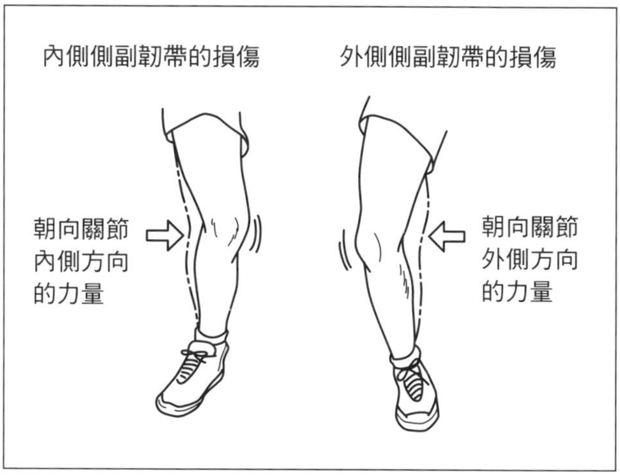

圖2　側副韌帶損傷的結構

這種疾病稱為內側、外側側副韌帶損傷。

出血多時，常可能併發內側側副韌帶損傷和前十字韌帶損傷，要注意。而且，多半會前十字韌帶、內側半月板和內側側副韌帶3處同時受損。這種情況稱之為Unhappy triad。

試驗法

MRI的診斷雖然重要，但不依賴影像，進行如下的徒手檢查，也具有高信賴度和評價。

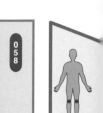

（1）側副韌帶的壓力試驗

如圖3所示，要診斷支撐膝關節兩側的內側側副韌帶或外側側副韌帶，到底是哪一側斷裂時，分別從外側及內側用力壓擠。如此一來，斷裂的那一側即有劇痛。嚴重時還有喀擦聲響，故可確認疾病。

治療法

側副韌帶損傷時，通常不手術。首先採用石膏或貼紮固定，等斷裂的韌帶結合後，再照射干擾波等促進血流，及早復原。

①用石膏或貼紮固定

結合斷掉的韌帶加以固定。

②肌內效貼布（kinesio tape）

可保護無力的肌肉。

③繃帶固定

④干擾波、多普勒超音波療法

用對肌肉有效之頻率的干擾波照射患部，能促進血循及早治癒。

⑤醫療雷射

具有消除疼痛的效果。

⑥水床按摩

藉由水的壓力來按摩，骨質疏鬆患者也適合使用。可促進血液循環，及早治癒。

⑦側副韌帶損傷用的護具（圖4）

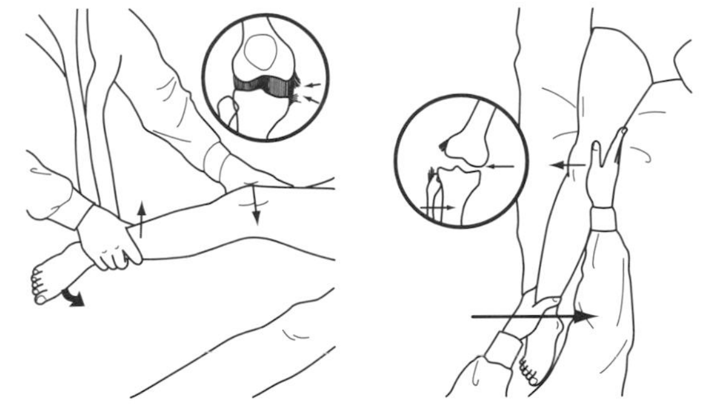

圖3　壓力試驗

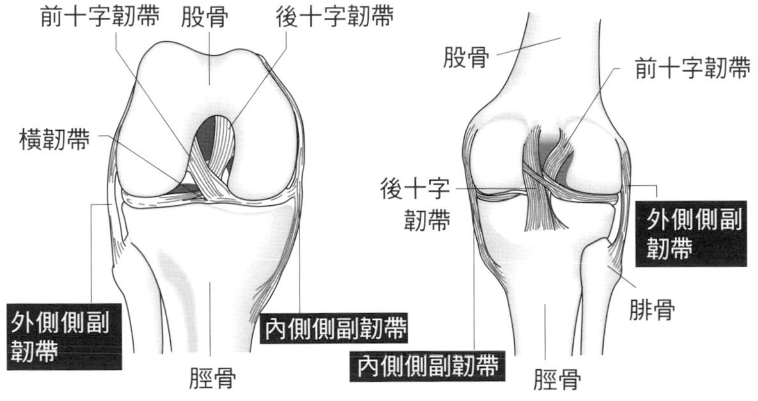

膝關節的韌帶（前面）
和膝關節安全性有關的韌帶主要有內側側副韌帶、外側側副韌帶、前十字韌帶和後十字韌帶共4條。

膝關節的韌帶（後面）

圖5　內側、外側側副韌帶

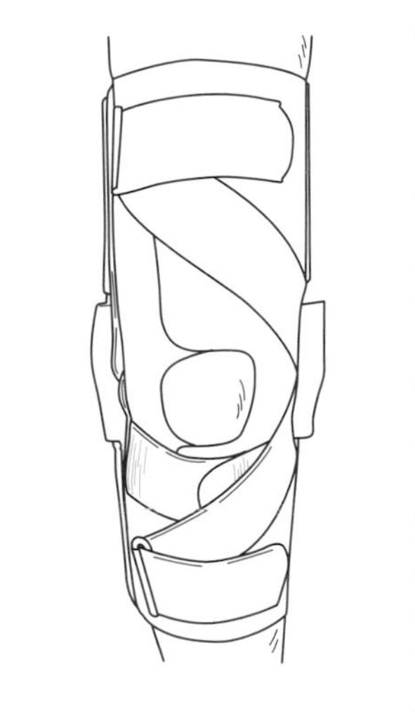

圖4

059

內側、外側半月板損傷

◎特徵—膝蓋疼痛，不能盤腿而坐。利用試驗法可清楚瞭解損傷部位。

症狀和原因

內側、外側半月板是位於股骨和脛骨之間的膝關節內，具有軟墊及方便膝蓋滑動的作用。

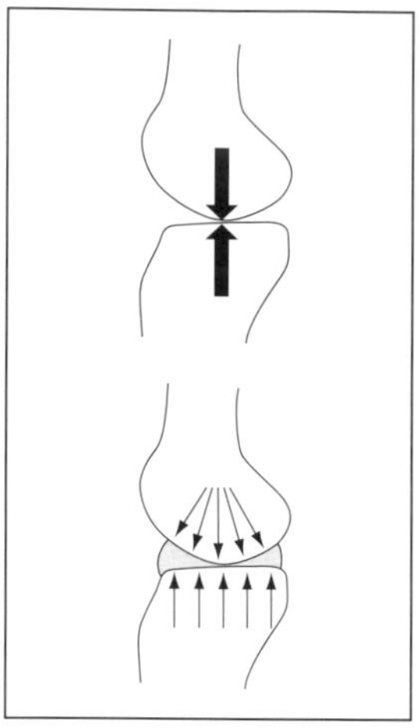

圖1　半月板的作用

內側、外側半月板損傷（圖2）就如棒球的捕手為了防範盜壘，以深度彎曲膝蓋的狀態，做出扭轉膝蓋的動作時所引起的疾病。

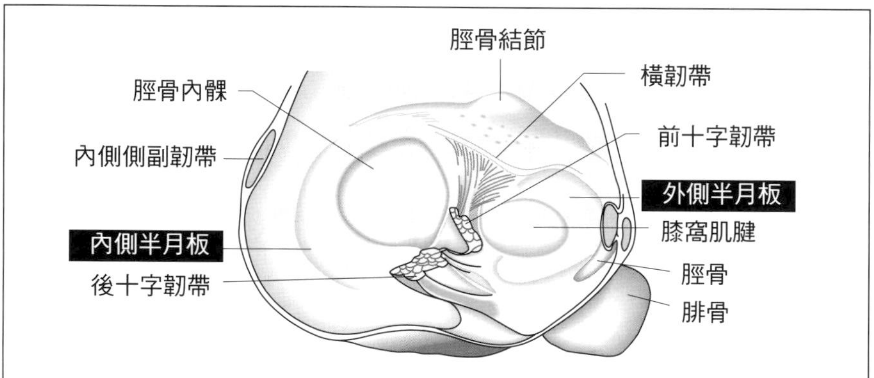

內側半月板的周徑比外側半月板大，但寬度較窄。

圖2　膝關節半月板的結構

排球或籃球，也會因跳躍、著地的突然轉向，出現扭傷膝蓋的情形。

除了運動員外，也是常在狹窄場所來回走動的廚師等常患的疾病。日本人中則以外側半月板損傷而疼痛的人居多。

內側、外側半月板損傷的症狀惡化之後，斷裂的半月板會晃動，若因某種原因阻塞到關節的話，即會引起劇痛、無法動彈的閉鎖現象。

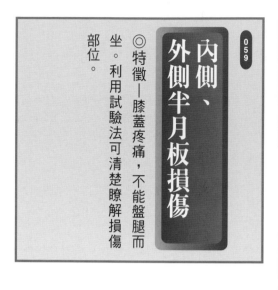

試驗法

（1）迴旋擠壓試驗（McMurray Test）

MRI的診斷固然重要，但不依賴影像，進行下述的徒手檢查，也有極高的準確度（圖3）。

患者以彎曲膝蓋的狀態，邊把腳踝向內側旋轉邊慢慢伸直。如果膝

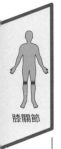

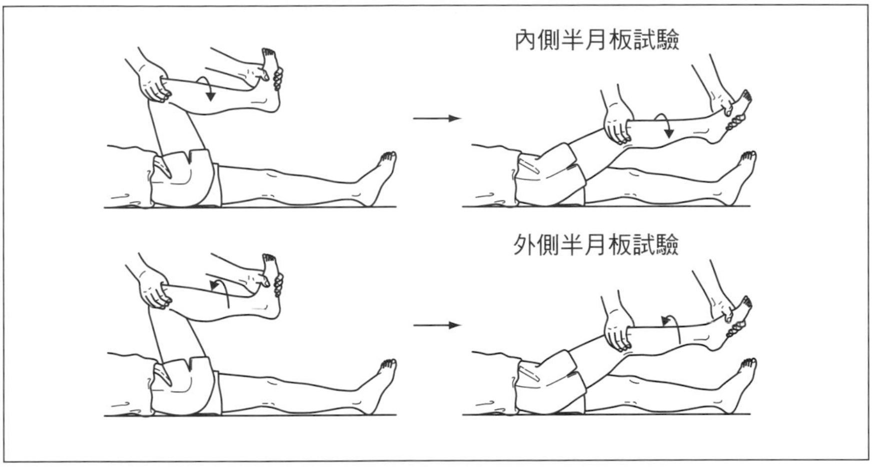

圖3　膝關節半月板的結構

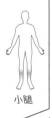

蓋外側會痛的話，就確認是外側半月板損傷。

反之，若以腳踝向外側旋轉的狀態伸直膝蓋，膝蓋內側會痛的話，就確認是內側半月板損傷。

且損傷的形態有許多種，根據疼痛時機，可瞭解膝蓋在屈曲角度90度以上位置會疼痛是深部損傷；90度位置會疼痛是中部損傷，90度以下位置會疼痛是淺部損傷（圖4）。

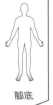

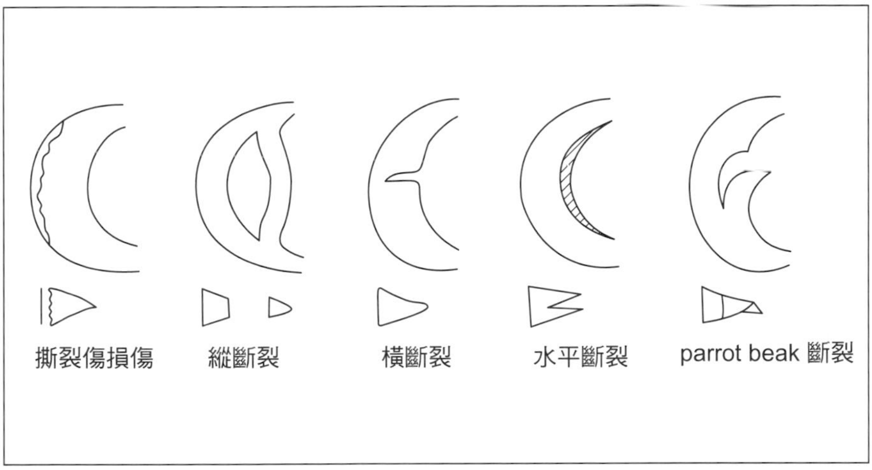

圖4　半月板損傷的種類

治療法

①用石膏或貼紮固定

②肌內效貼布（kinesio tape）
可保護無力的肌肉。

③繃帶固定

④干擾波、多普勒超音波療法
用對肌肉有效果之頻率的干擾波照射患部，可促進血液循環及早治癒。

⑤醫療雷射
能夠去除疼痛。

⑥手術

⑦半月板損傷用護具

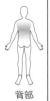

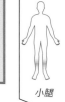

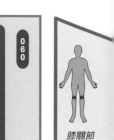

060

分裂髕骨

◎特徵—以12～16歲的男孩居多。髕骨的外上側會疼痛。

症狀和原因

是常發生在12～16歲男孩的疾病，也是髕骨外側會腫脹疼痛的疾病。當碰撞等受到外力衝擊時，髕骨會像盾一般保護膝蓋內部。

髕骨是人體內最大的種子骨。嬰兒時期還是軟骨，從3～5歲開始變硬骨化。

但有先天無法順利骨化，無法形成一個碗狀的人。此外，若因連接髕骨的周邊肌肉疲勞或受到外力，造成髕骨分離時，就是分裂髕骨了（圖1）。

髕骨的外側是比其他部位更容易受到外力衝擊的部位。因此，因踢足球、常和人碰撞的9～14歲男孩常發生這種疾病。

分裂髕骨對一般生活幾乎沒有障礙，但若從事激烈運動，用力拉伸大腿肌肉時，會帶給髕骨壓力，使分裂部位發炎、疼痛。

在髕骨，特別是外側腫脹疼痛的情形最多。按壓該部位會有激烈疼痛。

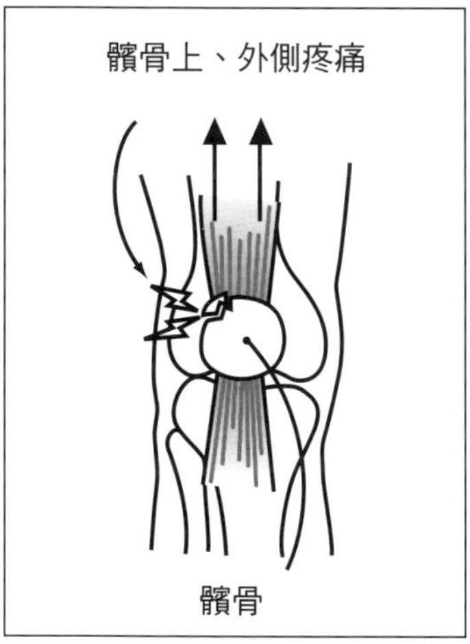

圖1　分裂髕骨

髕骨外側的血管比內側少，故碰撞時，會導致血流不良，不易治癒，疼痛也難以解除。

治療法

①干擾波、多普勒超音波療法

對13歲以下的孩子特別有效。在患部照射干擾波，可促進血液循環及早治癒。

②醫療雷射

能夠去除疼痛。

③醫療性按摩

能夠去除疼痛。

④繃帶固定。

⑤手術

當保守療法沒有效果時，先靠關節鏡找出分裂部的異常，如果分裂骨邊還小，則加以切除；若分裂骨大，則進行使本體髕骨癒合的手術。手術後的狀況良好。

061

貝克氏囊腫（Baker's cyst）

◎特徵—膝蓋後面會膨脹、困難正坐。會伴隨疼痛。重症時要手術。

症狀和原因

是常發生在中年女性的疾病，因為膝蓋後面腫脹，故多半無法正坐。有此症狀時懷疑罹患貝克氏囊腫（Baker's cyst）。

這多半是伴隨退化性膝關節炎或慢性關節風濕的合併症出現的疾病。

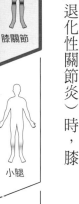

此外，有類風濕關節炎或者變形性關節症（退化性關節炎）時，膝關節會受其影響，使得滑液囊（分泌關節滑液的部位）累積水分逐漸變大。

疼痛並不強，但膝蓋後面會腫脹，有不舒服感或正坐緊張感（像夾住東西的感覺），甚至有人膝蓋完全無法彎曲（圖3）。

試驗法

觸診膝蓋背面的內側確認有無囊種。

治療法

有不手術，只靠①的照射干擾波、③的用針筒抽水即可復原的案例。如果囊腫一直不消失，即要手術。

①干擾波、多普勒超音波療法

②繃帶固定

藉由壓迫，使關節液恢復成原來的量。

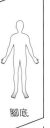

③用針筒抽出水分。

把滯留在滑液囊的水分，用針筒抽掉。

④手術

用針筒把水抽掉還是無法消腫時，即要切除膝蓋後面的積水袋。

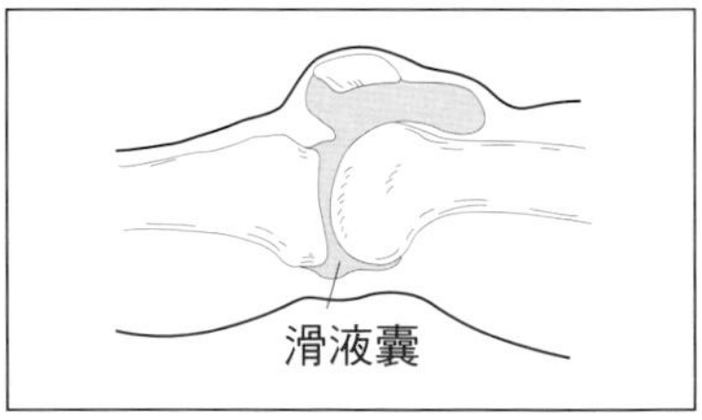

圖1　從側邊看的膝蓋切面圖

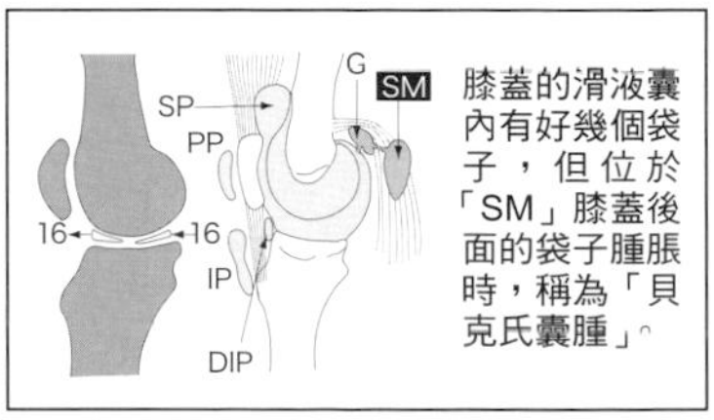

圖3　從側邊看的膝蓋切面圖

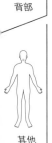

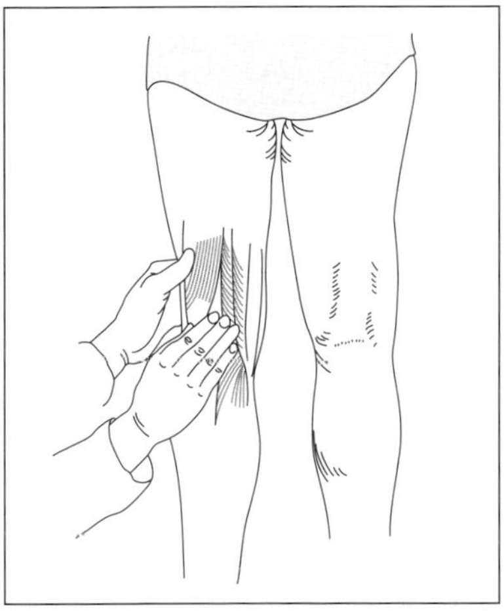
圖2　分裂髕骨

062

髕骨脫位（髕股關節綜合症）(Patellofemoral syndrome)

◎特徵—以X型腿的人居多，膝蓋會疼痛。重症時需要手術。

症狀和原因

膝蓋用力時或扭轉時，髕骨向外側脫離的疾病。

其中X型腿的人先天就有容易脫離的因素。

股四頭肌是由4條肌肉構成。這群肌肉中的3條具有把髕骨往外側拉的作用，只有1條肌肉（股內側肌）具有把髕骨往內側拉的作用。

X型腿的人，這種往外側拉的力量更強，也增高向外側脫離的可能性。

髕骨包含在股四頭肌的肌腱裡。猶如剛好嵌入溝中的狀態。

因此伸直膝蓋時，股四頭肌會收縮，把髕骨往外側拉。

此時，股四頭肌的股內側肌為了使髕骨不往外脫離般，會拚命地往內側拉。

而且如圖2所示，髕骨所嵌入的股四頭肌溝槽，其溝槽的外側面較高陡，用來防止髕骨往外側脫離。

但這種溝槽外側面天生就平緩的人，即容易往外脫離。

一旦脫離，即會產生壓迫髕股關節的不適感，有時甚至真正脫離。

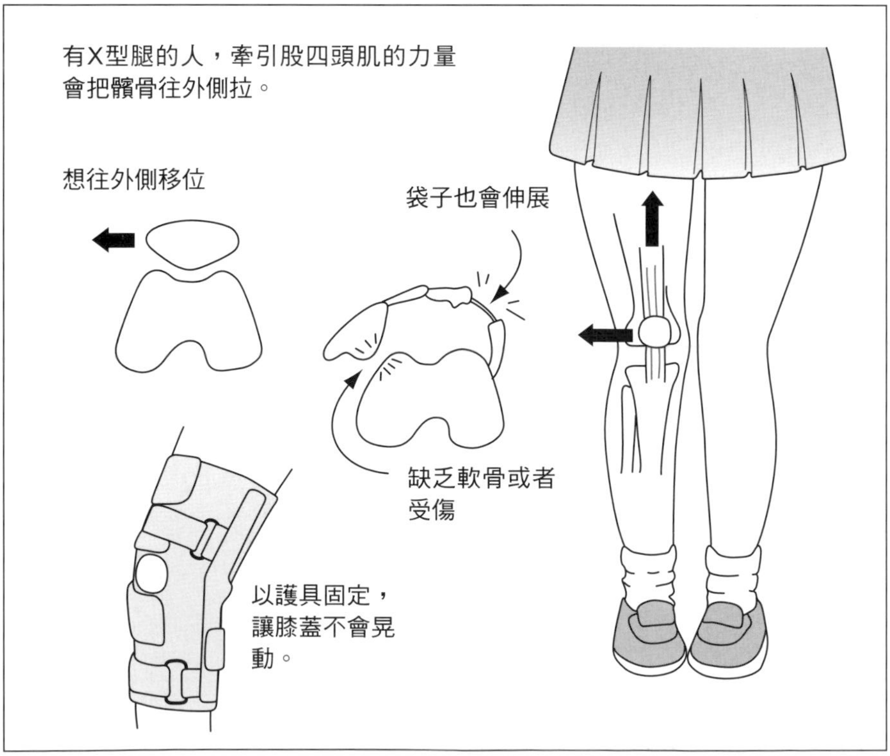
有X型腿的人，牽引股四頭肌的力量會把髕骨往外側拉。
想往外側移位
袋子也會伸展
缺乏軟骨或者受傷
以護具固定，讓膝蓋不會晃動。

圖1　髕骨脫位

膝關節
小腿
腳底
胸・側腰
背部
其他

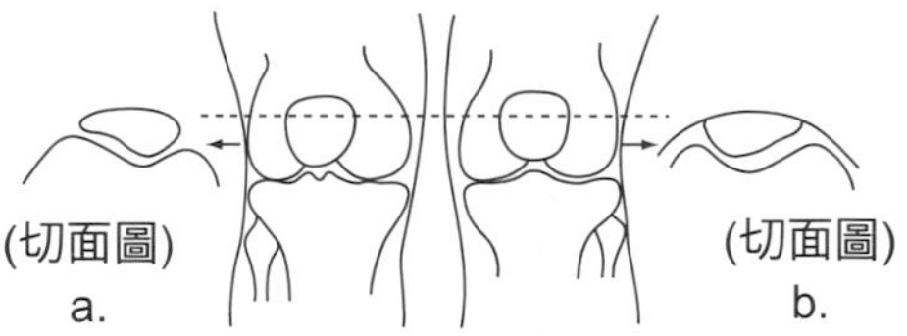

a. (切面圖): 髕骨是嵌入在股骨下端部的溝槽中。股骨溝槽的外側面比內側高陡，用來防止脫臼。
b.(切面圖): 膝蓋支持帶— 是髕骨的內側和外側的纖維性帶子，具有「馬轡」般的作用，用來確保髕骨的安全性。

圖2　髕骨和股骨的關節形狀和膝蓋支持帶

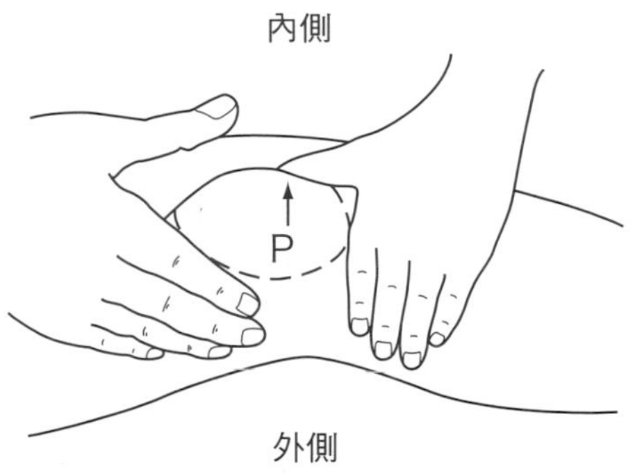

圖3　Fairbank's 恐懼試驗（Fairbank's apprehension test）

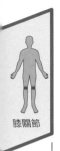

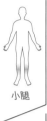

這種人會非常討厭如滑雪般膝蓋需要用力的運動。

試驗法

（1）視診

發生髕骨脫位的人，髕骨會下沈，外側突出。

（2）Fairbank's 恐懼試驗（Fairbank's apprehension test）

如圖3所示，把髕骨稍微向外壓擠，患者即會產生不安感，加以抗拒。

治療法

①護具

穿著從外側往內側施加力量的護具來固定（圖4）。

②繃帶固定

③干擾波、多普勒超音波療法

④醫療按摩

⑤手術

不穩定感強烈的人，需要手術。此際，需要3個月才能再從事運動。

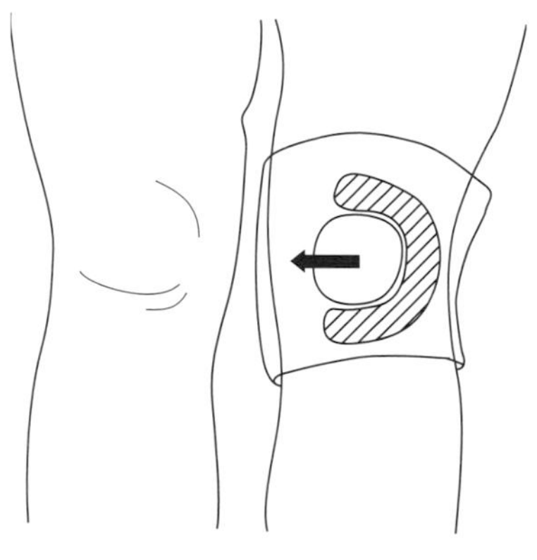

以馬蹄形的護墊圍住髕骨，再用繃帶把髕骨從外側拉向內側的裝具。

圖4　預防髕骨脫位的裝具

063

鵝足炎

◎特徵—膝關節稍微伸展時，膝蓋內側會疼痛。以X型腿的中高年人居多。為了保護膝蓋疼痛，會有續發性的症狀發生。

症狀和原因

以有X型腿的中高年人居多，膝關節稍微伸直，膝蓋內側的脛骨略下方部位即會疼痛，有時伴隨硬塊感或腫脹。

膝蓋內側附著著一塊由大腿部到縫匠肌、股薄肌、半腱肌之各個肌腱組織所構成的肌肉（圖1）。因這部分的形狀猶如鵝的腳，故稱為「鵝足」（圖2）。所謂鵝足炎就是該鵝足部分因膝蓋反覆屈伸，摩擦到脛骨內側引起發炎而疼痛的疾病。

如長跑選手等長時間進行反覆膝蓋屈伸運動的人最容易引起，也是其特徵之一。另外，X型腿的人因內側韌帶和骨頭摩擦較大，故有容易發病的傾向。

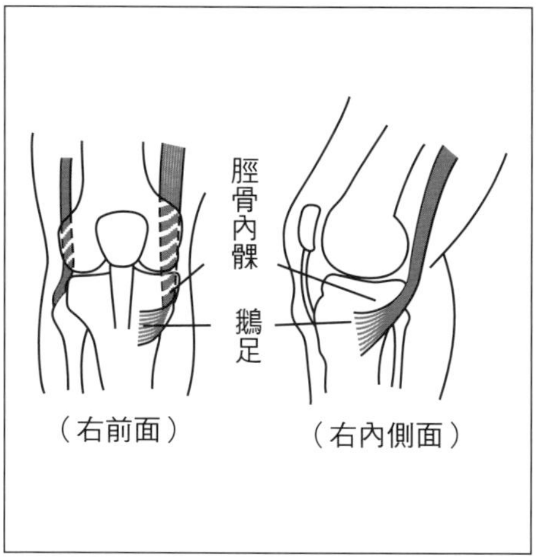

圖1

治療法

①干擾波、多普勒超音波療法

沿著膕旁肌照射對肌肉有效之頻率的干擾波。

②醫療雷射

③醫療性按摩

④鞋墊

罹患鵝足炎的人，其內側鞋底容易磨損，所以在鞋子內側放置墊高內側的鞋墊。

⑤繃帶固定

膝關節歪斜時，即會在肌腱上用力，故加以伸直可減少肌肉負擔；但並非壓住貼布。

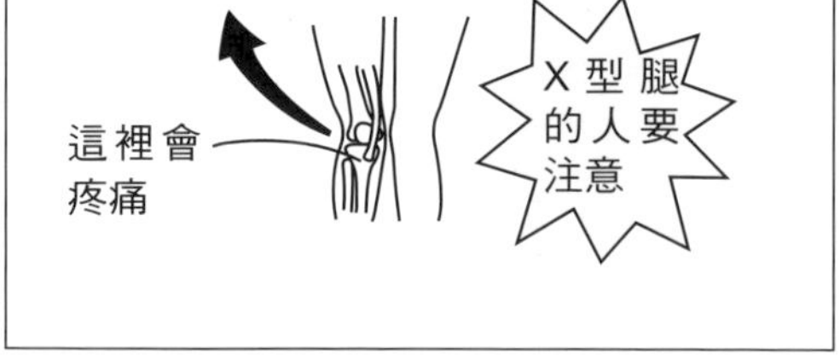

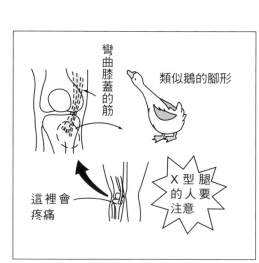

圖2　鵝足炎部

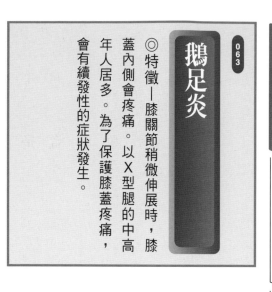

064

髂脛韌帶炎

◎特徵—膝蓋外側略上方會疼痛。以O型腿的人或者馬拉松選手居多。

症狀和原因

所謂髂脛韌帶是指如圖1般經過股骨外側，連接骨盆和脛骨的韌帶，也是韌帶中最長的韌帶。

這個髂脛韌帶附著在脛骨上端外側，和股骨摩擦發炎時，就是髂脛韌帶炎。特別在運動時，會在膝蓋外側的股骨突出部份產生疼痛。這種疼痛可藉由緊抓試驗（Grasping test）來確認（圖2）。

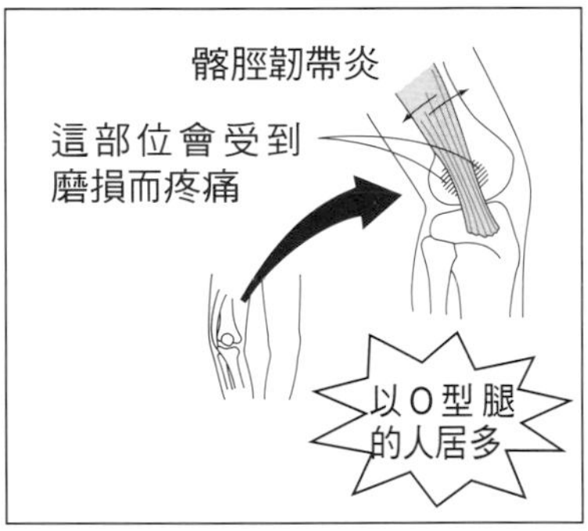

圖1　從外側看膝蓋的圖

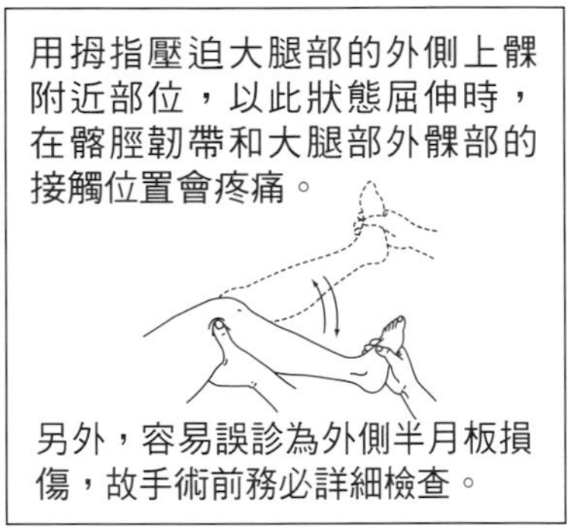

圖2　緊抓試驗（Grasping test）

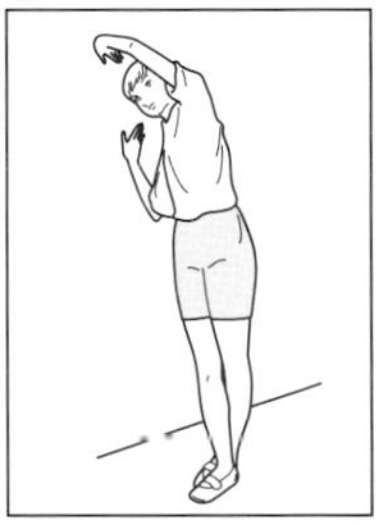

圖4

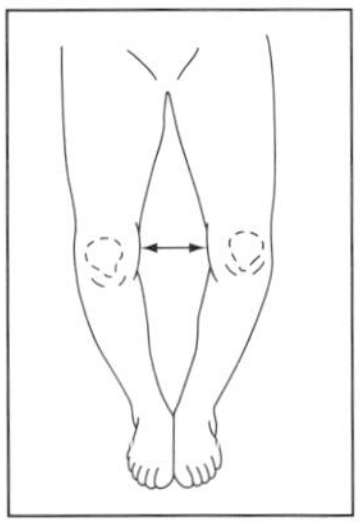

圖3　O型腿

因退化性膝關節炎等而有O型腿的人，因韌帶和骨頭的摩擦較大，故有容易發病的傾向（圖3）。

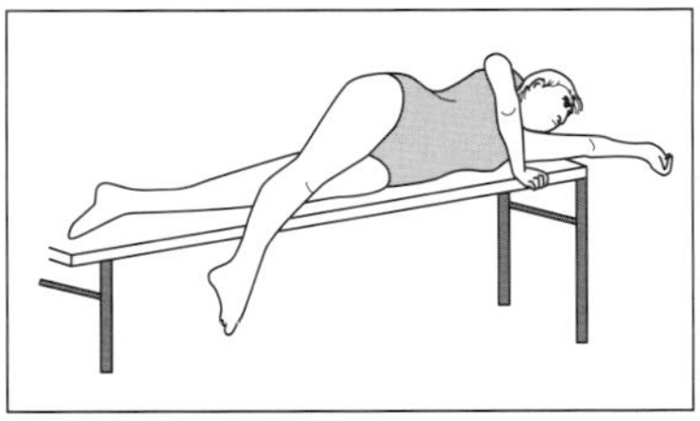

圖5

馬拉松選手和中程賽跑選手，在運動場上是以逆時針方向跑步，故會因離心力作用，可能在右側引起髂脛韌帶炎。

除了運動選手之外，家裡有螺旋狀樓梯的人，也容易因單側承受負擔而引起髂脛韌帶炎。

治療法

髂脛韌帶炎的治療和預防，伸展運動非常有效（圖4）。過去，我曾擔任日本聯賽的醫護人員，當時選手們在練習後必須進行1小時的伸展運動，這是表示伸展運動重要性的好例子。

①伸展運動
②肌內效貼布（kinesio tape）
③干擾波

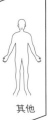

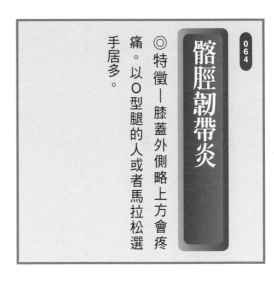

065

奧斯古謝拉德氏病（Osgood-Schlatter disease）

◎特徵—髕骨下方的骨頭會腫脹疼痛。以小學、中學的運動選手居多，容易在兩腳發病。伸展運動最重要。

症狀和原因

奧斯古謝拉德氏病（Osgood-Schlatter disease）以小學、中學生居多，可說是成長期膝蓋運動傷害中最常見的疾病之一。位於膝蓋下方突出的骨頭會疼痛、腫脹（圖1）。

用來穩定膝蓋屈伸的髕骨韌帶（連接髕骨和脛骨的韌帶）是附著在脛骨上。這個附著部分，成長期時是由軟骨構成。屈伸膝蓋時，因韌帶反覆受到拉扯，造成脛骨和髕骨韌帶的接合部發炎，最後撕裂傷而浮高（圖2）。

置之不管後，會發生脛骨骨折，這時候就只有手術一途了。故在經常從事運動的學生時代，需要早期發現、早期治療。

容易引發奧斯古謝拉德氏病（Osgood-Schlatter disease）的運動，尤其是足球、籃球、排球和棒球等需伴隨會對膝蓋施加壓力之跳躍、跑步等動作的競賽。

在中、小學生的成長期，因脛骨粗隆尚未成熟、沒有抵抗力，所以這部位會疼痛。到了高中、大學生後，因脛骨粗隆已經成熟，故會在其上方的髕骨韌帶產生疼痛。

到了成人，因脛骨粗隆、髕骨韌帶都已成熟，故會在髕骨上方的部位產生疼痛。

雖然病因相同，但這種疾病的疼痛部位會隨著年齡增加而往上移動。

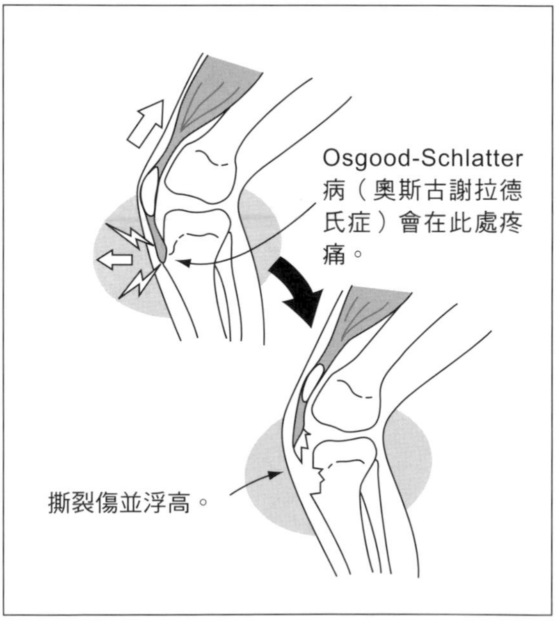
Osgood-Schlatter病（奧斯古謝拉德氏症）會在此處疼痛。
撕裂傷並浮高。

圖1　Osgood-Schlatter 病（奧斯古謝拉德氏症）

治療法

無論治療或預防，進行伸展運動都有效。我在擔任日本聯賽的醫護人員時，選手們每次練習後都必須進行1小時的伸展運動。

若能邊進行伸展運動，邊作醫療性按摩，效果更佳。

①股四頭肌的伸展運動

因為伸展運動可鬆弛股四頭肌，故可減輕附著在脛骨粗隆的負擔。

②醫療性按摩

雖然會疼痛，但有必要用力按壓脛骨結節。

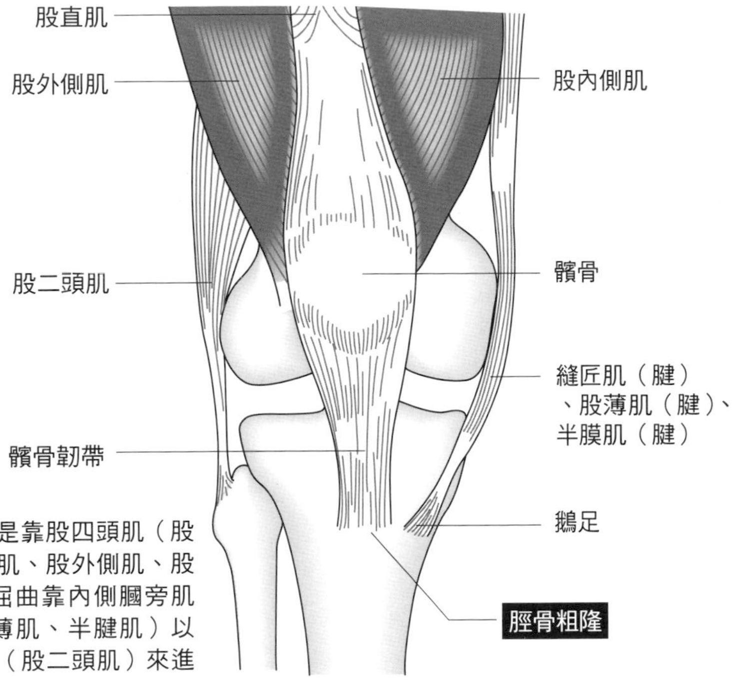

膝關節的伸展是靠股四頭肌（股直肌、股內側肌、股外側肌、股中間肌），而屈曲靠內側膕旁肌（縫匠肌、股薄肌、半腱肌）以及外側膕旁肌（股二頭肌）來進行。

圖2　膝關節的肌群

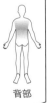

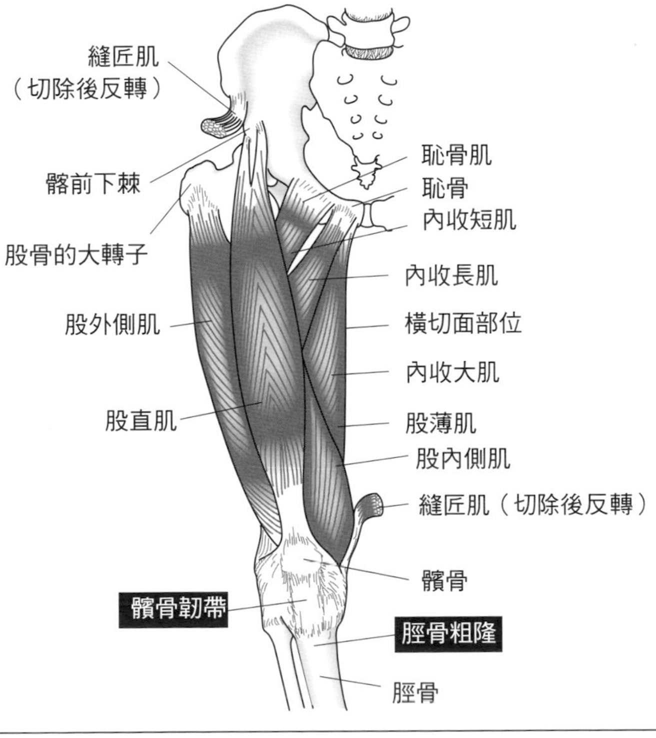

圖3　髕骨韌帶和脛骨粗隆

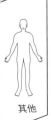

066

髕骨韌帶炎

◎特徵—別名「跳躍運動員膝」。跳躍時髕骨正下方會疼痛。為了保護膝蓋，有時會發生續發性症狀。

症狀和原因

這多半因為籃球、障礙賽跑、排球般會加入跳躍、著地、衝刺、停止動作之激烈運動引起的疾病。尤其是常跳躍的運動選手，更容易發生的損傷，所以別稱「跳躍運動員膝」。

跳躍之際，首先會收縮大腿前面的肌肉，這股力量就從髕骨傳達到髕骨韌帶、脛骨，構成膝關節伸展的結構。

不過，反覆進行激烈跳躍的話，髕骨韌帶會因承受龐大負荷而發炎。這就是髕骨韌帶炎（圖1、2）。

其中骨骼成長到一個階段後的高中生或大學生，罹患髕骨韌帶炎的機會比中、小學生高。

理由是成長期的中、小學生膝蓋有成長軟骨，在韌帶疲勞之前，較纖細的成長軟骨會先受到傷害，而先罹患奧斯古謝拉德氏病（Osgood-Schlatter disease）。

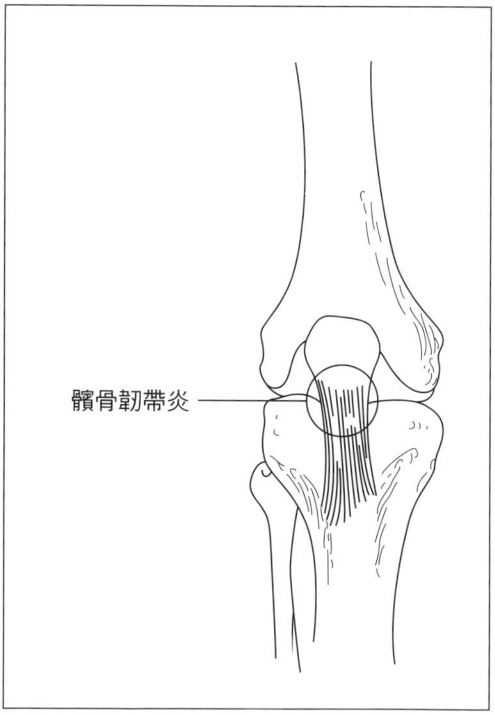

圖1　髕骨韌帶炎（跳躍運動員膝）

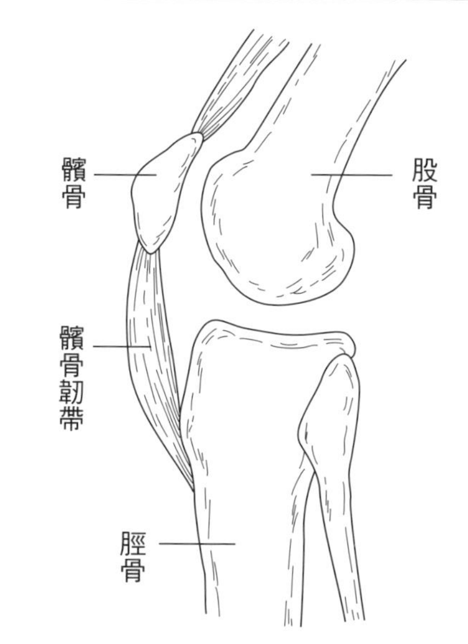

連接髕骨和脛骨的是髕骨韌帶。過度屈伸膝蓋時，會在髕骨和韌帶的連接處引起發炎，這就是髕骨韌帶炎。

圖2　髕骨韌帶

治療法

無論治療或預防上，進行伸展運

動都能讓股四頭肌本身獲得鬆弛，產生效果。

過去，我擔任日本聯賽的醫護人員時，選手們在練習後必須進行1小時的伸展運動。其中股四頭肌的伸展運動如下。

①股四頭肌的伸展運動

1.保持肌肉不疼痛的程度（感到舒暢緊張感的程度），持續約20～30秒，再邊用手輕加壓力，邊稍微伸展膝蓋5～6次。之後，再一次做伸展運動約20～30秒。

2.在伸展運動和伸展運動之間，進行伸展膝蓋的拉筋運動5～6次之後，接著再進行伸展運動約20～30秒。

②干擾波、多普勒超音波療法

對股四頭肌照射對肌肉有效之頻率的干擾波。

③醫療雷射

④醫療性按摩

⑤肌內效貼布（kinesio tape）

⑥繃帶固定

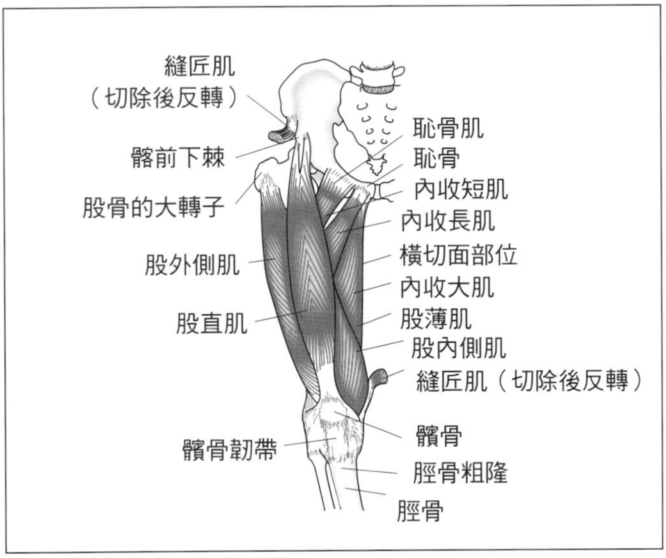

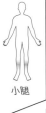

圖3

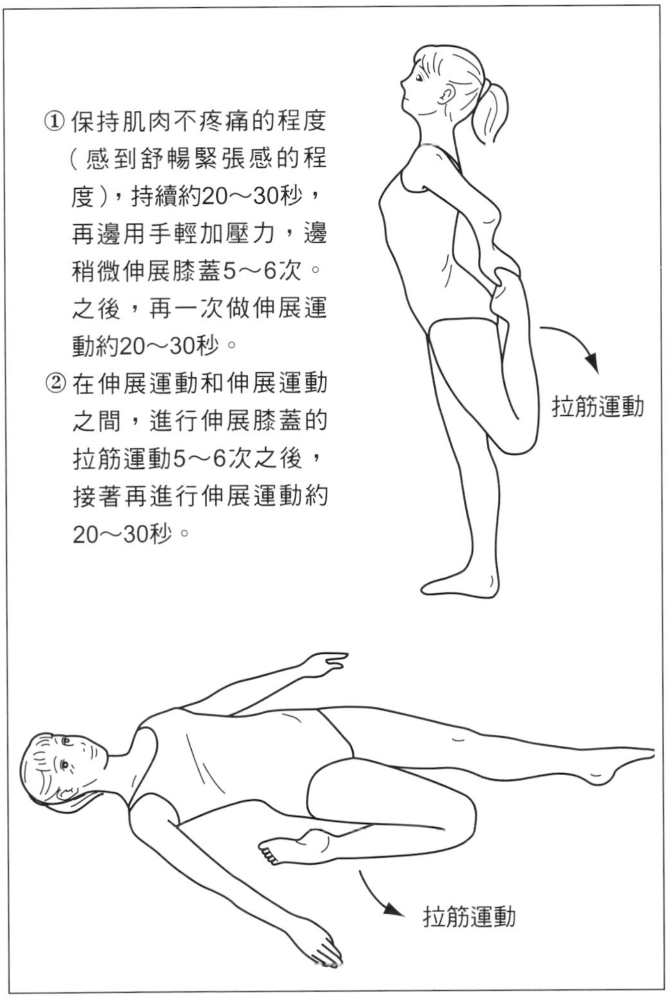

圖4　股四頭肌的伸展運動

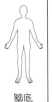

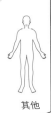

067

退化性膝關節炎

◎特徵—別名「O、A」，以50歲以上的女性居多。膝蓋內側會痛，重症時無法正坐。踏出第一步時或下樓梯時會激烈疼痛。只靠注射或服藥成效有限，復健最重要。若接受關節囊內矯正，有可能正坐。

症狀和原因

所謂退化性膝關節炎，就是因膝關節中軟墊般的軟骨被磨損或肌力降低，導致發炎或關節變形、疼痛的疾病。

多半時候，膝蓋內側會痛，尤其是下樓梯時或站立踏出第一、第二步時特別疼痛。

是常發生在中高年人的疾病，尤其是50歲以上的女性。患者有增多的傾向，這是為什麼呢？

如圖1所示，支撐膝關節的肌肉是具有強大力量的股四頭肌。然而，年過50歲，除非勤練肌力的人，否則肌力一般都會減弱。

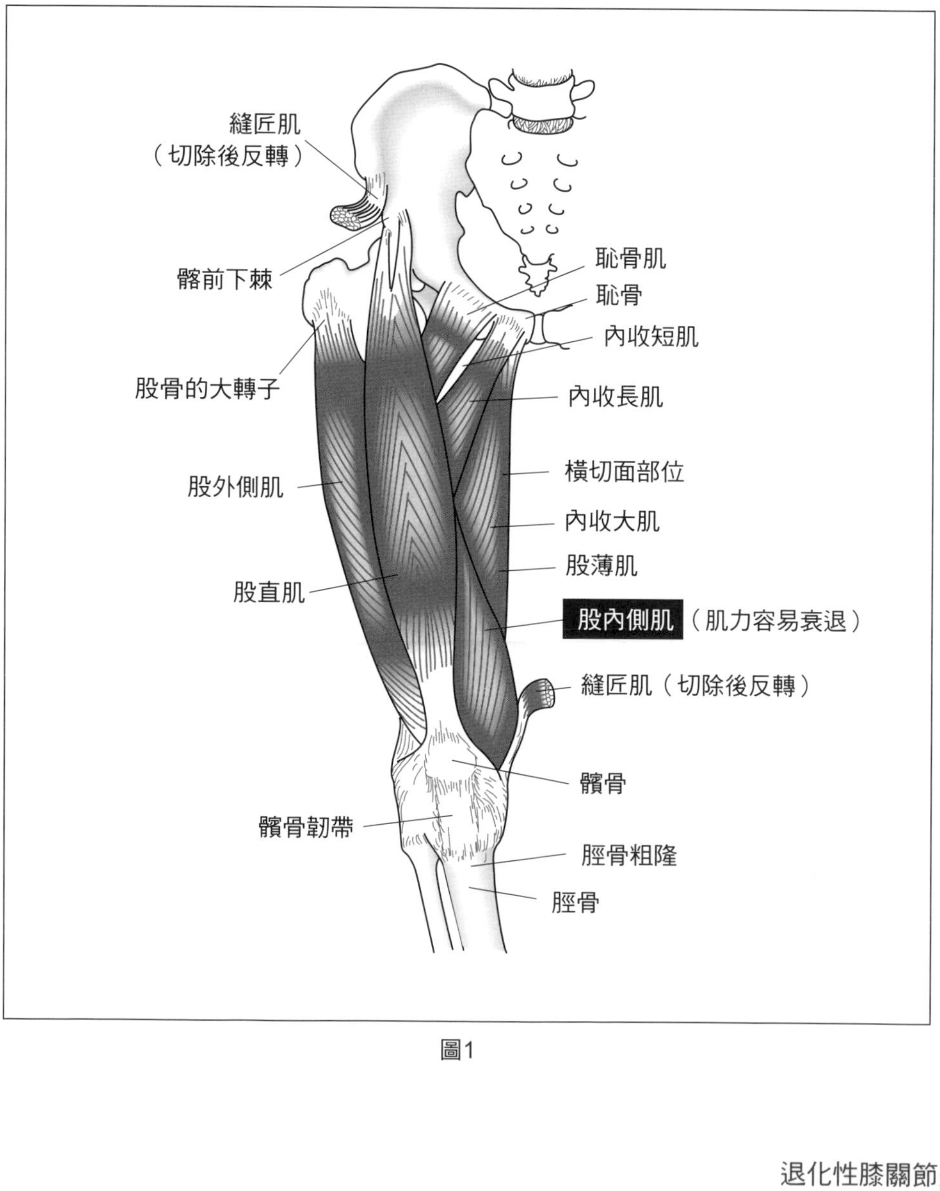

圖1

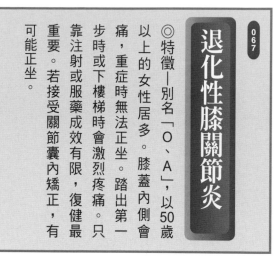

大腿肌的外側擁有不易老化的髂脛韌帶，所以不易衰退，但內側肌肉的股內側肌卻無保護的韌帶，而且日常生活上不常使用，故非常容易衰退。

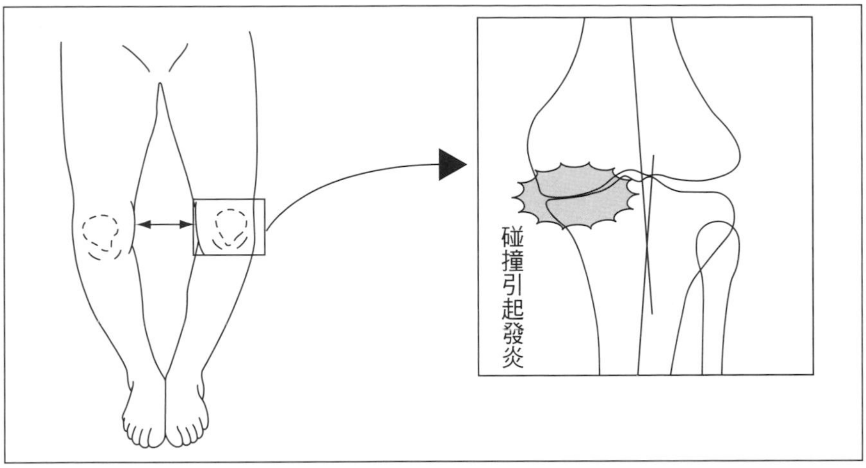

圖2

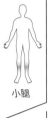

亦即如圖2所示，外側肌力強，內側肌力弱，導致膝關節容易被拉到外側，形成O型腿。

結果，股骨內側下部的骨頭和脛骨內側上部的骨頭，會彼此碰撞引起疼痛。

變成O型腿之後，由於體重負荷在腳底外側，所以鞋底外側容較易磨損。若對這種狀態置之不理，膝關節將逐漸喪失支撐力，O型腿變嚴重。嚴重之後，會從骨頭碰撞處產生骨片，引起膝關節腫脹。

關節都必然擁有關節囊，膝關節也不例外。

關節囊受到骨片的刺激，也是膝關節囊腫脹的原因，然而腫脹卻也是防止骨頭彼此碰撞、保護膝關節的人體防衛反應之一。

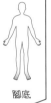

此外，最近我也在學會發表所謂「幼年期太早步行容易引發退化性膝關節炎」的學說，頓時成為話題。

人類在幼年期是O型腿。若以此狀態太早學會步行，對老年期的退化性膝關節炎可能有影響。這個學說在現階段雖尚未被確認是肯定或否定。然而，這個知識希望對可愛的孫子能有所裨益。

治療法

①用針筒抽掉膝蓋的水

腫脹之後，膝蓋完全無法彎曲，不僅無法使用和室廁所，也困難使用坐式馬桶。遇此狀況，我建議使用針筒抽水。

此外，將抽出的關節液進行成分分析，即可正確診斷是否退化性膝關節炎。

關節液是黏度高的黃色液體。

但也常聽說「用針筒抽取膝蓋水時，會立即腫脹」的情形。

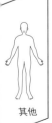

這是因沒有仔細探究退化性膝關節炎根本的原因，漠視好不容易產生的防衛反應所引起的現象。關節液是體液的一部分，所以顧及全身的平衡，而採取「不馬上抽取」的處置也很重要。

不抽取膝蓋水，而用繃帶壓迫或干擾波等電氣療法等，也能期待不錯的效果。

前文曾提過退化性膝關節炎的原因，是支撐膝關節的股四頭肌肌力降低，尤其是內側肌的肌力降低所致。

不過若為了強化肌力，每天步行5公里的話，疼痛和腫脹都會增強。

因為感覺輕微疼痛或腫脹時，就表示膝關節已經發炎，此時首要進行的是，暫時避免過度步行，接受抑制發炎的治療。

等疼痛消失後，再進行強化肌力的訓練，即能在短期間復原。

② 干擾波、多普勒超音波療法

透過電氣療法，可獲得鎮痛作用和促進血液循環。

這時候把頻率轉換為適合肌肉的頻率，即能強化股四頭肌的肌力。

③ 醫療性按摩

溫熱收縮的肌肉，促進血液循環，就能放鬆收縮，去除疼痛。而且是能兼具觸診的重要療法。

④ 雷射治療

最近有顯著進步，因滲透性比電氣治療深層，故對局部性疼痛有效。醫院的醫師中，有人只靠這種雷射治療就治癒退化性膝關節炎。

⑤ 服用鎮痛藥

特別是高齡者，會因服藥而胃痛，故不適合長期持續服用。

多半的內科會建議停止服藥。的確藥會產生副作用，故有內科疾病的人必須注意。

⑥ 局部施打類固醇劑

雖然是非常有效的抗發炎劑，但效果是暫時性的。次數以5次為限，超過5次，關節本身會有無法挽救的情形。疼痛可能永遠存在。

⑦ 在關節腔內注射玻尿酸鈉（Natrium Hyaluronic Acid）

屬於研究中的治療法。可防止覆蓋在關節軟骨表面的軟骨受到破壞。據說此療法可大幅降低手術比率；但會增加感染等危險性，務必留意。注射次數也有限度。

⑧ 針灸

可期待止痛效果。

⑨ 運動療法

過去稱為「股四頭肌訓練」，是指導退化性膝關節炎患者的運動療法，對患者來說卻是痛苦又麻煩的。

運動療法是可強化股四頭肌，減

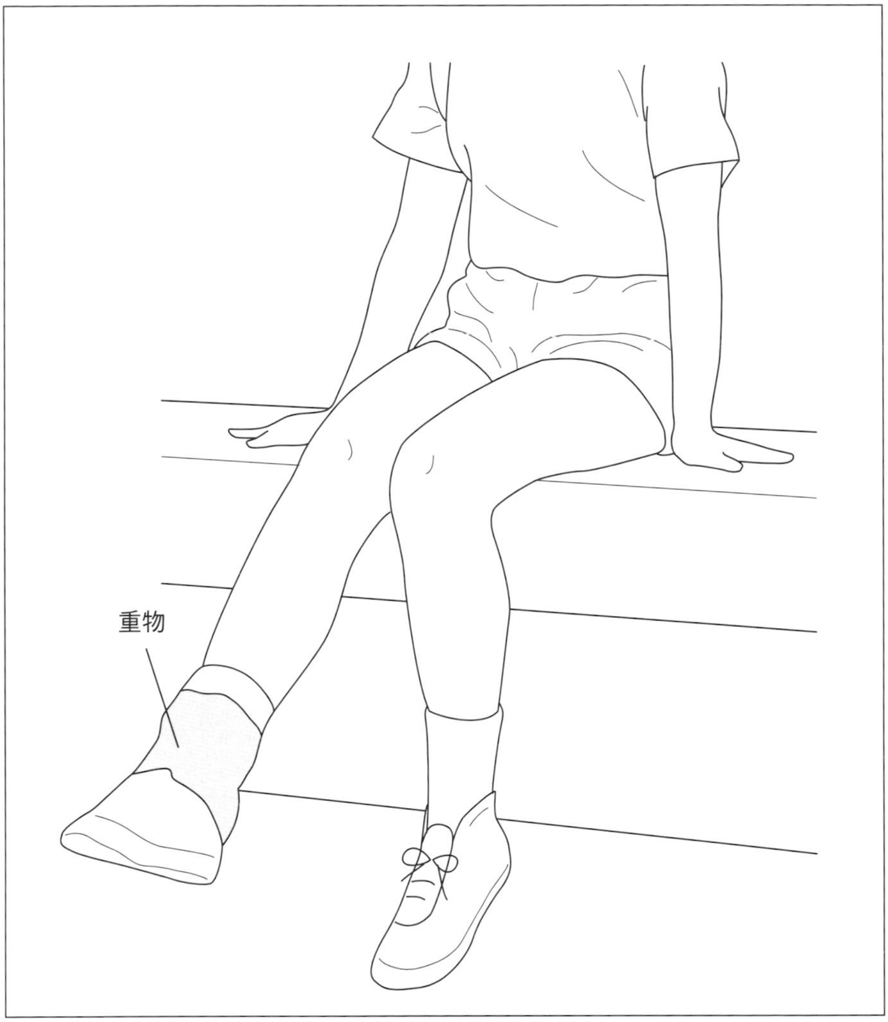

圖3　過去的錯誤運動療法

少膝關節的不穩定性，減輕步行時疼痛的療法。

但是過去推薦的圖3般運動，其實是錯誤的。

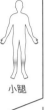

【錯誤的運動療法】

指以坐著的狀態，在腳踝加重物來伸展膝蓋的方法。

這種運動會伴隨極大的痛苦，且無法減輕疼痛、腫脹，也無法復原，所以往往訓練進展緩慢，最後中途而廢。

何況，有障礙的膝關節，毫無例外的，其骨頭和骨頭關節面的滑動原本就不正常。

因此，若不進行關節囊內矯正，關節囊內的機能異常會逐漸惡化。勉強進行錯誤的運動時，會在腦部輸入「伸展膝蓋＝疼痛」的訊息。

結果會妨礙伸展膝關節的再教育，進而喪失伸展膝關節來步行的目地。

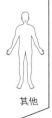

由於膝關節、髖關節的伸展或腰椎的前凸都是身體在後天獲得的能力，因此也容易喪失。

尤其是想重返胎兒般的舒適姿勢，正是人類潛意識的願望。所以隨著支持組織的退化變形，腰椎前凸也逐漸減少，即會變成髖關節或膝關節伸展不全的類人猿化姿勢。

為了防止變成這種類人猿化的站立姿勢，必須進行伸展機制（髖關節或膝關節的伸展、維持腰椎的前凸）的再教育。

所謂伸展機制的再教育，就是讓身體重新學習直立姿勢所需的肌肉動作。

當股四頭肌恢復伸展記憶時，患者即會體認膝關節以屈曲姿勢步行的不穩定性，讓股四頭肌記住步行時務必使用伸展肌才能減少疼痛。

如此一來，退化性膝關節炎的疼痛即可減輕。

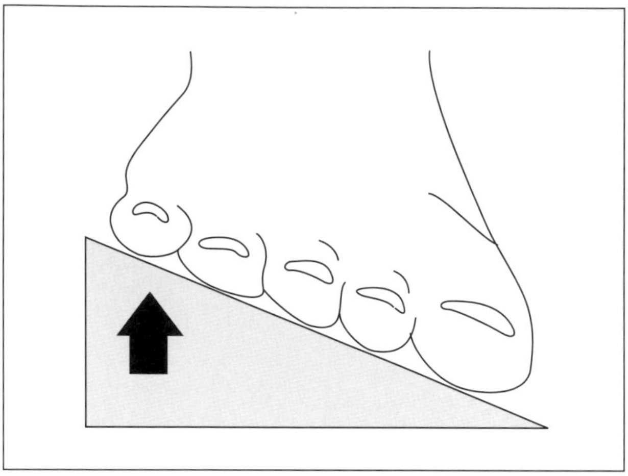

圖4　腳底板

【正確的運動療法】

和懂得施行關節囊內矯正的醫師一起進行肌力訓練極為重要。

在日常生活上，儘量伸直膝蓋坐著。看電視時，進餐時，總之都要伸直膝關節來進行伸展運動，以期減少肌力收縮，記住伸展。

進行以上的運動療法，即不會感覺麻煩，且能擁有目的地持續下去。

⑩繃帶或膝蓋護具

能夠伸直膝蓋，且能強化膝關節的支持性。但依負傷部位或強度，膝蓋護具有眾多種類，故想尋找充分適合自己的護具，其實非常困難。

基於這點，有彈性的繃帶反而適合任何人又便宜，且只要熟悉纏繞法就非常有效。

患者中也有以麻煩為理由而厭惡護具的情形，這是非常遺憾的。

⑪腳底板

如圖4所示，在腳底外側裝置腳底板，把膝關節反向壓入內側，用來治療O型腿避免骨頭和骨頭彼此碰撞的方法。這也非常有效。但裝置腳底板並不適合日本人的生活模式，尤其是處方給喜歡榻榻米的高年齡患者，事實上他們是不會使用的。

另有昂貴的訂做型腳底板，但效果並不好。

腳底是連小石子進入鞋子都會過敏的部位，所以腳底板突然增高時，多半的患者都會腰痛。為此首先從低形態裝置起為宜。

⑫手術療法

除非極為嚴重，否則不建議。因為手術後的疼痛和長期住院會導致肌力明顯衰退。一般是如圖2所示削骨矯正O型腿。

雖然手術可減輕膝關節的負擔，但股內側肌肌力衰退並無法改善。反而會因住院更加衰弱，容易復發退化性膝關節炎。

我認為等確認手術以外的全部治療法都沒有療效時，才把手術當作最後手段納入考慮。

⑬水床按摩

原本原因是血液循環不良，尤其是高齡者女性，多半適合此種療法。由於水床按摩具有改善血液循環的意義，所以能發揮絕大的效果。

⑭在游泳池步行

在疼痛和腫脹消失之後進行有效。在游泳池步行對關節沒有負擔，且能增強肌力。在學會尚無否定的說法。

⑮葡萄糖胺、軟骨素

葡萄糖胺是製造新軟骨的成分，而軟骨素是從鯊魚軟骨萃取的成分，具有抑制分解軟骨酵素的成分。

關鍵是兩者都要良質，但不長期服用就無法期待效果。

⑯關節囊內矯正

退化性膝關節炎被認為是膝關節變形所引起的疼痛。

但我對這種說法一直抱持懷疑。一般而言，變形從X光檢查即可知曉。但有人些微變形就會感覺膝關節疼痛，另有人嚴重變形卻完全不痛。

亦即，並非全部膝關節變形的患者都有膝痛的訴求。

依我實施關節囊內矯正的切身經驗，認為退化性膝關節炎其實和變形程度無關，透過腰部的薦骨腸骨關節和膝關節的關節囊內矯正，多半的人可當場解除疼痛。

但是膝蓋變形嚴重的人，會變成哈巴狗走路的傾向。也因腰部容易動搖，多數容易再引起薦骨腸骨關節的機能異常。尤其是膝蓋無法真正伸直的人越易發生。

建議這種人定期接受關節囊內矯正。持續進行關節囊內矯正後，變形幾乎不再惡化，疼痛也不復發。所以口耳相傳前來本院的退化性膝關節炎患者絡繹不絕。

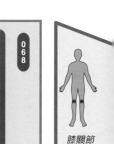

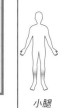

068

腓腸肌內側頭炎症

◎特徵—膝蓋背面（膕窩）稍內側部會痛。為了避免膝蓋疼痛，有時會發生續發性症狀。

症狀和原因

膝蓋背面（膕窩），尤其是內側會疼痛。夜間腳會抽筋。剛吹冷氣時或天氣轉涼的秋天會痛，這些症狀都可能是腓腸肌內側頭炎症。

此外，原本膝關節就有這種疾病的人，會有伴隨續發性疼痛的情形。

而原本有血循障礙，末稍的腓腸肌機能變差的人，也會因腓腸肌的肌肉疲勞引起疼痛。

腓腸肌如圖1所示，從中途分內外2側，因內側的位置較高，所以其牽引力比外側強，也較易疼痛。

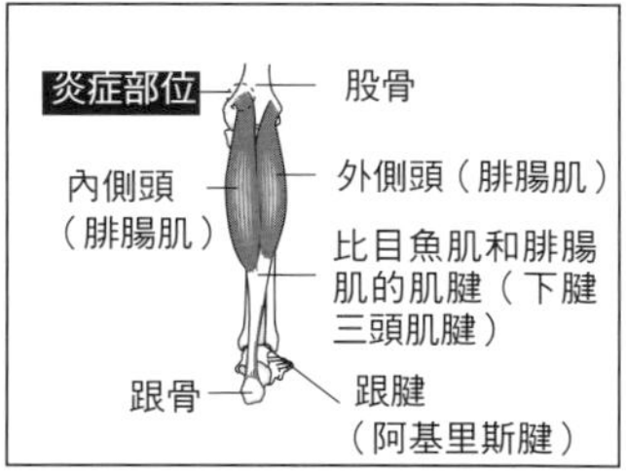

圖1　右腳的背側圖

現代社會因使用的是西式馬桶，又經常坐在椅子，使用遙控器，導致減少時而站立、時而坐下的動作，因此，腓腸肌的肌力衰退，肌肉高度緊張的人越來越多。

過去的生活是在不知不覺中進行肌肉訓練。

試驗法

症狀類似下肢靜脈曲張，必須鑑別。

（1）試驗

白天，以站立姿勢照鏡子看看小腿肚和大腿背側。此時，若發現血管凹凸不平地浮高，這就是下肢靜脈曲張。

此外，若膝蓋背面（膕窩）有腫脹的情形，則懷疑是貝克氏囊腫（Baker's cyst）。

治療法

對治療和預防而言，睡前的伸展運動有效。邊做伸展運動邊進行②醫療雷射，效果更加。伸展運動如下（圖2）。

圖2

①腓腸肌的伸展運動

面向牆壁站立，交互進行踝關節的背屈和蹠屈方向的伸屈。使用第三者代替牆壁也可以。

②醫療雷射

③干擾波、多普勒超音波療法

④肌內效貼布（kinesio tape）

⑤醫療性按摩

069

霍法氏病（Hoffa's disease）

◎特徵—因為脂肪體引起髕骨下方會疼痛。

症狀和原因

屈伸膝蓋時，髕骨下方部分會疼痛的疾病。霍法氏病也是成人之後常見的疾病。

如圖1所示，在股四頭肌深處有脂肪體，當頻繁進行膝蓋屈伸動作時，這個脂肪體即會發炎疼痛。

試驗法

請患者仰臥，膝蓋彎曲90度。邊壓迫髕骨韌帶的兩側，邊伸展膝蓋，若伸展時髕骨下方會疼痛（這稱為Hoffa's disease sign），就診斷為霍法氏病。

治療法

若要去除脂肪體，就只有手術一途。

①手術

炎症持續長久時，就去除脂肪體。

②股四頭肌的伸展運動（181頁的圖4）

③藥物療法

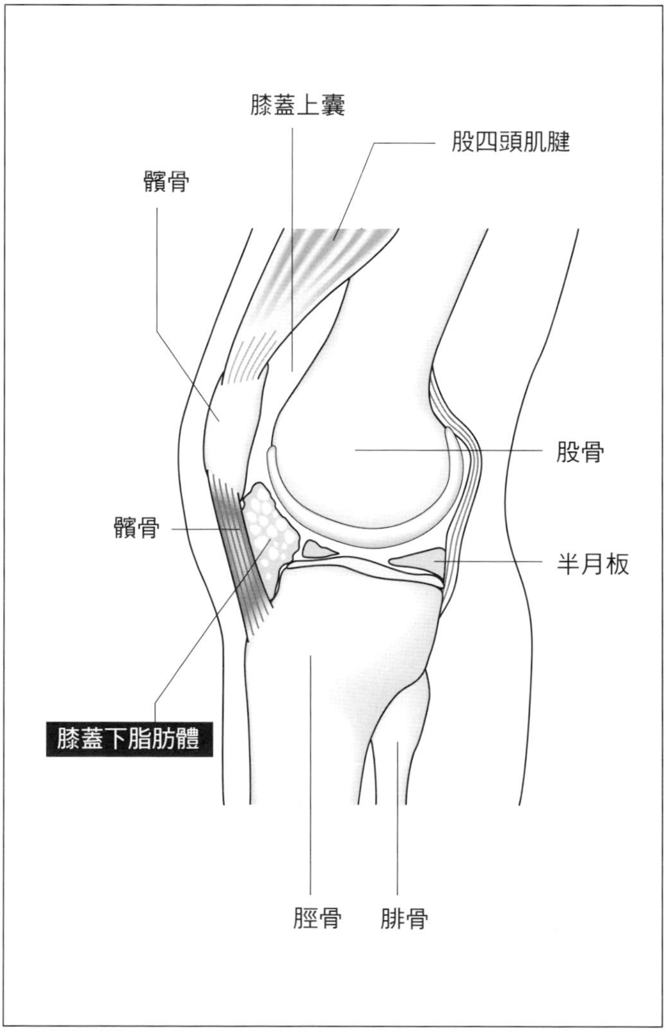

圖1

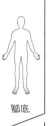

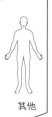

070

阿基里斯腱炎

◎特徵—阿基里斯腱疼痛、腫脹。也有先天容易發病的人。伸展最重要。

症狀和原因

因長時間跑步，阿基里斯腱逐漸增加負擔，引起疼痛腫脹，這就是阿基里斯腱炎（圖1）。

小腿在圖2稱為腓腸肌的肌肉深處，存有圖3稱為比目魚肌的肌肉。

這些肌肉構成阿基里斯腱。阿基里斯腱如圖3所示，位於腳跟後方。當這部分變細時，就容易發炎。

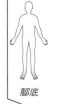

容易發生在不運動或者女性先天跟骨向後突出的人身上。因跟骨向後突出時，會拉長膝蓋背側到腳跟的距離，阿基里斯腱受到拉伸即容易發炎。

因此，阿基里斯腱炎，以10歲到30歲的女性居多。而且，阿基里斯腱原本是個血循不良的部位，故導致疼痛的情況也多。

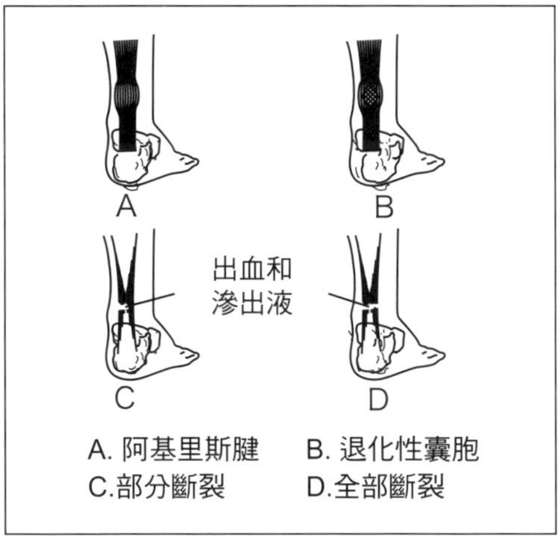

圖1　股四頭肌

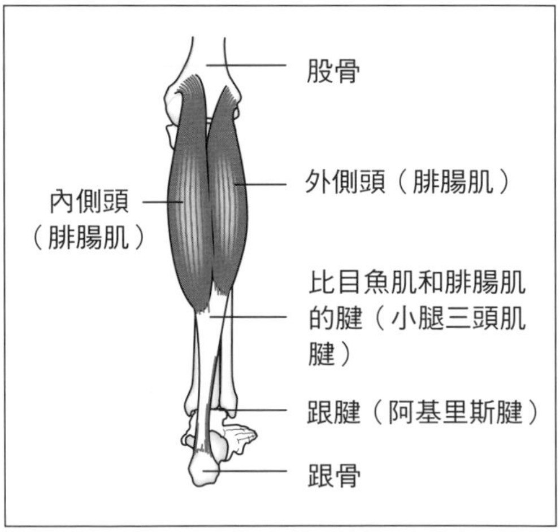

圖2　腓腸肌

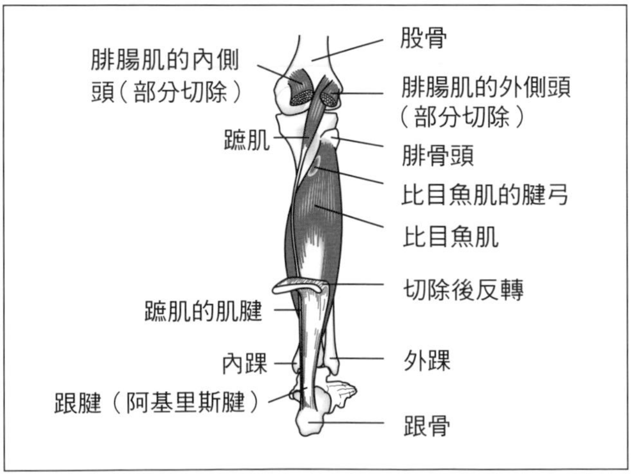

圖3　比目魚肌

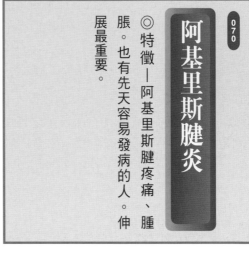

治療法

①干擾波、多普勒超音波療法

在腓腸肌和比目魚肌照射有效頻率的干擾波。

②醫療雷射

之後在疼痛部位照射雷射。

③肌內效貼布（kinesio tape）

沿著無力的腓腸肌和比目魚肌貼紮。

④繃帶固定

⑤藥物療法

在疼痛部位注射類固醇。但因注射類固醇也容易引起阿基里斯腱斷裂，故不常使用。

⑥鞋墊

把腳跟稍微墊高可縮短阿基里斯腱的長度，故有緩和疼痛的效果（圖4）。

但高跟鞋不穩定，故無治療效果。

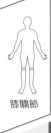

⑦阿基里斯腱的伸展運動

疼痛稍微緩和後，進行伸展運動有效（圖5）。

1. 把腳尖踏在樓梯邊端，以彎曲膝蓋的狀態上下活動腳跟。
2. 以1的狀態伸直膝蓋。腳踝保持背屈。邊左右腳反覆這個動作，邊上樓梯。

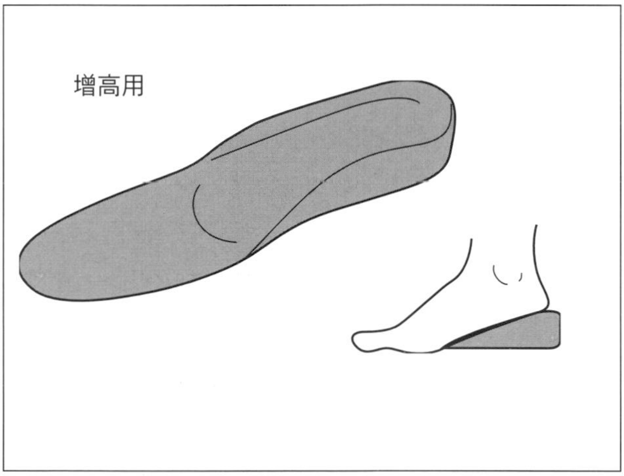

圖4　鞋墊

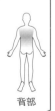

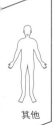

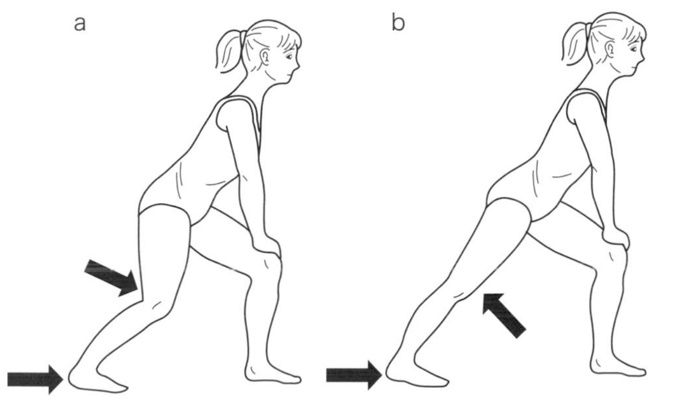

a. 彎曲膝蓋，腳跟不要離地。
拉筋運動是以彎曲膝蓋的狀態，用腳尖作踢地板的動作。
b. 完全伸直膝蓋，腳跟不離地。
拉筋運動是以伸直膝蓋的狀動作。

圖5　阿基里斯腱（正確來說是小腿肚肌肉）的伸展運動

071

阿基里斯腱斷裂

◎特徵—阿基里斯腱有尖銳疼痛。以進行急速衝刺或轉換方向的運動員居多。完全斷裂時需要手術。

症狀和原因

顧名思義，是指阿基里斯腱斷裂的疾病。

阿基里斯腱斷裂多半是因沒做充分的暖身運動，或者因寒冷導致肌肉收縮所引起。

在肌肉收縮時想拉伸阿基里斯腱，會因腓腸肌和比目魚肌收縮超過限度而斷裂（圖1、2）。如網球運動等需要進行急速衝刺或轉變方向的動作所引起。

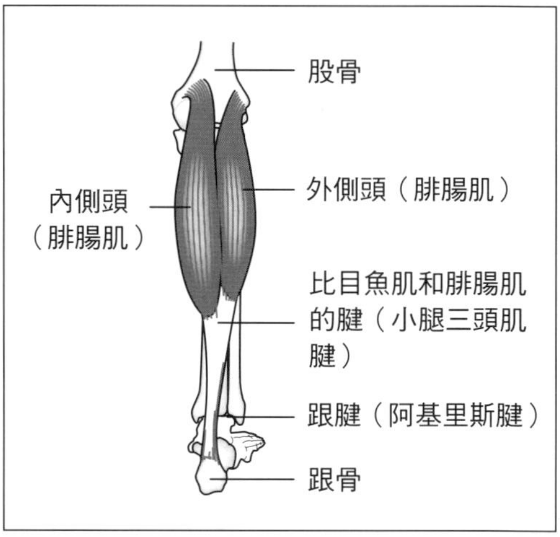

圖1　腓腸肌

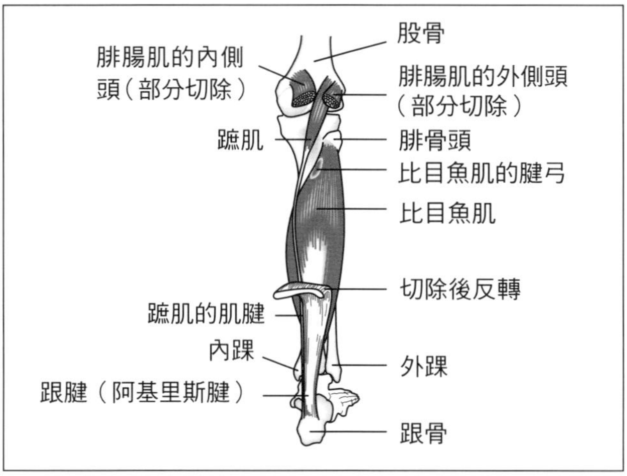

圖2　比目魚肌

試驗法

（1）湯姆森試驗（Thompsen Test）

如圖3所示，患者俯臥，從上稍微按壓小腿肚的腓腸肌。

健康的腳，其腳踝能動。但有阿基里斯腱斷裂時，會因肌肉沒有連接，所以腳踝不能動。阿基里斯腱完全斷裂時會無法步行。

（2）比較試驗

有如圖4所示，請患者側臥，膝蓋彎曲90度，此時無異常的腳會形成120度的角度，但阿基里斯腱斷裂的人會形成接近90度的彎曲。

治療法

①手術

完全斷裂時，以手術為主流；但

部分斷裂時，不動手術採用保守療法也可能治癒。

只是部分斷裂若靠手術治療，似乎可早日復原。

②雷射

阿基里斯腱是個血循非常差的部位，而血循越差的部位也越難治癒，所以進行雷射可促進血循，及早復原。

③鞋墊

把腳跟稍微墊高。如此一來即可縮短阿基里斯腱的長度，緩和疼痛（圖5）。

④貼紮

確實緊密的貼紮，有具備打石膏般的作用。

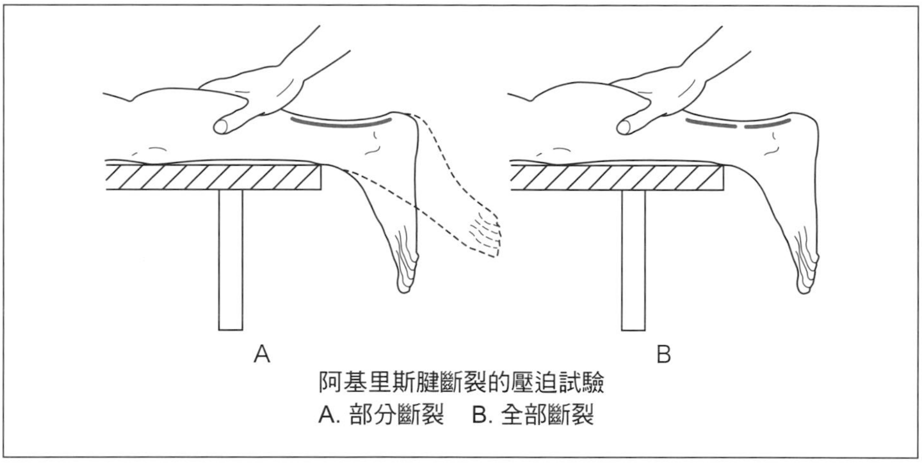

圖3　湯拇森試驗（Thompsen Test）

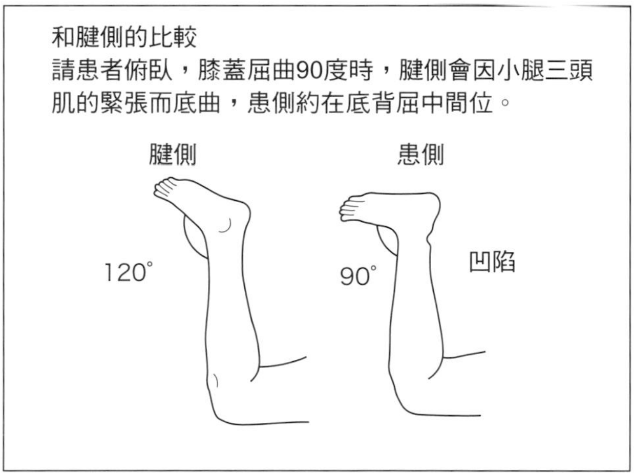

圖4　比較試驗

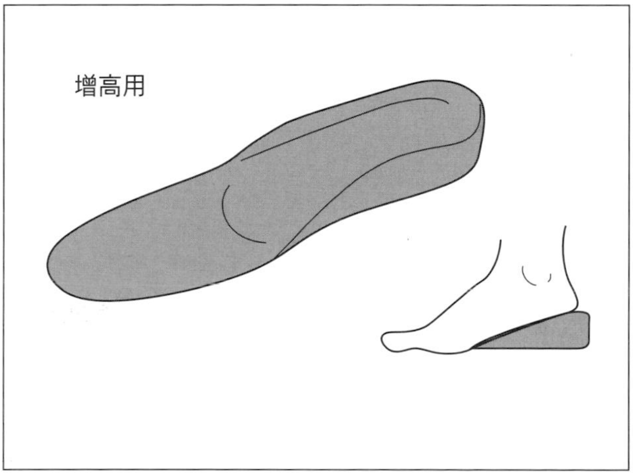

圖5　鞋墊

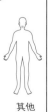

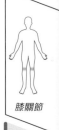

072 阿基里斯腱周圍滑液囊炎

◎特徵—阿基里斯腱下方稍微側邊會疼痛。

症狀和原因

這是阿基里斯腱疼痛的疾病，常發生在10歲到約30歲的女性兩腳上。

患者多半是阿基里斯腱間滑液囊炎的原因，就誠如在「阿基里斯腱炎」所說的，女性先天跟骨突出的人較多。

阿基里斯腱和跟骨之間，為了避免摩擦而能溫和移動，故存在如扁平水球一般的滑液囊。

當阿基里斯腱和跟骨之間的摩擦變大時，滑液囊本身就會發炎。

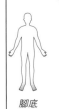

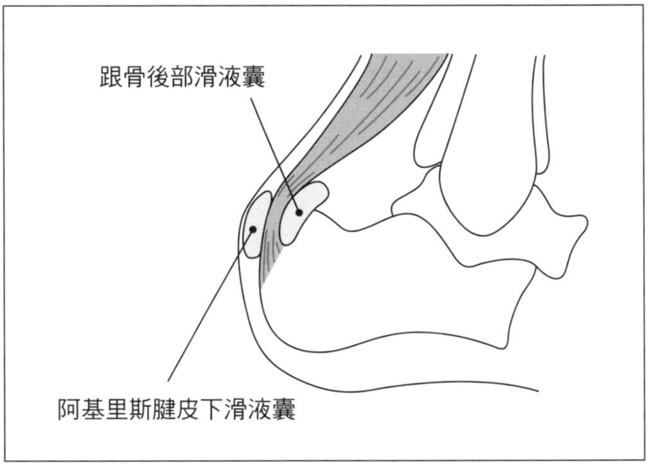

圖1　阿基里斯腱周圍滑液囊炎

試驗法

（1）阿基里斯腱炎和阿基里斯腱滑液囊炎的差異

這兩種疾病的疼痛部位不同。

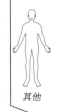

如圖2所示，阿基里斯腱炎的發炎部位在圖上的一處。但滑液囊炎的發炎部位是在略下方的左右二處。

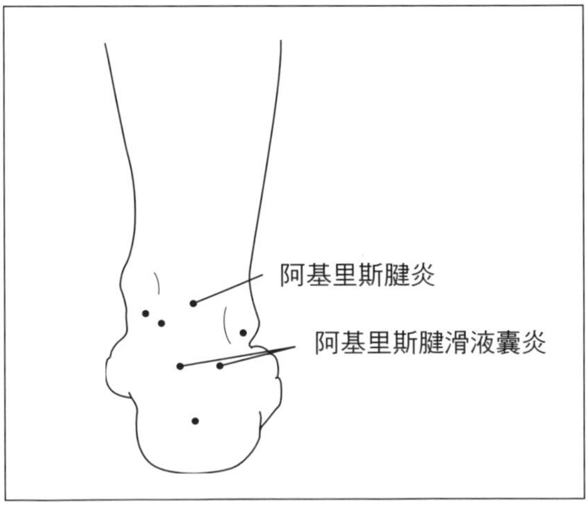

圖2　疼痛部位

治療法

①伸展運動①裝置護墊

在患部如圖3般裝置護墊，可以緩和疼痛。

②干擾波、多普勒超音波療法

在腓腸肌和比目魚肌上，照射有效頻率的干擾波。

③醫療雷射

之後在疼痛部位照射雷射。

④肌內效貼布（kinesio tape）

沿著無力的腓腸肌和比目魚肌貼紮。

⑤繃帶固定

⑥藥物療法

在疼痛部位注射類固醇，但注射類固醇，容易引起阿基里斯腱斷裂，故不常使用。

⑦鞋墊

把腳跟稍微墊高，可縮短阿基里斯腱的長度，緩和疼痛（圖6）。但高跟鞋並不穩定，故無治療效果。

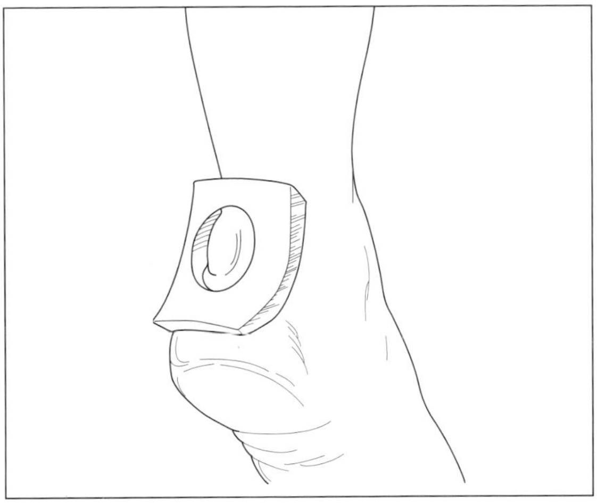

圖3　裝置護墊

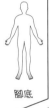

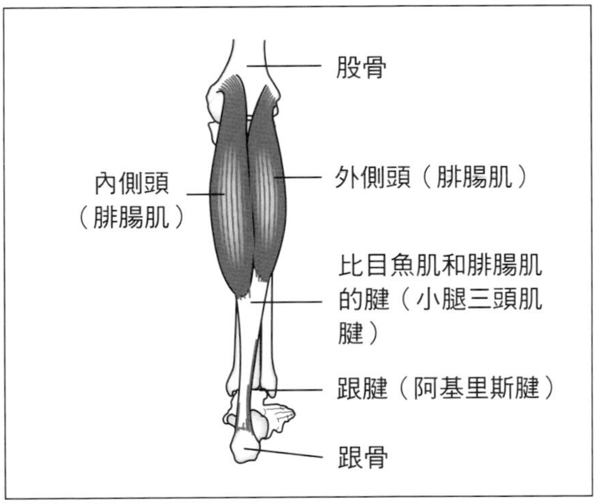

圖4　腓腸肌

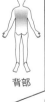

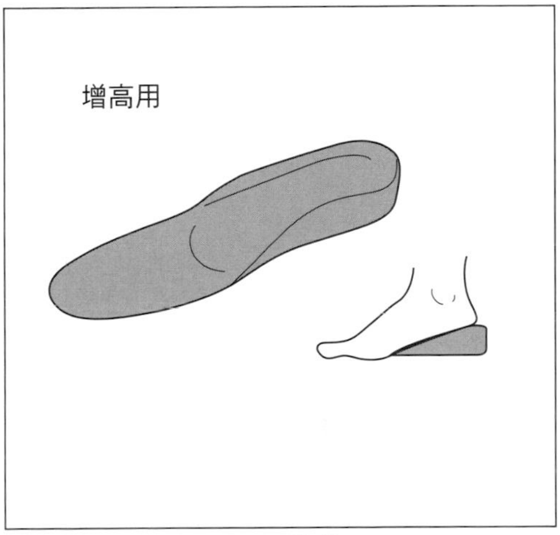

圖6　鞋墊

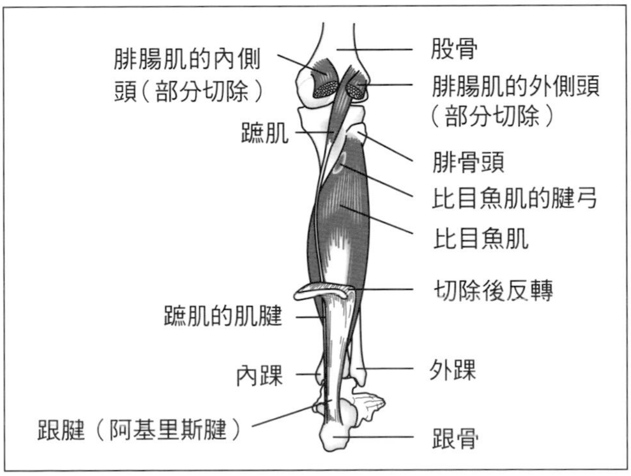

圖5　比目魚肌

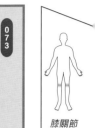

073

下肢靜脈曲張

◎特徵—多半會感覺腳部疲倦、腿肚抽筋。腿肚的血管以藍色浮出且凹凸不平。

症狀和原因

以站立姿勢從鏡子觀察自己的小腿肚或大腿血管，確認是否有血管以藍色浮出且凹凸不平。

下肢靜脈曲張是女性中非常多見的疾病，30歲以上的女性占60％，特別是有懷孕、生產經驗的女性，雖沒有太大疼痛，但腳總是有倦怠沈重感，且夜間可能出現抽筋現象。

形成下肢靜脈曲張的原因在於血管（圖1）。

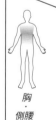

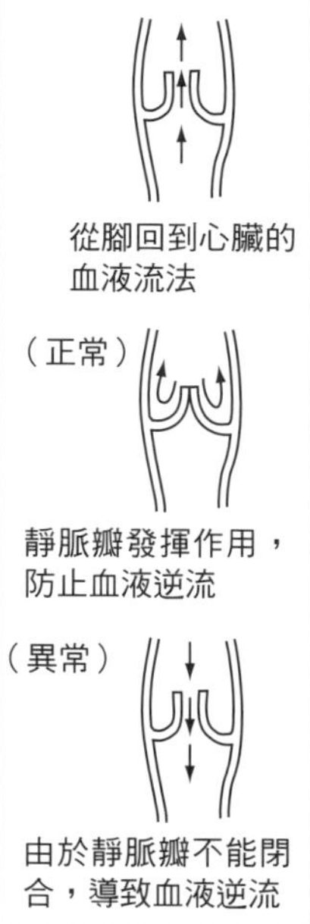

圖1　靜脈瓣的結構

動脈血被心臟以幫浦作用送出，即使遇到相反的重力，血流依舊能維持。但要回到心臟的腳部靜脈血，則是靠肌肉收縮的幫浦作用（肌肉幫浦）和靜脈內的瓣膜送回心臟的。

這個靜脈瓣因為長年工作或生產、遺傳等原因變成機能不全，或者受到破壞時，即會引起靜脈逆流，結果，靜脈擴張鬱滯，浮高並凹凸不平。

站立工作等於不使用腳部肌肉的狀態，亦即持續直立的狀態，這會增加腳部靜脈的負擔。所以像理容師、美容師、廚師或販賣員等都是容易引起下肢靜脈曲張的職業。

內科醫師會指導「常走路」，就是意味藉由運動提高血液循環，促進血液中的白血球活潑化，達到強化自然治癒力的效果。

下肢靜脈曲張的種類

下肢靜脈曲張可區分為以下5種類（圖2）。

①大隱靜脈曲張

腳內側靜脈隆高。是最具代表性的靜脈曲張。

②小隱靜脈曲張

從膝蓋後面到小腿肚的靜脈隆高。

③側枝型靜脈曲張

從大隱靜脈曲張和小隱靜脈曲張的中途隆高的靜脈曲張。

④蜘蛛網狀靜脈曲張

⑤網目狀靜脈曲張

預防法

下肢靜脈曲張是預防勝於治療的疾病。

站立工作的人，1小時應作一次的膝蓋屈伸運動，旋轉腳踝，以使用腓腸肌來促使肌肉幫浦發揮作用（圖3）。

就寢時，在腳下放置約20公分大小的軟墊，稍微提高腳部睡覺，游泳也有效果。

治療法

①繃帶固定或穿彈性褲襪

在腳上纏繞彈性繃帶或者穿上彈性褲襪，以壓迫腳部來壓迫血管。

②干擾波、多普勒超音波療法

主要在腓腸肌，照射對肌肉有效之頻率的干擾波。

③水床按摩

④手術

由於下肢靜脈曲張通常是緩慢惡化，沒有生命危險的疾病，但多半的醫療人員卻不太關心，又缺乏正確知識。

因此，現狀多半把患者置之不理、沒有治療。然而，置之不理到最後，必然需要進行抽出神經、切掉靜脈的手術。故早期發現、早期治療極為重要。

至於手術是一側一側分開進行。藉由破壞部分靜脈來提高靜脈的壓力，具有療效。

＊硬化療法

在靜脈注入硬化劑，製作血栓來填補（圖4）。

＊高位結紮術

綁住血管。

＊切除

把有問題的靜脈加以去除。

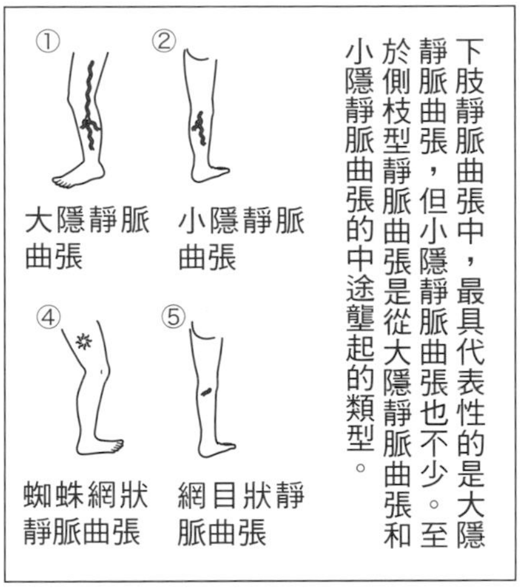

下肢靜脈曲張中，最具代表性的是大隱靜脈曲張，但小隱靜脈曲張也不少。至於側枝型靜脈曲張是從大隱靜脈曲張和小隱靜脈曲張的中途壟起的類型。

圖2　下肢靜脈曲張的種類

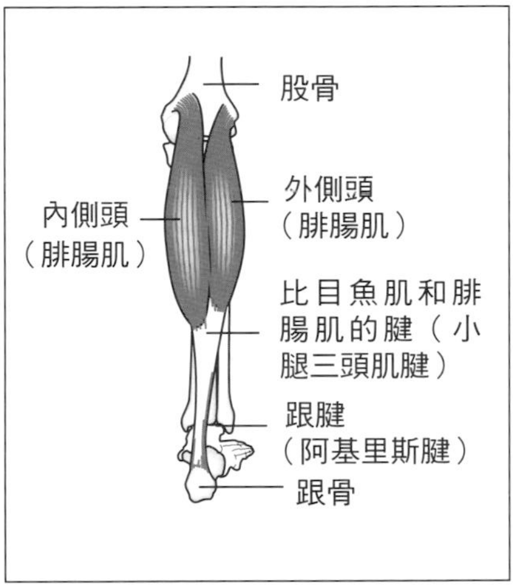

圖3　腓腸肌

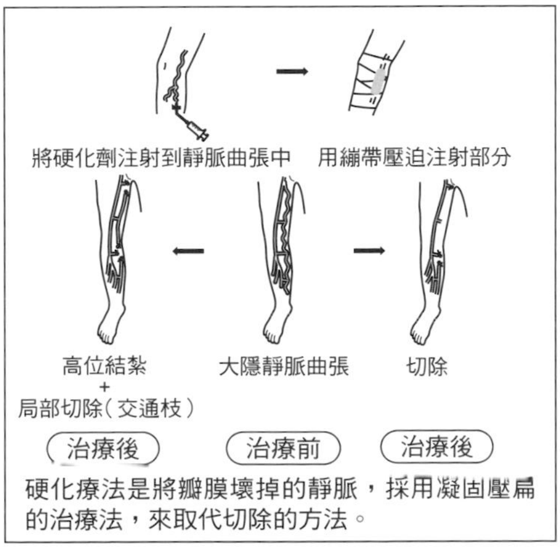

硬化療法是將瓣膜壞掉的靜脈，採用凝固壓扁的治療法，來取代切除的方法。

圖4　硬化療法

074

腔室症候群（Comportment syndrome）

◎特徵—從膝蓋以下的前部腫脹疼痛。以運動選手居多。

症狀和原因

從膝蓋以下腫脹疼痛的疾病。

特徵是安靜時通常不疼痛，但運動時即會痛。故又稱為運動時腔室症候群。

所謂「腔室症候群」是指肌肉的膜或骨頭等困難伸展、收縮的組織，在肌肉周圍所造成的閉鎖空間。

從膝蓋以下的肌肉，是以強壯的膜狀壁，區分為4個腔室。

運動時，會因血液流入而使肌群腫大；但對腔室而言，卻因肌肉容積變大而升高了腔室的內壓，也壓迫到肌群和神經。

如此一來，即會產生激烈疼痛和

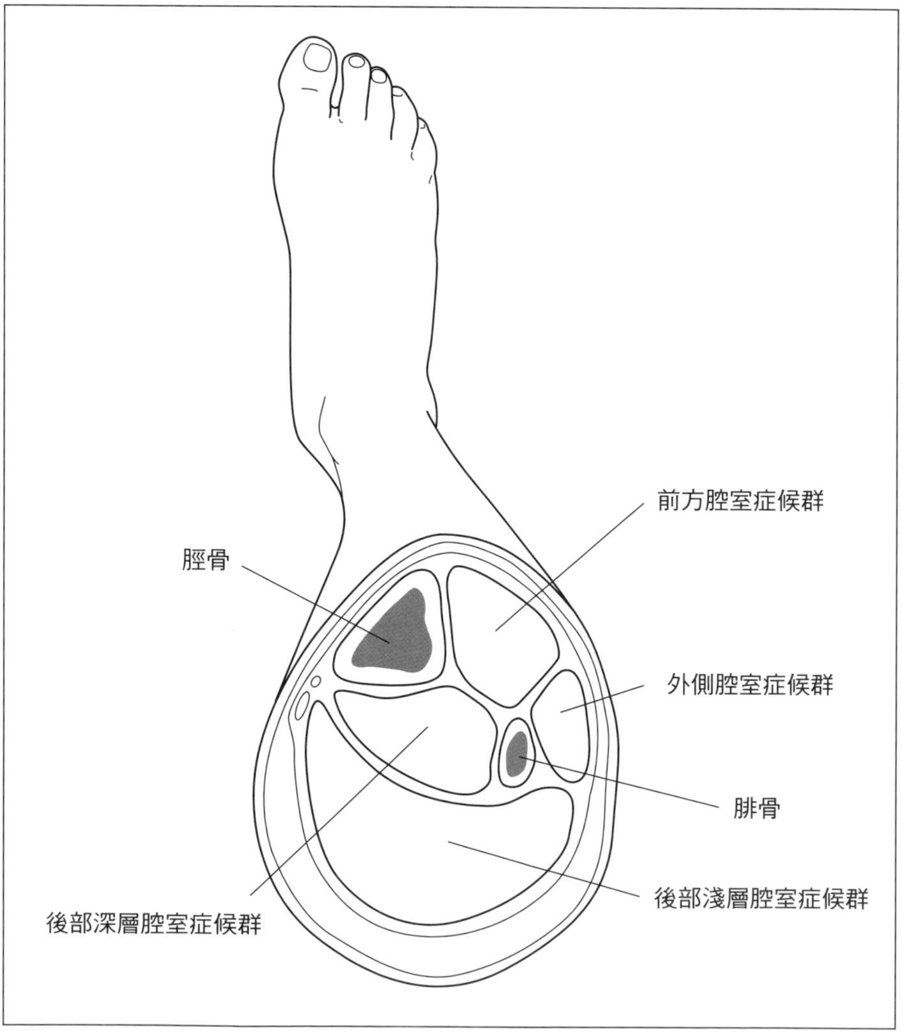

圖1　前方腔室症候群

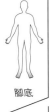

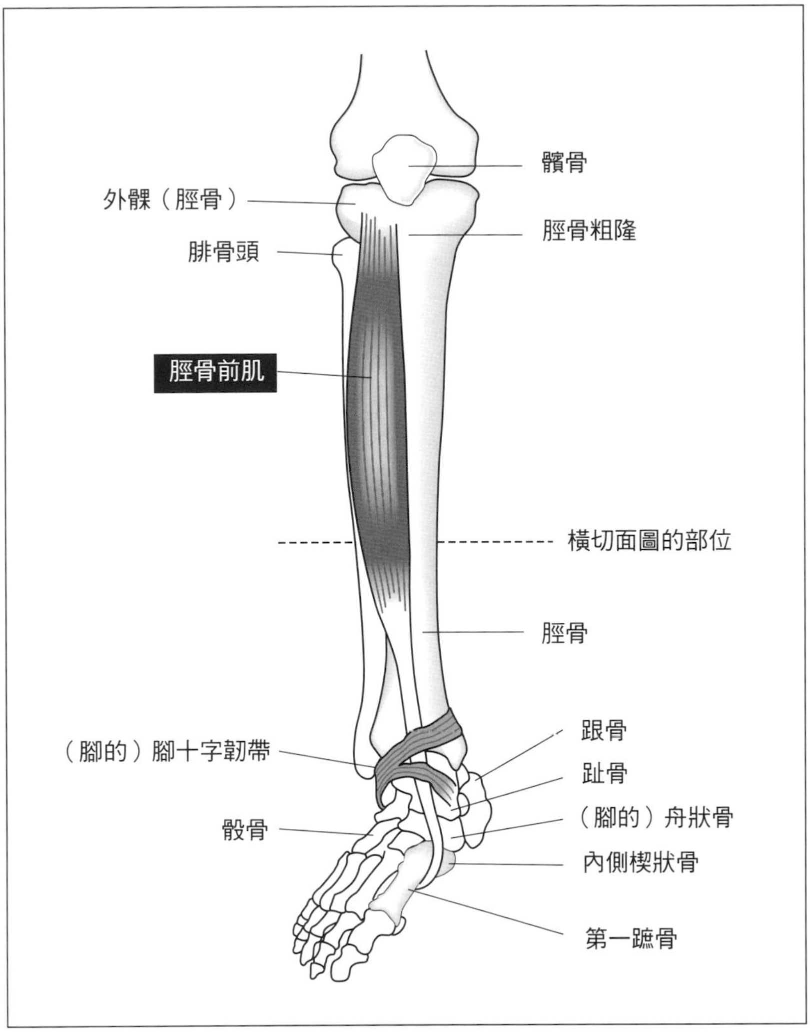

圖2　脛骨前肌

腫脹，導致腔室內的神經麻木或肌力衰退。

疼痛的強度，有時會激烈到服用止痛藥也無效。

這種症狀，會在任何一個腔室發生，但如圖1所示，前方腔室之中，特別是脛骨前肌最容易引起。

若置之不理，會減弱腳部或腳拇趾的上仰力量，且腳踝背屈時會疼痛。

如果從腳背到第1趾和第2趾之間會有麻木感時，就難以持續進行各項運動。

治療法

在初期階段，一出現症狀就加以冷敷即可復原。接著使用干擾波、多普勒超音波療法店療法或者肌內效貼布（kinesio tape）來促進血液循環，效果更佳。

①干擾波、多普勒超音波療法

對肌肉照射有效頻率之干擾波。

②肌內效貼布（kinesio tape）

③醫療性按摩

④繃帶固定

⑤手術/切開肌膜

但嚴重之後會壓迫到神經，所以需進行沿著脛骨前肌切開肌膜的手術（圖2）。

切開肌膜，讓內壓恢復正常後，疼痛即可消除。

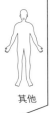

075

腓腸肌撕裂傷

◎特徵—運動當中，小腿肚產生非常劇烈的疼痛。

症狀和原因

進行突然衝刺或停止的運動中，小腿肚引起激烈疼痛，或者步行困難時，懷疑肌肉撕裂傷。

一般會依據撕裂傷程度分成I級到III級。

一塊肌肉是由細小的肌纖維聚成束狀構成，I級是指整體肌肉輕度被拉長的狀態；II級是指數條肌纖維斷裂的狀態；而III級是指一塊肌肉完全斷裂的狀態。而且如圖2所示，小腿肚內側有容易引起的傾向。

內側和外側的腓腸肌（圖3），只要伸展膝蓋即會緊張。

若加上腳踝背屈，即變成過度緊張，可能引起腓腸肌斷裂。

據說，在網球的發球後衝刺最容易發生這種疾病。

理由是因發球時需伸直膝蓋，接著又以伸直膝蓋的狀態進行衝刺時，腳踝背屈造成腓腸肌異常緊張所致。

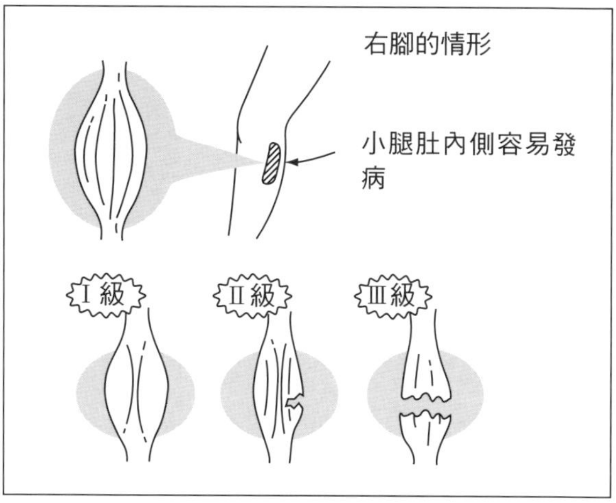

圖1　肌肉撕裂傷的程度

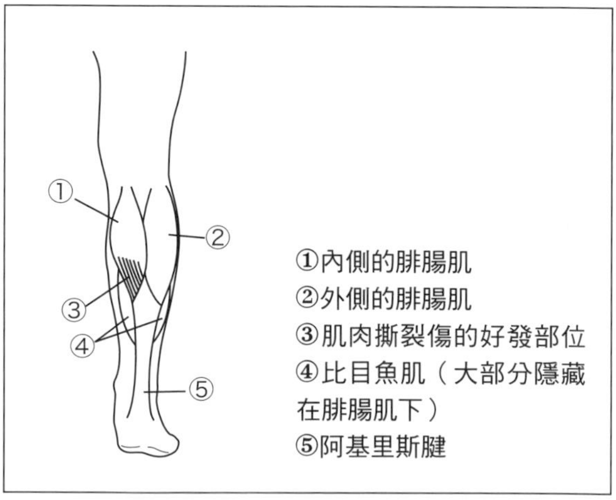

圖2　小腿肚（腓腸肌）的撕裂傷好發部位

治療法

緊急處置法是冷敷患部。引起撕裂傷的腓腸肌斷裂會使肌肉變成鋸齒狀，故用肌內效貼布（kinesio tape）等加以壓迫即可早日復原。

①干擾波、多普勒超音波療法

膝關節
小腿
腳底
胸・側腰
背部
其他

在患部照射對肌肉有效之頻率的干擾波。

②肌內效貼布（kinesio tape）

③繃帶固定

④醫療雷射

⑤腓腸肌的伸展運動

腓腸肌的伸展運動如下（圖4）。

1.彎曲膝蓋，腳跟不要離地。拉筋運動是以彎曲膝蓋的狀態，用腳尖作踢地板的動作。

2.完全伸直膝蓋，腳跟不離地。拉筋運動是以伸直膝蓋的狀態，用腳尖作踢地板的動作。

⑥腳底板

置放足跟墊墊高腳跟，讓腓腸肌獲得放鬆，變成容易癒合的狀態（圖5）。

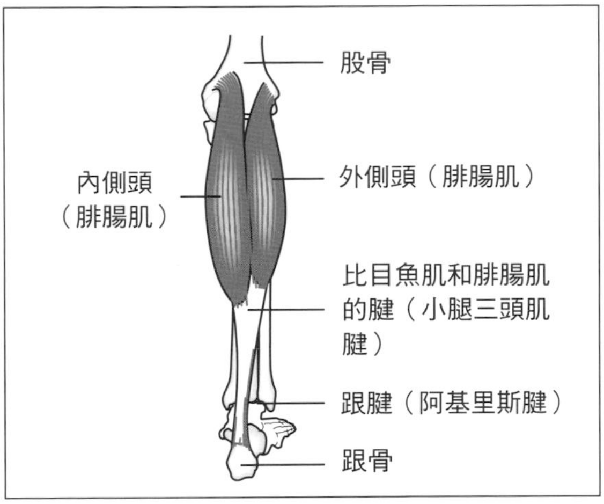
股骨
內側頭（腓腸肌）
外側頭（腓腸肌）
比目魚肌和腓腸肌的腱（小腿三頭肌腱）
跟腱（阿基里斯腱）
跟骨

圖3　腓腸肌

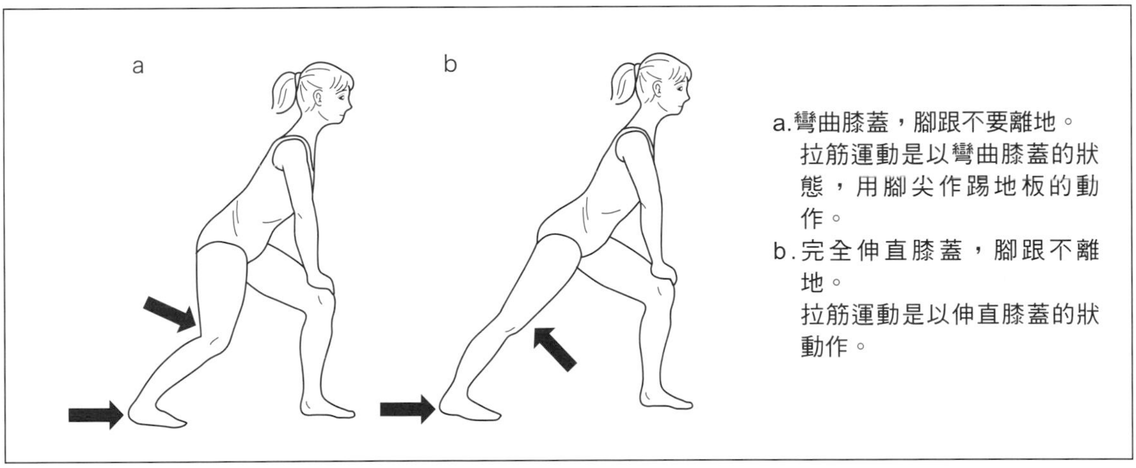
a
b
a.彎曲膝蓋，腳跟不要離地。
拉筋運動是以彎曲膝蓋的狀態，用腳尖作踢地板的動作。
b.完全伸直膝蓋，腳跟不離地。
拉筋運動是以伸直膝蓋的狀動作。

圖4　阿基里斯腱（正確來說是小腿肚肌肉）的伸展運動

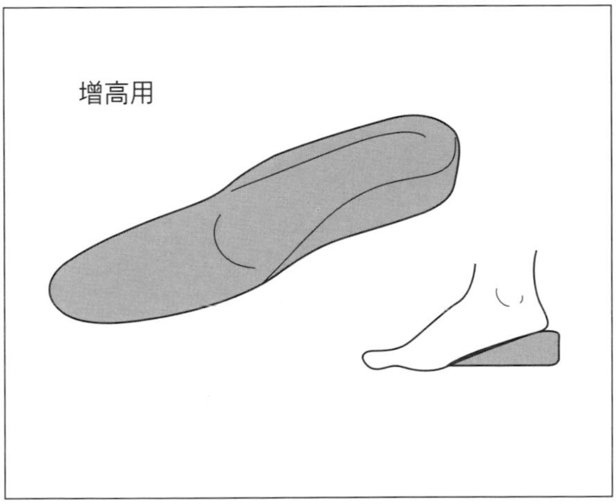
增高用

圖5　鞋墊

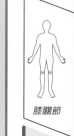

076

腓骨長短肌炎

◎特徵—在腳的外踝略後方或下方會疼痛。嚴重時會有步行障礙。以O型腿的人居多。

症狀和原因

這是沒有跌倒，但外腳踝略後方或下方卻會疼痛的疾病。O型腿的人有較易發生的傾向。腓骨長短肌是通過稱為外腳踝腓骨肌支持帶的隧道，附著在小趾根部的肌肉（圖1、2）。

這個腓骨長短肌出現肌肉疲勞，發炎疼痛時就是腓骨長短肌炎（圖3）。

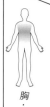

此外，由於腓骨肌支持帶是通往外腳踝的最短距離，所以腓骨肌變強時，有前移到外腳踝前方的可能性。此時，擠壓腓骨肌支持帶，並使其受到磨損，因而發炎。

試驗法

如圖3所示，將腳踝關節稍微蹠屈，然後抬高小趾側加上壓力，疼痛增強時就懷疑是腓骨長短肌炎。

治療法

稍微按壓患部，進行③干擾波、多普勒超音波療法以及②肌內效貼布（kinesio tape）。

重症時，採用⑤繃帶固定，讓踝關節無法動彈保持安靜休息。

①醫療雷射

②肌內效貼布（kinesio tape）

③干擾波、多普勒超音波療法
在患部照射對肌肉有效之頻率的干擾波。

④醫療性按摩

⑤繃帶固定

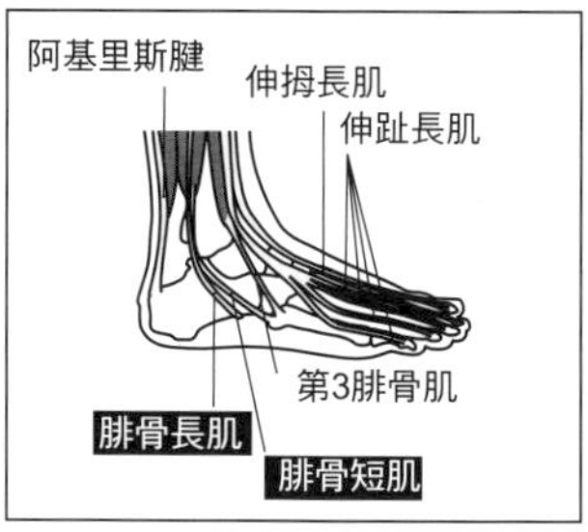

圖1

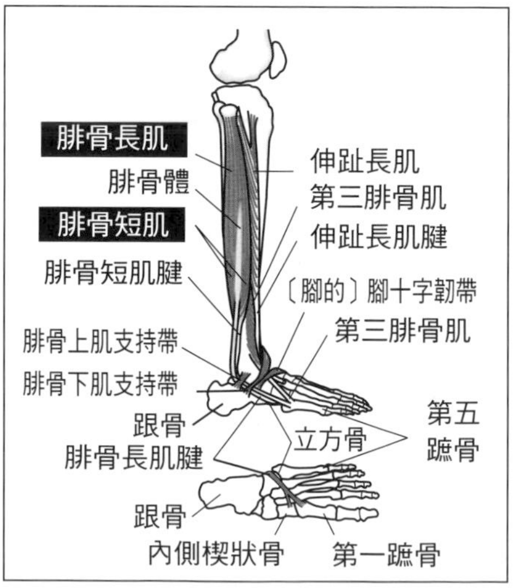

圖2　第三腓骨肌、腓骨長短肌

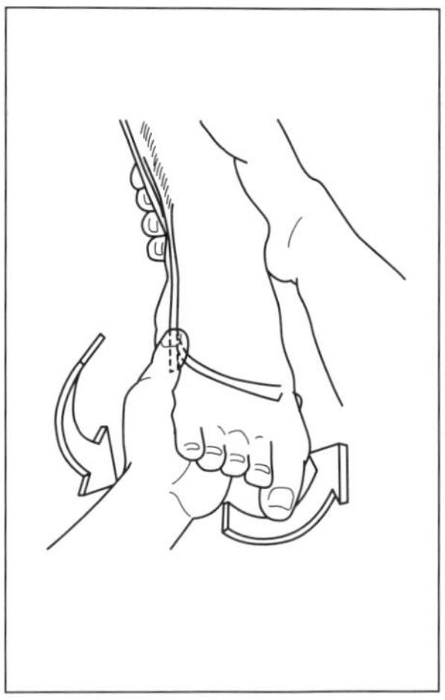
圖3　腓骨長短肌的肌力試驗

077

脛骨後肌炎

◎特徵─腳的內踝略後方或下方會疼痛。以X型腿或扁平足的人居多。

症狀和原因

內腳踝疼痛時就可能是脛骨後肌炎。脛骨後肌是位於小腿肚深處的肌肉。脛骨後肌炎如圖3所示，是屬於阿基里斯腱稍後側會疼痛的疾病。以X型腿的人來說，當伸直脛骨後肌時，容易疼痛。

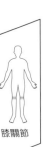

另外，扁平足的人也有容易發生脛骨後肌炎的傾向。因為扁平足的人缺乏腳底原本應有的縱拱弧和橫拱弧（圖1、2）。

脛骨後肌或足底筋膜的肌力衰退時，縱拱弧會降低形成扁平足（圖2）。

缺乏這種縱拱弧時，腳心會貼在地面。

如此一來，脛骨後肌進一步被伸展，結果肌肉會疲勞而引起異常收縮產生疼痛。

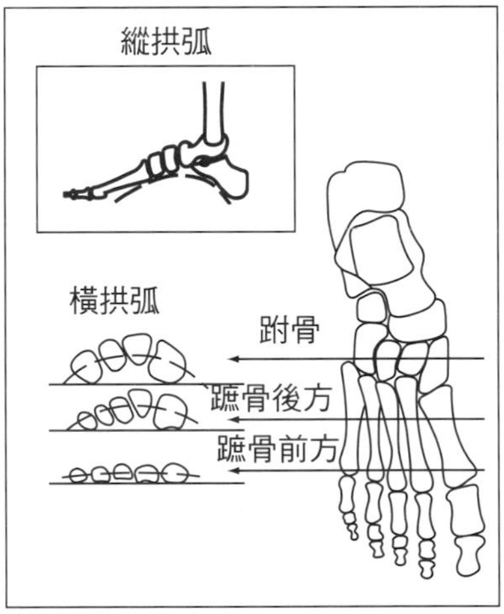

圖1　腳的縱拱弧和橫拱弧

治療法

①醫療雷射。

②肌內效貼布（kinesio tape）

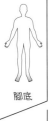

沿著無力的脛骨後肌貼紮，保護肌肉。

③干擾波、多普勒超音波療法

在脛骨後肌照射有效頻率的干擾波。

④醫療性按摩。

⑤繃帶固定。

⑥鞋墊

若是X型腿，則在鞋內放置能墊高內側的鞋墊。

此外，若脛骨後肌炎的原因是扁平足時，則放置能維持縱拱弧的鞋墊，即可減輕疼痛。

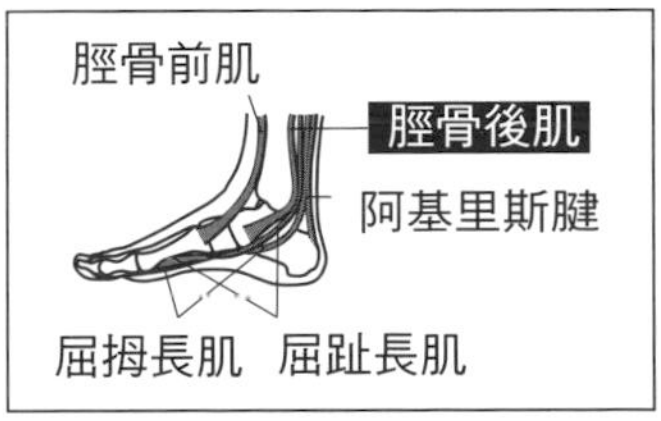

圖2

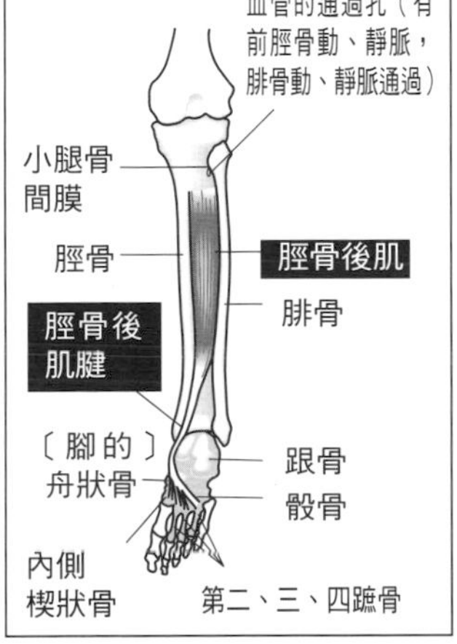

圖3　脛骨後肌

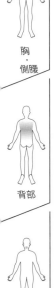

078

脛骨過勞性骨膜炎 (Shin splint)

◎特徵—在脛骨內側，比中央略下方的部位會疼痛。以X型腿或扁平足的人居多。

症狀和原因

脛骨過勞性骨膜炎常發生在長跑選手或跳躍運動的選手上，會在脛骨內側，比中央略下方的1/3部分疼痛。雖無腫脹或發燒，但用手指按壓患部時即會痛（圖1）。

以X型腿或腳過度內旋的女性居多。

進行跳躍、著地動作時，會使用到小腿肚上稱為比目魚肌的肌肉。

腳過度內旋的人，其腳跟骨的軸在著地時比腳抬高時更向外側移位（圖2）。

雖然移位程度有個人差異，但移位越大，其疼痛有關部位的比目魚肌也更緊張。若以此狀態奔跑、跳躍，每次著地時，比目魚肌所附著的脛骨的骨膜即會受到拉扯，拉扯超過限度的話，骨膜就會發炎疼痛（圖3）。

治療法

任何治療法都並非治療疼痛部位，首要治療的是比目魚肌（圖4）。

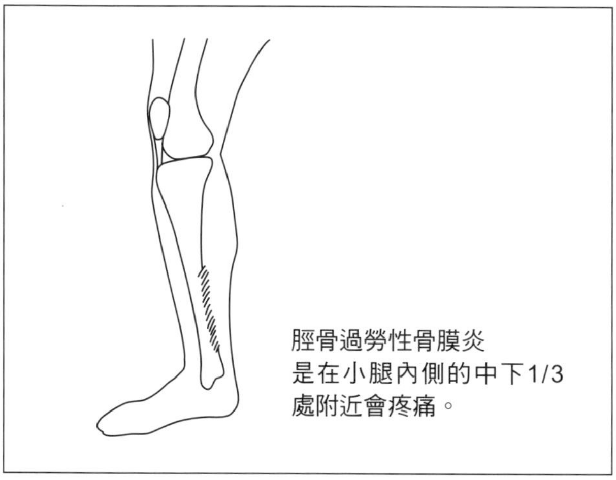
脛骨過勞性骨膜炎
是在小腿內側的中下1/3
處附近會疼痛。

圖1　脛骨過勞性骨膜炎的疼痛部位

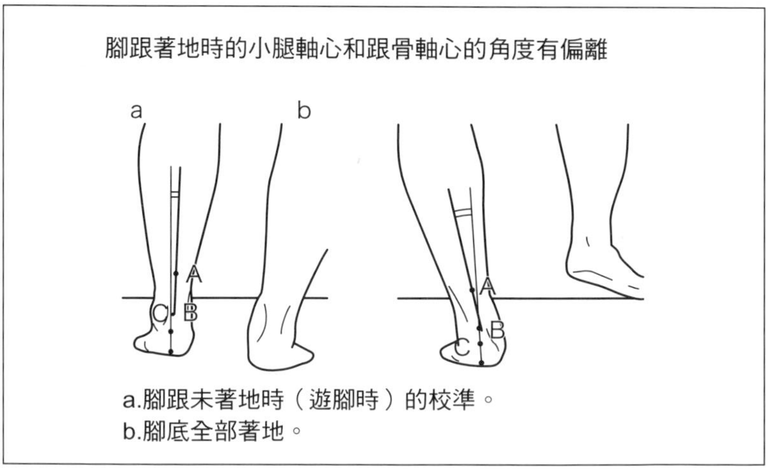
腳跟著地時的小腿軸心和跟骨軸心的角度有偏離
a
b
A
B
C
A
B
C
a.腳跟未著地時（遊腳時）的校準。
b.腳底全部著地。

圖2　腳過度內旋者的軸

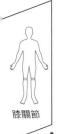

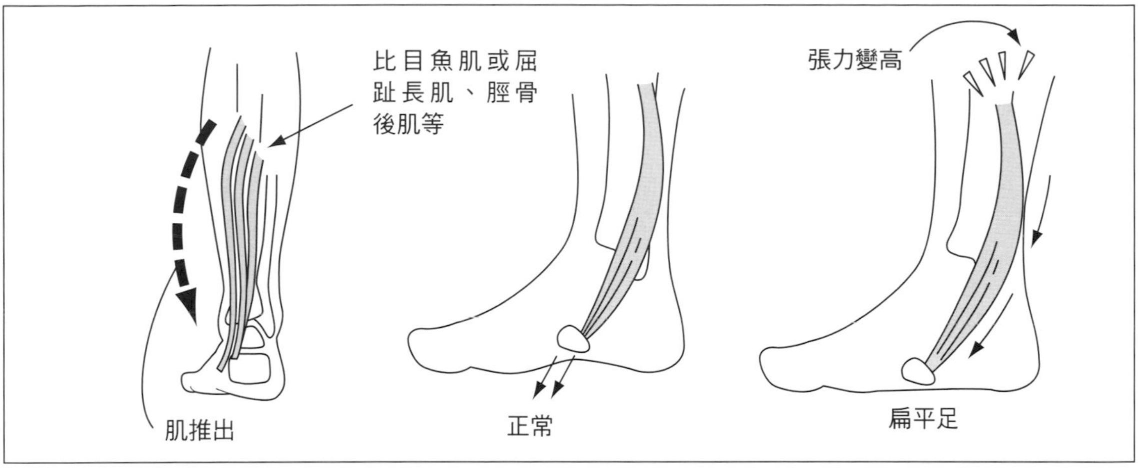

圖3

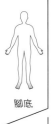

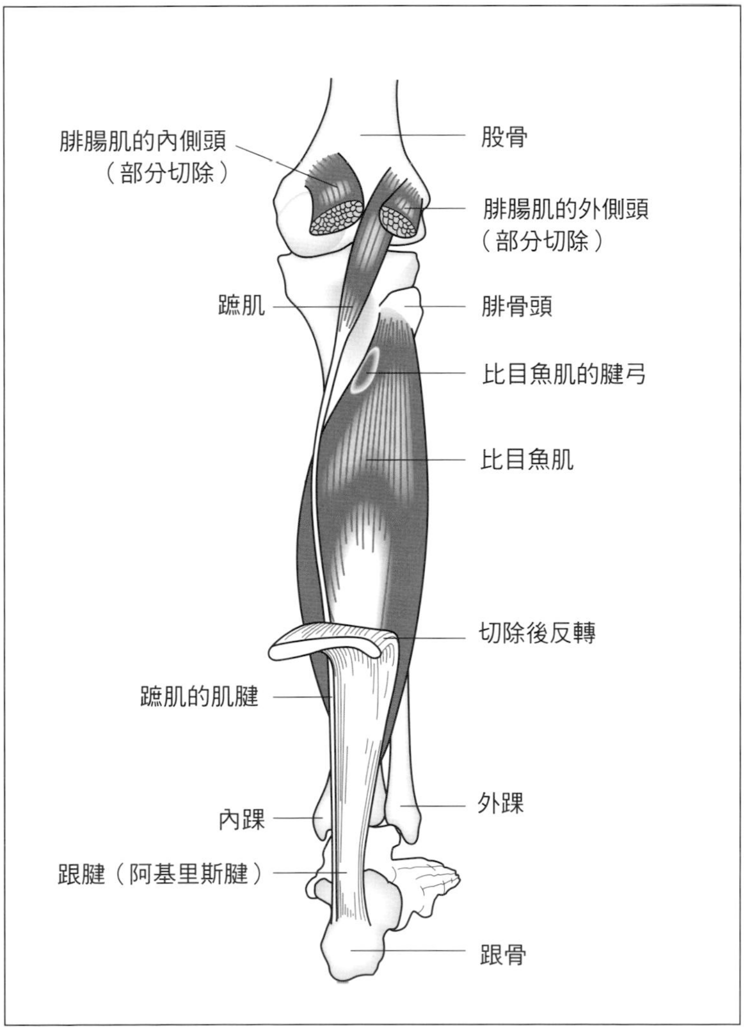

圖4　比目魚肌

①肌內效貼布（kinesio tape）

沿著無力的比目魚肌貼紮，保護肌肉。

②干擾波、多普勒超音波療法

在比目魚肌上照射對肌肉有效之頻率的干擾波。

③醫療性按摩

④綁帶固定

⑤鞋墊

在鞋內擺放能墊高內側的鞋墊，對X型腿有效。因為內側增高，故可縮小腳跟骨的軸心外側偏離。

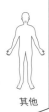

079

跗橫關節扭傷 (Chopart Joint injury) 跗蹠關節扭傷 (Lisfranc Joint injury)

◎特徵—腳背會疼痛。這些關節是扮演保護腳底拱弧的角色，所以復健不確實就無法解除疼痛。

症狀和原因

腳反仰（背屈）時，腳背會疼痛就可能是跗橫關節扭傷、跗蹠關節扭傷。

跗橫關節和跗蹠關節都是位於腳背上的小關節（圖1）。

附著在這些關節的韌帶，若因扭轉腳的衝擊而斷裂時，就是跗橫關節扭傷、跗蹠關節扭傷了。

重症時，有併發外側韌帶（外腳踝的周圍）損傷的情形，務必注意（圖2）。

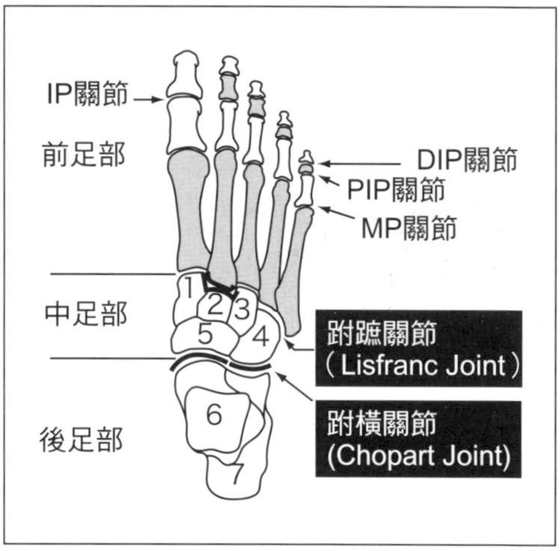

圖1

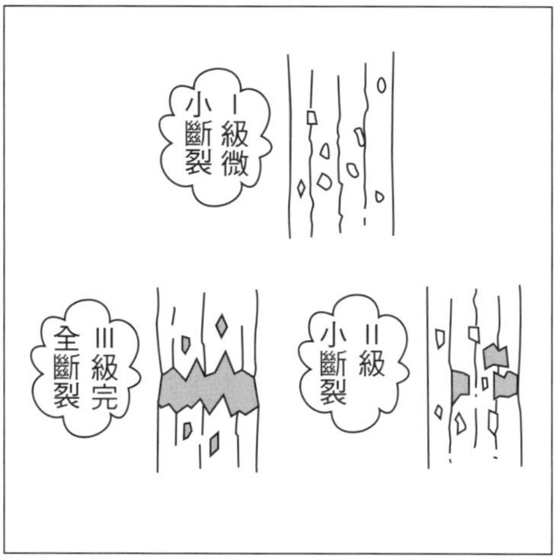

圖2　韌帶損傷的程度

如圖1所示，所謂跗橫關節就是Chopart Joint；所謂跗蹠關節就是Lisfranc Joint。

如圖所示，腳背的骨頭是由許多的小骨頭構成，並形成腳心。

無論走路、奔跑、跳躍，著地時都會受到衝擊，而腳心的拱弧就是擔任懸吊的角色，用來緩和衝擊（圖3）。

如果不是由小骨頭構成，那麼跳躍著地時的衝擊，必定會造成腳骨骨折。

治療法

患者聽到是「扭傷」多半會覺得放心，其實這是種危險想法。

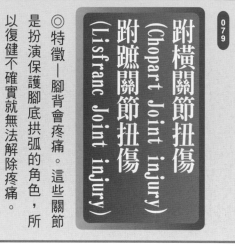

雖從外觀看不出來，但扭傷是指皮膚下的韌帶發生全部或部分斷裂的疾病。可說是看不見的割傷狀態（圖4）。

猶如發生割傷時，不可任由傷口裂開不管，應該貼上可閉合傷口的固定膠帶一般，發生扭傷時，首要進行冷敷，再加以固定。充分冷敷後，以可閉合傷口的姿勢打石膏或進行貼紮固定，讓韌帶癒合最重要。

① 用石膏或貼紮固定

腳背扭傷時，即使確實固定，也會因站立狀態負荷體重，腳底有拱弧等，而無法保持韌帶處於休養狀態。

故為使腳踝不晃動，必須確實保持90度角加以固定。

也因此，治療的時間會比其他部位的韌帶損傷長久。

確實固定4週後，從第6週起即可運動。

但若不進行這項治療，韌帶會以鬆弛狀態癒合，成為一直不穩定的關節。

持續置之不理的結果，最後勢必要接受修補韌帶的手術。故請別漠視扭傷，務必確實進行治療。

② 干擾波、多普勒超音波療法

③ 醫療雷射

④ 醫療性按摩

疼痛消失後，靠按摩來促進血循，及早復原。

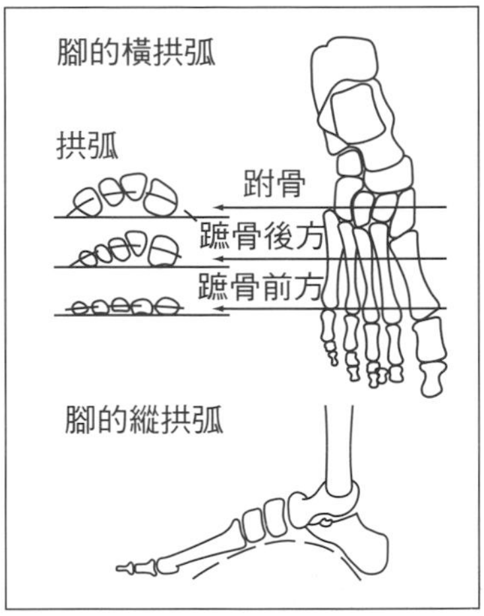

圖3

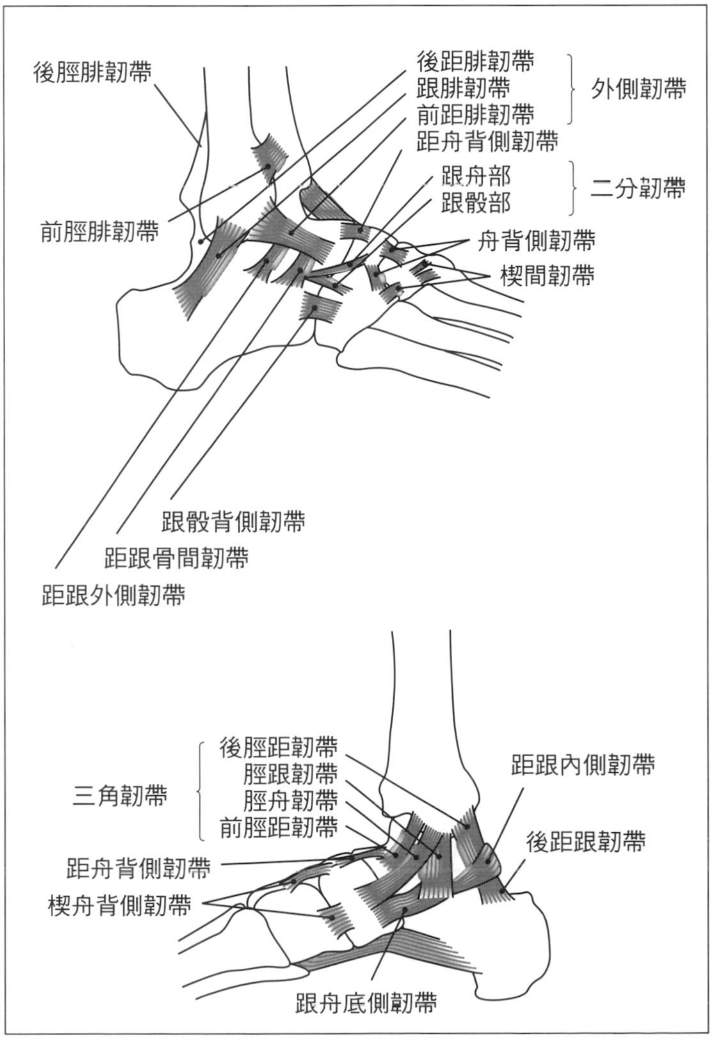

圖4　踝關節周圍的韌帶

080

踝關節外側韌帶損傷

◎特徵—腳向內側扭轉時引起的韌帶損傷。在外腳踝前下方或下方會疼痛、腫脹，或引起內出血。

症狀和原因

打排球或籃球跳躍著地時，踩到別人的腳著地或者被突起物絆倒時引起的症狀，會在外腳踝的前下方或下方疼痛（圖1）。

這種疾病稱為踝關節扭傷。而踝關節扭傷可說是運動上發生頻率最高的傷害。

多半時候是因腳踝向內側扭轉時，以內翻扭傷引起的外側韌帶損傷，在踝關節扭傷上約佔70～80%。

一般會依據韌帶損傷程度分類為韌帶纖維的微小損傷（I級）、韌帶的小斷裂（II級）、韌帶的完全斷裂（III級）三階段（圖2）。有單獨引起的情形，也有和其他韌帶一起斷裂的情形（圖3）。

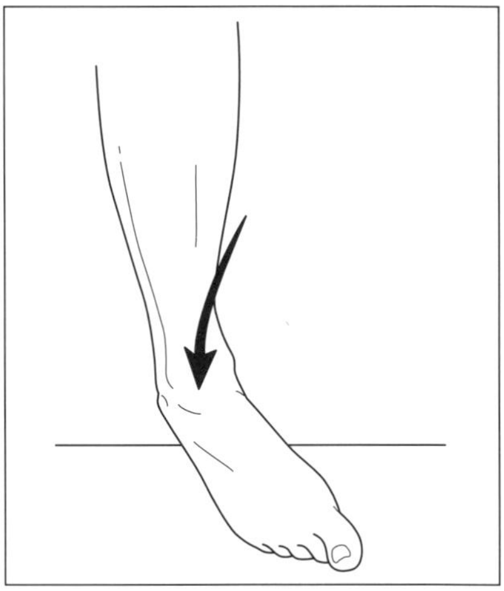

圖1　踝關節的扭傷

圖2　韌帶損傷的程度

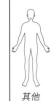

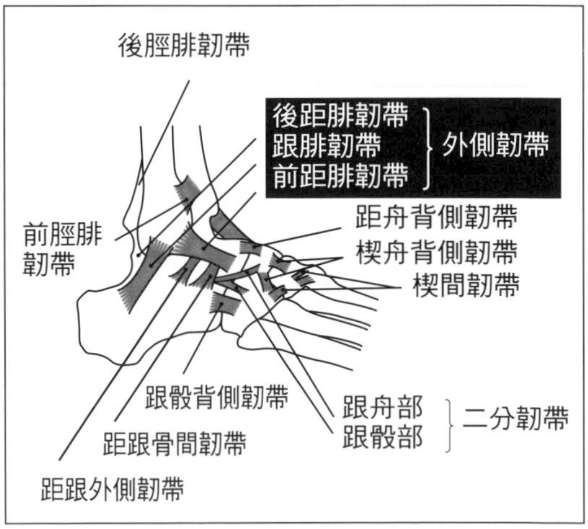

圖3　踝關節周圍的韌帶

試驗法

（1）前距腓韌帶和跟腓韌帶的安定性試驗

如重現損傷狀態一般，把腳踝向左右活動時，外腳踝的前下方或下方疼痛會增強（圖4）。而且，若前距腓韌帶和跟腓韌帶斷裂時，踝關節會不穩定。

（2）前距腓韌帶的前方拉出徵候試驗

依據這種前距腓韌帶的前方拉出徵候試驗，可正確瞭解韌帶損傷的位置。

治療法

踝關節扭傷常被視為輕傷，但這會演變成變形性關節症（退化性關節炎）或踝關節慢性不穩定性的原因，一不小心即會復發，因此確實治療相當重要。

雖從外觀看不見，但所謂扭傷是指在皮膚下的韌帶或是全部，或是部分引起斷裂的疾病。猶如看不見的割傷狀態。

割傷時，不可讓傷口處於開放的狀態，應貼上固定膠帶來閉合傷口。同理，發生扭傷時，首先冷敷，再作固定。

充分冷敷後，再以吻合韌帶、閉合傷口的狀態，使用石膏或貼紮來固定極為重要。

①用石膏或貼紮固定

腳背扭傷時，即使確實固定，也會因站立狀態負荷體重，腳底有拱弧等，而無法保持韌帶處於休養狀態。

故為使腳踝不晃動，必須確實保持90度角加以固定。

也因此，治療的時間會比其他部位的韌帶損傷長久。

確實固定4週後，從第6週起即可運動。

但若不進行這項治療，韌帶會以鬆弛狀態癒合，成為一直不穩定的關節。

持續置之不理的結果，最後勢必要接受修補韌帶的手術。故請別漠視扭傷，務必確實進行治療。

②干擾波、多普勒超音波療法

③醫療雷射

④醫療性按摩

疼痛消失後，靠按摩來促進血循，及早復原。

⑤肌內效貼布（kinesio tape）

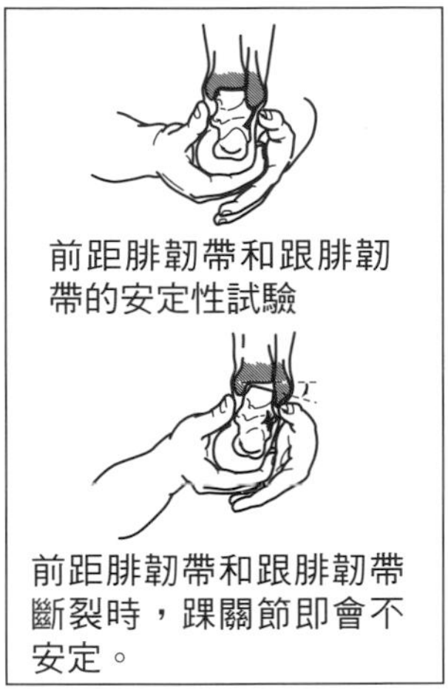

圖4

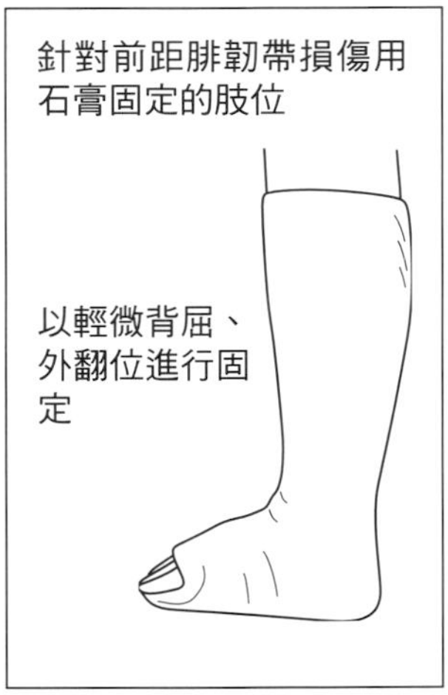

圖5

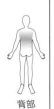

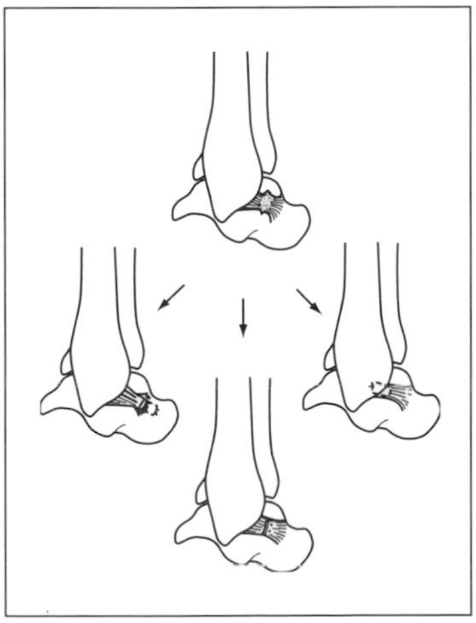
圖6

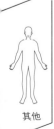

081

第5蹠骨骨折

◎特徵—因跌倒、扭傷引起的腳背外側骨折。

症狀和原因

因跌倒、扭傷，造成位於腳背第5蹠骨的腳外側骨折。別名「木屐骨折」。因為穿木屐跌倒時的骨折部位，大約就在這個第五蹠骨位置（圖1）。

發生第5蹠骨骨折時，按壓圖2部分即會有劇痛。因此不拍攝X光，僅靠這樣即可判斷是第5蹠骨骨折。

治療法

①用石膏或貼紮固定

輕症時，使用石膏固定（圖3）。重傷時，則靠手術來固定。

②醫療雷射

③醫療性按摩

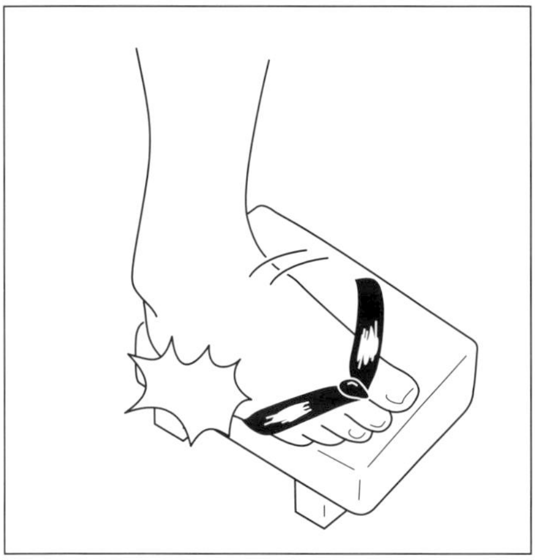

圖1　木屐骨折

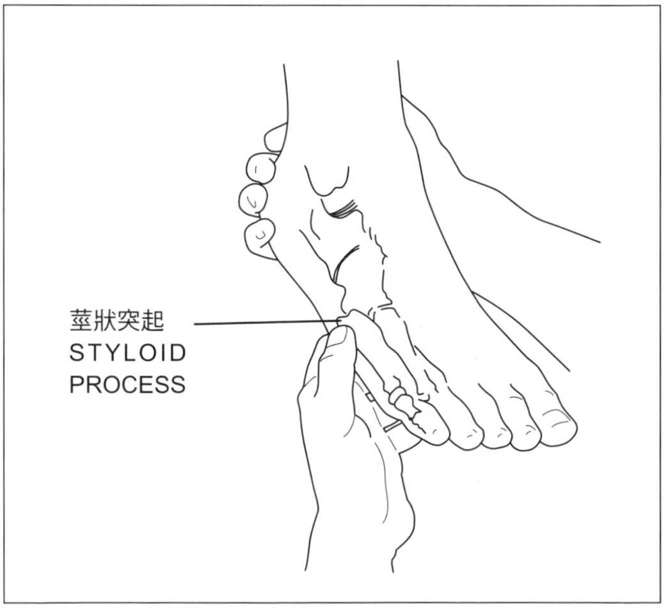

圖2　第5蹠骨的莖狀突起

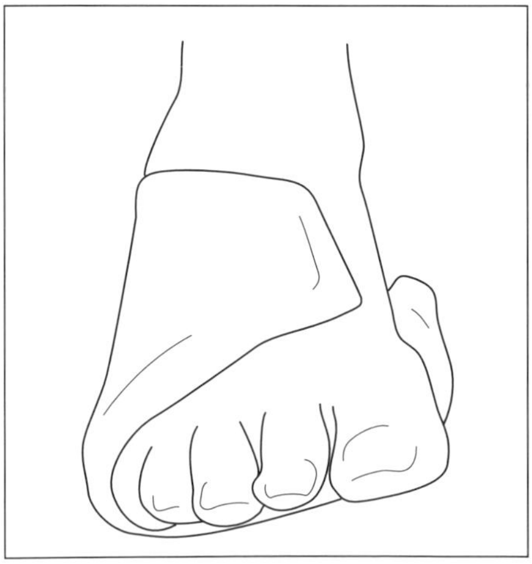

圖3　石膏固定

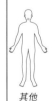

膝關節
小腿
腳底
胸・側腰
背部
其他

082

遠位前脛腓韌帶損傷

◎特徵—腳踝受到強烈衝擊時引起的韌帶損傷。在腳踝前方會疼痛。

症狀和原因

籃球等跳躍著地或者腳踝內翻所引起的遠位脛腓韌帶損傷，亦即韌帶扭傷的疾病。

如圖1所示，腳踝中的距骨因遭受某種外力而嵌入脛骨和腓骨之間，導致遠位脛腓韌帶損傷。

遠位脛腓韌帶損傷時，會如圖2所示，在腳踝前方感覺疼痛。

同時，也可能有外側韌帶損傷的情形。

一般會依據韌帶損傷程度分類為韌帶纖維的微小損傷（Ⅰ級）、韌帶的小斷裂（Ⅱ級）、韌帶的完全斷裂（Ⅲ級）三階段（圖3）。有單獨引起的情形，也有和其他韌帶一起斷裂的情形。

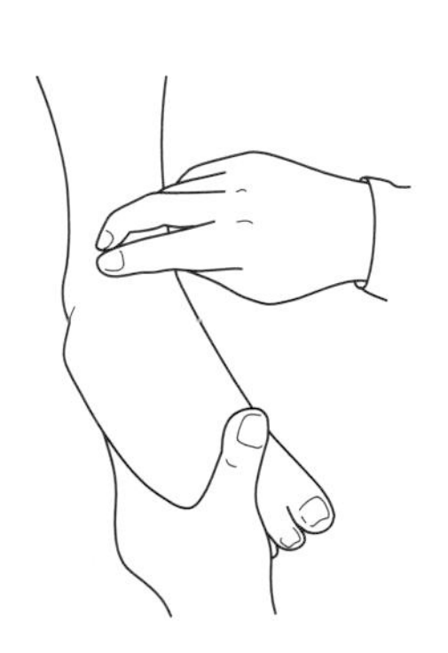

這個韌帶（前部和後部都有）斷裂時，按壓韌帶的踝關節較高部位會有壓痛。

圖2　遠位脛腓韌帶

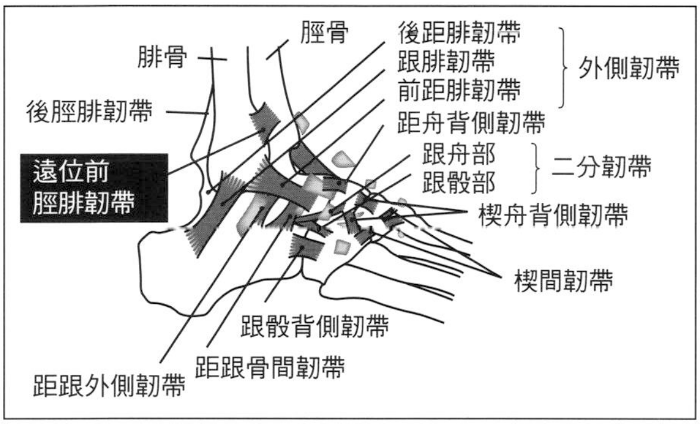

圖1　踝關節周圍的韌帶

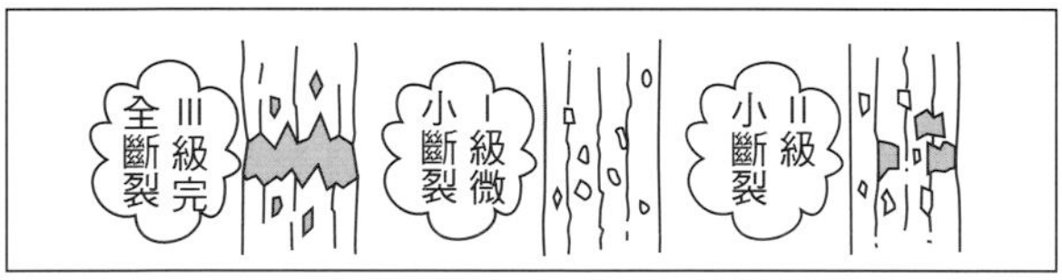

圖3　韌帶損傷的程度

試驗法

遠位脛腓的韌帶（前部和後部都有）斷裂時，按壓韌帶的踝關節較高部位，疼痛會增強（圖2）。

治療法

①用石膏或貼紮固定

確實固定4週後，從第6週起即可運動。但若不進行這項治療，韌帶會以鬆弛狀態結合，成為永遠無法穩定的關節。

②肌內效貼布（kinesio tape）

③干擾波、多普勒超音波療法

④醫療雷射

⑤關節囊內矯正

083

三角韌帶損傷

◎特徵—腳踝向外側扭傷時所引起的腳踝內側韌帶損傷。

症狀和原因

以伸展內腳踝的形態扭傷腳踝時，會如圖1所示，引起位於內腳踝之後脛距韌帶、脛跟韌帶、脛舟韌帶所構成的三角韌帶損傷，亦即扭傷障礙。

不僅三角韌帶會損傷，同時也有外側韌帶損傷或者脛骨踝部骨折的損傷情形。

一般會依據韌帶損傷程度分類為韌帶纖維的微小損傷（Ⅰ級）、韌帶的小斷裂（Ⅱ級）、韌帶的完全斷裂（Ⅲ級）三階段（圖2）。

有單獨引起的情形，也有和其他韌帶一起斷裂的情形。

穿高跟鞋走路時，踝關節會不穩定，一般容易發生腳踝內翻，較少外翻，所以扭傷多半是內翻扭傷。雖然也有外翻扭傷，但因韌帶強壯，故重大的損傷以骨折居多。

試驗法

重現引起事故狀態般，把腳踝向外側扭轉，按壓內腳踝下面，則會因擴大損傷韌帶的傷口而增強疼痛。

治療法

①用石膏或貼紮固定
②醫療雷射
③干擾波、多普勒超音波療法
④醫療性按摩

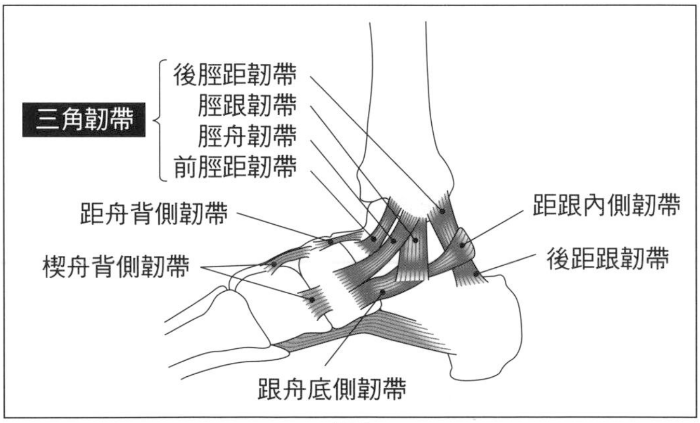

圖1

圖2　韌帶損傷的程度

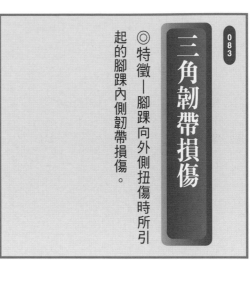

084

跟骨骨端病

◎特徵—以10歲左右的男孩居多。跳躍時腳跟會疼痛。

症狀和原因

在中學生之前，腳跟的骨頭（跟骨）後方部分是由軟骨組成，但成人之後即會骨化。

這種跟骨骨端病就是位於跟骨後方的軟骨受到傷害。發生位置和阿基里斯腱炎一樣，故阿基里斯腱會疼痛（圖1）。

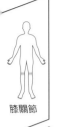

這是因跟骨的軟骨在跳躍著地時受到過度衝擊，或者強烈拉扯阿基里斯腱，導致軟骨出現裂縫，引起發炎的疾病（圖2）。

跟骨骨端病最常見的原因是跳繩，尤其是中、小學生在運動時要特別小心。

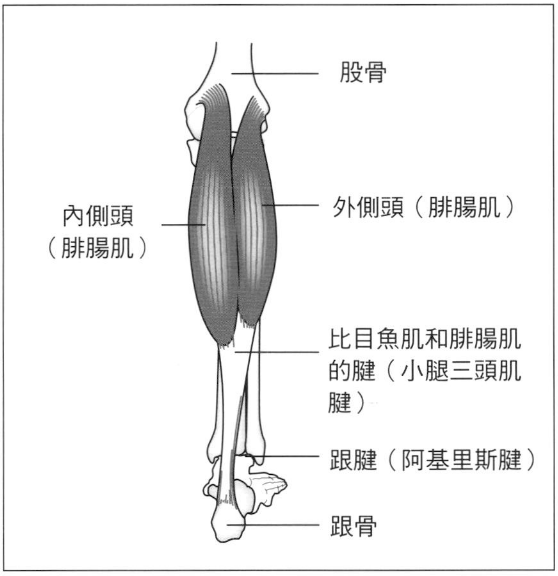

圖1　腓腸肌

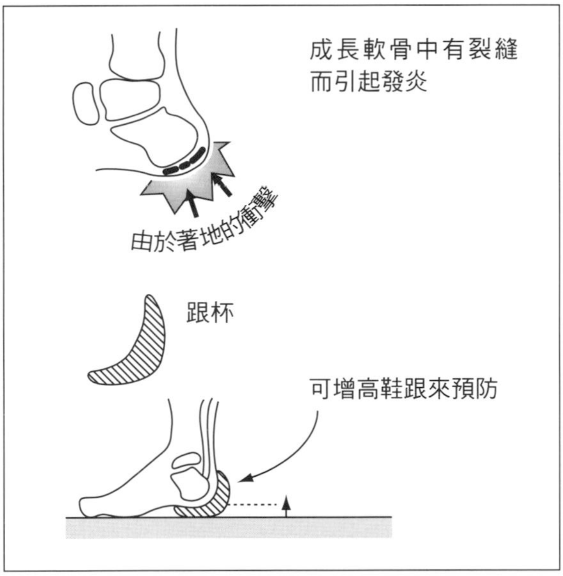

圖2　跟骨骨端病

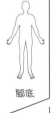

治療法

停止運動練習，保持安靜。之後進行以下治療。

①干擾波、多普勒超音波療法

在腓腸肌、比目魚肌、阿基里斯腱照射對肌肉有效之頻率的干擾波，來鬆弛因拉扯緊張的肌肉。

②醫療雷射

③醫療性按摩

④跟杯（圖2下）

可緩和衝擊，給予保護。

085

外脛骨障礙

◎特徵—腳踝的內側骨頭會痛，骨頭隆高突出。多半是因運動所引起的疼痛。

症狀和原因

這是成長期常見的運動障礙之一。

所謂外脛骨如圖1所示，是在內側腳踝下方的小圓骨。附著在外脛骨的後脛骨肌膜，因運動等引起強烈收縮，造成為脛骨周圍組織受傷發炎時，就是外脛骨炎症。

這種外脛骨炎症的疼痛，出現在內側腳踝和位於腳底中間的腳心側面（圖2）。

用手指觸摸這部分，會感覺有硬塊突出，有時還會紅腫。

從小學高年級到國中生的青春期間，約有15％的人會有外脛骨障礙，但多半沒有症狀。

但特別在10多歲時，因運動使腳勉強承受負擔，或該部受到外傷時，即會出現疼痛。

出現症狀時，保持該部位安靜等即可治癒。

此外，到骨骼停止成長的15歲到17歲，症狀就不再出現。雖說外脛骨障礙是因運動衝擊引起，但大人幾乎不會發生。

然而，長期觀察狀況仍無法治癒時，或者疼痛增強遲遲無法恢復體育活動時，即要接受手術摘除外脛骨來縮短治療期。

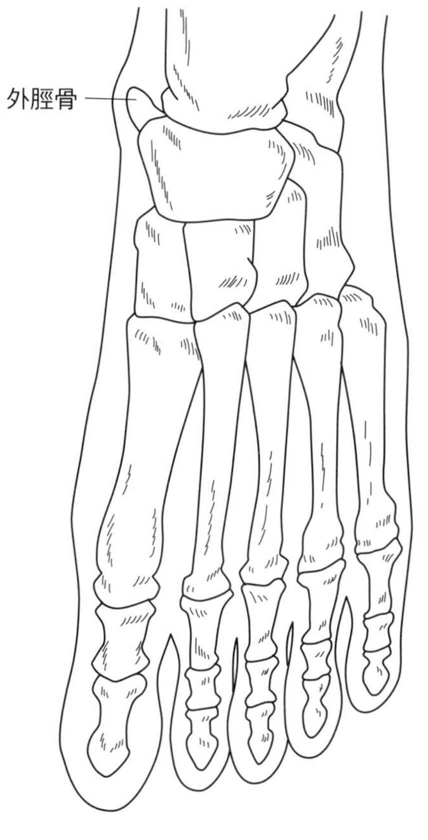

在內腳踝前下方約2～3cm處，若有大塊突出即懷疑外脛骨障礙。因穿鞋子摩擦或扭傷等所引起的疼痛。

圖1　外脛骨的位置

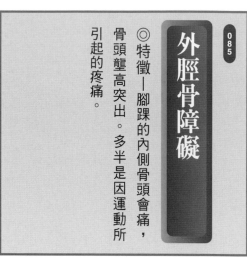

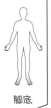

膝關節
小腿
腳底
胸・側腰
背部
其他

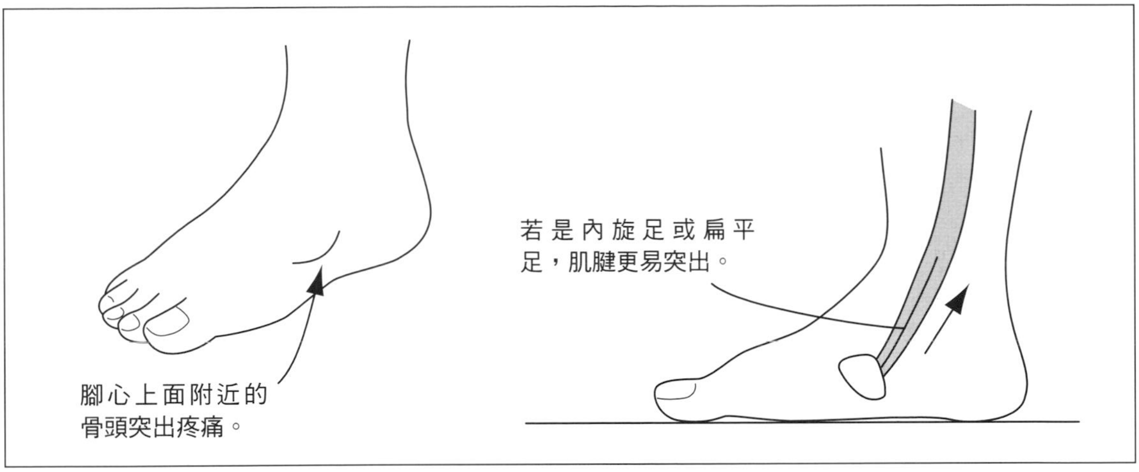

圖2　有痛性外脛骨

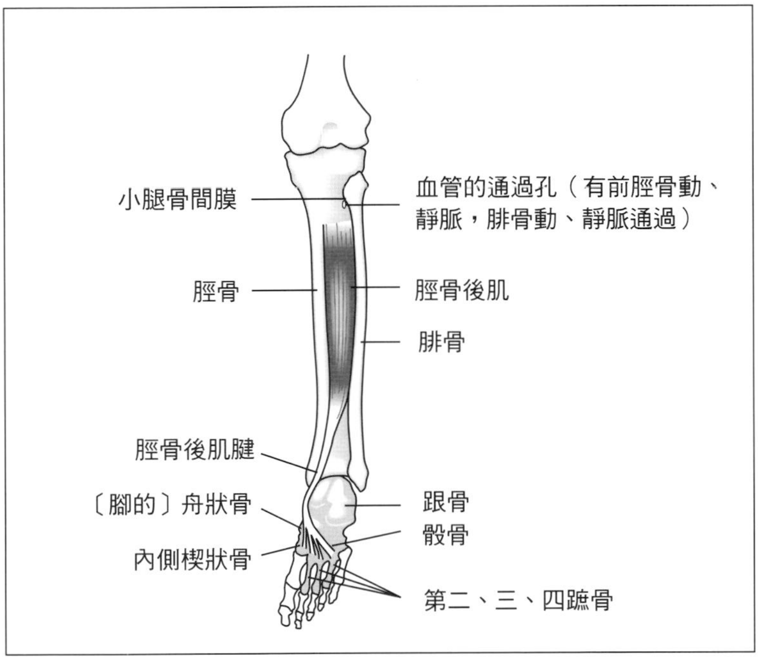

圖3

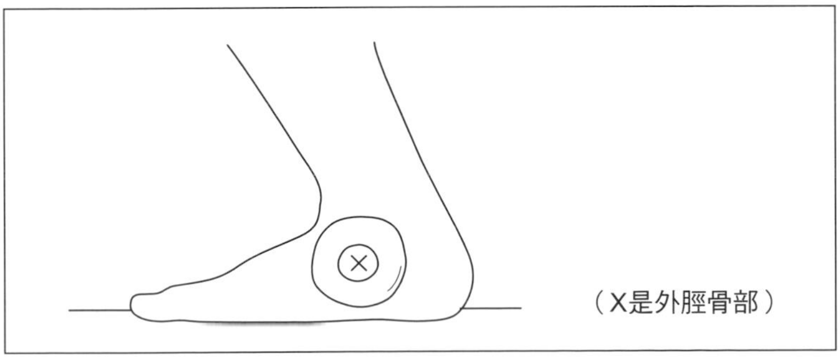

圖4　有洞護墊的例子

治療法

① 肌內效貼布（kinesio tape）

② 醫療雷射

③ 干擾波、多普勒超音波療法

對脛骨後肌膜照射對肌肉有效之頻率的干擾波，可鬆弛因拉扯緊張的肌肉（圖3）。

④ 醫療性按摩

⑤ 有洞的護墊（圖4）

可防範鞋子的壓迫。

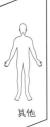

086 外翻拇趾

◎特徵—這是腳拇趾根部突出、疼痛、腫脹的疾病。有時會無法步行。以穿高跟鞋的女性居多。重症時需要手術。

症狀和原因

以穿高跟鞋的女性居多的疾病。因此，穿高跟鞋機會多的都會女性常見這種疾病。

也因為如此，歐美的患者人數比外出才穿鞋的東方人多。

外翻拇趾是因穿窄頭高跟鞋，致使拇趾關節半脫位拇趾根部突出、疼痛。

腳趾的形態如圖1所示有3種類。

①埃及型

腳拇趾比其他腳趾長。

②希臘型

第2趾比腳拇趾長。

③正方形型

腳趾的長度幾乎相同。

日本人多半屬於腳拇趾比第2趾長的埃及型。

而這種埃及型的人，也容易因腳拇趾在鞋內受到壓迫而形成外翻母趾，要注意。

而且形成外翻拇趾時，會如圖2般，腳拇趾朝小趾側彎曲，破壞原本應有的腳底橫拱弧，變成腳底平坦的開張足。

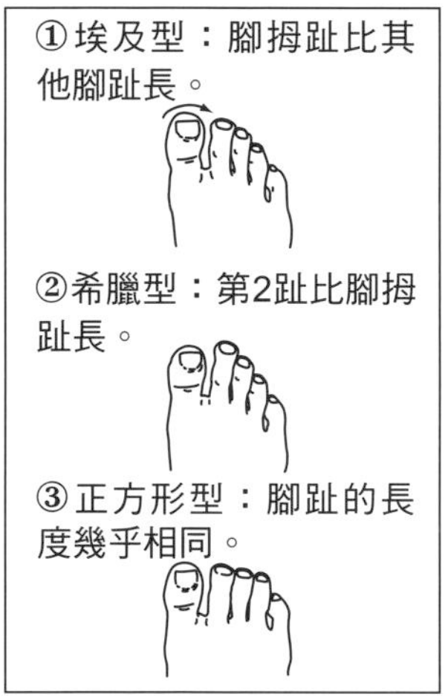

圖1　腳趾的形態

治療法

注意儘量不穿窄頭高跟鞋。不得已要穿時，也要時常脫掉鞋子，避免長時間步行。

①體操

體操也有效果。

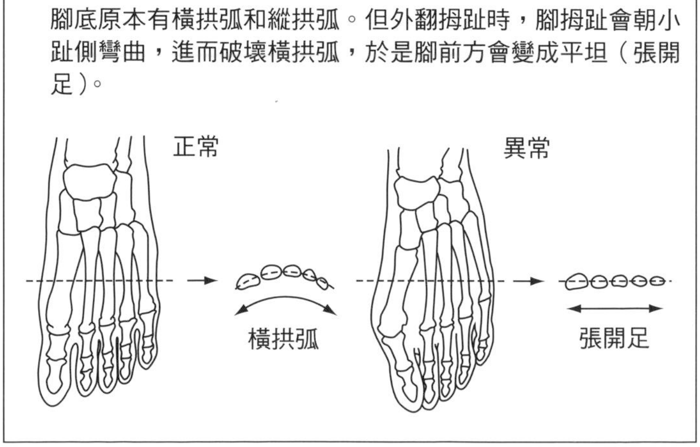

腳底原本有橫拱弧和縱拱弧。但外翻拇趾時，腳拇趾會朝小趾側彎曲，進而破壞橫拱弧，於是腳前方會變成平坦（張開足）。

圖2　外翻拇趾

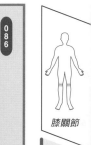

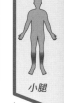

1. 赫曼體操

在腳拇趾掛上寬邊的橡皮圈，然後向左右拉開（圖3的①）。

2. 抓拉毛巾

用腳趾間抓拉毛巾（圖3的②）

3. 旋轉腳趾

把手指插入腳趾間，旋轉指尖（圖3的③）。

4. 利用紗布

利用貼紮稍微束緊腳拇趾根部，然後在腳拇趾和第2趾之間塞入紗布等加以撐開。

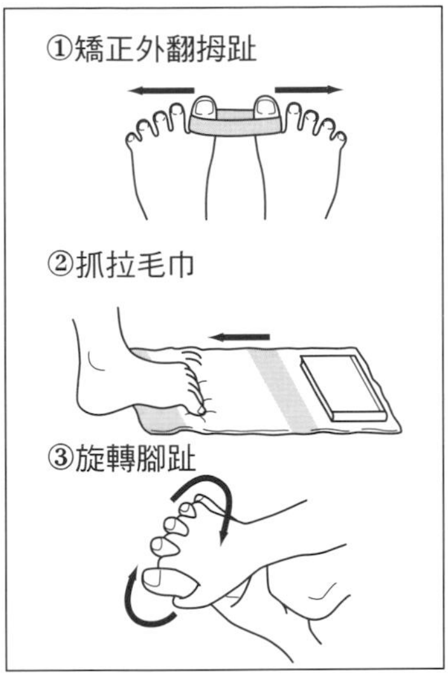

圖3　外翻拇趾的治療法

②保持橫拱弧的鞋墊

把能保持橫拱弧的鞋墊鋪在鞋子裡。

③醫療雷射

④干擾波、多普勒超音波療法

⑤醫療性按摩

⑥肌內效貼布（kinesio tape）

在外展拇趾肌照射對患部有效之頻率的干擾波。

⑦藥物療法/類固醇注射

類固醇注射雖也是療法之一，但因注射在角質部會有高度感染危險，務必留意。

⑧手術

適合舞女等必須穿高跟鞋工作的人施行。儘量在如圖6般，外翻拇趾角（HVA）超過40度以上時才採用此療法較明智。

但由於並非消除原因，所以經過一段時間後有容易復發的傾向。

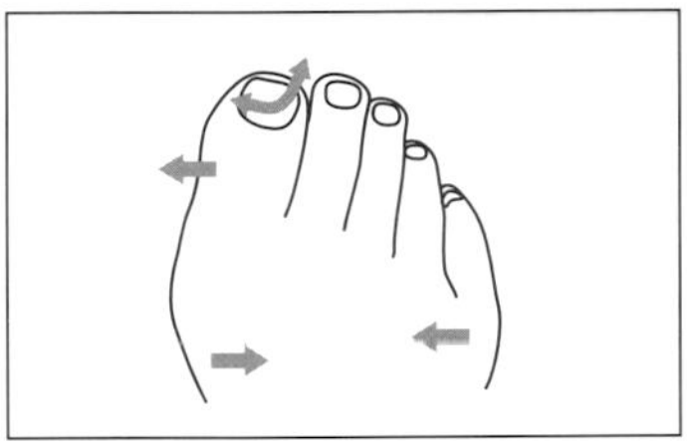
圖4　利用紗布的治療法

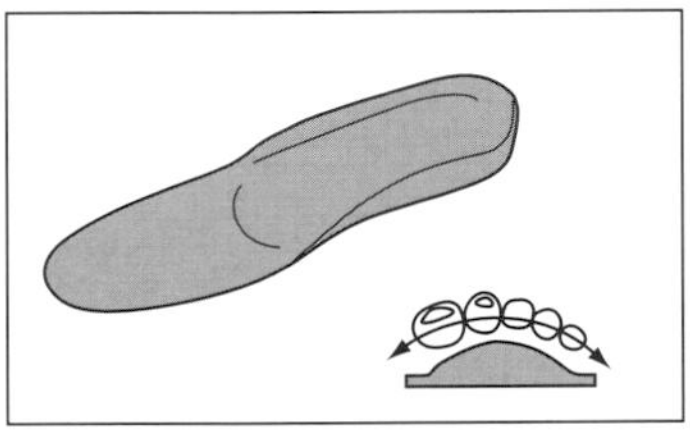
圖5　橫拱弧支撐墊

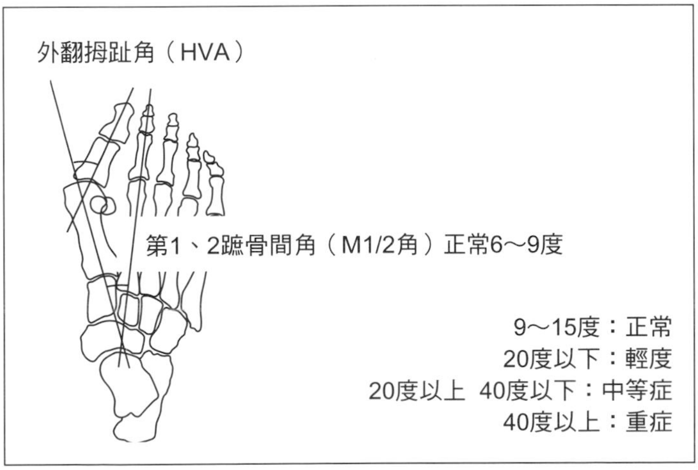

圖6　X線學的計測角

087

痛風

◎特徵─位於腳拇趾根部的關節，雖沒受傷卻有劇痛。以愛喝酒的20～50歲男性居多。

症狀和原因

是喜歡喝酒的人或者有高尿酸血症傾向的20～50歲男性常會發生的疾病，可說是沒有外傷的關節炎。

位於腳拇趾根部的關節（第一趾MPJ）會有劇痛，尤其是吹到風，或者周圍有腳步聲時會倍感疼痛，因此取名為「痛風」（圖1）。

這種疼痛稱為「痛風發作」，產生如骨折般的疼痛，夜間更易疼痛。

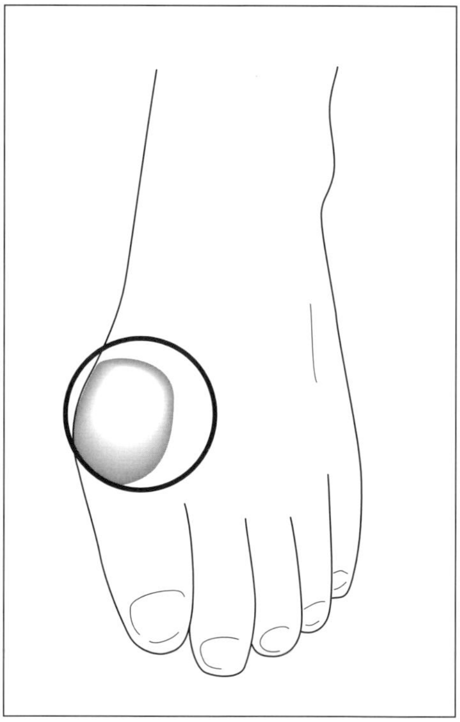

圖1　第1腳趾MP關節部的痛風

因此，沒有外傷者引起這般疼痛時，首先要懷疑是否罹患痛風。

但最近不像這般有固定症狀的痛風越來越多。而且，有許多是血清尿酸值處於正常上限（7.5 mg／dl），疼痛會迅速消失但容易復發的案例。

因此，必須檢測多次的尿酸值，多加留意。遇此狀況，請交由內科控制。

治療法

①藥物療法

基本上是藥物治療。藥劑是降尿酸藥或非類固醇止痛藥。

②醫療雷射

③干擾波、多普勒超音波療法

照射對患部有效頻率的干擾波。

④肌內效貼布（kinesio tape）

⑤醫療性按摩

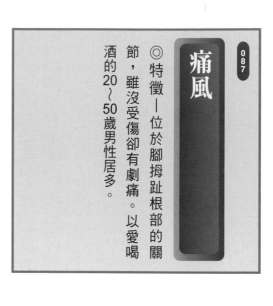

088

腳十字韌帶炎症

◎特徵—活動整個腳踝時，腳踝前面會痛。以常使用腳踝的司機或足球選手居多。

症狀和原因

需要操作加速器、煞車的司機，或者經常活動腳踝的足球選手等常會罹患這種疾病。把腳踝往腳背方向活動時即會疼痛。

當腳踝要朝腳背方向活動時，脛骨前肌必須收縮。

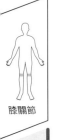

所以，腳背頻繁進行上下運動時，會如圖1所示，引起包住該肌肉，位於腳踝前部的隧道狀腳十字韌帶因摩擦而發炎。

治療法

① 冷敷

發炎嚴重後會產生劇痛，故要用冰袋等充分冷敷。

② 干擾波、多普勒超音波療法

可以促進患部血循，消除疼痛。

③ 貼紮

為能安靜休養，最好貼紮固定。

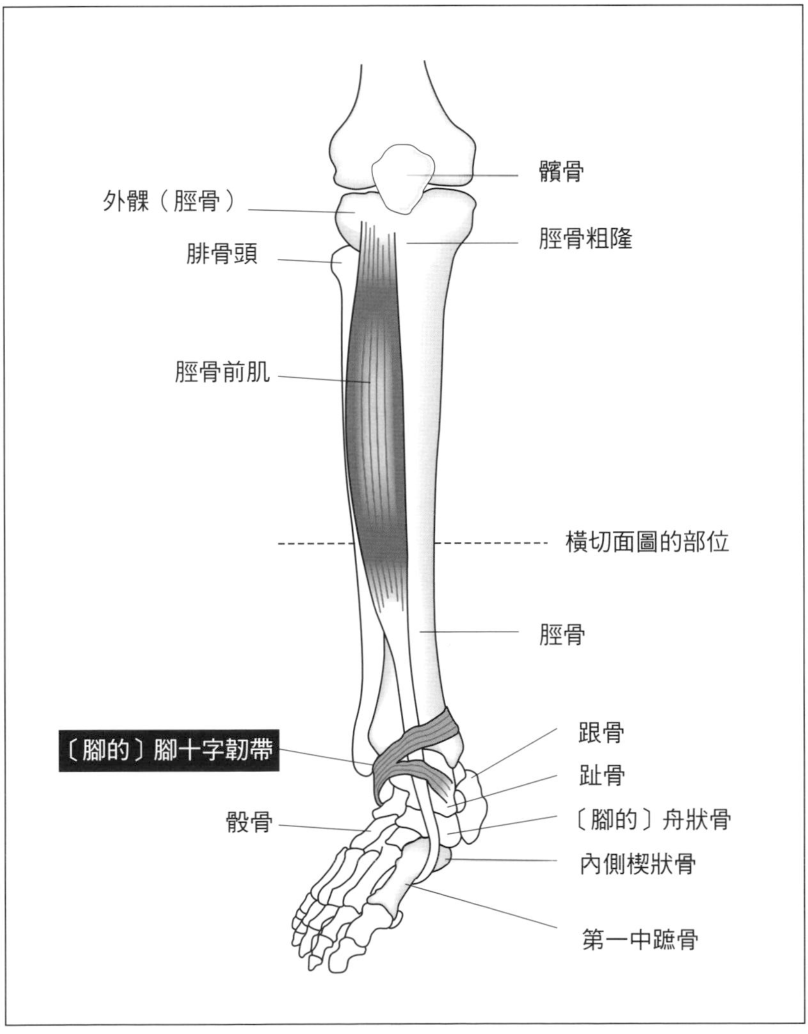

圖1

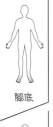

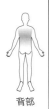

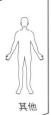

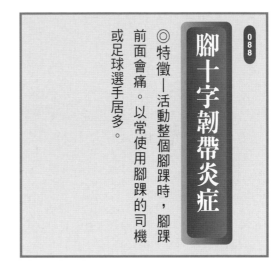

089 扁平足引起的疼痛

◎特徵—英文稱為「Flat Foot」。腳底、內腳踝後方或下方會疼痛。X型腿的人容易罹患。

症狀和原因

腳底有個重要的拱弧。第1個是腳心的大縱拱弧，第2是蹠骨部的橫拱弧，第3是跟骨外側稍前方的小縱拱弧。透過這些拱弧，可吸收步行時的衝擊。

這些拱弧中的縱拱弧若便平坦時，就成為扁平足（圖1）。尤其是腳肌肉或韌帶無力的人較容易變成扁平足。

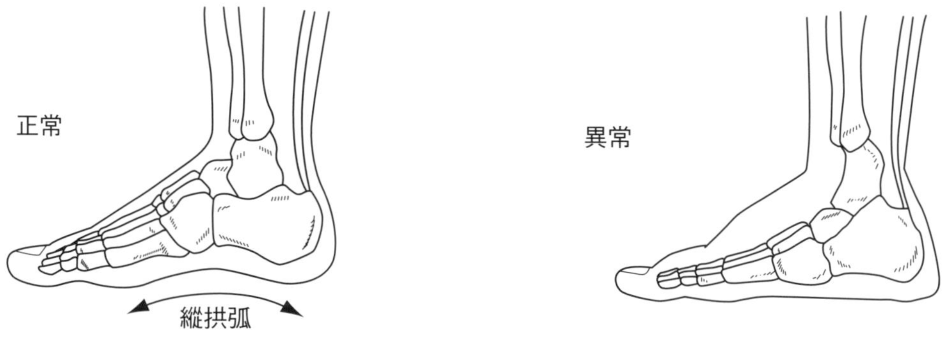

腳心的拱弧＝腳底的縱拱弧變淺，腳底變平坦的扁平足。多半是因為腳的肌肉或韌帶無力引起。

圖1　扁平足

有扁平足的人，因無法順利吸收衝擊，所以腳或全身容易發生障礙。具體而言，容易發生如下的疾

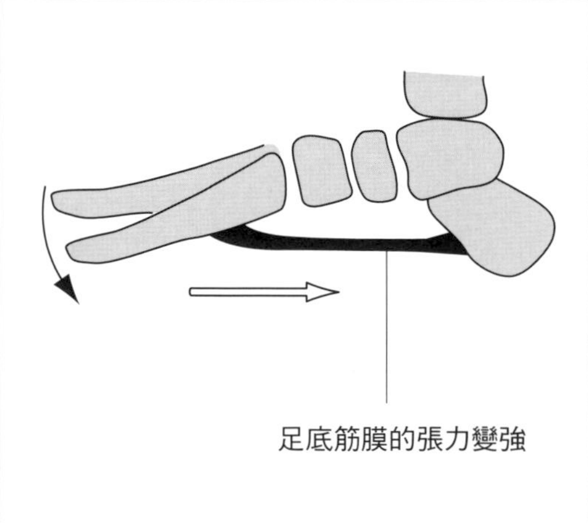

圖3　足底筋膜炎

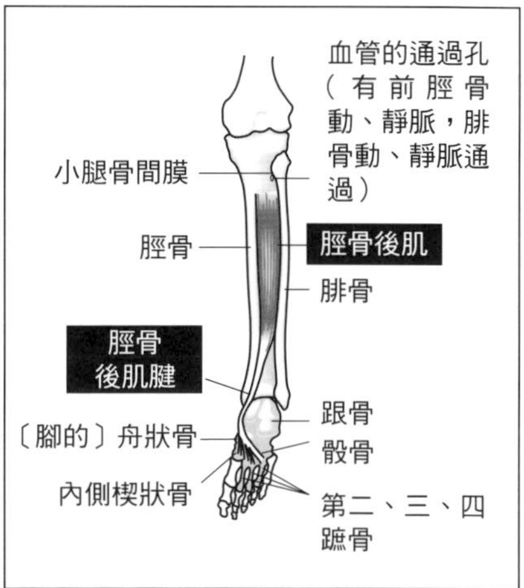

圖2　脛骨後肌

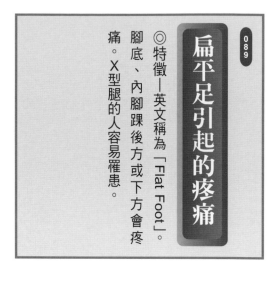

病。

＊內腳踝容易有劇痛→脛骨後肌炎或脛骨外障礙（圖2）。

＊腳背容易疼痛→足底筋膜炎（圖3）。

而且因扁平足缺乏拱弧，故腳心容易接觸地面，會有變成X型腿的傾向（圖4）。

治療法

①干擾波、多普勒超音波療法

照射對患部有效之頻率的干擾波。

②醫療性按摩

③肌內效貼布（kinesio tape）

④保持縱拱弧的鞋墊（圖5）

⑤關節囊內矯正

扁平足的人若長時間站立，或短期間體重增加，都容易發生以薦骨腸骨關節為首的機能異常。

此時進行關節囊內矯正，多半病例顯示會比以一般治療有效。務必嘗試看看。

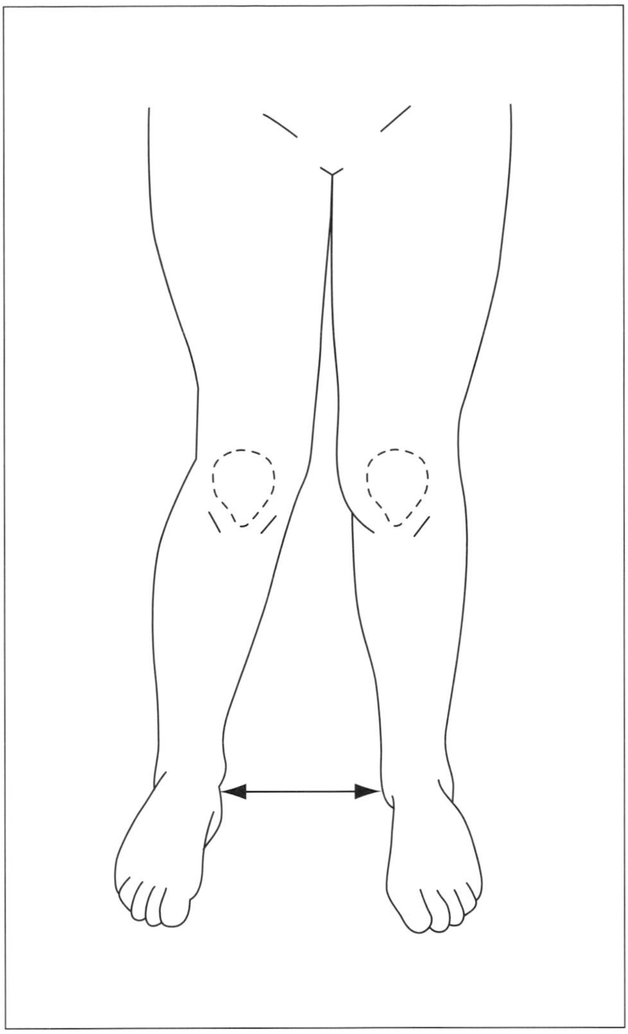

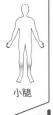

圖4　X型腿

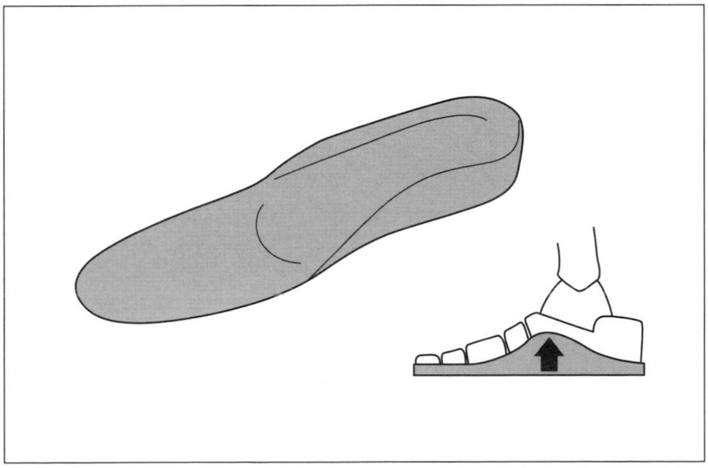

圖5　縱拱弧支撐墊

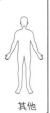

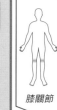

090

腳拇趾種子骨障礙

◎特徵—在腳拇趾根部背面會疼痛。以棒球的投手或賽跑選手居多。

症狀和原因

以棒球投手或賽跑選手居多的疾病，如圖1所示，會在腳拇趾根部背面出現疼痛。

腳拇趾的根部，在彎曲拇趾的肌腱中有2個大豆般大小的特殊骨頭。當進行需要後踢的跑步動作時，拇趾根部會做急角度彎曲（稱為「toe-off」）。

此時，這個腳拇趾種子骨會扮演保護肌腱避免受到這種衝擊的角色，以及扮演把肌肉力量有效傳達給拇趾的「滑車」角色。

具備這些作用的骨頭稱為種子骨，而髕骨就是人體內最大的種子骨（圖2）。

腳拇趾種子骨由於和腳拇趾的骨頭相接觸，所以反覆受到衝擊時會發炎。

腳有許多的種子骨，但尤其容易疼痛的是2個腳拇趾種子骨中如圖1所示的內側種子骨。

治療法

①醫療雷射

②用石膏或貼紮固定

③干擾波、多普勒超音波療法

④肌內效貼布（kinesio tape）

⑤裝置護墊

裝置護墊或者穿著厚底鞋子來緩和衝擊，加以保護。

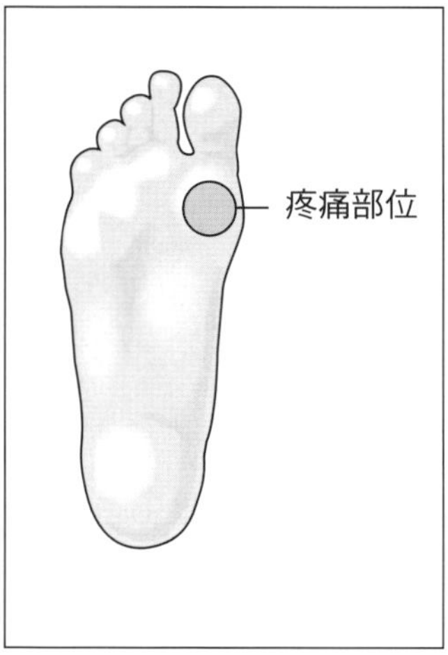

圖1　腳底面炎

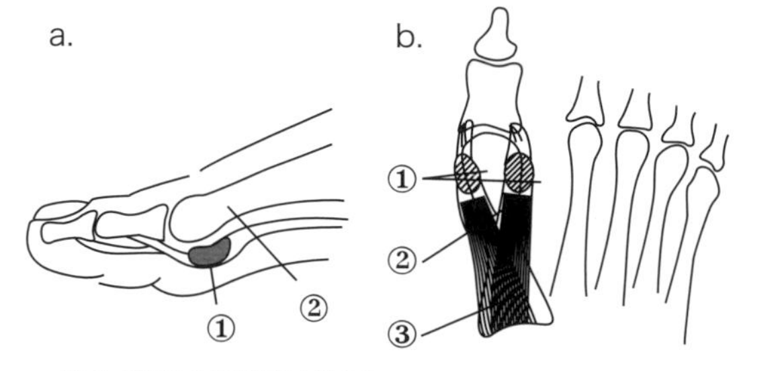

a. 從內側看右腳拇趾的圖
b. 從上面看右腳拇趾的圖
①種子骨，內側和外側各有1個。
②第1蹠骨，在腳拇趾腳背部分的骨頭。
③屈拇趾短肌

圖2　腳拇趾的種子骨

091

摩頓氏神經痛（Morton's desease）

◎特徵－腳的第3趾和第4趾之間，或者第4趾和小趾之間會疼痛、麻木。以中年以上的女性居多。

症狀和原因

常發生在中年以上女性的疾病。

沒有外傷，但尤其在步行時，會在腳的第3趾和第4趾之間，或者第4趾和小趾之間感覺疼痛、麻木時，就可能是摩頓氏神經痛（Morton's desease）。

這種疾病是由於腳趾和腳趾之間的神經受到壓迫所致（圖1）。原因是穿著窄頭鞋子或扁平足等，造成腳的橫拱弧瓦解變成平坦之後，神經會進入腳趾和腳趾之間所致。

嚴重後，神經會腫脹形成神經瘤（圖2）。近年來，隨著穿鞋時間增加，這種疾病也有增加的傾向。

試驗法

（1）觸診

如圖3所示，用手握緊腳外側時疼痛會增強的話，就可能是摩頓氏神經痛（Morton's desease）。

治療法

①干擾波、多普勒超音波療法
②醫療雷射
③醫療性按摩
④藥物療法
⑤手術
進行切除神經的手術。

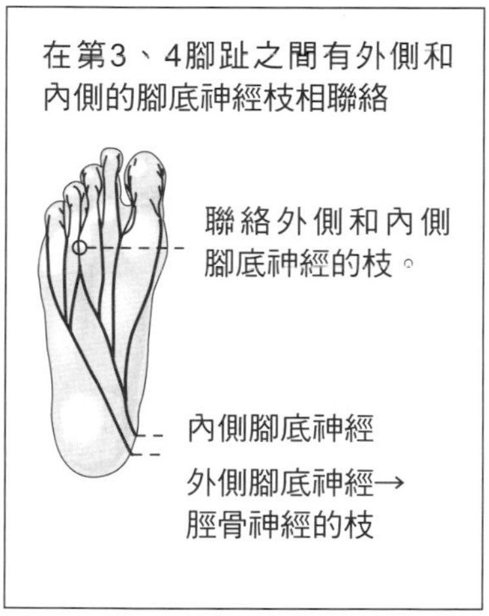

圖1　腳底神經的分佈

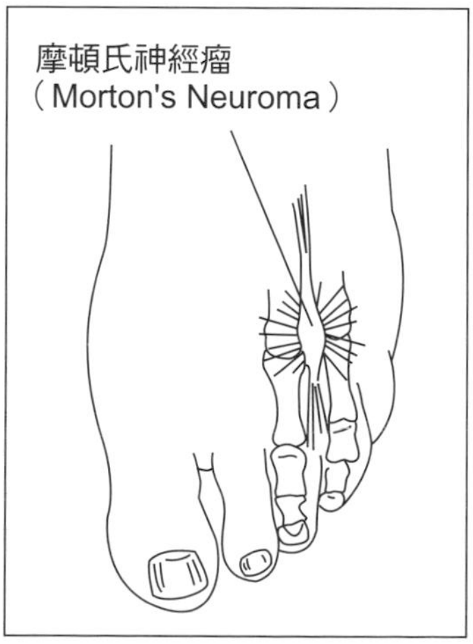

圖2　摩頓氏神經瘤

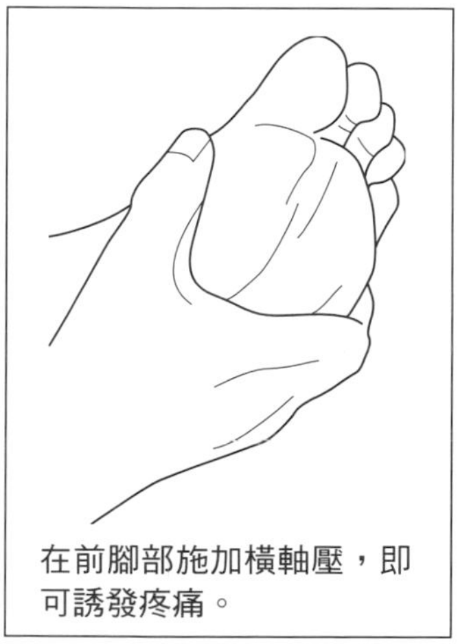

圖3　疼痛誘發試驗

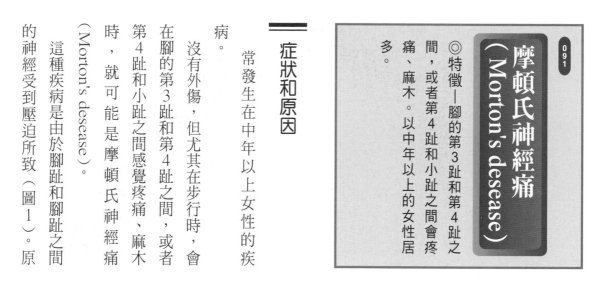

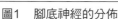

092

足底筋膜炎

◎特徵—別名「跟骨骨刺」。在腳跟骨的稍內側會有尖銳疼痛。以經常站立或步行的中年人居多。以雷射治療有效。

症狀和原因

是經常站立或步行的中年人常有的疾病，在腳跟骨的稍內側有尖銳疼痛。但腳跟並無灼熱感或腫脹。

這種足底筋膜炎分別有早上第一步最痛的患者，以及站立或步行太久時會痛的患者。

足底筋膜炎的原因有2種。

其一是肌肉疲勞引起。如圖1所示，跟骨底面附著著腳底腱膜、外展拇趾肌、屈趾短肌、腳底方形肌等。

由於站立或步行，對這些肌肉反覆添加牽引力，所以肌肉起始部發炎、疼痛。

進一步惡化後，牽引力會使跟骨變形產生骨刺，疼痛也增強。

其二是從後方觀察跟骨時，會發現內側突出。

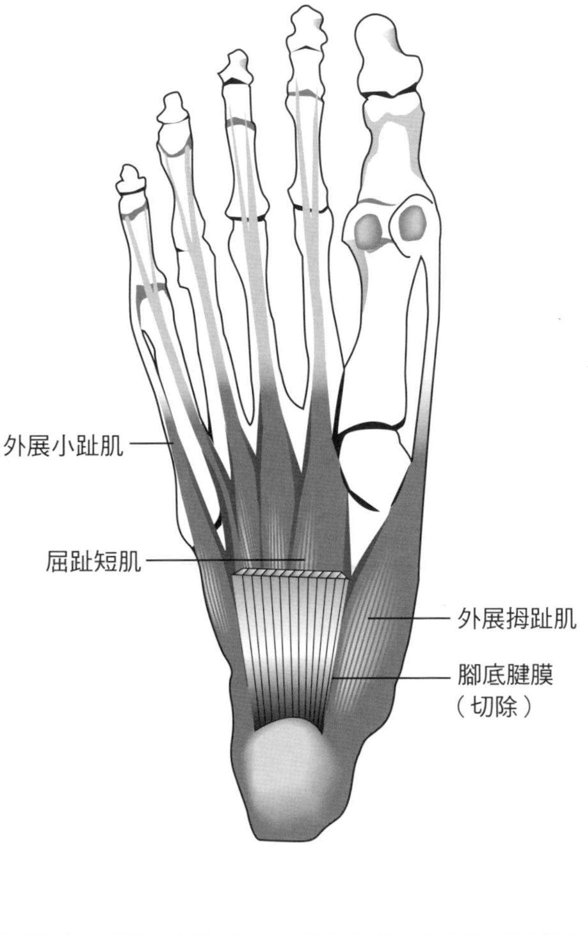

圖1　跟骨底面

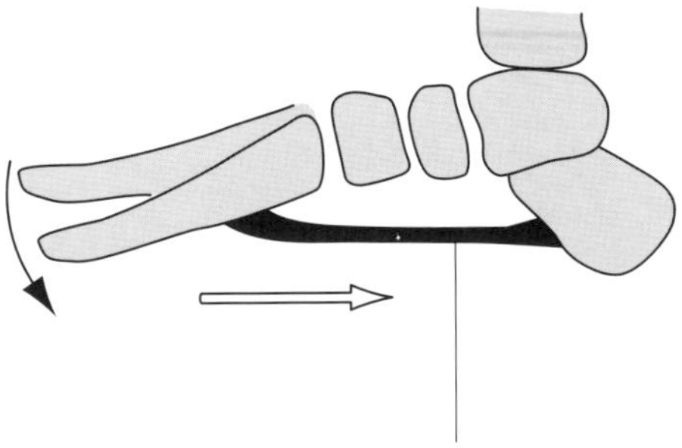

疲勞之後，因縱拱弧會變大，故腳底腱膜引起發炎。

圖2

如此一來，容易強力衝擊地面，造成反覆碰撞。因此經常進行劍道猛打動作的人，常會罹患足底筋膜炎。

治療法

①干擾波、多普勒超音波療法

讓相關肌肉獲得空間，消除牽引力。

②醫療性按摩

讓相關肌肉獲得空間，消除牽引力。

③醫療雷射

具有非常有效的鎮痛作用。

④局部安靜

嚴守無負荷的步行（只承受體重的步行），並保持局部安靜。

⑤鞋墊

儘量採用④的治療法才理想，但無法使用時，就如圖3般把疼痛部位設置在洞中。

⑥類固醇局部注射

這種方法必須限制使用次數，而且會有疼痛感

⑦抓拉毛巾

鍛鍊蹠肌（圖4）。

⑧減少體重

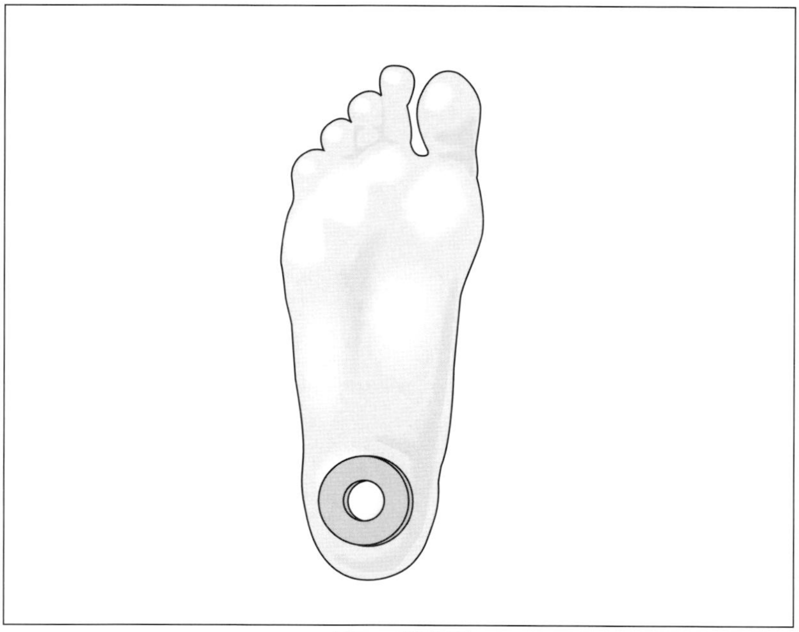

圖3　腳底面

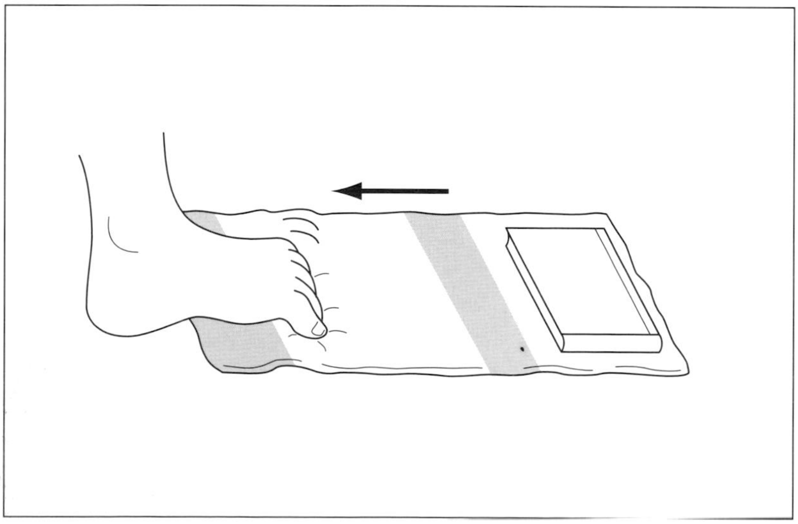

圖4　抓拉毛巾

093

肋骨骨折

◎特徵─肋骨局部性疼痛。多半有外傷，但因打高爾夫或者骨質疏鬆症引起的案例也不少。肋骨骨折時，在咳嗽、打噴嚏時也會痛。透過檢查幾乎都可診斷出來。

症狀和原因

因肋骨受到強力衝擊引起。除了撞擊，練習高爾夫也常會引起肋骨骨折。愛打高爾夫，但未受撞擊卻感疼痛……中高年人常見這種案例，原因就在高爾夫的揮桿練習。

數度加入扭轉身體的力量來揮桿時，右撇子容易在左側的第4、5、6肋骨引起疲勞骨折。像這般，持續受到弱小外力的衝擊，也可能引起骨折。

肋骨骨折雖有啪啦一聲斷裂的情形，但依據我的經驗，大半的病例是X光攝影無法確認的輕微龜裂。此外，有骨質疏鬆症的中高年女性，即使是弱小的外力也容易發生肋骨骨折，務必注意。

相反的，孩子卻較不易骨折，因為其肋骨的軟骨部分較多。

試驗法

咳嗽、打噴嚏，甚至連呼吸都會疼痛。此外，稍微碰觸到骨折的骨頭即有劇痛。

若以前後方向按壓胸部時，患者會有反應劇烈的疼痛。把耳朵貼近患部，可聽到像樹木互相摩擦的聲音。

治療法

緊急處置時，首先冷敷患部。

① 貼紮、束腹帶

以吐氣的狀態，用厚質材質貼紮或用束腹帶固定3～4週（圖1）。這期間，避免拿重物。

② 雷射

③ 干擾波、多普勒超音波療法

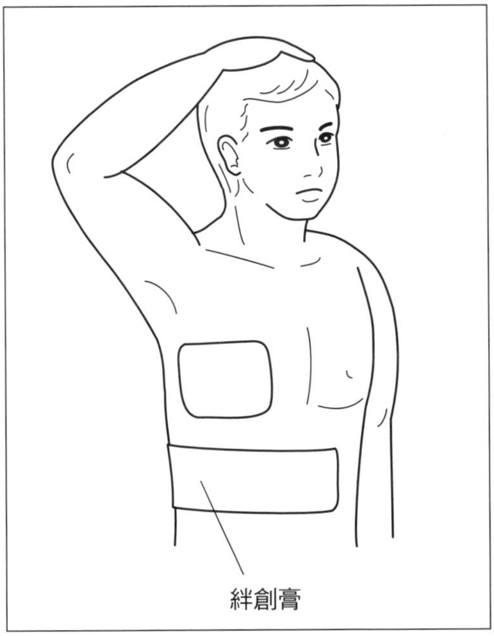

圖1　肋骨骨折的貼紮

094

肋間肌肉撕裂傷

◎特徵—肋骨和肋骨之間有局部性疼痛。

症狀和原因

這是醫學書籍很少刊載，但卻常見的症狀。除了咳嗽、打噴嚏外，連呼吸也會痛。而且以按壓患部時會痛為特徵。

和肋骨骨折的差異是疼痛位置在於肋骨和肋骨之間。

在肋骨和肋骨之間有稱為肋間肌的肌肉（圖1）。這是在呼吸時，使肋骨上下活動的肌肉。該肌肉因激烈的深呼吸或扭轉動作等會引起小小的肌肉撕裂傷。

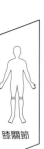

治療法

①貼紮、束腹帶

以吐氣的狀態，用厚質材質貼紮或用束腹帶固定3～4週（圖1）。

這期間，避免拿重物。

②雷射

在疼痛部位照射雷射，可以舒緩疼痛。

③干擾波、多普勒超音波療法

疼痛稍微緩和之後，藉此療法促進血循保持溫暖。血循良好，白血球的循環也更快，即可早日康復。

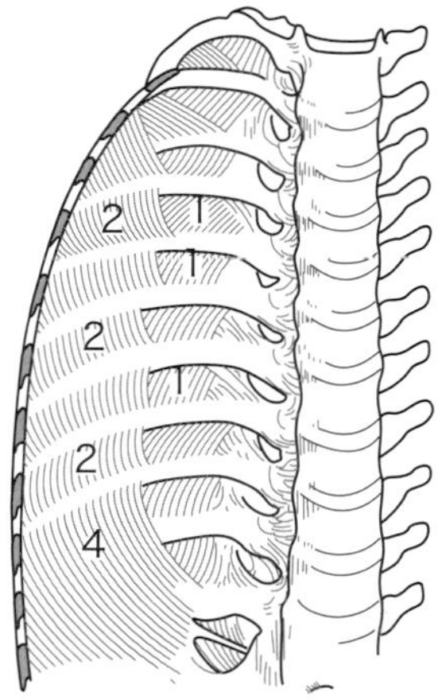

觀察胸廓後壁的內面

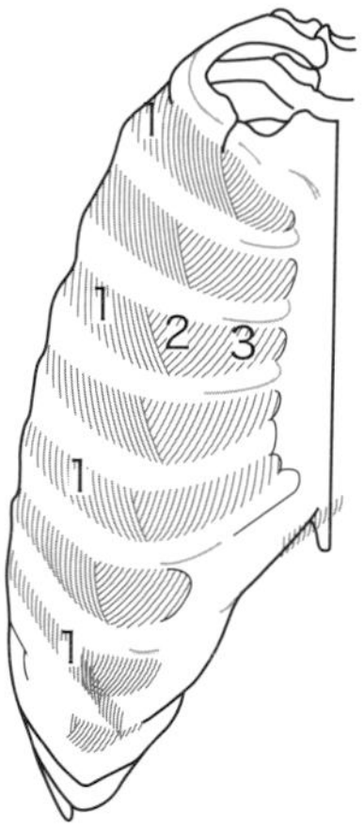

從前面看的肋間肌

圖1

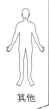

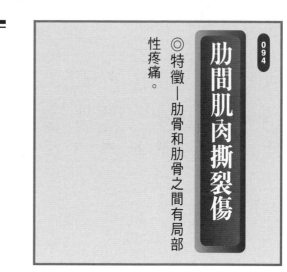

095

肋間神經痛

◎特徵—在胸部、側腹、背部有被勒緊般的尖銳疼痛。X光攝影無法看出。

症狀和原因

肋骨和胸部有被勒緊般的疼痛，但無腫脹或濕疹現象，是從外觀不易發現的疾病。

肋間神經痛是常會發生的疾病，但因尚未解明疼痛的機制，故現代西醫學上的治療仍未成熟。

治療法

一般進行的治療法有如下三種方法。

①止痛劑

給予止痛劑來減輕疼痛。

②神經阻斷術

在疼痛部位注射藥劑，麻醉神經。

不過，①、②、③都非對症療法，所以一旦中斷藥劑，疼痛即會復發。

③電離子導藥療法

（Iontophoresis）

可減輕疼痛。

④關節囊內矯正

雖說疼痛機制仍未解明，但側腹神經是如圖1所示從12個胸椎間伸出的。故所謂伴隨疼痛，就是指這個胸椎和胸椎之間是否受到壓迫而言。

我是針對這個問題來進行胸椎之間的關節囊內矯正。而且，多半的病例都能消除劇痛。

例如，住在社區的某位女性因被掉落的棉被打到，之後1年都深受肋間神經痛困擾。前往大學醫院看診，只被告知「要保持安靜」和給予止痛劑而已，並沒解決疼痛問題。後來到本院接受關節囊內矯正，當場消除疼痛。

所以建議「長久持續治療卻無法解除疼痛」的人，務必嘗試一次關節囊內矯正看看。

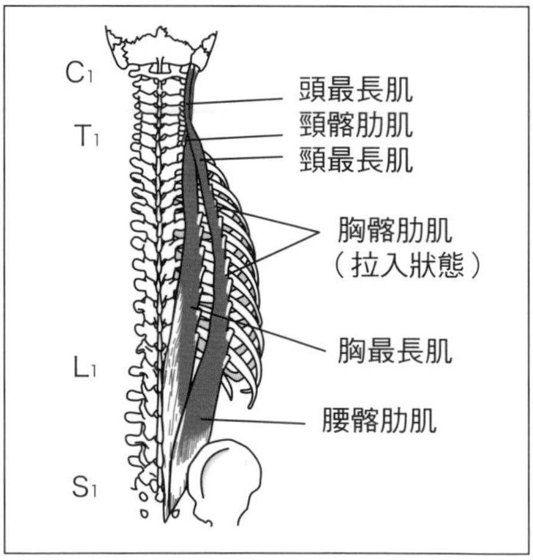

圖1

096

胸痛（心臟病以外）

◎特徵—在胸部附近會疼痛、麻木。有不舒服感和痛苦。

症狀和原因

通常，胸部附近會有麻木、不舒服感的痛苦時，通常懷疑是心肌梗塞或狹心症。首先必須到內科診察是否有此重大疾病。

但接受心肌梗塞或狹心症檢查後，即使被告知「無異常」，卻仍有許多人無法改善症狀。

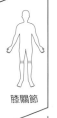

這就是醫學書籍刊載不多，猶如盲點般的疾病，其實這種病例多半是胸大肌有硬結引起的疼痛。位於胸部兩側根部的胸大肌，如圖1所示附著在鎖骨、胸骨、肋骨和腹部之間。進行過度挺胸的運動或者擲標槍等時，這塊胸大肌會因疲勞而引起收縮。而鎖骨和胸骨周邊也因這種牽引而產生疼痛。話雖如此，然而一般的生活是不可能把胸大肌使用到此程度。

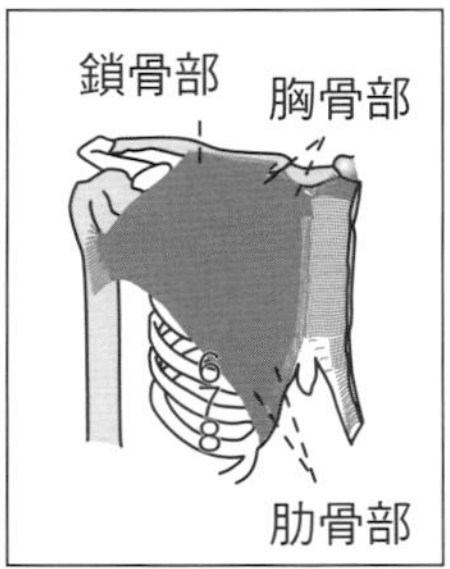

圖1　胸大肌

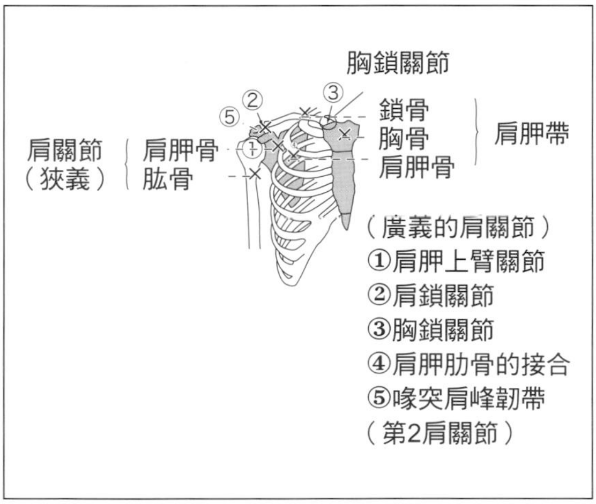

圖2　肩關節和肩胛帶

胸痛的人要留意的是胸鎖關節。位於鎖骨和胸骨交接處的胸鎖關節，其接合面若未能順利吻合卡住，那麼牽引胸大肌時常會發生伴隨疼痛的意外。

治療法

由於會引起肌肉疲勞，所以放鬆肌肉、休息最重要。由於位置關係，按摩或敷貼布有時無效。

①關節囊內矯正

胸鎖關節是位於胸骨和鎖骨交接的關節（圖2），通常會隨著旋轉或抬高手臂的動作而升高。但胸鎖關節的接合面，若無法順利吻合卡住的話，胸鎖關節就無法動彈。

因此，邊拉開胸鎖關節，邊將手臂慢慢抬高時就能感覺輕鬆。

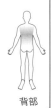

097

帶狀泡疹

◎特徵—胸部、側腹、背部都有疼痛感。並在側腹出現顆粒狀濕疹。X光攝影困難檢查出來。

症狀和原因

帶狀泡疹和水痘一樣，都是因病毒引起的疾病。帶狀泡疹會沿著胸部、側腹、神經產生劇痛，4、5天後出現紅色疹子，約14天前後變成紅豆般大小的水泡，以帶狀出現在身體的某一側。

年輕人早期接受治療，約2、3週即可治癒。但年齡較高者，治療後可能殘留神經痛。

這種疾病的特徵是一直感覺疲勞，在生病期間等免疫力降低時即會出現。

帶狀泡疹不僅會疼痛，也有引起顏面神經麻痺或膀胱直腸障礙的情形。此時，若患者又併發其他重大疾病時，會變成致命傷。

總之，略感神經痛，而且有發疹現象時，請趕快接受診察。

治療法

①藥物療法

給予抗病毒藥劑來擊退病毒，或用止痛劑、局部麻醉劑來舒緩疼痛，進行肋間神經痛的治療。

②雷射

最近越來越多以雷射治療疼痛有效的報告。

098

背肌的肌肉撕裂傷

◎特徵—背部的某一側突然有被拉扯般的尖銳疼痛。

症狀和原因

在背部的某一側突然有被拉扯般的尖銳疼痛。尤其是按壓到患部時更痛。這是進行激烈扭轉或旋轉的足球或冰上曲棍球選手常見的疾病。

這種疾病是因位於如圖1、2所示的背部大肌肉，亦即僧帽肌或擴背肌的邊緣引起局部性撕裂傷的狀態。

治療法

緊急處置法是冷敷患部。

①肌內效貼布（kinesio tape）

以閉合肌肉來治癒肌肉傷口極為重要。疼痛穩定後再用②的干擾波或③的雷射來治療。

②干擾波、多普勒超音波療法

具有促進血液循環的效果。

③雷射

具有促進血液循環的效果。

④肌內效貼布（kinesio tape）

⑤水床按摩

具有促進血液循環的效果。

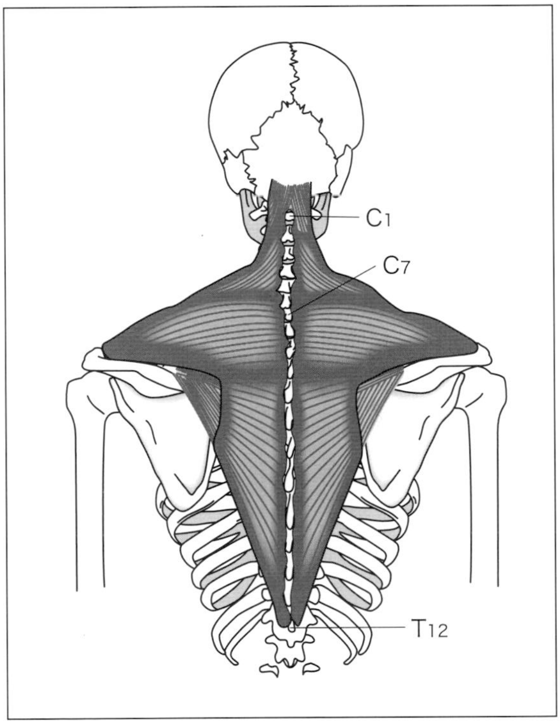

圖1　僧帽肌

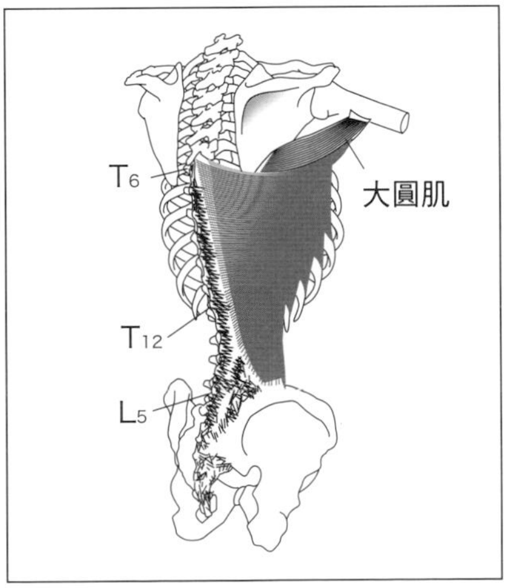

圖2　擴背肌

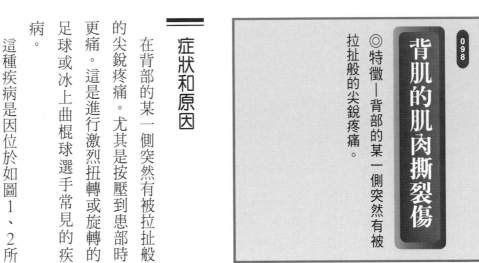

099

背肌痛

◎特徵—以長時間從事事務工作者或者運動選手居多。背部會有局部性或全面性的疼痛。

症狀和原因

這是常發生在長時間從事事務工作者或者運動選手的疾病，依程度會在背部出現局部性或全面性的疼痛。

當持續採取前傾姿勢時，背部的僧帽肌尤其會疲勞，為了恢復原狀會引起收縮。而背肌痛就是僧帽肌邊緣受到牽引產生的疼痛。

訴說背部疼痛到骨科看診的人不少。但多半被診斷為「脊椎過敏症」而給予維他命或精神鎮定劑。然而，維他命或精神鎮定劑都無舒緩、解除疼痛的效果，因此無法改善疼痛。

為何會引起背肌痛呢？其實當骨科透過光攝影或MRI等檢查，未能發現神經障礙、脊椎骨折、腫瘤或化膿性脊椎炎等症狀時，即會判斷是一種自律神經失調症，賦予「脊椎過敏症」的病名。

本院絕不作這樣的診斷。首先會找出僧帽肌（圖1）或擴背肌（圖2）的疼痛原因，再基於解除原因來作治療。

這樣才能解決大多數病患的問題。不過，也有無法解除疼痛的案例。遇到這種情形，則進行薦骨腸骨關節的關節囊內矯正，數次之後，能夠完全治癒的人不少。

另外，也有因內臟疼痛引起背痛的情形。特別是胰臟、膽囊、腎臟等臟器罹病時。

具體而言，可能罹患急性或慢性的胰臟炎、膽結石、膽囊炎、腎盂炎、腎結石、腎臟癌等疾病，故建

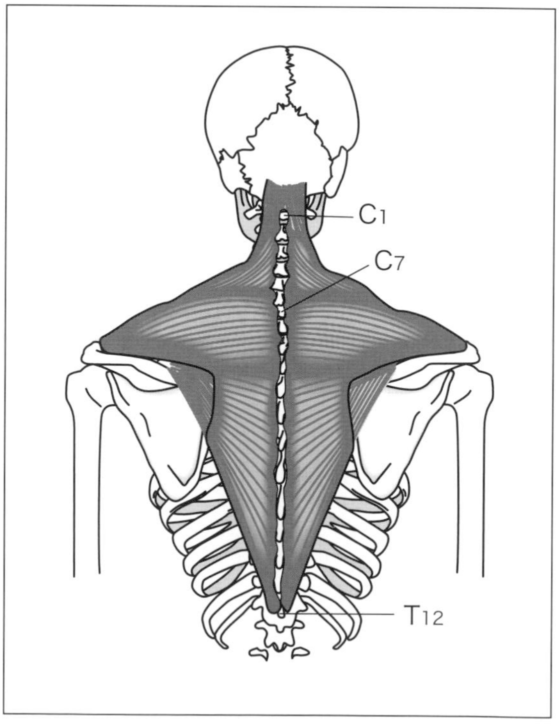

圖1　僧帽肌

議到內科或泌尿科接受診察。

針對這種因內臟疾病引起的疼痛，關節囊內矯正是完全沒有效果的。

治療法

①干擾波、多普勒超音波療法

在患部照射能夠舒緩肌肉之有效頻率的干擾波。

②醫療性按摩

具有鬆弛肌肉的效果。

③牽引／④伸展運動

都有讓收縮的肌肉獲得伸展的效果。

⑤針灸／⑥雷射

都有促進血液循環的效果。

⑦肌肉鬆弛劑

注射在異常收縮的僧帽肌或擴背肌上，肌肉能瞬間獲得放鬆效果。但這只是暫時性的症狀療法，無法完全治癒。

⑧3WAY醫療束腹帶（酒井式）

依據疼痛程度，其穿著方法可分3階段調節，故這種束腹帶可達到初步的治療效果。而這種束腹帶是綜合我在腰痛專科醫院的臨床經驗資料，以及在日本擁有最多束腹帶（corset）專利的阿希斯特株式會社的衛生材料知識所研製而成（參考254頁）。

⑨關節囊內矯正

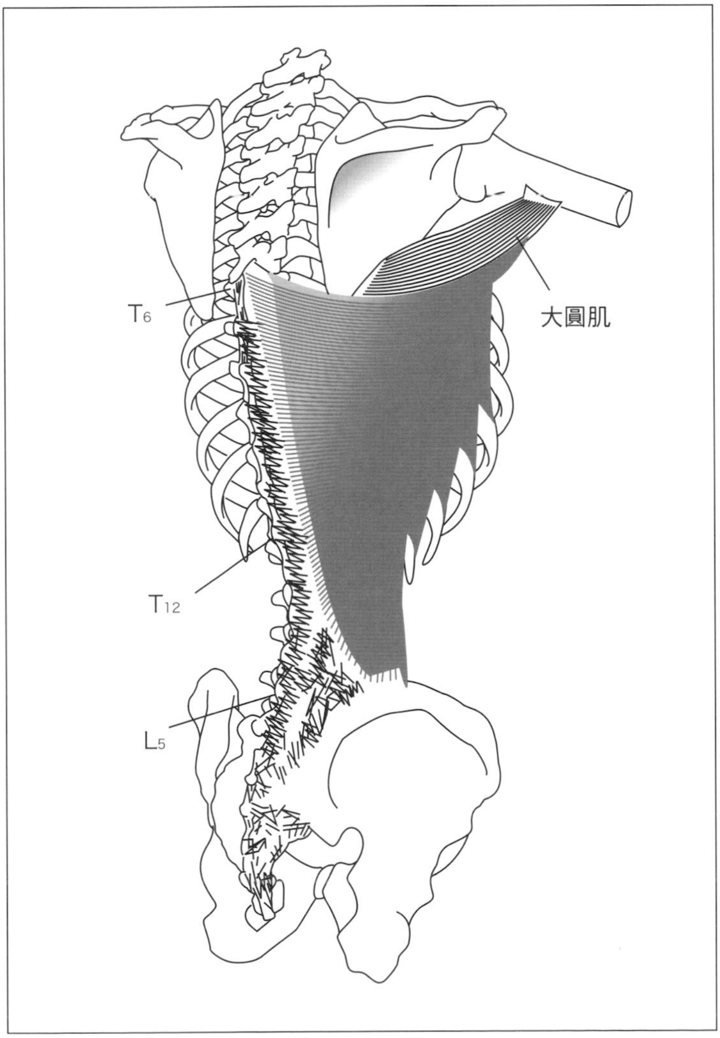

圖2　擴背肌

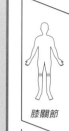

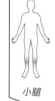

100

脊柱側彎

◎特徵—特發性脊柱側彎是在10多歲時發現。原因不明，以女孩居多。透過理學檢查，可看出前屈時的左右肩邊端高度有顯著差異。手術的預後不良。些微的歪斜常被認為是理所當然的。

症狀和原因

特發性脊柱側彎是10多歲女孩常見的疾病。前屈時，會如圖1所示，左右肩膀的高度明顯不同。多半是右側偏高。

像這種特發性脊柱側彎般，含有「特發性」稱呼的疾病，就表示原因不明。有人認為是遺傳引起。

治療法

到底哪種治療法對脊柱側彎最適合呢？其實依據Cobb法的側彎角度（圖2）和年齡，各有不同的治療法。

①手術

適用於側彎角度大於55度的患者，包括有Harrington法等多種方法，但基本上是在脊骨側邊埋入鋼絲的大手術。但很遺憾的，很難期待術後的復原。

②背架

如圖所示有密爾基瓦基背架（圖4）或波士頓背架（圖5）等多種背架，但年輕人會因美觀上的問題，難以配合穿戴。

③干擾波、多普勒超音波療法

對抑制惡化有效。而且有讓平行經過脊骨側邊的豎棘肌獲得休息的效果。

④關節囊內矯正

雖然原因或治療法都未確立，難免有絕望心態，但請不要悲觀。

從幼兒到老人的高度脊柱側彎患者，我都曾診療過，但通常側彎角度的大小和症狀的輕重並不一定成

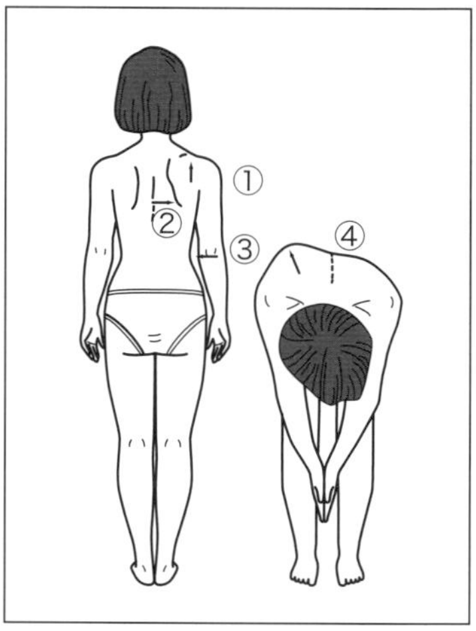

圖1　肩膀的左右高度

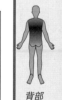

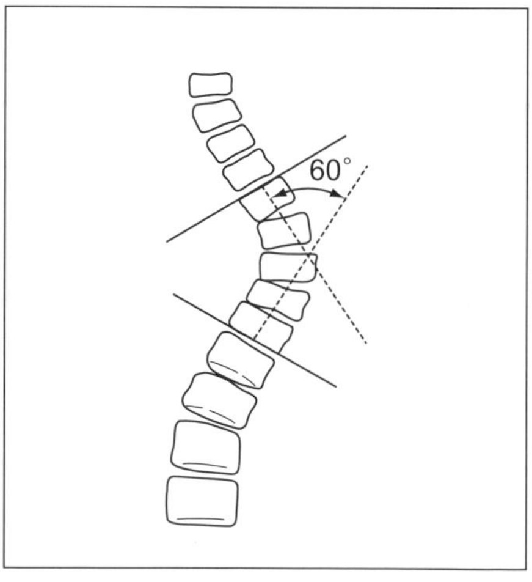

圖2　側彎角度計測法（Cobb法）

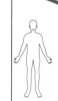

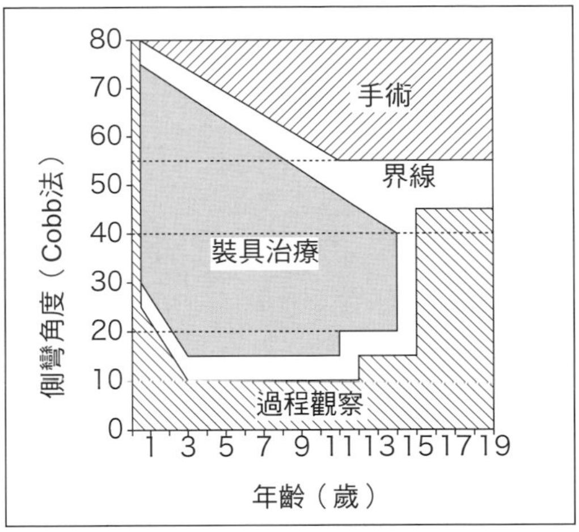

圖3　側彎度和治療法的代表性圖表（Bradford,1975）

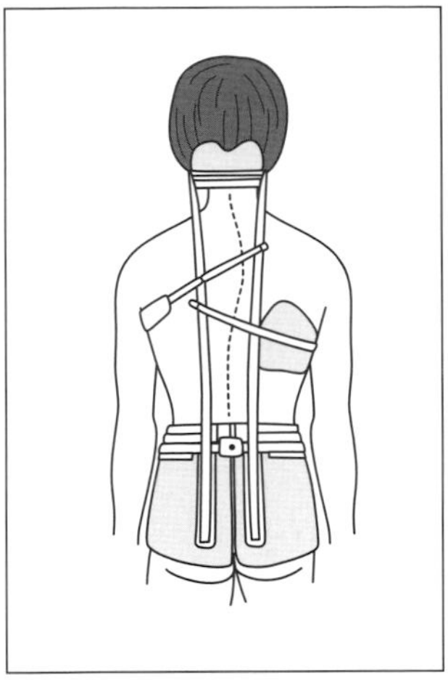
圖4　密爾基瓦基背架

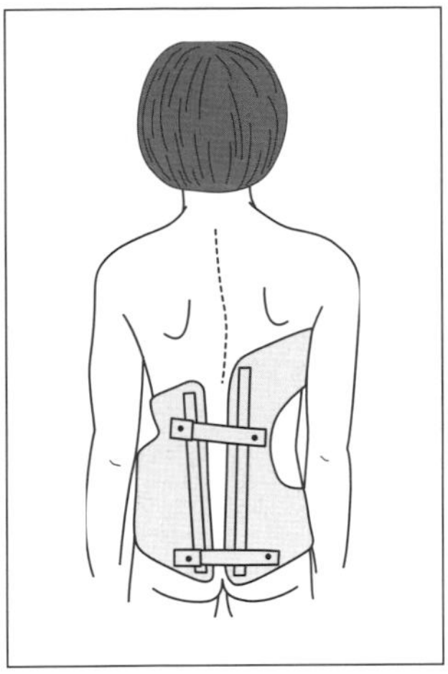
圖5　波士頓背架

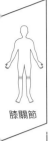

正比。

症狀原因是脊骨歪斜時可進行整脊術（chiropractic）。但我認為沒有症狀，只是稍微歪斜是沒有問題的。就像建築30年的大廈難免有些斑駁一樣，二足步行的人類活到某種程度，臉孔或身體稍有歪斜也是理所當然的。所以我認為這還算平衡。

相較於脊柱正常者，脊柱側彎的人的確有更多不舒服的抱怨，由於步態改變，故常有薦骨腸骨關節、髖關節、膝關節的關節囊內機能異常等等症狀。

遇此狀況，進行關節囊內矯正即可迅速治癒症狀，繼續進行關節囊內矯正即可變輕鬆。本院的患者中，有許多像這樣能夠和脊柱側彎和平共處的人。

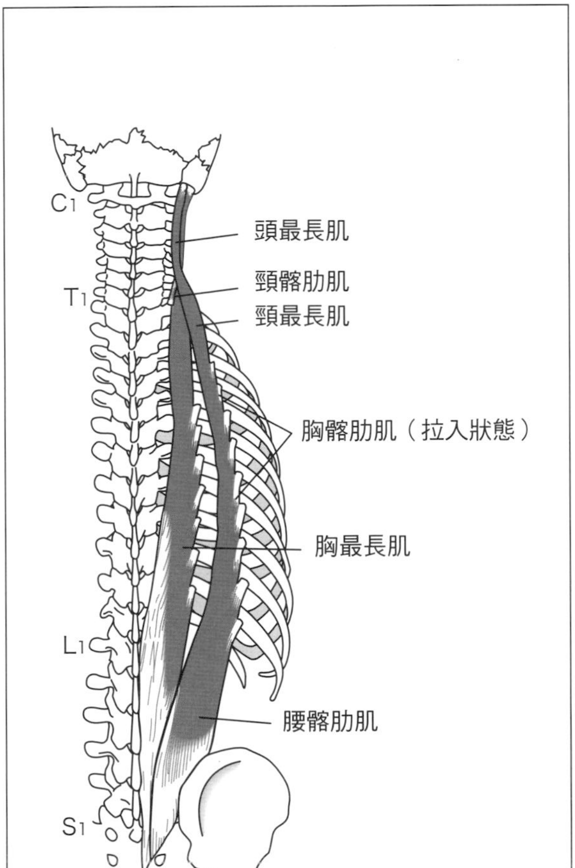

圖6　豎棘肌

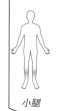

101 胸椎棘突的韌帶損傷

◎特徵—按壓後背胸椎的凸出部位會感覺疼痛，而且是尖銳的疼痛。

症狀和原因

因做家事等日常小動作引起的疾病。

按壓後背胸椎的凸出部位，會有激烈疼痛感。背部正中央有稱為棘突的骨頭。被認為是附著該骨頭的韌帶損傷所致。

當然，脊骨疼痛時，也可能是骨折，但骨折的疼痛是難以忍受的劇痛，應該無法自己前往醫院。

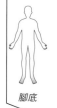

試驗法

按壓胸椎棘突部分會有疼痛感時，即可能是棘突的韌帶損傷（圖1）。

治療法

①固定膠帶

用固定膠帶來固定韌帶損傷部位，等待韌帶結合。

②關節囊內矯正

用固定膠帶固定雖可讓韌帶結合，但有時仍無法消除疼痛。這時候，胸椎可能隨著韌帶損傷引起機能異常。因為胸椎是非常容易引起機能異常的部位。

遇此狀況，據眾多案例顯示，進行從第1胸椎到第10胸椎的關節囊內矯正，是可解除疼痛的。

③干擾波、多普勒超音波療法

④雷射

急性期要進行冷敷，慢性期則可利用雷射來提高血液循環。

⑤整脊術（chiropractic）

這種整脊術也有無效的時候。但以修正機能異常的觀點來看，是有類似關節囊內矯正的效果。

關節囊內矯正是從內側針對每個關節逐一對準矯正，而整脊術是從外側以大致的範圍來治療，因此也伴隨著危險性。

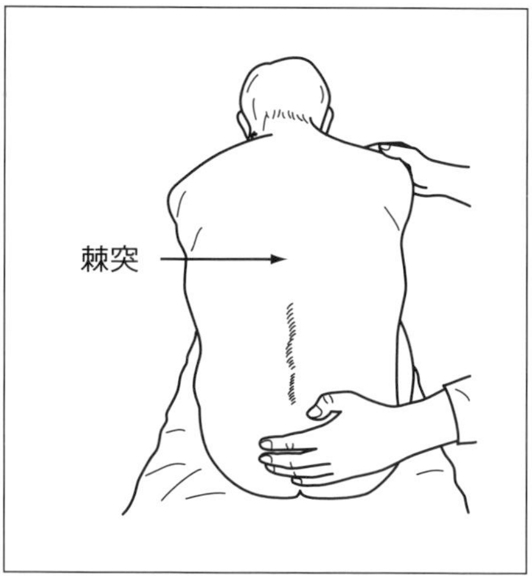

圖1　胸椎的棘突

102

骨質疏鬆症引起的疼痛（外傷除外）

◎特徵—稍微外傷就容易骨折；但沒有外傷的骨質疏鬆症就和疼痛無關。

症狀和原因

目前骨質疏鬆的患者中，更年期後的60歲以上女性佔80%，65歲以上的男性佔20%。這和增齡以及性賀爾蒙減少有關，所以是女性居多的症狀。

骨中的鈣質會隨著老化減少。如此一來，骨骼形成空洞，就會罹患骨骼脆弱的骨質疏鬆症。

而且因副甲狀腺機能亢進、腎臟病或類風濕關節炎等長期服用類固醇當作治療藥物時，也容易罹患骨質疏鬆症。

利用關節囊內矯正來治療

本院也有骨質疏鬆症的檢查。經由檢查，我深切體會「並非罹患骨質疏鬆症的人，就必然會有疼痛」。

罹患骨質疏鬆症時，的確有伴隨腰部或背部疼痛的情形。

然而毫無疼痛感的人也不少。目前，專科醫學會也有許多「骨質疏鬆症和疼痛無關」的說法。

只是，骨質疏鬆症確實會讓骨頭變脆弱。

因此一旦跌倒，手輕輕著地就易發生前臂骨折，僅臀部著地就會腰椎骨折，務必注意。

但骨質疏鬆症的人，只要骨頭沒有受傷就不會疼痛。

因此，訴說疼痛的骨質疏鬆症患者，有些接受關節囊內矯正，即可當場消除多種疼痛。理由就是骨頭並未受傷、疼痛另有原因的典型例子。

103

顳顎關節的疼痛、原因不明的牙痛

◎特徵—雖然原因不明，但多半是因牙齒咬合異常所致。

症狀和原因

牙齒咬合異常會成為全身各種疾病、症狀的原因，目前已成為話題。

這是因牙齒咬合異常會擴大成顳顎關節疼痛，進而轉移到頸椎（頸骨）；結果，可能在全身各處引起異常。

因此，把牙齒咬合恢復正常，即可解除疾病、症狀。

最近，支持這種想法的牙醫師正在增加中。

大約5公斤、接近1個西瓜的重量的人類頭部，是靠頸椎和左右臼齒3個部位支撐。因此，缺少左右某顆臼齒時，即容易使咀嚼肌中的嚼肌（圖1）或顳肌（圖2）引起異常的緊張（圖3）。

而且，顳顎關節或牙齒的疼痛因接近腦部特別敏感，故一點疼痛即感不舒服，萌生什麼事都不想做的情緒。

發生這種疼痛時，需要進行鬆弛肌肉，或對顳顎關節的關節囊照射雷射，或補裝臼齒等治療，多半能獲得改善。

此外，據報告顯示，許多人在治癒咬合異常後，連腰痛也消除了。

又例如，因腰痛進行治療卻無法改善疼痛時，並非針對牙齒，而是加以解除骨盆的薦骨腸骨關節機能異常，結果連同咬合異常也治癒的個案也非常多。

因此要選擇矯正牙齒咬合的治療法，或者矯正薦骨腸骨關節機能異常的治療法，可隨患者的自由。

但是，我個人覺得與其要長期接受牙齒咬合調節，不如進行1、2次短期治療即有效果的關節囊內矯正。

或許，矯正牙齒咬合腰痛能暫時消除，但因對薦骨腸骨關節完全沒

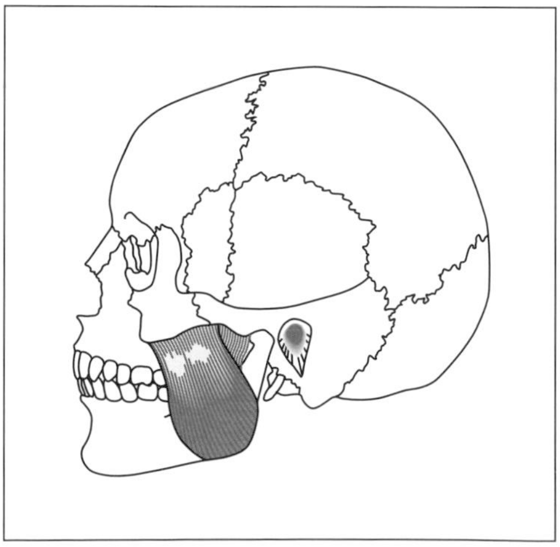

圖1　嚼肌（淺部）

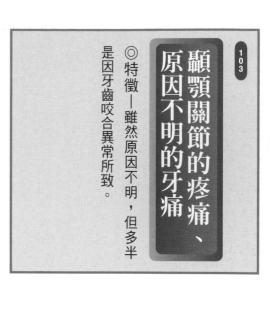

有影響，故容易復發。

再次強調「沒有蛀牙或齒槽膿漏的牙痛」務必重視。

因這可能是牙齒神經感覺過敏或血循不良等各種原因引起，但正確原因尚未解明。

雖然原因不明，但患者仍要以治療這些症狀為最優先。當因某種症狀被認為是牙齒咬合異常所致時，建議務必嘗試一次關節囊內矯正！

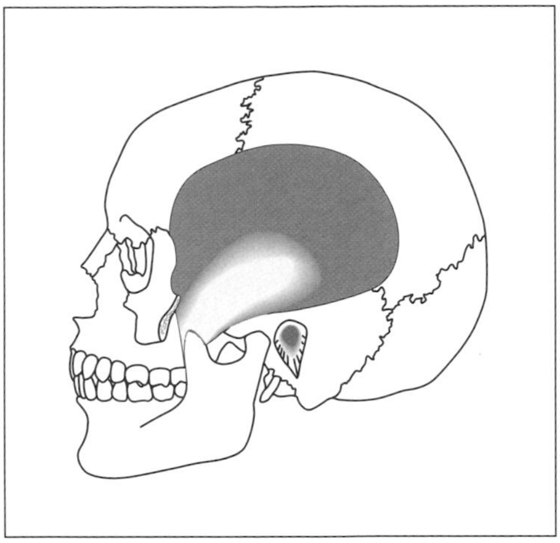

圖2　顳肌

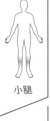

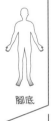

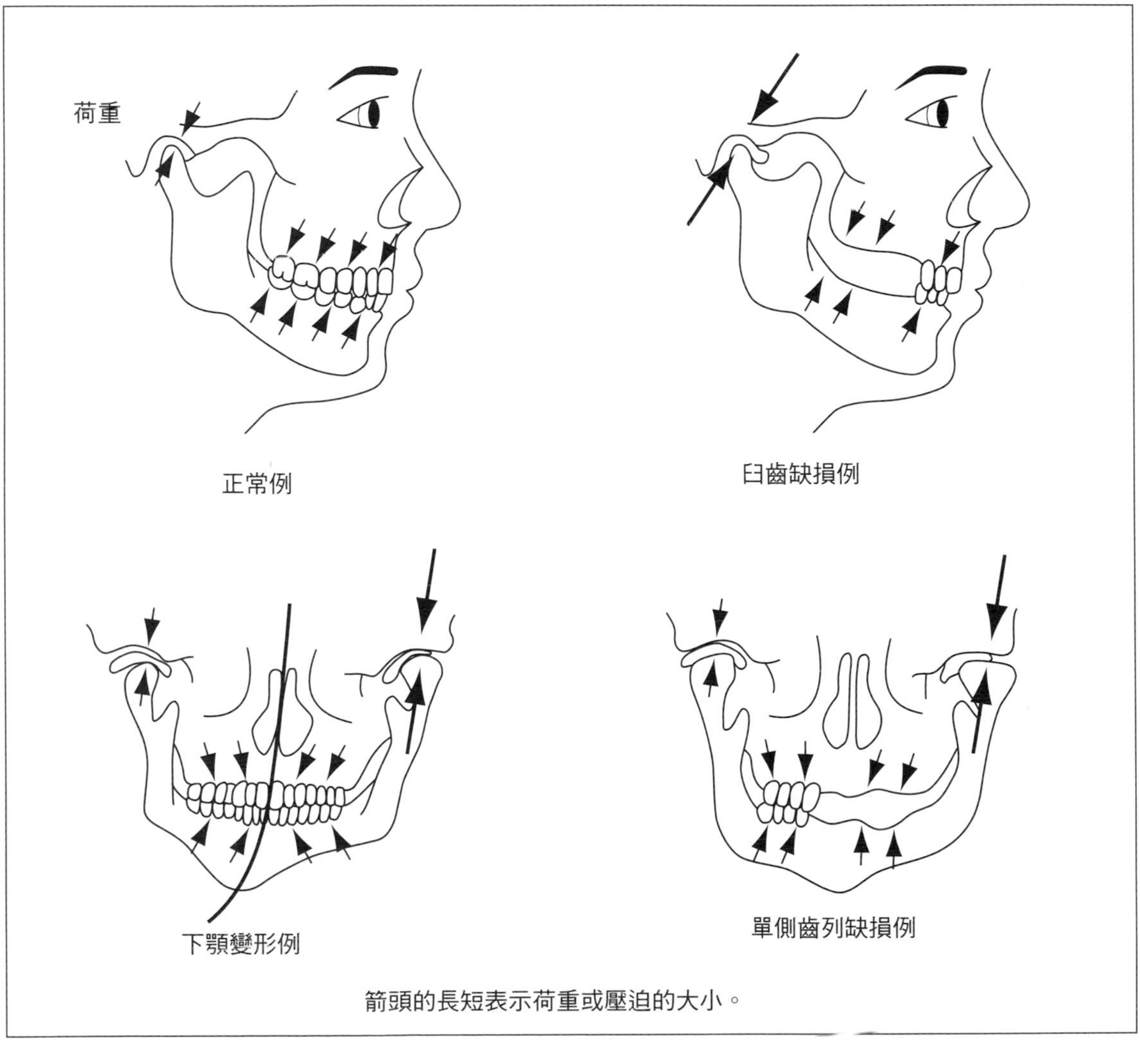

圖3　對顳顎關節的荷重和壓迫大小

104

骨折治癒後的疼痛

◎特徵－骨折超過1年以上的舊傷，進行含有關節囊內矯正的復健即可解除疼痛。

有關骨折有以下5個痛點。

①骨折的部位疼痛。

②骨折引起的神經損傷等併發症疼痛。

③因用石膏等固定引起的關節攣縮。

④因用石膏等固定引起的肌肉疼痛。

⑤復健結束後殘存的疼痛。

以上①～④的疼痛可進行如下的治療法。

①、②適合接受該骨折的治療法。

③接受含有關節囊內矯正的關節活動訓練會有效果。

④適合接受強化無力肌肉的肌力增強訓練。

接著是第5種復健結束後殘存的疼痛，有這種苦惱的人意想不到地多。但這卻無法靠既存治療法獲得改善。

我認為結束復健仍殘存疼痛的人，不妨接受關節囊內矯正。

過去我以為骨折後的疼痛最多一年即可痊癒，然而在每天的治療中，卻常聽到數年前骨折後依舊疼痛的患者心聲。

事實上，陳訴這種狀況的患者越來越多。患者本身幾乎都認為「對舊傷毫無辦法」，這樣的現況令人遺憾。

面對這種疼痛，多半的骨科或者整骨院會說「是細小神經因外傷引起癒著，或者血液循環殘存障礙所致」。

但我現在知道關節囊內矯正，能斷言「復健結束後殘存的疼痛原因是薦骨腸骨關節的機能異常」。

由於薦骨腸骨關節發出機能異常，所以會在衰弱的部位引起關聯痛。

亦即，骨折的，疼痛會分布在舊傷的位置。而這樣的疼痛多半會以複雜的形態出現。除了骨折，扭傷、外傷引起的腫脹也一樣。

關節囊內矯正可說是讓患者毫無痛苦的治療，而且當場能解除疼痛，不再復發。其卓越的療效連我自己都深感驚訝！

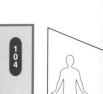

105

梅尼爾氏病（Meniere's disease）

◎特徵—感覺暈眩、耳鳴或者耳塞。但有真正的梅尼爾氏病和類似疾病的區別。若是類似的疾病，可靠關節囊內矯正來治癒。

症狀和原因

這是旋轉性暈眩的疾病。有耳鳴、耳塞感，會伴隨重聽。

這種梅尼爾氏病是內耳的疾病，據說是內耳中的淋巴液壓力升高所引起的。

治療法

多半使用鎮靜劑或者精神安定劑，但這都非決定性的治療法。因此，長期到醫院看診的患者不少。且梅尼爾氏病還分為真正和類似兩種。

這種疾病的主要症狀是暈眩、耳鳴、搖晃等，但這些症狀也可能因高血壓或自律神經失調症等引起。

要區別相當困難，在內科就診時，當想不出其他原因時，才會診斷為梅尼爾氏病。

正式的診斷只有耳鼻咽喉科的專門醫師才能診斷。

我對被診斷是梅尼爾氏症候群的患者進行薦骨腸骨關節和第一頸椎的關節囊內矯正，多半時候可解除暈眩、耳鳴等的症狀。

例如有位6年前即有暈眩、頸部疼痛的患者，前往醫院看診時，有些醫院告知是梅尼爾氏病，也些診斷是頸椎退化性關節炎或者自律神經失調症，接著接受各個醫師建議的治療法，後來因為一直沒有改善才來本院。

我聽他訴說的瞬間即確信應接受薦骨腸骨關節和第一頸椎的關節囊內矯正，結果確實有效。

在總共8次的關節囊內矯正後，解除了所有的症狀，深受患者感謝的情景至今仍記憶猶新。因為此患者承受梅尼爾氏病的苦惱實在太久了。

建議專門醫師應該學習這種關節囊內矯正。藉由這種治療法一定能拯救更多的患者。

106

三叉神經痛

◎特徵—在顏面的某一側、臉頰、口或眼的周圍、額頭會疼痛或顫抖。

症狀和原因

原因通常是神經受到壓迫。

三叉神經痛是指顏面的某一側、臉頰、口或眼的周圍、額頭等出現發作性的疼痛。這種疼痛非常激烈，有人形容為「被燒紅的鐵鉗燙到般的疼痛」，或者是「觸電般的疼痛」。

疼痛發作時，患者會半開著嘴巴等待疼痛消失，其中也有痛到超過一週無法進食的人。

據說這種三叉神經痛是因頭部中的血管壓迫到神經所引起的。

試驗法

三叉神經痛的原因一般認為是神經受壓迫。但透過以下的「巴賓斯基（Babinski）反射」，可區別是神經上疾病或者腦部障礙。陽性反應時，請立即到專科醫院接受腦部等精密檢查。

（1）巴賓斯基（Babinski）反射

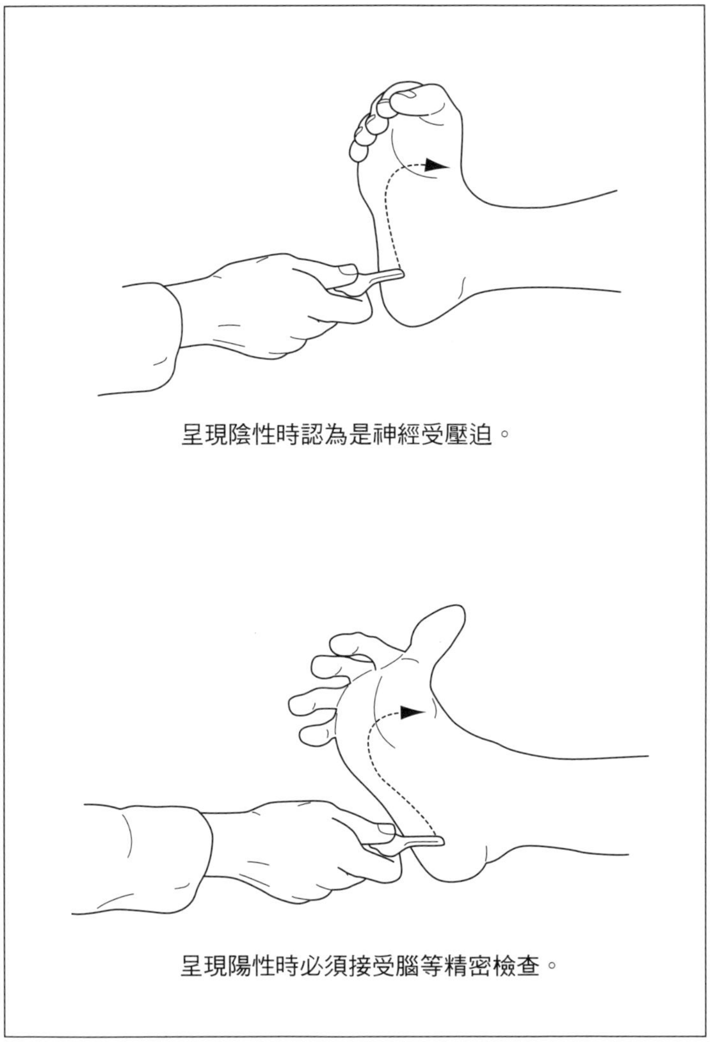
呈現陰性時認為是神經受壓迫。
呈現陽性時必須接受腦等精密檢查。

圖1　巴賓斯基（Babinski）反射

如圖1所示，搔癢腳底時，三叉神經痛的患者會出現腳拇趾向腳背彎曲，剩餘的腳趾像扇形般張開的反射。

乳兒出現這種反射屬於正常。但隨著增齡和神經系統的成熟，人體即不會有巴賓斯基（Babinski）反射。

故超過2歲後還有巴賓斯基（Babinski）反射時，就要懷疑連接脊椎和腦部的神經導路（椎體路）發生障礙。

由於椎體路有支配右半身的部分和支配左半身的部分，所以巴賓斯基反射有出現在一腳或兩腳的情形。

而且，巴賓斯基反射異常還區分暫時性和永續性的情形。

一般的治療法

①神經阻斷術

在麻醉科進行治療。

②低周波

對神經照射有效的低頻率。

③針灸

針灸具有神經阻斷術的要素，故可舒緩疼痛。

④醫療雷射

雷射具有止痛作用。對準神經分叉部位照射有效。

利用關節囊內矯正治療

我一直認為神經壓迫引起的單純三叉神經痛不可能太多。

因此，有不少案例進行關節囊內矯正後即解除疼痛。

本院有位70歲女性患者，因為從10年前就有頭痛和顏面疼痛的困擾，所以到東京都的腦外科接受檢查。被診斷為三叉神經痛。由於無有效的治療法，故以症狀療法接受麻醉科的神經阻斷術。但療效依舊不彰。

由於這位腦外科醫師是我的朋友，所以介紹來本院。

我對這位女性進行醫療雷射和薦骨腸骨關節的關節囊內矯正。如此一來，10年來的疼痛當場消失。

但這位女性若過度疲勞時，疼痛即會復發。本人可以瞭解這是因疲勞過度引起薦骨腸骨關節機能障礙才疼痛的。

故一發生三叉神經痛的疼痛時，即接受關節囊內矯正和雷射治療，如此可過著充實的生活。

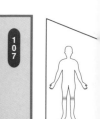

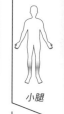

107

手術後的疼痛

◎特徵─有關節機能異常時，在衰弱的部位有特別容易誘發關聯痛的傾向。

利用關節囊內矯正來治療

前來本院的患者中，有許多是曾在各家醫院被診斷是椎間盤突出或者脊椎管狹窄症，並接受手術，結果至今依舊會疼痛的人。

椎間盤突出的確是神經受到壓迫的疼痛，所以接受手術，去除被壓迫的部位、消除原因之後，疼痛理當消除。

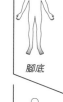

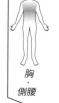

然而，卻因疼痛難耐來到本院。

像這樣的例子，也包含把磨損的軟骨更換成金屬的退化性膝關節炎或者退化性髖關節炎的患者。

為何會有這種現象呢？

坦白來說，我認為「因疼痛原因還在，所以疼痛」。

骨科的疼痛多半是來自關節機能異常。其中也有如關節痛一般，疼痛的位置是在遠離機能異常關節的部位。

亦即，即使使用昂貴的MRI等來診斷原因，但疼痛可能是遠離影像資料所拍攝部位的關節，發生機能異常所引起的關聯痛。

如果原因是關聯痛的話，那麼縱使去除影像資料顯示的「異常部位」，或者把變形的關節更換成人工關節，疼痛當然還是存在。

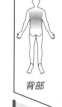

令人困擾的是，現代的骨科完全沒有「來自關節機能異常的關聯痛」的概念。

由於如此，我建議在手術前請先接受關節囊內矯正，去除來自關節機能異常的關聯痛，如果矯正後依舊疼痛的話，再接受手術。

本院有不少被診斷為椎間盤突出，預約1週後接受手術的患者，因厭惡手術，在住院途中離開醫院。事實上，這些人多半接受本院的關節囊內矯正後，就無手術的必要性。

而且，手術後大都會遺留腰腿痛、膝蓋痛、髖關節痛等，這些靠關節囊內矯正也可大幅減輕。

只是手術後的患者，常會因身體動手術而引起自律神經失調，對疼痛的感覺產生過敏狀態，而且比起手術前的矯正治療，其治癒時間會較久。

以下用兩個病例來作介紹。

第一個例子的患者是74歲的男性，因腰部脊椎管狹窄症接受手術。之後又因有強烈的腰和下肢痛和麻木，所以接受大學醫院的神經阻斷術等治療，結果效果不彰，改來本院。

這位男性手術後已經有段時間，但卻以匍匐方式進來本院。而且外科醫師還曾依據手術後的MRI檢查結果，告知患者說：「已經完全解除神經受到壓迫的原因」。

我馬上進行關節囊內矯正檢查，發現是關節的機能異常。於是，對薦骨腸骨關節進行輕度的關節囊內矯正。

如前所述，唯恐術後引起感覺過敏（RSD），故起先進行輕度的關節囊內矯正。結果在第8次矯正時，症狀就幾乎消失。

因此，也證明這位患者的手術後疼痛，原因在於薦骨腸骨關節機能異常。

第二個例子的患者是70歲的女性。2年前雙膝接受過退化性膝關節炎的手術，但至今還是在起步時會疼痛。

起步時的疼痛是退化性膝關節炎的特徵。

但更換成不會變形的金屬關節後，理當不該再有疼痛。當時我的想法是「事態嚴重」，並進行薦骨腸骨關節的關節囊內矯正。結果減輕一半的疼痛，之後繼續治療3個月後，疼痛就幾乎完全消失，恢復健康。

當薦骨腸骨關節發生機能異常時，有在特別衰弱部位產生關聯痛的傾向。

因此，手術後依舊殘存疼痛的人，請別放棄，嘗試關節囊內矯正吧！

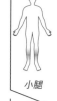

108

所謂的成長痛

◎特徵—所謂成長痛的稱呼並無意義。靠關節囊內矯正可以消除疼痛。

利用關節囊內矯正來治療

有所謂「成長痛」的孩童特有疼痛。

許多父母都經歷過，由於頸部、膝蓋、腳等疼痛，把孩子帶來醫院檢查，結果被告知是成長痛，讓人或是迷惑，或是接受。

不過，專家常稱呼的「成長痛」，其實毫無意義。

因為除非是病毒性的感染症，否則診斷為成長痛的疾病，經過薦骨腸骨關節的關節囊內矯正後，疼痛幾乎都能當場確實消失。

若不相信，請做做下面運動看看。

就以會訴說不同部位疼痛的孩子為例。而且這個孩子雖然膝蓋痛，但腰部卻完全不痛。

首先，請孩子前後屈曲腰部。若無法後仰，或者手無法向前觸地，表示無法順暢進行腰部的前後運動，行動會受到限制。這種運動受限，進行薦骨腸骨關節的關節囊內矯正後，瞬間即可解除。隨著膝蓋的疼痛也會解除。

接著，想對孩子的父母提出如下的建議。

父母可說是「孩子的第一位小兒科醫師」，因為父母是最親近，最瞭解孩子的人。

雖然灼熱發炎、腫脹或其他症狀，只要某種程度的檢查即可知曉，但孩子卻難以用言語正確表達是在做哪種運動時，哪裡會疼痛。

而且靜止不動仍會疼痛，深夜裡也痛等訊息，都是診斷時非常重要的依據。

但孩子本人就是沒有能力自己表達這些問題。

因此，應由父母代替孩子來詳細傳達給醫師。當孩子的狀況不良時，父母可能需要多費心，但還是建議父母務必把這些明顯症狀記在備忘本上。

精神性疼痛

利用關節囊內矯正來治療

我還不懂得關節囊內矯正時，一直以為引起疼痛的最大原因來自精神性。

對患者施行在學校學來的治療法後，如果沒有效果，就認為是精神性因素，並轉介到身心內科或精神科就診。

直到認識關節囊內矯正，並對原本認為是精神性疾病的患者施行關節囊內矯正，發現多半能解除疼痛之後，才實際體會到其實因為精神因素引起的疼痛案例並不多。

關節囊內矯正是治療者本身邊感受患者的關節動作邊進行治療。因此，治療者深知患者關節的動作，也瞭解能否解除機能異常。同時也不用限制身體運動。

經過矯正後，疼痛完全沒改善的患者再做精密檢查，然後才可診斷是精神性的疼痛。

精神因素的疼痛最常見的是，基本上有關節的機能異常，再加上精神性的不安定，導致疼痛擴大。

這種例子最常發生在青春期或更年期的女性，或者完美主義的管理人員等上。

針對這些人進行關節囊內矯正，由於當場就能解除疼痛，故意味著這並非真正的精神性疾病。

不過，因患者經常把注意力集中在疼痛部位，所以一般人感覺不到的些微機能異常引起的肌肉異常或收縮等，患者卻深感疼痛。

而且，患者多半曾經轉換過好幾家醫療機構接受診察。

當各個醫療機構都給予不同診斷名稱時，有些患者會因得不到正確答覆，又治療效果不彰下，逐漸演變成神經衰弱狀態。

但這些人一旦有了異性朋友或者工作順遂，可以把注意力轉移到其他事物時，多半就不再有疼痛感了。

自己能做的腰痛預防法

預防關節機能異常的唯一方法，就是如圖1所示的輕輕向前後，進行前屈、後屈動作3～4次。

這種運動能幫助薦骨腸骨關節順暢活動，目的在維持腰椎的前凸，所以不必勉強作深度屈曲。

此外，因目的不在鍛鍊肌肉，所以也不必進行太多次。若一次進行數十次，反而會誘發薦骨腸骨關節炎，所以輕度進行為要。

與其一次進行多次，不如每一小時作3～4次般，以少次數頻繁進行較有效果。

長時間步行或站立或坐著時，一有疼痛預感時，馬上進行這種運動就有效果。

而這種運動也可當作薦骨腸骨關節機能異常的診斷法。

如果進行這種運動感到疼痛時，就表示已發生薦骨腸骨關節機能異常了，此時應停止運動，接受關節囊內矯正。本書提過，一般的腰痛體操都是以預防為目的，然而根據統計，幾乎都沒有效果，所以毫無意義可言。

此外，一般稱為「消除疼痛」的

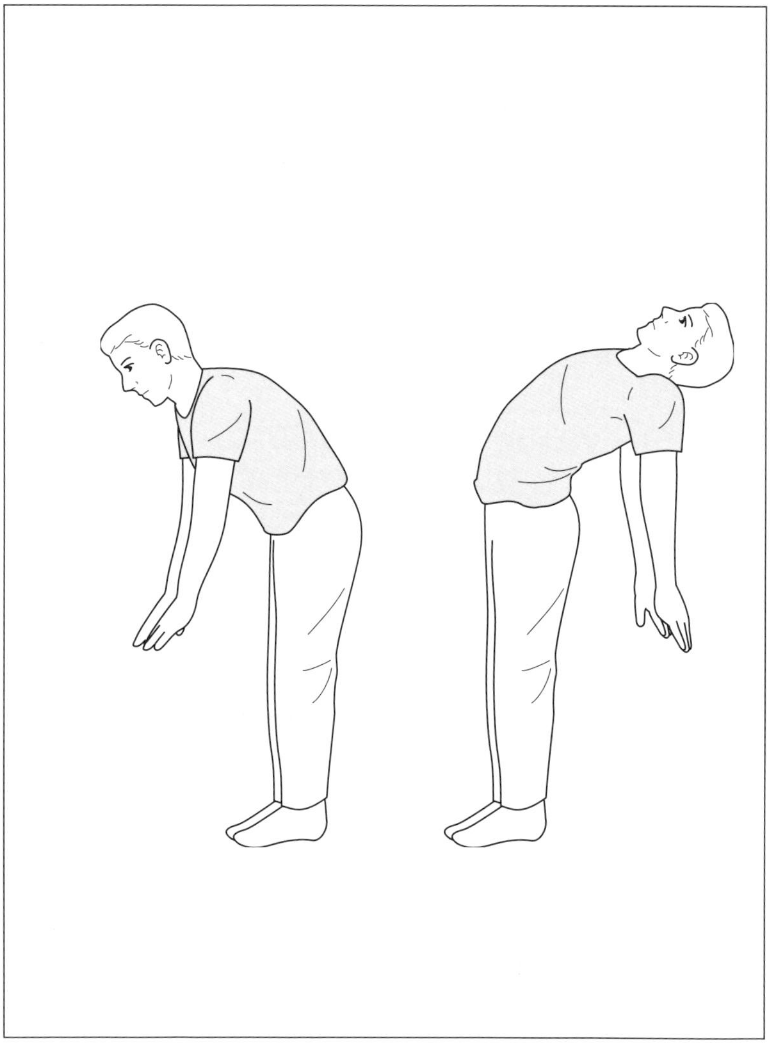

圖1　預防關節機能異常的前屈、後屈運動

各種體操，一樣無法消除薦骨腸骨關節的機能異常。

一般流行的腰痛體操是對異常緊張的肌肉，具有舒緩的效果，所以只能解除肌源性腰痛的個案。但對些微關節機能異常的疼痛就束手無策了。

麥肯奇氏自動運動

只是腰部疼痛時，俯臥如圖2所示用手肘支撐上身，對有症狀的腰部進行自動伸展運動。

誠如在其他項目的說明，這個運動是以維持、恢復腰椎前凸來預防、治療腰痛的嶄新點子。這種運動在全美都可見到，且被認定有科學根據，也有多篇論文發表。

腰椎前凸是人類為了維持固有的站立姿勢，必然產生的脊椎變化。雖然部分學者對腰痛提出「構造缺陷說」，或者以雙腳站立的人類難逃腰痛的「腰痛宿命說」，但我保留存疑。

因為根據獸醫的說法是，椎間盤突出或脊椎管狹窄症是四隻腳的狗兒症狀。

而且，人類姿勢若非腰椎前凸，就猶如腰椎後彎的類人猿一般。

我個人認為想要預防腰痛，必須先調整會導致喪失腰椎前凸的各種現代日常生活的束縛才有可能。

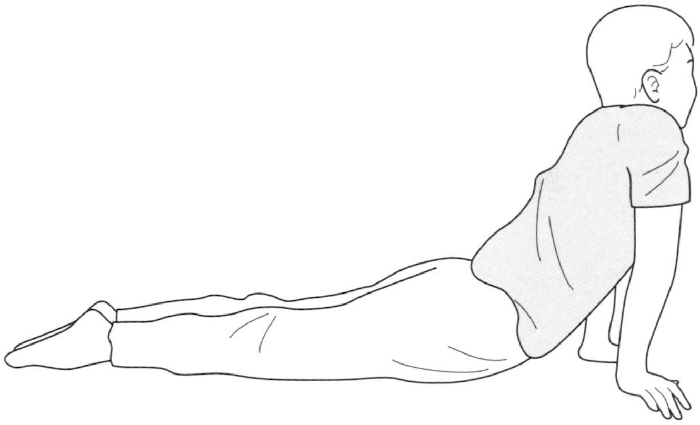

不勉強下能夠進行其他運動時，可採用麥肯奇氏的自動運動。伸展脊椎維持1分鐘。每天進行50次。

圖2　麥肯奇氏的自動運動

可阻斷疼痛惡性循環的星狀神經節照射

症狀和原因

星狀神經節照射並非疾病名稱，而是針對各種疼痛的治療法。也是罹患難治疼痛疾病者的有效治療法。

疼痛為何難以消除呢？其實疼痛是有惡性循環的。以下說明其機制。

如本書013「一般的肩膀僵硬」所介紹的一般，①長時間保持同一姿勢，持續使用相同肌肉。②因運動等使用相同肌肉。③其實是內臟疾病，卻為了抑制疼痛而限制動作，持續使用相同肌肉。如此都會增加肌肉的緊張。結果造成肌肉功能變差，肌肉幫浦作用降低，靜脈血管的血循不良（圖1）。

當全身血液循環不良時，自然治癒力隨之降低。而且血液循環不良會導致血液無法充分回到肌肉，就像車子缺少汽油的狀態。因此血液越不足，肌肉必然越緊張。

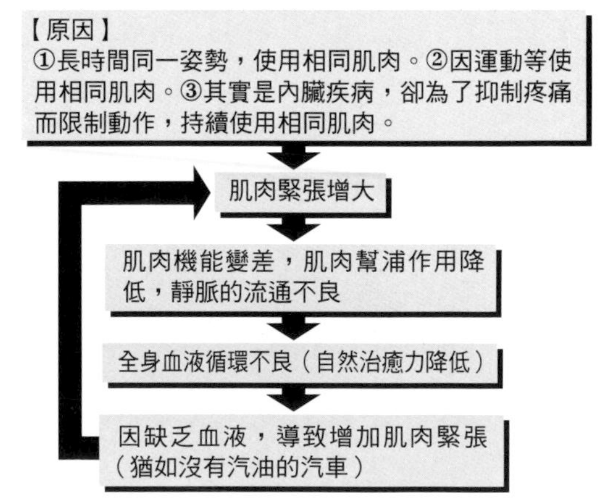
【原因】
①長時間同一姿勢，使用相同肌肉。②因運動等使用相同肌肉。③其實是內臟疾病，卻為了抑制疼痛而限制動作，持續使用相同肌肉。
肌肉緊張增大
肌肉機能變差，肌肉幫浦作用降低，靜脈的流通不良
全身血液循環不良（自然治癒力降低）
因缺乏血液，導致增加肌肉緊張（猶如沒有汽油的汽車）

圖1　疼痛的惡性循環

治療法

能遏止這種疼痛惡性循環的治療法，是使用稱為超激光（super lizer）的雷射進行「星狀神經節照射」（SGR）（圖2）。但在本治療法推出前，通常進行星狀神經節阻斷術療法。

①星狀神經節阻斷術療法

這種治療法是目前約70%的疼痛診所所採用的神經阻斷術療法。

所謂星狀神經節阻斷術療法是對支配頭部、顏面、手臂、胸部、心臟、支氣管或者肺部等的「神經穴道」部位，以針筒注射藥液，暫時阻斷神經，改善血流不良、減輕疼痛的治療方法。

這種治療法雖可期待不錯的效果，但需要高難度技術，且需承受在頸、腰部刺針的疼痛、不安，以及副作用、併發症、需注射多次等狀況，故對患者來說有負擔沈重的問題。

②星狀神經節照射

使用稱為超激光（super lizer）

雷射的星狀神經節照射，是具有彌補星狀神經節阻斷術缺點的劃時代性治療法。

取代注射，在「神經穴道」位置照射超激光（super lizer）（圖3）。由於不疼痛也不用擔心併發症或副作用，所以連孩子都可接受治療。依據臨床報告顯示，大約有星狀神經節阻斷術70～80%的效果。

利用這種超激光（super lizer）的星狀神經節神經節照射，可促進血循、讓血液中的白血球暢流全身，提高自然治癒力。

如此一來，不僅可解除疼痛，據報告顯示還有解除以下主要疾病的效果。

【支配領域】帶狀泡疹

【頭部疾病】頭痛、偏頭痛、肌收縮性頭痛、群發頭痛、圓禿症。

【顏面疾病】末稍顏面神經麻痺、顏面痛。

【耳鼻科疾病】過敏性鼻炎、突發性重聽、梅尼耳氏病

【口腔疾病】舌痛症

【上肢疾病】頸肩臂症候群、肩膀僵硬

【心臟疾病】心肌梗塞、狹心症

【其他】痔瘡、便秘、失眠症、冷虛性、自律神經失調症

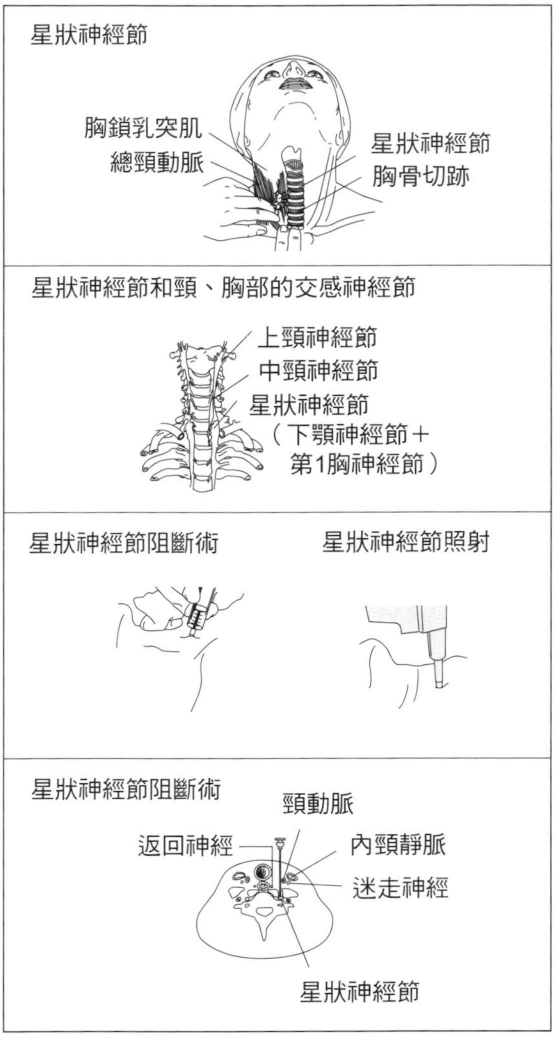

圖2

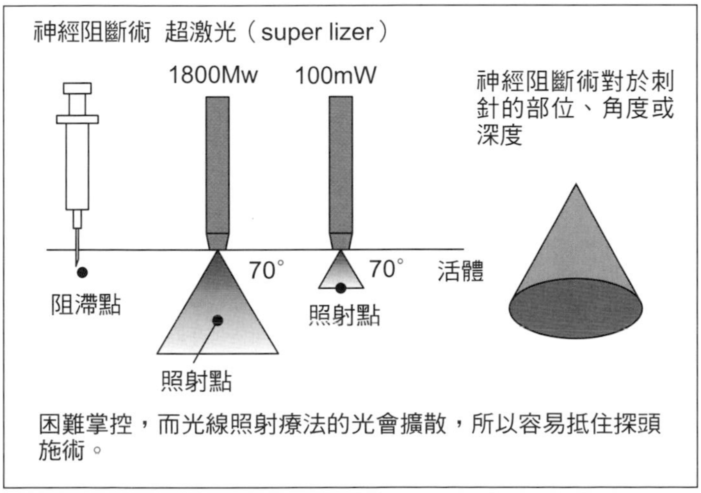

圖3

3WAY醫療束腹帶（酒井式）　【內藏專利結構】

依據疼痛治療專家酒井院長（酒井保健整骨院）長年的研究結果，實現可解決所謂「束腹帶習慣性」過去的問題點，能對應症狀採取3階段調節的穿著方法的首創「治療性束腹帶」。而且因使用特殊材質製作，相當輕薄，不但不會發炎，衣服的線條也不走樣。

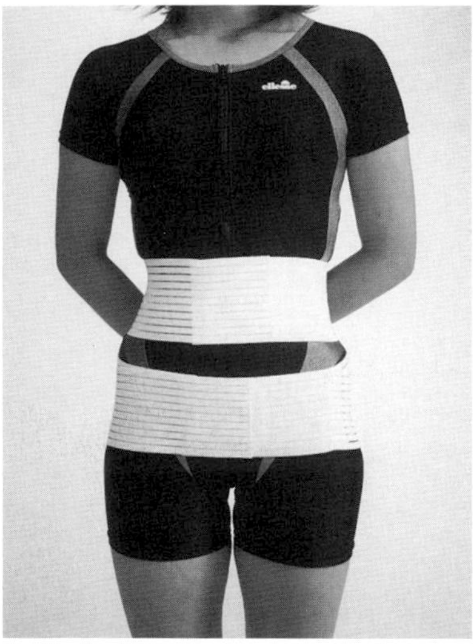
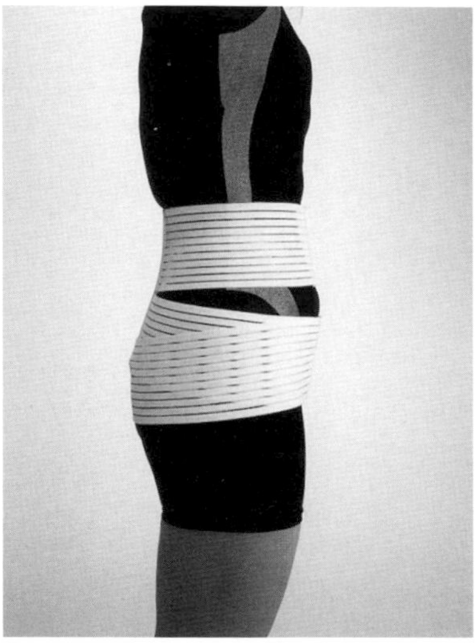
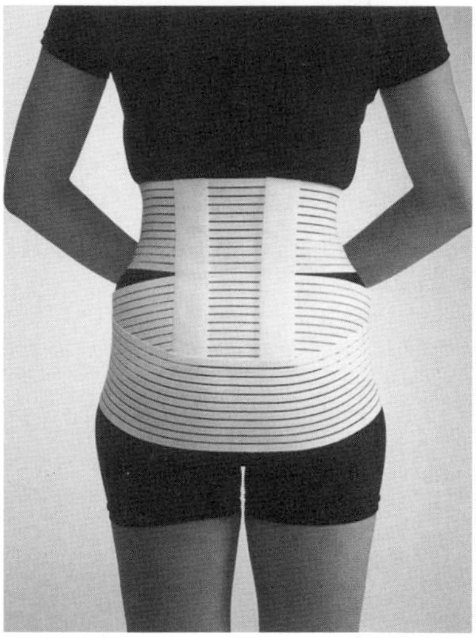

過去的束腹帶種類和缺點

適合會麻木或沈重感的腰痛（腰椎退化性關節炎、突出、脊椎崩解症、滑脫症、急性腰痛）
固定目的用的醫院訂製束腹帶

→ 由於固定部位大，無法過一般生活，故多半患者會脫下來。衣服線條也會走樣。

適合中、輕度的腰痛（慢性腰痛等）
調節薦骨腸骨關節或保護臀大肌（橡皮帶）

→ 由於使用橡皮材質，所以透氣性差，容易發炎。橡皮帶寬無法保護臀大肌。

→ 結果兩種束腹帶都需要的情形多，價格昂貴，且廠商不同故穿著時會有不舒服感。

3WAY醫療束腹帶（酒井式）的症狀別穿戴方式

適合會麻木或沈重感的腰痛（腰椎退化性關節炎、突出、脊椎崩解症、滑脫症、急性腰痛）

適合中、輕度的腰痛（慢性腰痛等）

↓

穿著A和B的束腹帶。首先將B束腹帶像包住髂骨（骨盆的前骨突出部）和髖關節一般，以可插入1隻手指的緊度纏繞起來。之後，再用A束腹帶纏繞腰部。症狀嚴重時，加裝附屬的塑膠板。

↓ 症狀減輕之後 ↓

只纏繞A束腹帶

只纏繞束腹帶。一天3次，慢慢大幅度做呼拉圈體操。

↓ 症狀消失後即可脫掉 ↓

以三天1次的基準來穿戴B束腹帶，慢慢大幅度作呼拉圈體操。做完體操即可脫掉。
※平常不穿戴

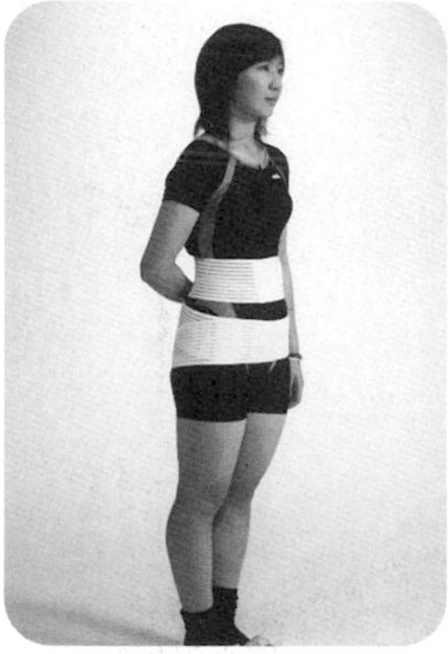

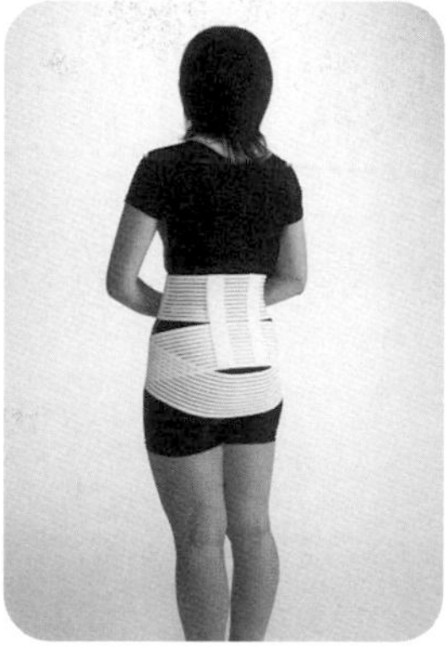

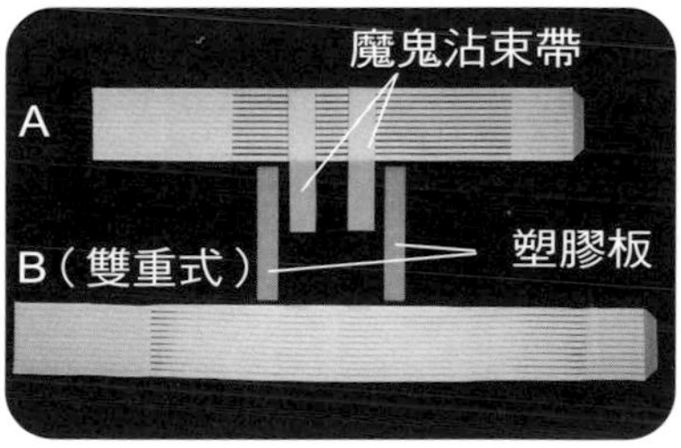

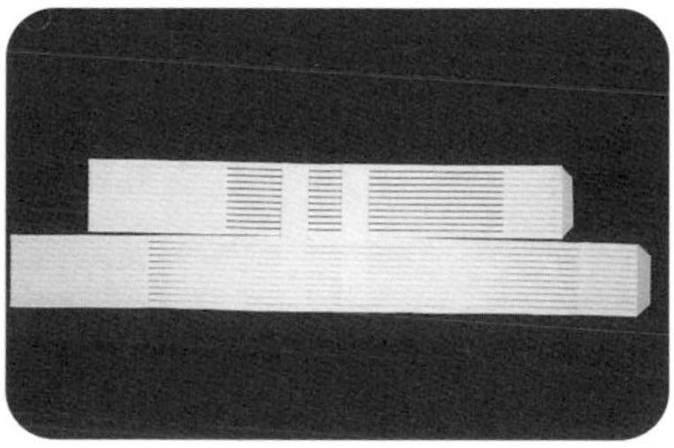

四季通用型

尺寸	腰圍適用範圍
S	60cm～75cm
M	75cm～90cm
L	90cm～105cm
LL	105cm～120cm

本次的開發是依據聚集全國難治性腰痛患者的保健整骨院臨床資料，以及在日本擁有最多腰痛束腹帶專利的衛生材料專家阿希斯特株式會社合作完成的。

國家圖書館出版品預行編目資料

圖解治療疼痛小百科／酒井慎太郎著；　楊鴻儒翻譯. --初版. --臺北市：暢文，2008.09
面；　公分

ISBN 978-957-8299-89-4（平裝）

1.疼痛醫學

415.942　　97016389

發 行 人　：張文良
作　　者　：酒井慎太郎
審　　訂　：楊志方
翻　　譯　：楊鴻儒
主　　編　：尤美玉
封面設計　：簡文章
排版設計　：福美設計工作室
出 版 者　：暢文出版社
地　　址　：台北市西園路二段372巷15弄8號
電　　話　：（02）2305-8847、2337-9228
傳　　真　：（02）2307-1105
郵撥帳號　：台北0560156-4　張文良帳戶
製　　版　：大亞彩色印刷製版有限公司
印　　刷　：福霖印刷企業有限公司
出版登記　：新聞局局版台業字第2664號
定　　價　：350 元
初版日期　：2008年11月

"KARADA NO ITAMI" NI MIMI WO SUMASU HAYAWAKARI JITEN
by SAKAI Shintaro

Originally published in Japan by GENDAI SHORIN PUBLISHERS CO., LTD., Tokyo.Chinese (in complex character only) translation rights arranged with GENDAI SHORIN PUBLISHERS CO., LTD., Janpan through THE SAKAI AGENCY and HONGZU ENTERPRISE CO., LTD.

ISBN：978-957-8299-89-4